普通高等教育"十二五"规划教材

建筑概论

主　编　张　亮
副主编　王　益　吴　庆

北　京
冶金工业出版社
2011

内 容 提 要

本书较全面地介绍了建筑学的相关知识和国内外建筑技术的新技术、新发展；阐明了民用建筑与工业建筑的设计原理、方法以及建筑物的组成及其构造设计和做法；概述了城市规划和管线工程综合的基本知识。

本书可作为高等院校给水排水工程、建筑环境与设备工程（制冷与空调、采暖通风）专业、工程管理专业及相关非建筑学专业的本科教材和教学参考书，也可供成人教育、函授、夜大相关专业教学及相关领域技术人员参考使用。

图书在版编目(CIP)数据

建筑概论/张亮主编. —北京:冶金工业出版社，2011.7

普通高等教育“十二五”规划教材

ISBN 978-7-5024-5612-2

Ⅰ. ①建… Ⅱ. ①张… Ⅲ. ①建筑学-高等学校-教材
Ⅳ. ①TU

中国版本图书馆 CIP 数据核字(2011)第 128328 号

出 版 人 曹胜利
地　　址 北京北河沿大街嵩祝院北巷 39 号，邮编 100009
电　　话 (010) 64027926 电子信箱 yjcbs@cnmip.com.cn
责任编辑 杨 敏 美术编辑 李 新 版式设计 孙跃红
责任校对 卿文春 责任印制 张祺鑫
ISBN 978-7-5024-5612-2
北京兴华印刷厂印刷；冶金工业出版社发行；各地新华书店经销
2011 年 7 月第 1 版，2011 年 7 月第 1 次印刷
787mm×1092mm 1/16；17 印张；412 千字；263 页
35.00 元

冶金工业出版社发行部 电话:(010) 64044283 传真:(010) 64027893
冶金书店 地址:北京东四西大街 46 号(100010) 电话:(010)65289081(兼传真)
（本书如有印装质量问题，本社发行部负责退换）

前　言

本书是高等院校工程学科非建筑类专业的专业基础课程用书。全书较全面、概括地介绍了建筑学的相关知识和国内外建筑技术的新技术、新发展；阐明了民用建筑与工业建筑的设计原理、方法以及建筑物的组成及其构造设计和做法；概述了城市管线工程规划和管线工程综合的基本知识。

全书共8章，分别介绍了建筑的构成要素、分类及其他基础知识，民用建筑设计，民用建筑构造，建筑工业化，工业建筑设计，高层建筑简介，大跨度建筑简介，城市工程管线规划的内容及城市管线工程综合等内容。

为使学生更好地理解、掌握基本原理，书中列举了大量的图样和建筑工程的规范做法。书后附有建筑施工图的主要图纸实例，供专业课教学时使用及学生课外识读。这些建筑施工图可根据不同配套专业特点，在建筑设计的基础上，做相应专业的工程设计之用。

本书由合肥工业大学土木与水利工程学院建筑与环境技术系部分教师编写。章节编写分工如下：

张亮（主编）编写第2章2.1、2.2、2.4节；第3章3.5、3.8节；第4章；第5章5.2、5.3节；第6章；第7章、第8章。

王益（副主编）编写第1章1.3、1.4节；第3章3.4节；第5章5.5节。

吴庆（副主编）编写第1章1.1、1.2节；第2章2.3节；第3章3.1、3.7节；第5章5.1节。

王益、吴庆合编第3章3.2节。张亮、王益、吴庆合编第3章3.3、3.6节；第5章5.4、5.6节。

梅素琴、汪红梅参与了第8章的编写，并负责文本校对、图片处理等工作。

在编写过程中，得到了本校相关部门、学院领导、相关老师的大力支持和帮助，在此一并致谢。

本书可作为高等院校给水排水工程、建筑环境与设备工程（制冷与空调、采暖通风）专业、工程管理专业及相关非建筑学专业的本科教材和教学参考书，也可供成人教育、函授、夜大相关专业教学及相关领域技术人员参考使用。

由于编者水平所限，书中不足之处在所难免，敬请读者批评指正。

编 者

2011年4月

目　录

1 概 述

1.1 建筑的构成要素及设计依据

建筑的基本构成要素有三个：建筑功能、建筑技术和建筑形象，通称为建筑的三要素。在满足以上要素的基础上还应满足经济性及可持续发展的要求。

1.1.1 建筑的三要素

1.1.1.1 建筑功能

人们盖房子总是有它具体的目的和使用要求的，这在建筑中叫做功能。建筑有明显的功能使用要求，它体现了建筑物的目的性。例如，建造住宅是为了居住的需要，建造工厂是为了生产的需要，建造影剧院则是文化生活的需要等。例如居室不同于教室，阅览室不同于书库，篮球馆不同于食堂等等。

因此，满足建筑物的功能要求，为人们的生产和生活活动创造良好的环境，是建筑设计的首要任务。但是各类房屋的建筑功能不是一成不变的，它随着人类社会的发展和人们物质文化生活水平的不断提高而有不同的内容和要求。

1.1.1.2 建筑技术

建筑功能的实施离不开建筑技术作为保证条件。能否获得某种形式的建筑空间，主要是取决于工程结构与技术条件的发展水平，如果不具备这些条件，所需要的那种空间将无法实现。

建筑技术是建造房屋的手段，包括建筑结构、建筑材料、建筑施工和建筑设备等内容。结构和材料构成了建筑的骨架，设备是保证建筑物达到某种要求的技术条件，施工是保证建筑物实施的重要手段。

随着生产和科学技术的发展，各种新材料、新结构、新设备的发展和新的施工工艺水平的提高，新的建筑形式不断涌现，同时也进一步满足了人们对各种不同功能的需求。例如早期的运动场由于技术条件的限制，只能利用室外坡地设置，而现在建设的奥运场馆由于技术的发展，跨度可以做得很大，获得高大开阔的空间。所以应根据建筑空间组合的特点，选择合理的建筑材料、结构形式、施工技术，使建筑坚固耐久、建造方便。

1.1.1.3 建筑形象

建筑形象是建筑物内外观感的具体体现，它包括内外空间的组织，建筑体形与立面的处理，材料、装饰、色彩的应用等内容。建筑形象处理得当能产生良好的艺术效果，给人以感染力，如庄严雄伟、朴素大方、简洁明快、生动活泼等不同的感受。同时，建筑形象也会因社会、民族、地域的不同而有所不同，从而反映出丰富多彩的建筑风格和特色。

建筑形象应满足精神和审美方面的要求。由于人不同于一般的动物而具有思维和精神活动的能力，因而供人居住或使用的建筑应考虑它对于人的精神感受上所产生的巨大影响。建筑在满足使用要求的同时，还需要考虑人们对建筑物在精神和审美方面的要求。一间居室的高度不仅仅要考虑实际的使用高度，还要考虑人在其中的感受：是舒适还是压抑？

建筑功能、建筑技术和建筑形象三者是辩证统一的，不可分割并相互制约。一般情况下，建筑功能是第一位的，是房屋建造的目的，是起主导作用的因素；其次是建筑技术，它是通过物质技术达到目的的手段，但同时又有制约和促进作用；而建筑形象则是建筑功能、建筑技术与建筑艺术内容的综合表现。但有时对一些纪念性、象征性、标志性建筑，建筑形象往往也会起主导作用，成为主要因素。

1.1.2 考虑经济性要求

建造房屋是一个复杂的物质生产过程，需要大量人力、物力和财力，在房屋的设计和建造中，要周密计划和核算、因地制宜、就地取材，尽量做到节省人力，节约建筑材料和资金，注重经济效益。房屋设计的使用要求和技术措施，要和相应的造价、建筑标准统一起来，在满足当前需要的同时适当考虑将来提高和改造的可能。

1.1.3 建筑的设计依据

1.1.3.1 使用功能决定的空间尺度

（1）人体尺度和人体活动空间尺度。人体尺度和人体活动所需的空间尺度，是确定建筑空间的基本依据之一，建筑物中家具、设备的尺寸，踏步、栏杆等建筑构件的高度，门窗、走廊、楼梯的宽度，以至各类房间的面积大小等等，都和人体尺度以及人体活动所需的空间尺度直接或间接有关。

（2）家具，设备尺寸及使用它们所必需的空间尺寸。房间内家具、设备的尺寸，以及人们使用它们所需的空间尺寸是确定房间内部使用面积的重要依据。在进行房间布置时，应先确定家具、设备的数量，了解每件家具、设备的基本尺寸以及人们在使用它们时占用活动空间的大小。

1.1.3.2 自然条件

A 气候条件

建设地区的温度、湿度、日照、雨雪、风向、风速等气候条件是建筑设计的重要依据，在设计前，需要收集当地上述有关的气象资料，作为设计的依据。

气候条件对建筑物的设计有较大影响。例如南方湿热地区，建筑设计要很好地考虑隔热、通风和遮阳等问题；北方干冷地区，建筑的体型应紧凑以减少外围护面的散热，利于室内采暖、保温。日照和主导风向，通常是确定建筑朝向和间距的主要因素，风速是高层建筑、电视塔等设计中考虑结构布置和建筑体型的重要因素，雨雪量的多少对屋顶形式和构造也有一定影响。

风向频率玫瑰图，即风向玫瑰图（见图 1 –1），是依据该地区多年来统计的各个方向吹风的平均日数的百分数按一定比例绘制而成，一般多用 8 个或 16 个罗盘方位表示。图中实线部分表示全年风向频率，虚线部分表示夏季风向频率。风向是指由外吹向地区中心。

B 地质、地形条件

基地的地形、地质直接影响到房屋的平面空间组合、结构选型、建筑构造处理及建筑

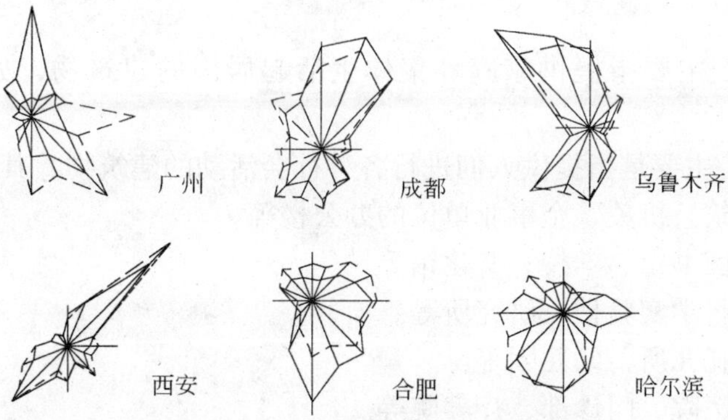

图 1－1 我国部分城市风向玫瑰图

体型设计等。如坡度较陡的地形，常使建筑物结合地形错层建造；复杂的地质条件，要求建筑的构成和基础的设置采取相应的结构构造措施。

C 地震烈度

地震烈度表示当发生地震时，地面及建筑物遭受破坏的程度。烈度在 6 度及以下时，地震对建筑物影响较小，一般可不考虑抗震措施；9 度以上地区，地震破坏力很大，一般应尽量避免在该地区建筑房屋。房屋抗震设防的重点，是对 7、8、9 度地震烈度的地区。

地震区的房屋设计，主要应考虑：

(1) 选择对抗震有利的场地和地基；

(2) 房屋设计的体型，应尽可能规整、简洁，避免在建筑平面及体型上的凹凸；

(3) 采取必要的加强房屋整体性的构造措施；

(4) 从材料选用和构造做法上尽可能减轻建筑物的自重。

D 水文条件

水文条件是指地下水位的高低及地下水的性质，直接影响到建筑物的基础及地下室。在规划和建设之前，需对水体的流量、流速、水位、水质等进行调查分析，随时掌握水情动态，研究规划对策。

1.1.3.3 建筑设计标准与规范

建筑设计应遵照国家、各地方制订的标准、规范以及国家各部、委颁发的标准执行。

1.1.3.4 建筑工业化要求

建筑行业工业化是建设发展的趋势，设计标准化是实现建筑工业化的前提。为此，建筑设计、构件生产、施工等应采用建筑模数协调统一标准。

1.2 建筑的分类和等级

1.2.1 建筑物的分类

1.2.1.1 按建筑物的用途分类

建筑物按用途通常可以分为民用建筑、工业建筑和农业建筑。

A 民用建筑

民用建筑即为人们大量使用的非生产性建筑。它又可以分为居住建筑和公共建筑两大类。

（1）居住建筑。主要指提供家庭和集体生活起居用的建筑物，如住宅、宿舍、公寓等。

（2）公共建筑。主要是指提供人们进行各种社会活动的建筑物，其中包括：

1）行政办公建筑。机关、企事业单位的办公楼等。

2）文教建筑。图书馆、学校、文化馆等。

3）科研建筑。科学实验楼、研究所等。

4）托幼建筑。托儿所、幼儿园等。

5）医疗建筑。医院、门诊部、疗养院等。

6）旅馆建筑。旅馆、宾馆、招待所等。

7）观演建筑。电影院、剧院、音乐厅、杂技场等。

8）商业建筑。商店、商场、购物中心等。

9）体育建筑。体育馆、体育场、健身房、游泳池等。

10）交通建筑。航空港、水路客运站、火车站、汽车站、地铁站等。

11）通讯广播建筑。电信楼、广播电视台、邮电局等。

12）纪念性建筑。纪念堂、纪念碑、陵园等。

13）园林建筑。公园、动物园、植物园、亭台楼榭等。

14）其他建筑类。如监狱、派出所、消防站等。

B 工业建筑

工业建筑即为工业生产服务的各类建筑，也可以叫做厂房类建筑，如生产车间、辅助车间、动力用房、仓储建筑等。厂房类建筑又可以分为单层厂房和多层厂房两大类。

C 农业建筑

农业建筑指用于农业、牧业生产和加工用的建筑，如温室、畜禽饲养场、粮食与饲料加工站、农机修理站等。目前农村和城镇的区别越来越小，因此，农业建筑会慢慢地纳入工业建筑类。

1.2.1.2 按建筑物的层数和高度分类

（1）住宅按层数分类。1~3层为低层建筑；4~6层为多层建筑；7~9层为中高层建筑；10层及10层以上为高层建筑（包括首层设置商业服务网点的住宅）。

（2）公共建筑按高度分类。公共建筑及综合性建筑高度不大于24m者为单层或多层建筑，超过24m的为高层建筑。但是建筑高度虽超过24m，主体建筑仍为单层时，不属于高层建筑。

1972年国际高层会议规定9~40层（最高100m）为高层建筑，40层以上的为超高层建筑。我国《民用建筑设计通则》规定，无论住宅还是公共建筑，建筑高度超过100m时，均为超高层建筑。

1.2.1.3 按主要承重结构材料分类

建筑的主要承重结构一般为墙、柱、梁、板四个主要构件，根据墙、柱、梁、板所使用的材料，可以有一种新的分类方法。

（1）木结构建筑。即木板墙、木柱、木楼板、木屋顶的建筑，如木古庙、木塔等。

（2）砖木结构建筑。即由砖（石）砌墙体，木楼板、木屋顶的建筑，如农村老民房。

（3）砖混结构建筑。即由砖（石）砌墙体，钢筋混凝土做楼板和屋顶的多层建筑，如早期的集体宿舍等。

（4）钢筋混凝土结构。即由钢筋混凝土柱、梁、板承重的多层和高层建筑（它又可分为框架结构建筑、筒体结构建筑、剪力墙结构建筑），如现代的大量建筑，以及用钢筋混凝土材料制造的装配式大板、大模板建筑等。

（5）钢结构建筑。即全部用钢柱、钢梁组成的承重骨架的建筑。

（6）其他结构建筑。如生土建筑、充气建筑、塑料建筑等。

1.2.1.4 按建筑物的规模分类

（1）大量性建筑。指单体建筑规模不大，但兴建数量多、分布面广的建筑，如住宅、学校、中小型办公楼、商店、医院等。

（2）大型性建筑。指建筑规模大、耗资大、影响较大的建筑，如大型火车站、航空港、大型体育馆、博物馆、大会堂等。

1.2.2 民用建筑使用年限与耐火等级

A 设计使用年限

民用建筑的设计使用年限见表1-1。

表1-1 设计使用年限分类

类别	设计使用年限/年	示 例	类别	设计使用年限/年	示 例
1	5	临时性建筑	3	50	普通建筑和构筑物
2	25	易于替换结构构件的建筑	4	100	纪念性建筑和特别重要的建筑

B 耐火等级和耐火极限

建筑物的耐火等级是由其组成构件的燃烧性能和耐火等级极限来确定的。按现行《建筑设计防火规范》（GB50016—2006）和《高层民用建筑设计防火规范》（GB50045—1995（2005年版））的规定。

（1）构件的耐火极限。是指对任一建筑构件按时间-温度标准曲线进行耐火试验，从受到火的作用起，到失去支持能力或完整性被破坏或失去隔火作用为止的这段时间，用小时（h）表示。

（2）构件的燃烧性能。构件的燃烧性能可分为三类，即非燃烧体、难燃烧体、燃烧体。

1）非燃烧体。即用非燃烧材料做成的构件。非燃烧材料是指在空气中受到火烧或高温作用时不起火、不微燃、不炭化的材料，如金属材料和无机矿物材料。

2）难燃烧体。即用难燃烧材料做成的构件，或用燃烧材料做成而用非燃烧材料作保护层的构件。难燃烧材料指在空气中受到火烧或高温作用时难起火、难微燃、难炭化，当火源移走后燃烧或微燃立即停止的材料。如沥青混凝土，经过防火处理的木材等。

3）燃烧体。即用燃烧材料做成的构件。燃烧材料指在空气中受到火烧或高温作用时立即起火或微燃，且火源移走后仍继续燃烧或微燃的材料，如木材。

有关建筑构件的耐火极限和燃烧性能，见表1-2。

表 1－2 建筑物构件的燃烧性能和耐火极限

构件名称 \ 燃烧性能和耐火极限/h \ 耐火等级		高层建筑 一级	高层建筑 二级	普通建筑 一级	普通建筑 二级	普通建筑 三级	普通建筑 四级
墙	防火墙	非燃烧体 3.00	非燃烧体 3.00	非燃烧体 3.00	非燃烧体 3.00	非燃烧体 3.00	非燃烧体 3.00
	承重墙	非燃烧体 2.00	非燃烧体 2.00	非燃烧体 3.00	非燃烧体 2.50	非燃烧体 2.00	非燃烧体 0.50
	非承重墙	非燃烧体 1.00	非燃烧体 1.00	非燃烧体 1.00	非燃烧体 1.00	非燃烧体 0.50	燃烧体
	楼梯间的墙、电梯井的墙 住宅单元间的墙、住宅分户墙	非燃烧体 2.00	非燃烧体 2.00	非燃烧体 2.00	非燃烧体 2.00	非燃烧体 1.50	非燃烧体 0.50
	疏散走道两侧隔墙	非燃烧体 1.00	非燃烧体 1.00	非燃烧体 1.00	非燃烧体 1.00	非燃烧体 0.50	非燃烧体 0.50
	房间隔墙	非燃烧体 0.75	非燃烧体 0.50	非燃烧体 0.75	非燃烧体 0.50	非燃烧体 0.50	非燃烧体 0.25
柱		非燃烧体 3.00	非燃烧体 2.50	非燃烧体 3.00	非燃烧体 2.50	非燃烧体 2.00	非燃烧体 0.50
梁		非燃烧体 2.00	非燃烧体 1.50	非燃烧体 2.00	非燃烧体 1.50	非燃烧体 1.00	非燃烧体 0.50
楼 板		非燃烧体 1.50	非燃烧体 1.00	非燃烧体 1.50	非燃烧体 1.00	非燃烧体 0.50	燃烧体
屋顶承重构件		非燃烧体 1.50	非燃烧体 1.00	非燃烧体 1.50	非燃烧体 1.00	燃烧体	燃烧体
疏散楼梯		非燃烧体 1.50	非燃烧体 1.00	非燃烧体 1.50	非燃烧体 1.00	非燃烧体 0.50	燃烧体
吊 顶 （包括吊顶格栅）		非燃烧体 0.25	非燃烧体 0.25	非燃烧体 0.25	非燃烧体 0.25	非燃烧体 0.15	燃烧体

1.3 建筑工程项目的设计内容和程序

1.3.1 建筑工程项目的设计内容

建筑物从立项、设计到施工、验收、使用是一个涉及规划、政策、法规、金融、材料、设备供应等多方面因素的复杂过程。我国的建筑工程建设内容包括以下几个阶段：项目建议书阶段、可行性研究报告阶段、设计阶段、建设准备阶段、竣工验收阶段及交付使用等。其中设计阶段是重要的环节，具有较强的政策性和综合性。

建筑工程设计阶段是指设计一个建筑物或建筑群所要做的全部工作，主要包括建筑设计、结构设计、设备设计三部分。习惯上人们常将这三个部分统称为建筑工程设计，确切地说建筑设计是指建筑工程设计中由建筑师承担的建筑工种的设计工作。

1.3.1.1 建筑设计

建筑设计是在总体规划的前提下，根据任务书的要求，综合考虑基地环境、使用功能、结构施工、材料设备、建筑经济及建筑艺术等问题，着重解决建筑物内部各种使用功能和使用空间的合理安排，建筑物与周围环境、与各种外部条件的协调配合，内部和外表的艺术效果，各个细部的构造方式等等，创造出既符合科学性又具有艺术性的生产和生活环境。

建筑设计在整个工程设计中起着主导和先行的作用，除考虑上述各种要求以外，还应考虑建筑与结构、建筑与各种设备等相关技术的综合协调，以及如何以更少的材料、劳动力、投资和时间来实现各种要求，使建筑物做到适用、经济、坚固、美观。这就要求建筑师认真学习和贯彻建筑方针政策，正确掌握建筑标准，同时要具有广泛的科学技术知识。

建筑设计包括总体设计和个体设计两个方面，一般是由建筑师来完成。

1.3.1.2 结构设计

结构设计主要是根据建筑设计选择切实可行的结构方案，进行结构计算及构件设计、结构布置及构造设计等。一般是由结构工程师来完成。

1.3.1.3 设备设计

设备设计主要包括给水排水、电气照明、采光通风、动力等方面的专业设计来完成。

以上几方面的工作既分工，又密切配合，形成一个整体。各专业设计的图纸、计算书、说明书及预算书汇总，就构成一个建筑工程的完整文件，作为建筑工程施工的依据。

1.3.2 建筑设计的程序及要求

1.3.2.1 设计权的取得

设计单位需要具有与该项工程的等级相适应的设计资质；然后通过设计投标来赢得承揽设计的资格；最后接受建设方的委托，并与之依法签订相关的设计合同。

在招投标的过程中，招标方提供工程的名称、地址、占地面积、建筑面积等，还提供已批准的项目建议书或可行性研究报告，工程经济技术要求，城市规划管理部门确定的规划控制条件和用地红线图，可供参考的工程地质、水文地质、工程测量等建设场地勘察成果报告，供水、供电、供气、供热、环保、市政道路等方面的基础材料。

投标方则据此按投标文件的编制要求在规定的时间内提交投标文件。投标文件一般包含由建筑总平面图、各建筑主要层平面图、立面图和剖面图所组成的建筑方案，反映该方案设计特点的若干分析图和彩色建筑表现图或建筑模型及必要的设计说明。设计说明的内容以建筑设计的构思为主，也包括结构、设备各专业，环保、卫生、消防等各方面的基本设想和设计依据，同时还应提供设计方案的各项技术经济指标以及初步的经济估算。

1.3.2.2 设计前的准备工作

A 落实设计任务

（1）掌握必要的批文。建设单位必须具有以下批文才可向设计单位办理委托设计手续，即主管部门的批文、城市建设部门同意设计的批文。

（2）熟悉设计任务书。设计任务书是经上级主管部门批准提供给设计单位进行设计的依据性文件，一般包括：

1）建设项目总的要求、用途、规模及一般说明。

2）建设项目的组成，单项工程的面积，房间组成，面积分配及使用要求。

3）建设项目的投资及单方造价，土建设备及室外工程的投资分配。

4）建设基地大小、形状、地形，原有建筑及道路现状，并附地形测量图。

5）供电、供水、采暖及空调等设备方面的要求，并附有水源、电源的使用许可文件。

6）设计期限及项目建设进度计划安排要求。

B 调查研究、收集资料

除设计任务书提供的资料外，还应当收集必要的设计资料和原始数据，如建设地区的气象、水文、地质资料；基地环境及城市规划要求；施工技术条件及建筑材料供应情况；与设计项目有关的定额指标及已建成的同类型建筑的资料；当地文化传统、生活习惯及风土人情等等。

C 建筑设计阶段

建筑设计过程按工程复杂程度、规模大小及审批要求，划分为不同的设计阶段，一般分“两阶段设计”或“三阶段设计”。

“两阶段设计”是指初步设计和施工图设计两个阶段，一般的工程多采用两阶段设计。对于大型民用建筑工程或技术复杂的项目，采用“三阶段设计”，即初步设计、技术设计和施工图设计。

a 初步设计

初步设计的内容一般包括设计说明书、设计图纸、主要设备材料表和工程概算四部分，具体的图纸和文件有：

（1）设计总说明。包括设计指导思想及主要依据，设计意图及方案特点，建筑结构方案及构造特点，建筑材料及装修标准，主要技术经济指标以及结构、设备等系统的说明。

（2）建筑总平面图。比例为1:500、1:1000，应表示用地范围，建筑物位置、大小、层数及设计标高，道路及绿化布置，技术经济指标。

（3）各层平面图、剖面图及建筑物的主要立面图。比例为1:100、1:200，应表示建筑物各主要控制尺寸，如总尺寸、开间、进深、层高等，同时应表示标高，门窗位置，室内固定设备及有特殊要求的厅、室的具体布置，立面处理，结构方案及材料选用等。

（4）工程概算书。包括建筑物投资估算，主要材料用量及单位消耗量。

（5）透视图、鸟瞰图或模型。大型民用建筑及其他重要工程，必要时可绘制、制作。

b 技术设计

技术设计的主要任务是在初步设计的基础上进一步解决各种技术问题。技术设计的图纸和文件比初步设计更详细些。具体内容包括整个建筑物和各个局部的具体做法，各部分的确切尺寸关系，内外装修设计，结构方案的计算和各种构造和用料的确定，各种设备系统的设计和计算，各技术工种之间各种矛盾的合理解决，设计预算的编制等。

c 施工图设计

施工图设计是对初步设计的文件进行细化处理，达到可以按图施工的深度，并且满足设备材料采购、非标准设备制作和施工的要求。施工图设计是建筑设计的最后阶段，是提交施工单位进行施工的设计文件。施工图设计的主要任务是满足施工要求，解决施工中的技术措施、用料及具体做法。施工图设计的内容包括建筑、结构、水电、采暖通风等工种的设计图纸、工程说明书，结构及设备计算书和概算书。具体图纸和文件有：

（1）建筑总平面图。包括建筑的总平面定位坐标，环境、道路的具体构造做法，竖向设计等。

（2）建筑物各层平面图、立面图、剖面图。比例为1:50、1:100、1:200。除表达初步设计或技术设计内容以外，还应详细标出门窗洞口、墙段尺寸及必要的细部尺寸、详图索引等。

（3）建筑构造详图。应详细表示各部分构件关系、材料尺寸及做法、必要的文字说明。根据节点需要，比例可分别选用1:20、1:10、1:5、1:2、1:1等。

（4）各工种相应配套的施工图纸。如基础平面图、结构布置图、钢筋混凝土构件详图、水电平面图及系统图、建筑防雷接地平面图等。

（5）设计说明书。包括施工图设计依据、设计规模、面积、标高定位、用料说明等。

（6）结构和设备计算书、工程概算书。

1.4 建筑模数协调统一标准

为了使建筑制品、建筑构配件和组合件实现工业化大规模生产，使不同材料、不同形式和不同制造方法的建筑构配件、组合件符合模数并具有较大的通用性和互换性，以加快设计速度，提高施工质量和效率，降低建筑造价，在建筑业中必须共同遵守《建筑模数协调统一标准》，以下简称标准。

1.4.1 建筑模数协调统一标准的适用范围

本标准适用于一般民用与工业建筑物的设计；房屋建筑中采用的各种建筑制品、构配件、组合件的尺寸及设备、贮藏单元和家具等的协调尺寸；编制一般民用与工业建筑物有关标准、规范和标准设计。

1.4.2 模数

1.4.2.1 基本模数、导出模数和模数数列

（1）基本模数的数值，应为100mm，其符号为M，1M＝100mm。整个建筑物和建筑物的一部分以及建筑组合件的模数化尺寸，应是基本模数的倍数。

（2）导出模数应分为扩大模数和分模数，其基数应符合下列规定：

水平扩大模数基数为3M、6M、12M、15M、30M、60M，其相应的尺寸分别为300mm、600mm、1200mm、1500mm、3000mm、6000mm；竖向扩大模数的基数为3M与6M，其相应的尺寸为300mm和600mm；分模数基数为1/10M、1/5M、1/2M、其相应的尺寸为10mm、20mm、50mm。

（3）不同类型的建筑物及其各组成部分间的尺寸统一与协调，应减少尺寸的范围以及使尺寸的叠加和分割有较大的灵活性（在砖混结构住宅中，必要时，可采用3400mm、2600mm作为建筑参数）。

1.4.2.2 模数数列的幅度

（1）水平基本模数应为1M。1M数列应按100mm进级，其幅度应由1M至20M。

（2）竖向基本模数应为1M。1M数列应按100mm进级，其幅度应由1M至36M。

（3）水平扩大模数的幅度，应符合下列规定：

3M数列按300mm进级，其幅度应由3M至75M；6M数列按600mm进级，其幅度应由6M至96M；12M数列按1200mm进级，其幅度应由12M至120M；15M数列按1500mm进级，其幅度应由15M至120M；30M数列按3000mm进级，其幅度应由30M至360M；60M数列按6000mm进级，其幅度应由60M至360M等，必要时幅度不限制。

（4）竖向扩大模数的幅度，应符合下列规定：

3M数列按300mm进级，幅度不限制；6M数列按600mm进级，幅度不限制。

（5）分模数的幅度，应符合下列规定：

1/10M数列按10mm进级，其幅度应由1/10M至2M；1/5M数列按20mm进级，其幅度应由1/5M至4M；1/2M数列按50mm进级，其幅度应由1/2M至10M。

（6）模数数列的适用范围：

1）水平基本模数1M至20M数列，主要用于门窗洞口和构配件截面等处。

2）竖向基本模数1M至36M数列，主要用于建筑物的层高、门窗洞口和构配件截面处。

3）水平扩大模数3M、6M、12M、15M、30M、60M的数列，应主要用于建筑物的开间或柱距、进深或跨度、构配件尺寸和门窗洞口等处。

4）竖向扩大模数3M数列，应主要用于建筑物的高度、层高和门窗洞口等处。

5）分模数1/10M、1/5M、1/2M的数列，应主用于缝隙、构造节点、构配件截面等处。分模数不应用于确定模数化网格的距离，但根据设计需要分模数可用于确定模数化网格平移的距离。

模数数列表，见表1-3。建筑模数及其适用范围见表1-4。

表1-3 模数数列表 （mm）

基本模数	扩大模数						分模数		
1M	3M	6M	12M	15M	30M	60M	1/10M	1/5M	1/2M
100	300	600	1200	1500	3000	6000	10	20	50
100	300						10		
200	600	600					20	20	
300	900						30		
400	1200	1200	1200				40	40	
500	1500			1500			50		50
600	1800	1800					60	60	
700	2100						70		
800	2400	2400	2400				80	80	
900	2700						90		
1000	3000	3000		3000	3000		100	100	100
1100	3300						110		
1200	3600	3600	3600				120	120	
1300	3900						130		
1400	4200	4200					140	140	
1500	4500			4500			150		150

续表 1－3

基本模数	扩大模数						分模数		
1M	3M	6M	12M	15M	30M	60M	1/10M	1/5M	1/2M
1600	4800	4800	4800				160	160	
1700	5100						170		
1800	5400	5400					180	180	
1900	5700						190		
2000	6000	6000	6000	6000	6000	6000	200	200	200
2100	6300							220	
2200	6600	6600						240	
2300	6900								250
2400	7200	7200						260	
2500	7500		7200					280	
2600		7800		7500				300	300
2700		8400	8400					320	
2800		9000		9000	9000			340	
2900		9600	9600						350
3000				10500				360	
3100			10800					380	
3200			12000	12000	12000	12000		400	400
3300					15000				450
3400					18000	18000			500
3500					21000				550
3600					24000	24000			600
					27000				650
					30000	30000			700
					33000				750
					36000	36000			800
									850
									900
									950
									1000

表 1－4 建筑模数及其适用范围

类 别	代 号	尺寸/mm	应用范围
分模数	1/100M	1	材料的厚度、直径、缝隙及构造细小尺寸、建筑制品的公偏差
	1/50M	2	
	1/20M	5	
	1/10M	10	缝隙、构造节点、构配件的截面及建筑制品的尺寸等
	1/5M	20	
	1/2M	50	
基本模数	1M	100	构件截面、建筑制品、门窗洞口、建筑构配件及建筑开间、进深、柱距、层高的尺寸
扩大模数	3M	300	
	6M	600	
	15M	1500	建筑物的跨度、柱距（开间、进深）、层高、建筑构配件的尺寸
	30M	3000	
	60M	6000	

2 民用建筑设计

2.1 建筑总平面设计

2.1.1 建筑与环境的关系

2.1.1.1 环境的概念

环境是指与人类密切相关的、影响人类生活和生产活动的各种自然力量或作用的总和。日常生活中所提及的环境一般指自然环境、人工环境和人文环境三种。建筑师对环境的理解应该向广度和深度上延伸，我们周围的一切（包括物质的、精神的）都是我们所说的环境。

自然环境，指建筑所处的大自然部分，包括绿地、水域和水文、地质、地形、气候条件等；人工环境，是指人类为了满足一定的社会生活目的而人为地建造，构筑的空间环境，包括城市空间结构、城市景观、城市功能结构等；人文环境，包括城市的历史文化环境、城市的社会化环境等，也是建筑创作中必须重视的环境因素之一，只有全面地把握和理解环境的概念才能创造出有意义的作品。

2.1.1.2 建筑与环境的关系

建筑是环境的一部分，建筑从整体而言是服从于周围环境的。建筑与环境的关系可以概括为以下几点：

（1）建筑与自然环境的协调统一。自然界除了为我们提供最基本的生存条件之外，还是人类艺术灵感的“源泉”。中国古代哲学崇尚“天人合一”的境界，即建筑设计的整体环境观应是人与自然融合为一体的。如中国的皖南民居、中国古典园林的设计注重谋求与自然之间的关联和融合与渗透关系。

实例2－1：徽州古村落传统民居的环境观

中国传统民居的核心是居住空间与环境之间的关系，认为人与自然是不可分割的整体。其中的风水理论寻求天、地、人之间最完美和谐的环境组合，体现原始的生态观，其合理之处与现代住宅环境设计的理念不谋而合。

徽州古村落的选址，如图2－1所示。典型的模式为“负阴抱阳，背山面水”，即所谓“枕山、环水、面屏”，“依山造屋，傍水结村”。其建筑规划、设计营造均无一例外地要与地形地貌、朝向风向、防灾避灾等要求符合，“后高前低”、“狭长天井”、“封火马头墙”等是共有的特点。背山可以挡住冬季北方袭来的寒流，面水可以接受夏季东南的凉风，向阳可获得良好的日照，近水可提供足够的饮用水及农田用水，既便于交通，又利于排除雨雪积水，防止洪涝淹没房屋，同时还改善了视觉的封闭感，使建筑层次优美，利于形成良性的生态循环。

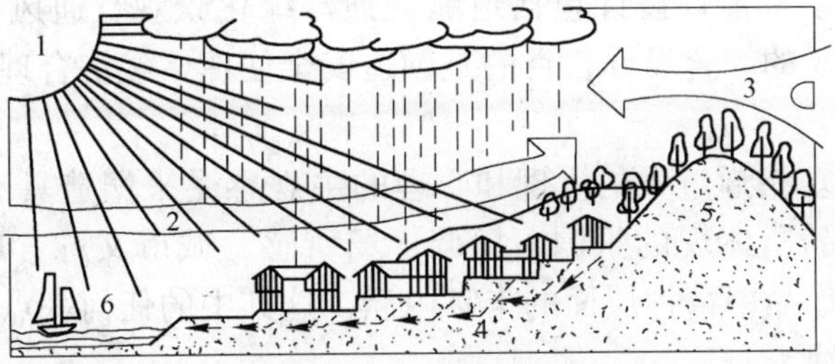

图 2－1　徽州民居的选址

1—日照；2—阳面风向；3—阴面风向；4—向阳坡；5—山坡顶；6—水体

实例 2－2：赖特的“有机建筑”环境观

美国的赖特是 20 世纪最伟大的建筑师之一，他提出的“草原式风格”及“有机建筑”理论，认为美来源于自然，强调建筑物的设计要尊重天然环境，每栋建筑都应是基地的唯一的产物。建筑应在人类与它所处的环境之间建立联系。

“流水别墅”（又称落水别墅）是最能体现他建筑与自然环境成功融合的范例之一，如图2－2所示。

流水别墅坐落于美国宾夕法尼亚州匹兹堡市附近的一片风景优美的山林的岩崖之中，1936 年落成。别墅凌空建于溪流和小瀑布上，悬伸的横向挑台，粗犷的毛石竖墙，大片的玻璃窗，它与整个山谷融为一体，完美地体现了赖特的“有机建筑”环境观。

图 2－2　流水别墅

（2）建筑与人文环境的协调统一。人文要素包括历史文化特征、人的行为心理特征等。建筑设计应从历史文化的角度对城市、地段、建筑进行空间分析，并对居民的心理行为特征、价值取向等做出分析，使地段具有历史及文化的延续性，从而与城市的整体风貌特征相协调，使地段具有场所意义的空间特征。例如北京的胡同、四合院，上海的里弄、石库门，都有其历史特征，是一定区域、地域文化的承载者，遗憾的是它们正在逐渐消失。

（3）建筑在环境中的“角色”定位。建筑在城市环境中是“主角”还是“配角”，这决定了建筑在环境地段中的定位是什么。有些建筑要当主角，有些就要当配角，主角是少数，配角是多数。真正优秀的建筑作品是应该“存在于环境之中”的建筑，建筑应与地段环境的人工要素有和谐的关系，如地段环境特征的体现，整体历史感的契合等，这样城市布局才有整体效果。

2.1.2　建筑与环境设计的三个层面

建筑环境设计包括“功能性设计”、“人性化设计”、“可持续发展性”三个层面。具体到建筑总平面设计，主要体现在以下几个方面：

（1）功能性设计。功能性设计包括道路交通、绿化景观、通风采光、排水排污、停车等诸多功能技术方面的综合设计，目的是创造安全便捷、经济合理的功能性合理的建筑空间。

（2）人性化设计。指通过人的生理和心理的主观感受来塑造具有“人性化”的建筑空间环境，即建筑作品所体现的氛围、情调、场所感、城市文脉、风貌特色、时代精神等，它们构成了建筑作品中精神层面的丰富内涵，这其中的任何一点，都可以拓展为贯穿设计全过程的思想红线。

（3）可持续发展性。即注重研究建筑及其外部环境的演变过程以及对人类的影响，研究人类活动对城市生态系统的影响，并探讨如何改善人类的聚居环境，达到自然、社会、经济效益三者的统一。

2.1.3　建筑总平面设计

2.1.3.1　建筑总平面的设计原则和要求

A　建筑基地的选择

建筑基地的选择应遵守执行国家的方针政策及当地城市规划的要求，并遵循“适用，经济、美观”的原则。应节约用地，正确处理各种关系，如出入口位置、交通流线、建筑物的层数、朝向、体型、布局、空间组合、绿化布置、建筑间距及用地和环境控制指标，并与周围环境协调统一。

B　详细掌握有关资料

需要详细掌握的有关资料包括地形地貌资料、气象资料（气温、降水量、风象、云雾及日照）、水文地质资料、工程地质资料、给水排水条件等。

C　满足各种设计要求

（1）满足使用功能要求及卫生、安全等要求。基地选择及布局应做到功能分区合理、建筑布局紧凑、交通流线清晰，避免各部分的相互干扰。工业项目的设计，必须保证生产过程和工艺流程的连续、畅通、安全。建、构筑物之间的间距，应按日照、通风、防火、防震、防噪等卫生、安全要求及节约用地的原则综合考虑。

（2）满足交通运输要求。合理组织人流、车流，场地交通运输线路的布置要便捷、通畅、避免重复交叉。内部交通组织应与周围道路交通状况相适应，尽量减少场地人员、货物出入对城市主干道交通的影响。

D　满足竖向设计、管线综合布置要求

充分结合场地地形、地质、水文等条件，进行建、构筑物、道路等的竖向布置，减少土石方工程量，有效组织场地地面排水，满足场地防洪的要求。合理配置场地内各种地上地下管线线路，管线之间的距离应满足有关技术要求，便于施工和日常维护，解决好管线交叉的矛盾，力求布置紧凑、占地面积最小。

E　合理进行绿化布置与环境保护

场地设计应本着环境的建设与保护相结合的原则，采取有效措施防止环境污染，创造舒适、优美、洁净并具有可持续发展特点的生活环境。场地的绿化布置和环境美化要全面考虑、统筹安排，充分发挥植物绿化在改善小气候、净化空气、防灾、降尘、美化环境方面的作用。

2.1.3.2 建筑总平面设计

A 建筑总平面设计的内容

建筑总平面设计的内容包括建筑功能布局、道路组织规划、绿化水体及景观设计、竖向设计等内容。建筑总平面设计受到建筑功能、规模、面积、形状、周围道路、地形特征、日照采光等多种因素的影响。

B 建筑总平面设计的影响因素

（1）建筑功能、性质、规模决定总平面设计的内容。不同类型和规模的建筑有不同的功能特点和面积要求，空间的专业化及使用标准越高，对附属建筑及配套停车、广场、道路、绿化等设计指标要求越高。此外还应满足规范要求的建筑采光间距、防火间距等，保证建筑良好的日照、通风条件，还要考虑良好的环境空间和交通疏散。

如中小学校总平面设计，首先要处理好校园区与外部城市环境的关系，选择好合适的校园位置及校门出入口位置，保证安全、便捷的交通组织设计及较为安静的校园学习环境。其次需要考虑校园内教学用房、教学辅助用房、行政管理用房、服务用房、运动场地、自然科学园地及生活区之间应分区明确、布局合理、联系方便、互不干扰。

又如居住小区的规划总平面设计，除了考虑选择合理的容积率、住宅套型标准、多层或高层的设计定位等以外，还要考虑停车用地及居民的活动空间，还应有大片供人们休憩的绿地、人造景观、会所及相关的服务设施，如托儿所、幼儿园、小区商业网点等。

（2）基地面积、形状、道路等对建筑总平面布局的影响。基地的大小和形状直接影响到建筑平面布局、外轮廓形状和尺寸。

基地内的道路布置及人流方向是确定出入口和门厅平面位置的主要因素。因此在总平面设计中，应密切结合基地的大小、形状和道路布置等外在条件，使建筑平面布置的形式、外轮廓形状和尺寸以及出入口的位置等符合城市总体规划的要求。图2－3所示为某基地相对规整、方正的中学校园规划。

图2－3 某方形平面中学校园总平面

（3）基地的坡度对建筑布局的影响。基地地形若为坡地时，则应将建筑平面组合与地面高差结合起来，以减少土方量，而且可以造成富于变化的内部空间和外部形式。

（4）日照、朝向、防火等因素影响建筑的间距。建筑物之间的距离，主要应根据日照、通风等卫生条件与建筑防火安全要求来确定。除此以外，还应综合考虑防止声音和视线干扰，绿化、道路及室外工程所需要的间距以及地形利用、建筑空间处理等问题。最终的间距确定应满足所有条件中的最大值。

1）日照间距。日照间距是指前后两排房屋之间，为保证后排房屋在规定的时日获得所需日照量而保持的一定间隔距离。日照间距的计算方法，以房屋长边向阳，朝阳向正南，正午太阳照到后排房屋底层窗台为依据来进行计算。

由图 2－4 可知，$\tan h = (H - H_1) / D$，由此得出日照间距应为：

$$D = (H - H_1) / \tan h$$

式中　h——太阳高度角；

H——前幢房屋檐口至地面高度；

H_1——后幢房屋窗台至地面高度。

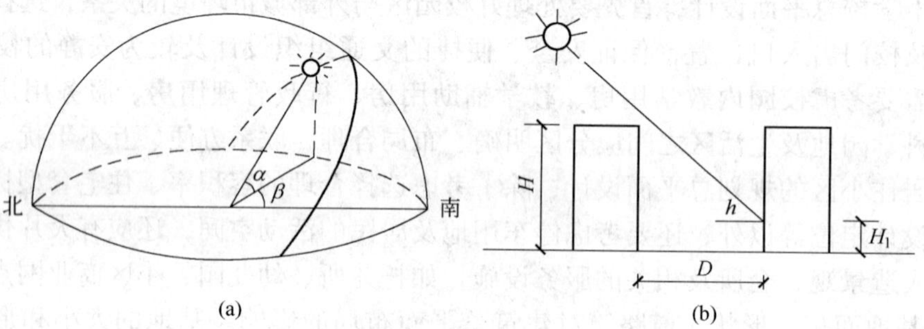

图 2－4　太阳高度角与日照间距

（a）太阳高度角和方位角；（b）日照间距

实际应用中，常将 D 换算成其与 H 的比值，即日照间距系数，以便根据不同建筑高度算出相同地区、相同条件下的建筑日照间距。我国大部分地区日照间距约为（1.0～1.7）H。愈往南日照间距愈小，愈往北则日照间距愈大，这是因为太阳高度角在南方要大于北方的原因。为节省用地，实际设计采用的建筑物间距可能会略小于理论计算的日照间距。

日照间距与地理纬度、方位、季节、日照时间有关，如居室所需日照时数增加时，其间距就相应加大，或者当建筑朝向不是正南，其间距也有所变化。对于大多数的民用建筑，日照是确定房屋间距的主要依据，在一般情况下，只要满足了日照间距，其他要求也就能满足。

在坡地上布置房屋，在同样的日照要求下，由于地形坡度和坡向的不同，日照间距也会随之改变。当建筑平行等高线布置，向阳坡地，坡度越陡，日照间距越小；反之，日照间距越大，如图 2－5 所示。

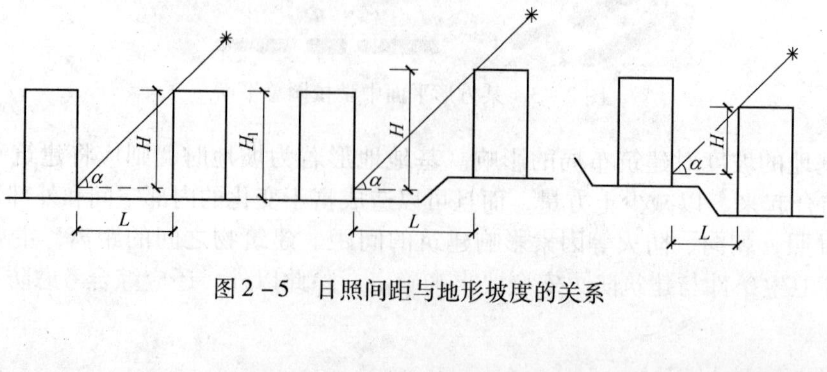

图 2－5　日照间距与地形坡度的关系

2）建筑的朝向影响建筑的间距。建筑的朝向受以下因素影响：

① 日照因素。我国大部分地区夏季热、冬季冷。为保证室内冬暖夏凉，建筑物的朝向应为南向，南偏东或偏西少许角度（15°）。严寒地区由于冬季时间长、夏季不太热，应争取日照，建筑朝向以东、南、西为宜。

② 通风因素。根据当地的气候特点及夏季或冬季的主导风向，适当调整建筑物的朝向，使夏季可获得良好的自然通风条件，而冬季又可避免寒风的侵袭。

③ 基地环境因素。对于人流集中的公共建筑，房屋朝向主要考虑人流走向、道路位置和邻近建筑的关系；对于风景区建筑，则应以创造优美的景观作为考虑朝向的主要因素。

（3）防火间距。防火间距，是指为了防止建筑物间的火势蔓延，在各栋建筑物之间留出一定的安全距离。也就是指一栋建筑物起火，其相邻建筑物在热辐射的作用下，在一定时间内没有任何保护措施情况下，也不会起火的最小安全距离。建筑的防火间距可查阅《建筑设计防火规范》中对各类不同建筑的具体规定。民用建筑防火间距，见表2－1和表2－2。

表2－1　民用建筑之间的防火间距　（m）

耐火等级	一、二级	三　级	四　级
一、二级	6.0	7.0	9.0
三　级	7.0	8.0	10.0
四　级	9.0	10.0	12.0

表2－2　高层建筑之间及高层建筑与其他民用建筑之间的防火间距　（m）

建筑类别	高层建筑	裙　房	其他民用建筑 耐火等级		
			一、二级	三　级	四　级
高层建筑	13	9	9	11	14
裙　房	9	6	6	7	9

注：防火间距应按相邻建筑外墙的最近距离计算；当外墙有突出可燃构件时，应从其突出的部分外缘算起。

2.2　建筑平面设计

建筑平面设计以满足建筑物的功能要求为主要目的，从建筑物各部分的水平方向尺寸、功能内容及相互关系着手，通过合理的功能分区、流线组织、空间划分和利用等设计手段，使建筑达到功能合理、流线清晰、交通便捷和空间完善。

建筑平面设计是建筑设计环节中的重要内容，一般也是先行的设计过程。建筑平面设计应与立面体型设计、剖面设计三个环节共同配合，并选用合理的结构形式和建筑构造方式使之成为完整的设计过程。它们之间的关系如下：

- 理性设计（以人为本）↔平面、剖面设计（平面功能合理、流线清晰；空间高度适宜）
- 感性设计（审美要求）↔立面、体型设计（满足形式美的规律，进行造型、色彩、材质、光影、虚实等设计）
- 技术设计（经济合理）↔建筑结构与构造设计（经济合理的结构选型和建筑构造做法）

（1）建筑物的组成。一栋建筑物包括各种使用部分的房间（包括主要房间和辅助房间）及交通联系部分，其组成关系如下：

- 建筑物
  - 各种使用房间
    - 主要房间
      - 教学楼：教室、实验室、办公
      - 商　场：营业厅、仓库、办公
    - 辅助房间
      - 旅　馆：洗衣房、公共卫生间
      - 住　宅：厨房、卫生间、储藏室
  - 交通联系部分
    - 水平交通：门厅走廊、走道
    - 垂直交通：楼梯、电梯（厢式电梯、自动扶梯）、坡道
    - 交通枢纽：门厅、过厅

（2）建筑平面设计的一般程序及要求如下：

房间平面设计
- 主要房间——位于朝向、采光、通风好处
- 辅助房间——位于相对次要位置，兼顾采光、通风

+依据功能、环境、规范要求（反复修改）

交通联系部分设计（门厅、走廊、楼梯、电梯）
——交通便捷、疏散安全，各种流线不交叉、不迂回

→ 建筑平面组合设计：功能合理　流线清晰　交通便捷　空间完善

2.2.1　主要使用房间的平面设计

主要使用房间在建筑中是主要使用功能的空间，占有重要的地位，应满足以下的设计要求：房间设计应有足够的面积、恰当的形状、适宜的尺度，以满足功能和家具、设备的布置要求。房间门窗的位置、尺寸、大小设计合理，有良好的朝向、采光、通风，并满足内外交通联系方便，符合交通疏散安全的要求。房间的空间组合应有效利用建筑面积，结构布局合理，施工方便。房间室内外空间尺度设计满足审美要求。

2.2.1.1　房间的面积

（1）建筑物的房间面积组成。由三个部分组成，即：家具和设备所占的面积，人们使用家具和设备所需的面积，房间内部的交通面积，如图 2－6 所示。

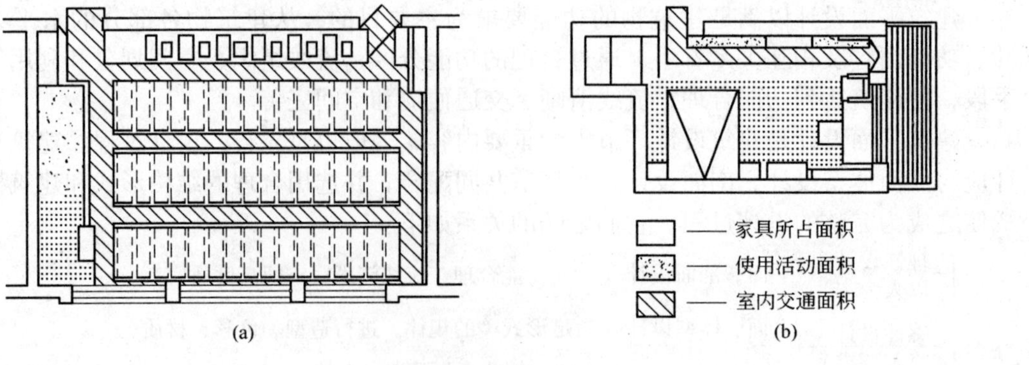

图 2－6　房间的面积组成分析图

（a）教室；（b）卧室

（2）建筑平面利用系数 K。数值上等于使用面积与建筑面积的百分比，建筑面积由使用部分、交通联系部分、房屋构件所占面积三部分组成。

$$K = \frac{使用面积}{建筑面积} \times 100\%$$

式中　建筑面积——外墙包围的各楼层面积总和；

使用面积——除交通面积和结构面积之外的所有空间面积之和。

（3）影响房间面积的因素：

1）使用功能和容纳人数的影响。普通住宅的卧室，尺度是满足少数人的居住要求，并应具有安静、舒适、亲切的空间尺度，面积为 10～12m^2 为宜。体育馆、影剧院等大空间建筑，因需要满足各种运动比赛或影视放映、演出娱乐的功能要求，加之人数众多的看台或观众厅，一般都具有很大的平面面积。

2）家具设备占用的面积及人们使用活动面积的影响。以中学普通教室布置为例，房间受课桌椅的布置方式和数量的影响，如图 2－7 所示 。

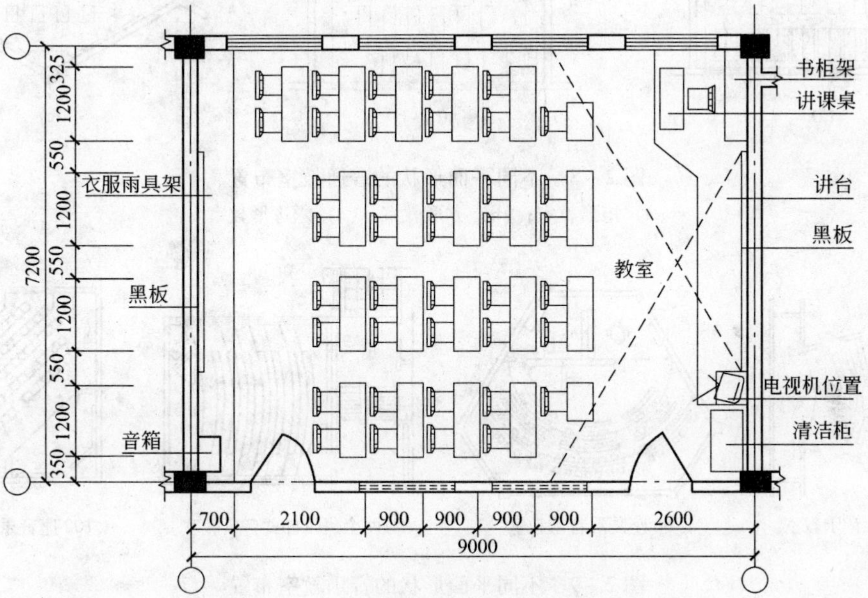

图 2－7　中学普通教室标准平面布置图

《中小学校建筑设计规范》对教室内课桌椅的布置有如下规定：

① 课桌椅的排距。小学不宜小于 850mm，中学不宜小于 900mm；纵向走道宽度均不应小于 550mm。课桌端部与墙面（或突出墙面的内壁柱及设备管道）的净距离均不应小于 120mm。

② 前排边座的学生与黑板远端形成的水平视角不应小于 30°。

③ 教室第一排课桌前沿与黑板的水平距离不宜小于 2000mm；教室最后一排课桌后沿与黑板的水平距离：小学不宜大于 8000mm，中学不宜大于 8500mm。教室后部应设置不小于 600mm 的横向走道。

2.2.1.2　房间的形状

房间形状的确定取决于功能、结构和施工条件，以矩形居多，还可利用圆形、多边形及不规则形状的房间与矩形房间的空间组合形成对比，使房间的空间艺术效果具有独特的风格，达到丰富建筑造型的效果。

房间平面形状的决定因素如下：

（1）使用功能的要求。一般使用功能的房间多用矩形。有特殊功能要求的房间，应首先满足特殊功能的要求，如杂技场、马戏表演厅因表演的需要多为圆形或椭圆形，体育场馆因观众看台的视线设计要求则以椭圆形、圆形居多。

教室的平面形状通常有矩形、方形、多边形及扇形等，如图 2－8、图 2－9 所示。

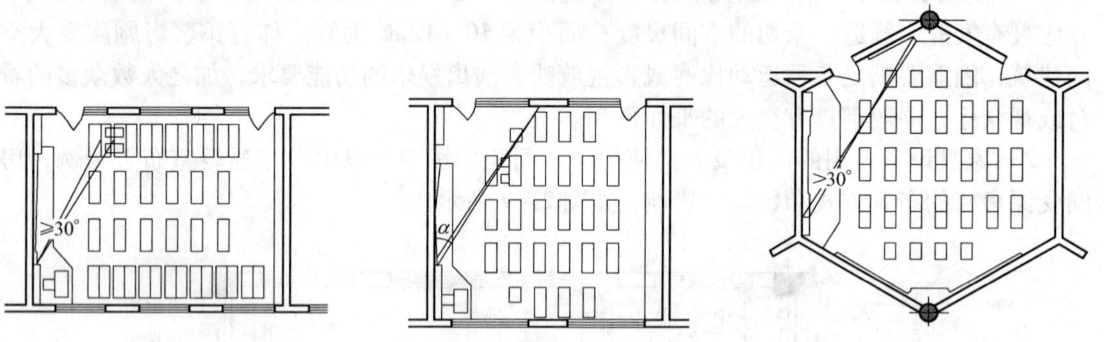

图 2－8　不同平面形状的普通教室布置

（a）矩形教室；（b）方形教室；（c）六边形教室

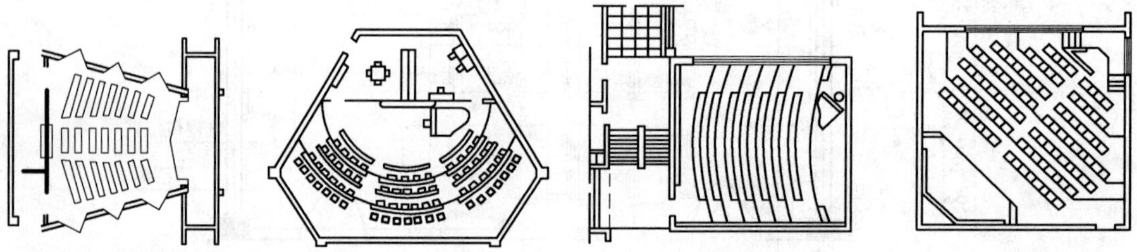

图 2－9　不同平面形状的音乐教室布置

矩形普通教室是当前大量采用的形式，在有特殊功能（如视听）要求时，可采用方形及六角形、扇形等平面。

方形教室的进深与开间基本相同，优点是进深加大，长度缩短，外墙减少，相应交通路线缩短，用地较经济。同时，方形教室缩短了最后一排的视距，视听条件有所改善。但为了保证水平视角的要求，前排两侧均不能布置课桌椅，因而该形式教室的有效面积系数较矩形教室低，因采光不利不宜用于内廊式组合。

多边形教室有五边形、六边形等，这种形式在采光、通风和座位排列上有其优越性，但经济性较上述形式要差一些。

（2）视线、音质设计的要求。视听设计包括视线设计和音质设计两个方面。视线设计是要求合理的视距、舒适的视角和通畅的视线。音质设计是达到功能需要的清晰度、无回声、无声聚焦等要求。视听设计均含平面方向的设计和剖面方向的设计两方面。

教室、影剧院及体育馆的观众厅等建筑的平面形状应考虑满足视听设计的要求。教室有矩形、正方形、六边形等，均应满足水平视角与垂直视角设计的要求。

1）教室视角设计。即视线与画面所成的夹角，包括水平视角和垂直视角。

① 水平视角。教室水平视角应不小于30 °，如图2－10a。

② 垂直视角。教室的仰角应不小于45°，如图2－10b。

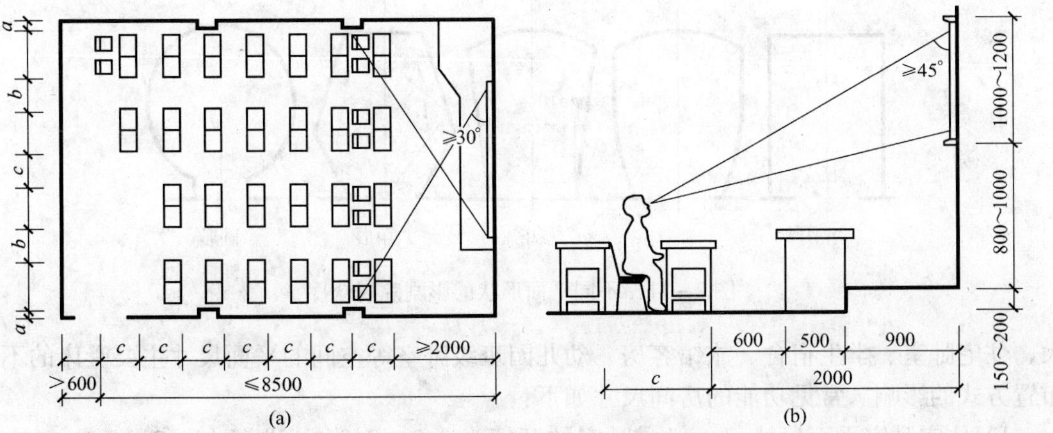

图2－10　教室的视线要求与平面尺寸的关系

（a）教室的水平视角设计≥30°；（b）教室的垂直视角设计≥45°

2）音质设计。以影剧院观众厅设计为例，声学设计的要求是声能分布均匀、无回声和无声聚焦。

① 声能分布均匀。可以通过观众厅的平面、剖面形状设计使声音充满整个观众席，避免空白区。声能由直达声、反射声组成，两者都有，声音才有丰满度，悦耳动听。

② 防止回声。回声是观众在不同的时间里听到同一个声音而形成的不利听觉现象。人耳分辨声音的时间是1/20s，声速是$v=340\text{m/s}$，因而这一距离是$L=17\text{m}$。我们可以从降低舞台口顶棚，收拢舞台口侧墙、设吸声材料及观众厅后部辅助设置音箱等措施来解决回声的问题。

③ 无声聚焦。声聚焦是指声音在反射过程中碰到弧形表面而引起的集中反射现象，从而引起局部声能过强，局部又缺少反射声的现象。我们可以加大弧形表面的曲率半径、弧形表面设吸声材料等措施来解决这一问题。几种不同平面形状的观众厅的声学特点，如图2－11所示。

（3）结构形式、结构布置和施工条件、经济合理的要求。结构形式、结构布置和施工条件要求房间形状应形体简洁、设计规整，以便于施工、达到经济合理的目的。

（4）立面处理、外形艺术要求、个性设计的要求。规则形状的房间平面组合形成的建筑体型较规整，而不规则、非对称的平面则易形成活泼、自由的空间布局和立面性格特点。

2.2.1.3　房间的平面尺寸

影响房间平面尺寸的因素如下：

（1）家具布置和室内活动影响平面尺寸。房间的平面设计尺寸受家具布置的影响很

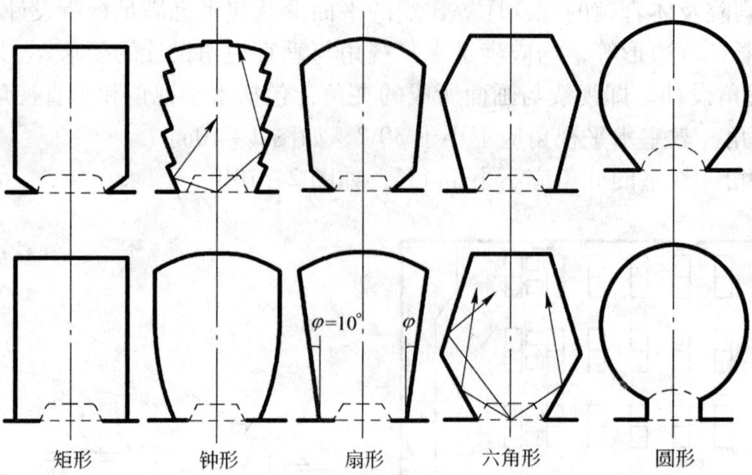

图 2－11 不同平面形状的影剧院观众厅

大，住宅卧室、学生宿舍、旅馆客房、幼儿园班级卧室等空间的平面尺寸主要受床的不同布置方式的影响。常见功能的房间尺寸如下：

1）住宅卧室平面尺寸。一般主卧室的开间为 3.3～3.9m，进深为 4.2～5.1m；次卧室的开间为 2.4～3.0m，进深为 2.7～3.9m，如图 2－12 所示。

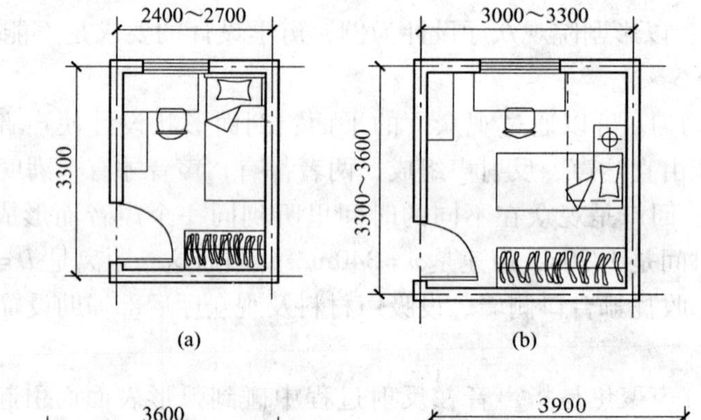

图 2－12 主、次卧室的平面尺寸及布置

（a）次（小）卧室；（b）次（中）卧室；（c）主卧室；（d）主（大）卧室

2）办公室的平面尺寸。常用开间尺寸为3.0～3.9m。

3）普通教室常用平面轴线尺寸。

① 矩形普通教室常用尺寸，如图2－7所示。

a. 中学：9000mm×7200mm、9000mm×6900mm、9000mm×6600mm、9000mm×6300mm等；

b. 小学：8100mm×6600mm、8100mm×6300mm、9000mm×6000mm等。

② 方形普通教室常用尺寸。方形教室的进深与开间基本相同，平面轴线尺寸可采用7200mm×7200mm、7500mm×7500mm、7800mm×7800mm、7500mm×7800mm等。

4）医院病房的平面尺寸。病房的开间和进深尺寸受到病床布置方式的影响。开门的位置要考虑急救床进出的方便，如图2－13所示。

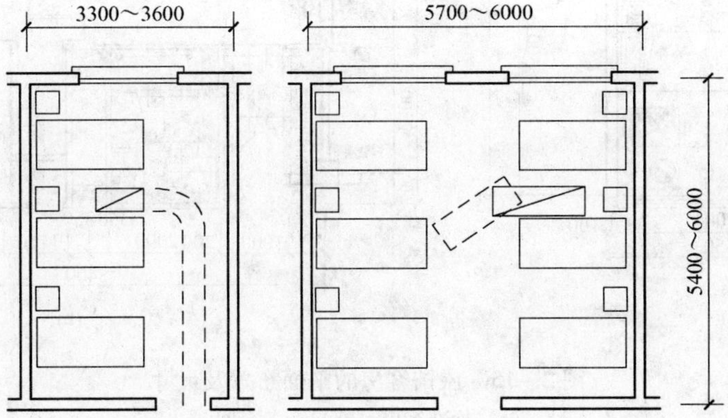

图2－13　普通病房的平面布置及尺寸

5）幼儿园标准班的常用平面轴线尺寸，如图2－14所示。

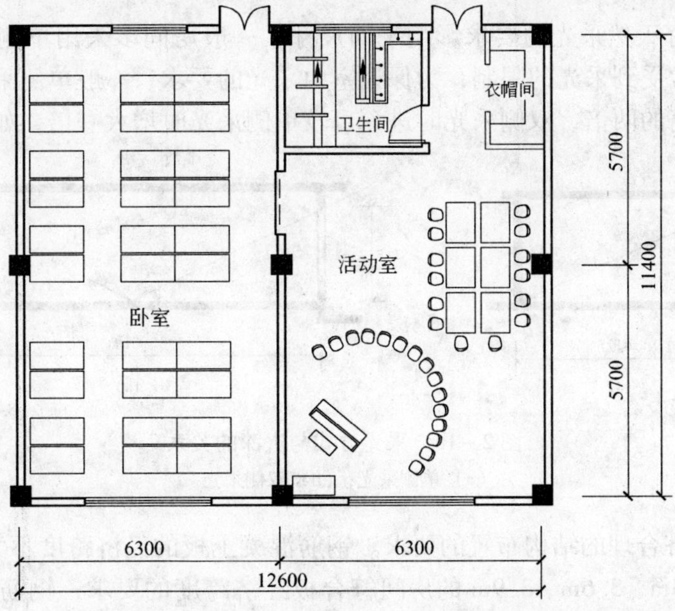

图2－14　幼儿园标准班的平面布置及尺寸

6）旅馆客房平面尺寸。客房类型分为套间、单床间、双床间（双人床间）、多床间。多床间内床位数不宜多于4床。客房不宜设置在无窗的地下室内，客房内应设有壁柜或挂衣空间。旅馆客房的常用开间尺寸为3.9～4.5m，如图2－15所示。

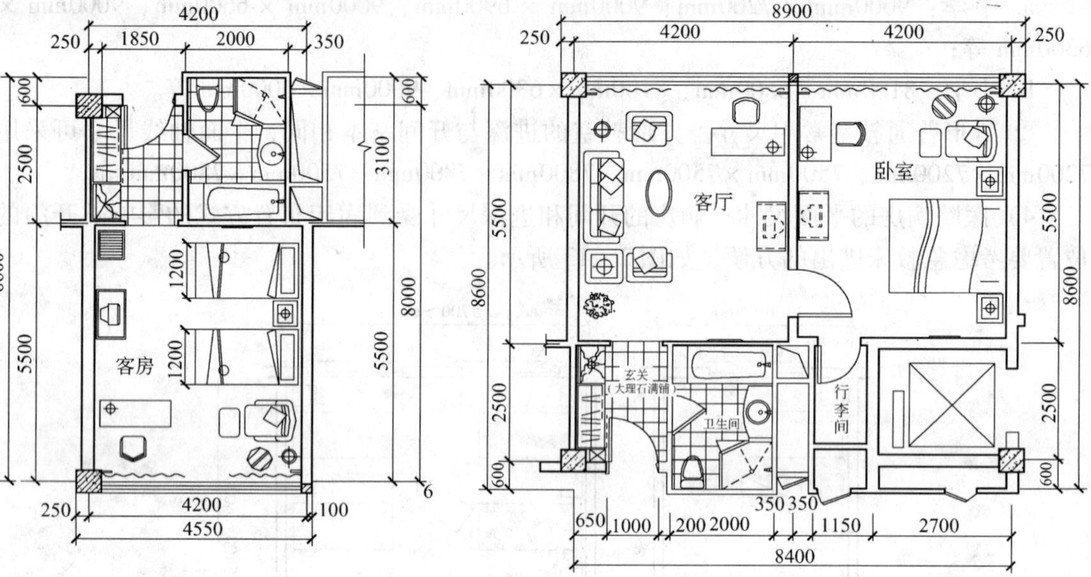

(a)　　(b)

图2－15　旅馆客房的平面布置及尺寸

（a）标准客房；（b）商务套间

（2）视线设计的要求影响平面尺寸。如前所述，有视听设计要求的房间，合理的水平视角、垂直视角及视距等条件制约着平面尺寸的确定。如中小学普通教室，如图2－10所示。

（3）满足良好天然采光的要求影响平面尺寸。一般房间多采用单侧或双侧采光，因此，房间的深度常受到采光的限制，为保证室内采光的要求，一般单侧采光时进深不大于窗上口至地面距离的两倍，双侧采光时进深可较单侧采光时增大一倍，如图2－16所示。

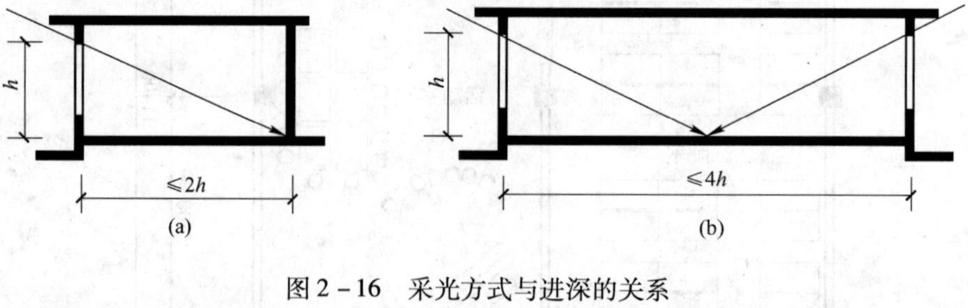

(a)　　(b)

图2－16　采光方式与进深的关系

（a）单侧采光；（b）双侧采光

（4）满足经济合理的结构布置的要求。钢筋混凝土板的经济跨度不大于4m，因而横墙开间3.0m、3.3m、3.6m、3.9m的房间符合板经济跨度的要求；钢筋混凝土梁的经济跨度不大于9m，开间6～9m的柱网是比较经济的。

（5）符合建筑模数协调统一标准的要求及合适的房间尺寸比例。

2.2.1.4 房间的门窗设计

门的作用主要是交通联系和安全疏散，兼具有通风、采光的作用。窗的作用主要是采光、通风，在景观设计要求高的建筑中，有观景、眺望的功能。

门窗的大小、数量、开启方向影响室内使用功能、家具布置、人流方向、疏散及建筑外观等。门的设计主要考虑到门的数量、宽度、位置、开启方式等问题，窗的设计还要考虑到采光与通风方面的要求。

A 门

（1）门的宽度。门的宽度取决于人体尺寸、人流股数及家具设备大小等因素。门的尺寸确定依据是按照人流股数的多少，单股人流时宽为550～600mm（空手下垂的单人正面通过的尺寸），侧身通过为300mm。常见门的尺寸如下：

1）住宅卧室门、起居室门900mm；厕所和阳台门洞口最小宽为700mm。

2）公建单扇门最小1000mm。幼儿园房间门1200mm；普通教室及办公室等最小门宽1000mm；病房门净宽1100～1400mm等。

3）门宽大于1000mm时，可做双扇或多扇门。如1200mm、1500mm、1800mm为双扇门，2100mm以上尺寸为多扇门。

4）门的总宽度还应满足防火规范的疏散要求。

（2）门的数量。门的数量主要考虑防火疏散要求（《建筑设计防火规范》（GB50016—2006）），公共建筑和通廊式非住宅类居住建筑中各房间疏散门的数量应经计算确定，且不应少于2个，该房间相邻2个疏散门最近边缘之间的水平距离不小于5m。

设1个门时，房间位于2个安全出口之间，且建筑面积小于等于120m²，疏散门的净宽度不小于0.9m；除托儿所、幼儿园、老年人建筑外，房间位于走廊尽端，且由房间内任一点到疏散门的直线距离小于等于15.0m，其疏散门的净宽度不小于1.4m。

（3）门的位置。

1）门的位置应方便交通和疏散。对于人数多、面积大的房间如影剧院、体育馆、礼/会堂等的观众厅，因疏散集中，门的位置应主要考虑交通便捷和疏散安全，一般室内疏散通道的尽端应设置对外开启的门，且应避免在疏散门处有高差处设置台阶，可用坡道或延伸平台来处理，如图2－17a所示。

2）门的位置应便于家具的布置。房间门的位置设计应综合考虑交通、疏散、家具布置、通风等因素，应尽可能缩短室内交通路线，避免迂回、斜穿房间，保留完整的房间空间有利于室内活动和家具布置，如图2－17b、c所示。

3）门的位置应有利于采光通风。门的位置应尽量与窗位置相对应，组织穿堂风。

（4）门的开启方式。门的开启方式以平开式最为广泛，一般原则是内门内开，外门外开便于疏散；人数较少的房间，门向房间内开启。如住宅卧室，办公室等；人流多的房间（如观众厅等）的疏散门的开启方向应朝向疏散方向；部分人流大的公共场合可以设置双向弹簧门，有利于双向疏散。房间门位置集中时，应协调好几个门的开启方向，避免碰撞或遮挡，如图2－18所示。

B 窗

（1）窗的面积。主要考虑采光、通风的要求。窗口面积的大小主要根据房间的功能、

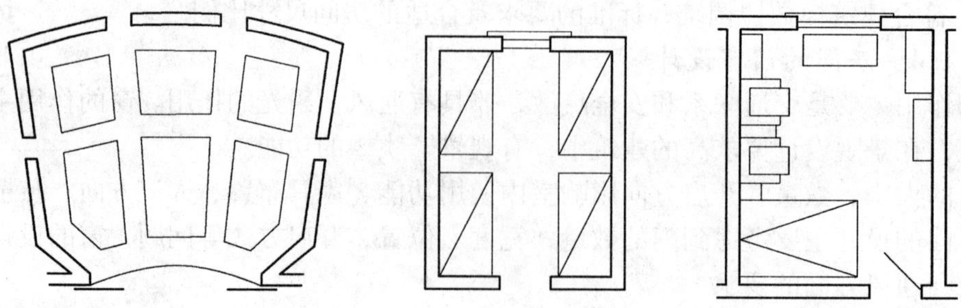

图 2－17 房间门的位置
（a）观众厅；（b）宿舍寝室；（c）卧室

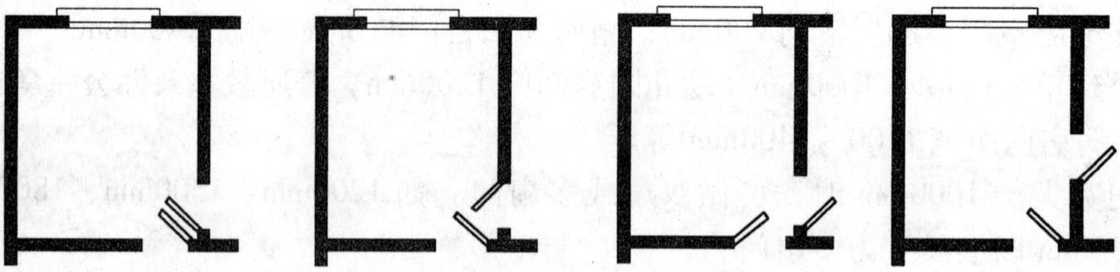

图 2－18 房间门位置集中时的处理方式

面积及当地日照情况等因素综合考虑，不同功能的房间对采光的要求不同，还应考虑朝向、立面设计、节能、建筑经济等。

窗的面积大小的确定根据室内照度是否足够，以“窗地面积比”（窗地面积比＝窗口透光面积/地面面积）来衡量，设计时可根据“窗地面积比”进行窗口面积的估算，也可先确定窗口面积，然后按规定的窗地面积比值进行验算。民用建筑采光等级分为五级，见表 2－3。

表 2－3 民用建筑采光等级表

采光等级	视觉工作特征		房间名称	窗地面积比
	工作或活动要求精确度	要求识别的最小尺寸/mm		
Ⅰ	极精密	<0.2	绘图室、制图室、画廊、手术室	1/3～1/5
Ⅱ	精 密	0.2～1	阅览室、医务室、专业实验室	1/4～1/6
Ⅲ	中精密	1～10	办公室、会议室、营业厅	1/6～1/8
Ⅳ	粗 糙	>10	观众厅、居室、盥洗室、厕所	1/8～1/10
Ⅴ	极粗糙	不作规定	储藏室、门厅、走廊、楼梯	1/10 以下

（2）窗的位置。窗户的位置设计应考虑以下因素：

1）窗口在房间中的位置决定了光线的方向及室内采光照度的均匀性。如教室应以左侧为主导采光方向，且窗间墙的宽度不得大于1200mm。如图2－19a、b所示，采光较有利；如图2－19c所示，窗间墙较宽，形成较大阴影区，影响该处桌面亮度。

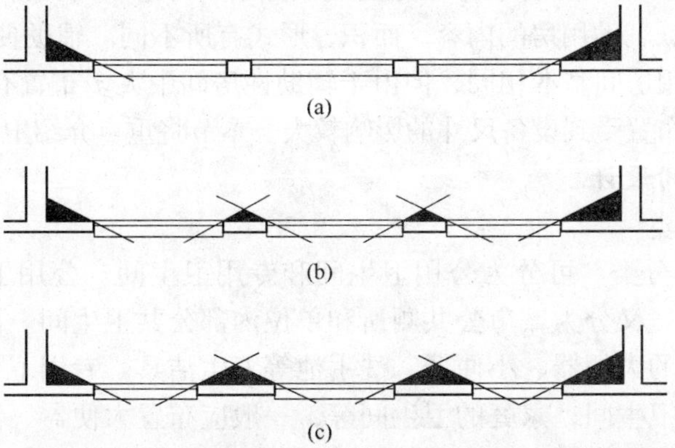

图2－19 教室的窗间墙尺寸对采光的影响

2）家具布置的方便。门窗位置应尽量使墙面完整，便于家具设备布置和合理组织人行通道。

3）窗与门的相对位置影响房间的自然通风。房间的自然通风由门窗来组织，门窗在房间中的位置决定了气流的走向，影响到室内通风的范围。因此，门窗位置应尽量使气流通过活动区，加大通风范围，并应尽量使室内形成穿堂风，如图2－20所示。

（3）窗的开启方向。为避免窗扇开启时占用室内空间，大多数的平开窗常采用外开方式。现在大多建筑的外窗采用推拉窗，既不占用室内空间，也使外立面简洁美观。

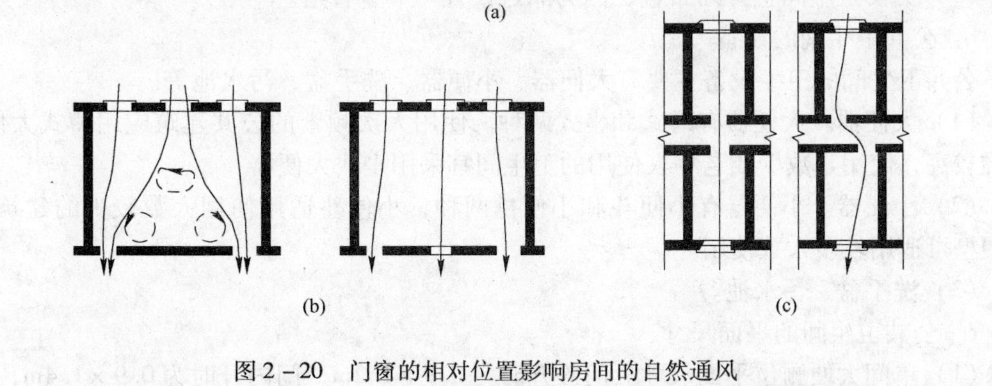

图2－20 门窗的相对位置影响房间的自然通风

（a）一般房间门窗的相对位置；（b）教室门窗的相对位置；（c）内廊式平面房间门窗相对位置

2.2.2 辅助房间的平面设计

辅助房间包括卫生间、盥洗室、浴室、厨房及各类设备用房（如通风机房、水泵房、配电房、锅炉房）等。辅助用房设计也是建筑设计中不可忽视的一部分。

不同类型的建筑，辅助用房的内容、面积、形式有所不同。辅助使用房间的设计原理、原则和方法与主要使用房间基本相同，但由于辅助性房间中大多布置有较多的管道、设备，因而其房间的面积、布置受到设备尺寸的影响较大。本节将重点介绍卫生间和厨房设计。

2.2.2.1 卫生间设计

A 卫生间的分类

（1）按使用特点分类。可分为公用卫生间和专用卫生间。公用卫生间是在公共场所供公众使用的卫生间，又分为城市公共厕所和单位内部公共卫生间。因使用人数众多，公用卫生间应布置较多的大便器、小便器、洗手池等卫生洁具。专用卫生间一般供特定的少数人使用，如旅馆的卫生间，家庭的卫生间等，一般应布置大便器、洗手池、浴缸或淋浴器等卫生设备。

（2）按与其他建筑物的相对关系分类。公共卫生间可分为独立式和附属式。独立式公共卫生间是不依附于其他建筑物的公共卫生间，又分为固定式和活动式两种。一般城市公共卫生间多属此类。活动式公共卫生间只包含一套卫生器具的称单体卫生间，由多个单体卫生间组合在一起的称组装卫生间。附属式公共卫生间是依附于其他建筑物的公共卫生间。

B 公共卫生间设计

a 公共卫生间的设计原则

（1）应以人为本，符合文明、卫生、防臭的原则；

（2）应根据建筑性质、使用人数确定卫生设备的数量和布置形式；

（3）应充分考虑无障碍通道和设施的配置，无障碍卫生间应设在底层；

（4）卫生间位置应位于人流交通线旁，既方便又隐蔽，如出入口旁、建筑转角或走廊的尽端；

（5）应具有良好的天然采光和通风；

（6）应设前室，前室深度常用 1.5 ~ 3.0m，作用是利于开门隐蔽和视线的缓冲，前室可集中设置洗手盆、污水盆等；

（7）男女卫生间宜并列布置，因为靠近设置可节省管道。

b 公共卫生间的设备

公共卫生间的卫生设备主要有大便器、小便器、洗手盆、污水池等。

（1）大便器。大便器有蹲式和坐式两种。使用人次频繁的公共建筑应用蹲式大便器；标准较高，使用人数少或老年人使用的卫生间宜采用坐式大便器。

（2）小便器。小便器有小便斗和小便槽两种，小便斗适用使用人数较少的建筑，而小便槽可适用较多人数使用。

（3）洗手盆、污水池。

c 公共卫生间的平面尺寸

（1）单间大便厕位平面尺寸。门外开时为 0.9 × 1.2m，门内开时为 0.9 × 1.4m，如图 2 - 21 所示；靠近墙角上下管道通过处，应适当增加厕位宽度尺寸。

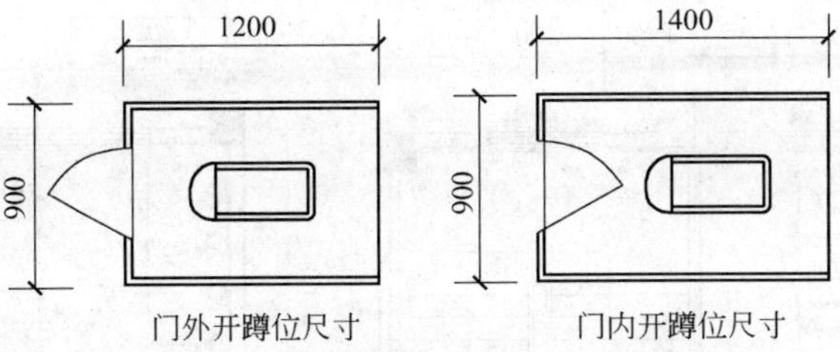

图 2－21 大便厕位常用平面尺寸

（2）小便站位（含小便池）。平面尺寸为深 0.75m，宽 0.70m；独立小便器间距应为 0.65～0.80m。

（3）公共卫生间单排厕位外开门走道宽度宜为 1.30m，不得小于 1.00m；双排厕位外开门走道宽度宜为 1.50～2.10m。通槽式水冲厕所槽深不得小于 0.40m，槽底宽不得小于 0.15m，上宽宜为 0.20～0.25m，如图 2－22，图 2－23 所示。

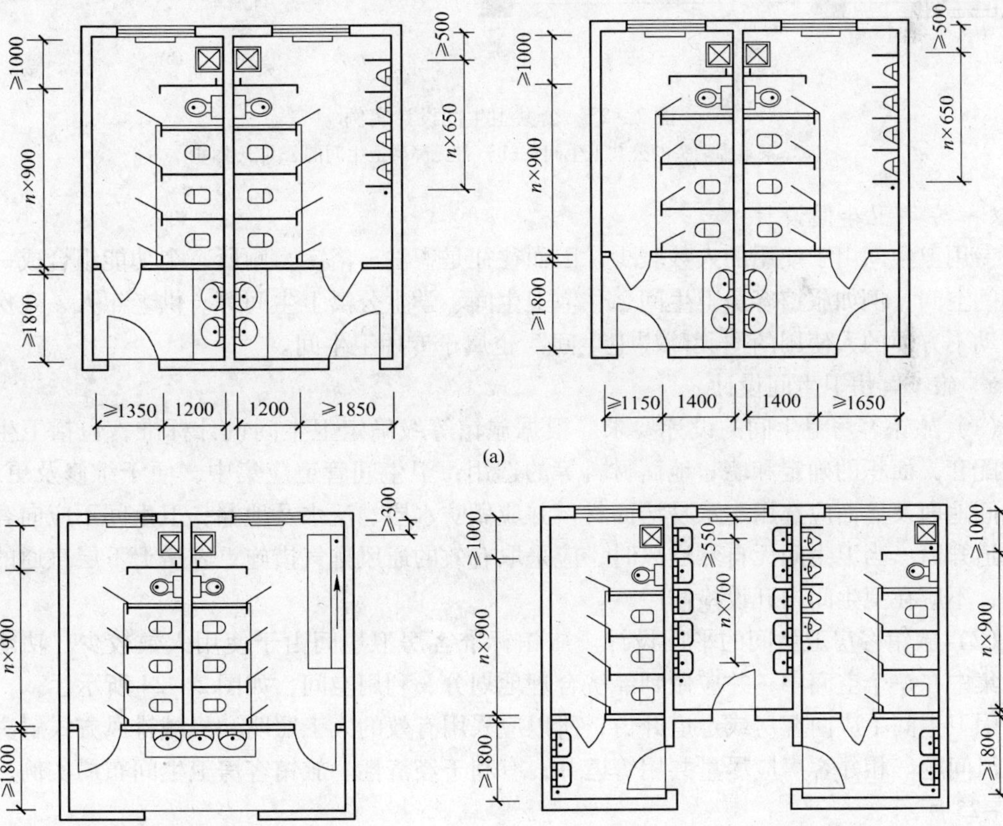

图 2－22 公共卫生间平面布置及尺寸

（a）带封闭前室的男女卫生间；（b）带开敞前室的男女卫生间；（c）中间带盥洗室的男女卫生间

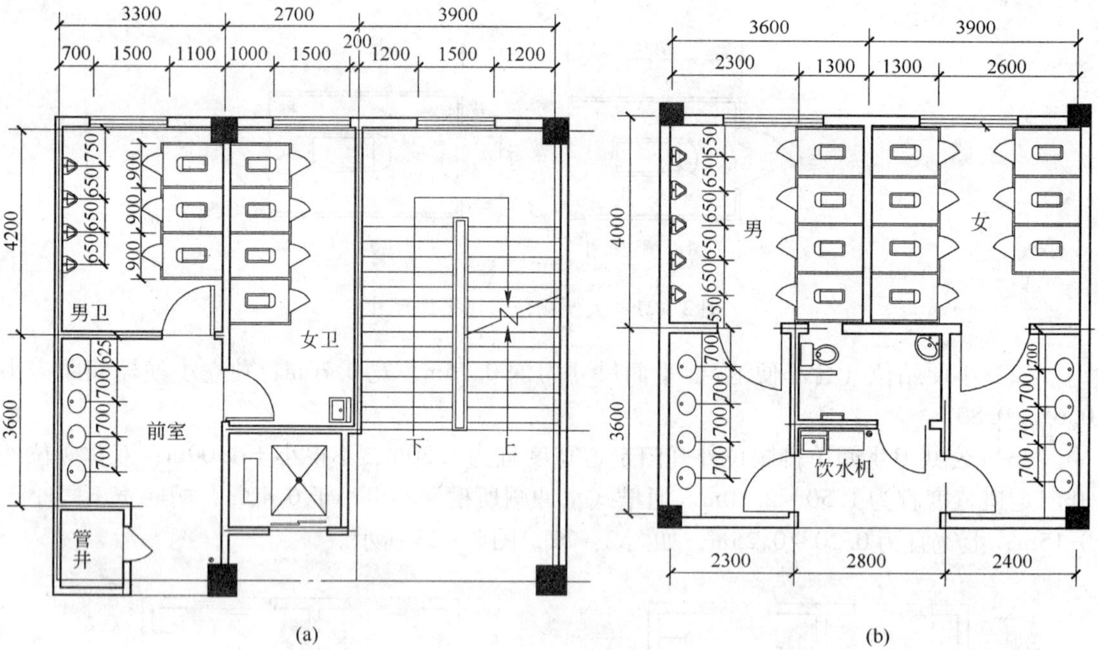

图 2-23 公共卫生间设计实例

（a）某走廊端头的公共卫生间；（b）带无障碍卫生间的公共卫生间

C 专用卫生间设计

专用卫生间由于使用的人数较少，因而往往是盥洗、浴室、厕所三个功能组合成一个卫生间空间，例如旅馆客房卫生间、住宅卫生间、学生公寓卫生间等。供老年人、残疾人和行动不方便的人使用的“无障碍卫生间”也属于专用卫生间。

a 旅馆客房卫生间设计

（1）旅馆客房卫生间的设计要求。根据旅馆等级确定卫生间设计标准，包括卫生设备的配套，面积的确定和墙、地面材料等的选用；卫生间管道应集中，便于维修及更新；卫生间地面及墙面应选用耐水易洁面材，并应做防水层、泛水及地漏；卫生间不应向客房或走道开窗。当卫生间无自然通风时，应采取有效的通风排气措施；客房上下层直通的管道井，不应在卫生间内开设检修门。

（2）旅馆客房卫生间的平面设计。旅馆标准客房卫生间由于使用人数较少，功能应尽量集中在一个空间中，并应做到经济合理地划分、利用空间，如图 2-24 所示。

因卫生间不应向客房或走道开窗，所以应采用有效的人工照明和机械排风方式解决采光通风问题。相邻客房应尽量共用管道井，有利于经济性。旅馆客房卫生间布局实例，如图 2-25 所示。

b 住宅卫生间设计

（1）住宅卫生间的设计要求。

1）每套住宅应均设卫生间，当居室大于四个时宜设两个或两个以上卫生间。双卫使主卧室拥有相对独立的卫生间。

2）尽量与厨房邻近，便于管线集中；为减少管线长度，卫生间宜上下重叠设置。

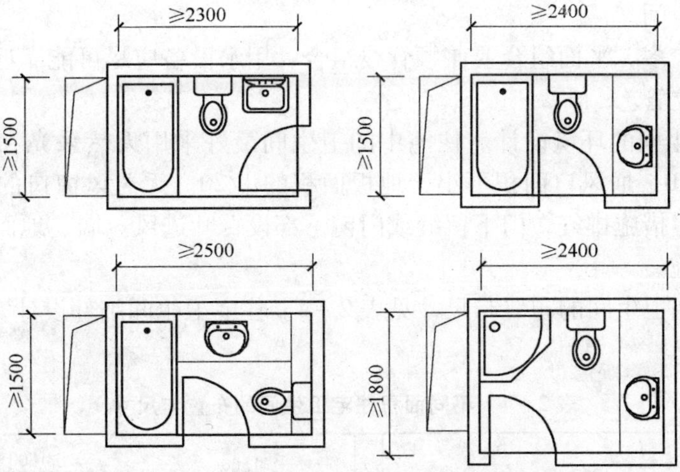

图 2-24 旅馆客房卫生间平面布置及尺寸

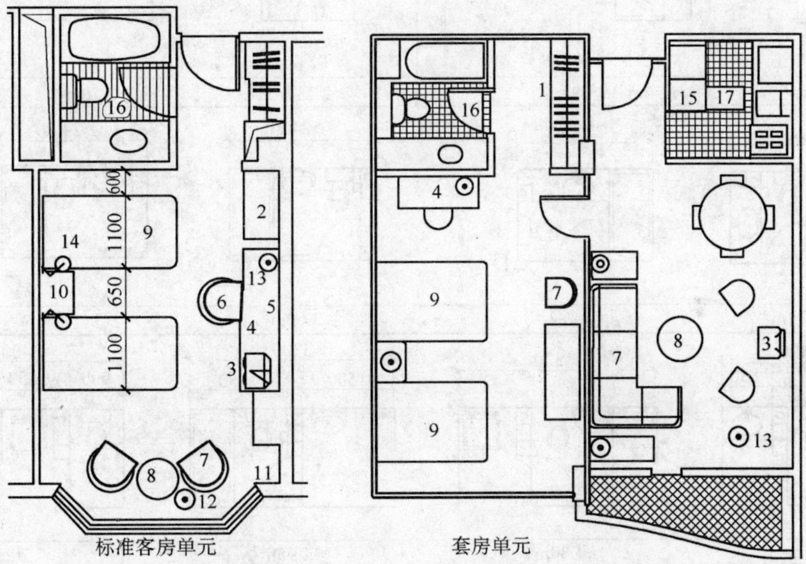

图 2-25 旅馆客房卫生间布局实例

1—壁柜；2—行李架；3—电视机；4—写字桌；5—镜子；6—座椅；7—沙发；8—茶几；9—单人床；10—床头柜；11—窗帘；12—立灯；13—台灯；14—床头灯；15—冰箱；16—客房卫生间；17—厨房

3）无前室的卫生间的门不应正对入口或直接开向起居室（厅）或厨房。

4）应考虑设置洗衣机的位置。

（2）住宅卫生间的功能组成及面积。住宅卫生间由厕所、浴室、洗面化妆、洗涤空间组成，空间围绕着浴、便、洗面化妆、洗涤四项基本卫生活动，分别组成了不同功能的活动空间。面积较大的卫生间应采用设置前室的方法，把私密性要求高的便、浴空间与洗面化妆、洗涤空间分开。卫生间面积应根据卫生设备尺寸和人体活动空间来确定。

（3）住宅卫生间的设备及布置。每套住宅至少应配置三件卫生洁具，即便器、洗浴器（浴缸或喷淋）、洗面器。考虑到家庭洗涤、储物的需要，设计时应注意安排洗衣机位置和适当的储物空间。

由于管线比较多，平面组合要兼顾管线组合，用水设备应尽可能靠近，以便几个卫生器具共用上下水立管。

（4）住宅卫生间的环境设计。住宅中的卫生间最好采用天然采光和自然通风，采光窗地比不小于1/10，通风口面积不小于地板面积的1/20。无通风窗口的卫生间，必须设置通风道或机械等措施排气，门下留缝或门窗下部设百叶进风。墙、地面应有防水、隔声和便于检修的措施。

不同面积住宅卫生间的布置与尺寸见表2-4。住宅卫生间细部设计实例，如图2-26所示。

表2-4　不同面积住宅卫生间的布置与尺寸

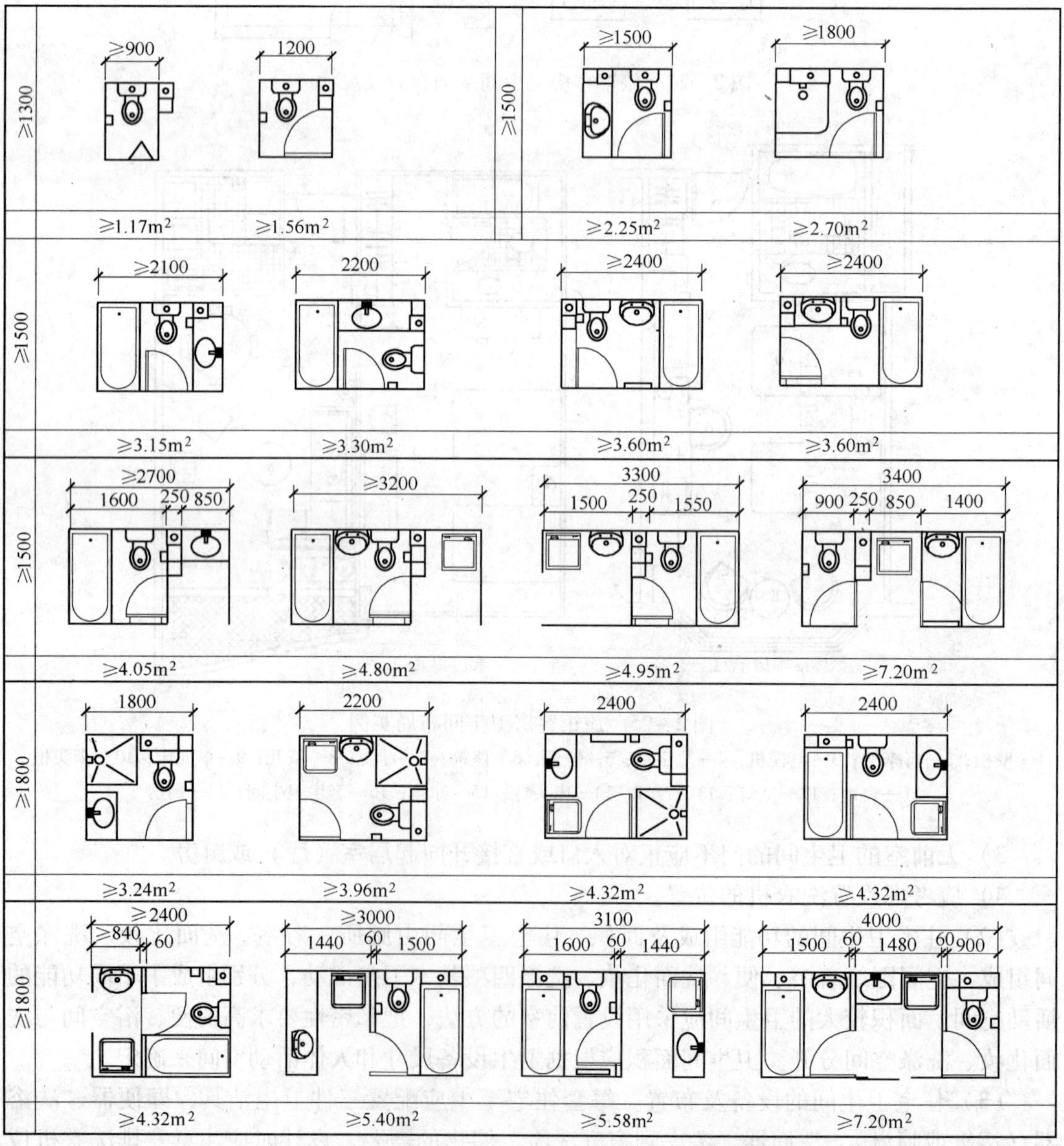

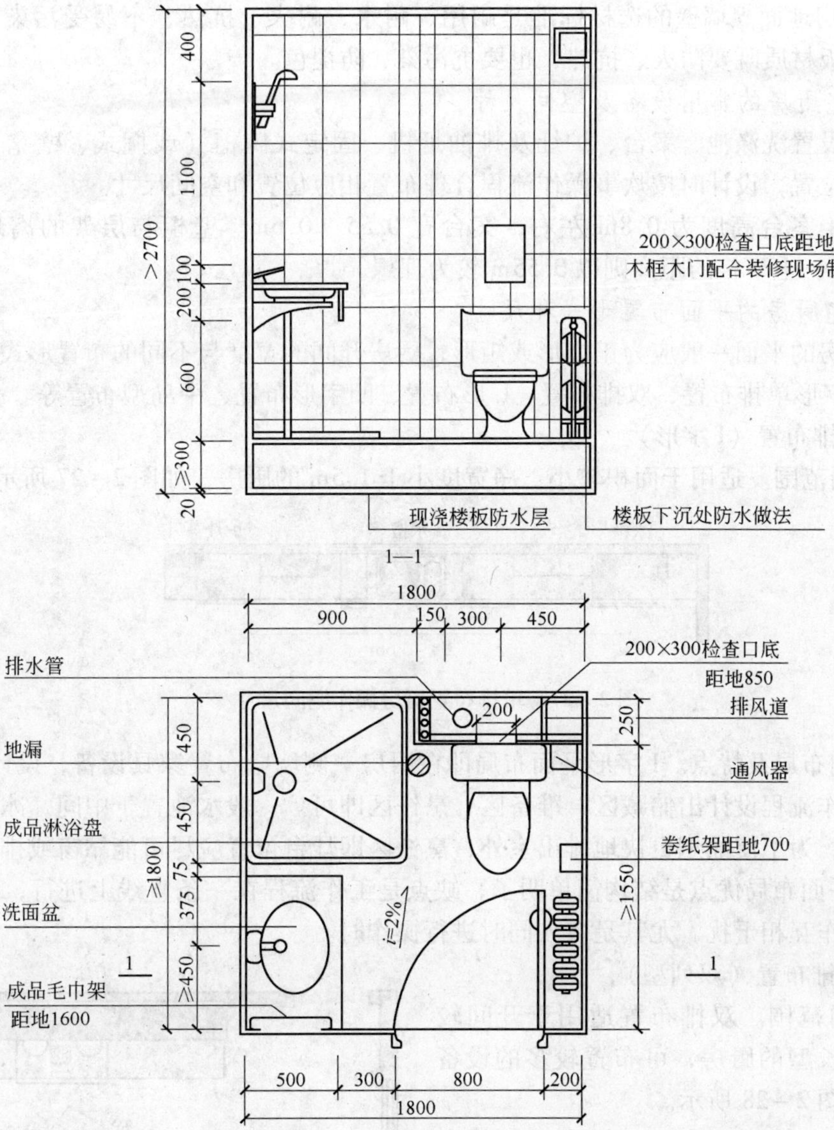

图 2-26 住宅卫生间细部设计实例

2.2.2.2 住宅厨房设计

A 住宅厨房的设计原则

(1) 确定合理的设备布置形式和尺寸，符合人们炊事劳动空间尺度和人体工学的要求；

(2) 厨房设备布置符合“洗→切→烧”的基本操作流程的要求；

(3) 合理进行空间利用，在规划厨房空间时合理分配橱柜的位置；

(4) 厨房应有直接采光和自然通风，厨房窗地面积比满足 1/7。灶具上方应安装抽油烟机或换气扇以高效排除油烟以尽量免除对居室的空气污染。

(5) 设计时满足电气化的需要，在合理的位置安排足够的电源插座，为厨房各种电器、电炊具、排油烟机等的使用创造条件。

（6）厨房地面、墙壁的选材标准是耐用、耐水、耐火、抗热、不易受污染、容易清理等。天花板材质既要防火、抗热，也要抗污染、防褪色。

B　住宅厨房的常用设备及空间尺寸

厨房应设置洗涤池、案台、炉灶及排油烟机、固定式碗柜（或搁式、壁龛）等设备设施或预留位置，设计时按炊事操作流程合理布置相应位置和空间尺寸。

厨房低柜案台高度为0.8m左右，案台宽0.55～0.6m。壁柜与层架的离地高度为1.70～1.80m，上下柜的距离则以0.55m较为理想。

C　住宅厨房的平面布置形式和尺寸

住宅厨房的平面一般应为正方形或矩形，厨房开间的宽度与不同的布置形式有关。常用形式有I字形单排布置、双排布置、L形布置、凹字形布置、中岛型布置等。

（1）单排布置（I字形）。

1）适用范围。适用于面积较小、净宽度小于1.5m的厨房，如图2－27所示。

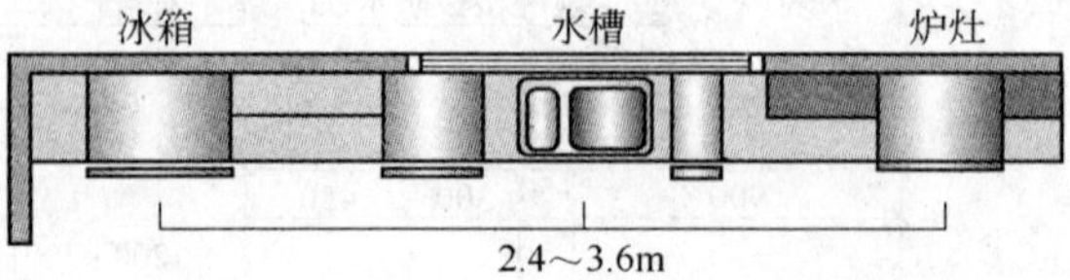

图2－27　单排布置厨房操作空间尺寸

2）空间布局及特点。I字形平面布局即在厨房一侧墙壁布置家具设备，设计较简单，只要按照工作流程设计出储藏区、准备区、烹饪区即可。一般水池置于中间，冰箱和炉灶分布在两侧。为了使油烟更快地排出室外，烹饪区即灶台位置应尽可能靠窗或排烟道。

I字形平面布局优点是结构简单明了，缺点是工作流程在一条直线上进行，易使得三点之间的工作互相干扰，尤其是多人同时进行操作时。

（2）双排布置（双列型）。

1）适用范围。双排布置适用于开间较大、空间狭长型的厨房，可布置较多的设备和橱柜，如图2－28所示。

2）空间布局及特点。双排布置即是在厨房空间相对的两面墙壁布置家具设备，可以重复利用厨房的走道空间，提高空间的作用效率。双列型厨房可以排成一个非常有效的“工作三角区”，通常是将水池和冰箱组合在一起，而将炉灶设置在相对的墙上。

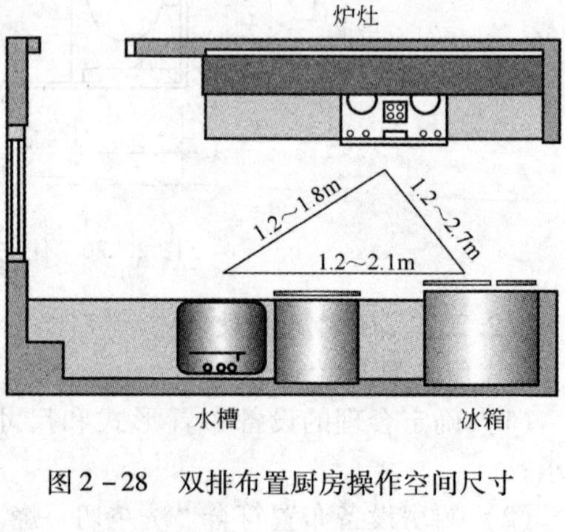

图2－28　双排布置厨房操作空间尺寸

双排布置可容纳几个人同时操作，空间利用率较高，但分开的两个工作区仍会给操作带来一定的不便。

（3）L形布置。

1）适用范围。厨房宽度1.5～1.8m时较适合L形、F形布置格局，如图2－29所示。

2）空间布局及特点。L形布置是厨房最常见也是最方便的厨房格局形式，其特色就是依据烹调顺序将各项配备置于厨房相邻两边L形的两条轴线上。一般是将冰箱与洗涤

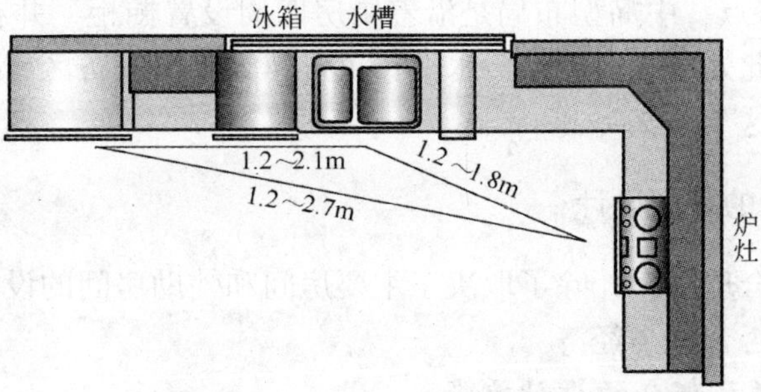

图 2－29 L 形布置厨房操作空间尺寸

槽成一列布置，而将灶台设在另一条边上，再根据厨房的水管及格局特点，中间可以穿插设置操作台或储藏区。

L 形布置方式比较灵活，动线短、橱柜的储藏量比较大，既方便使用又能在一定程度上节省空间，是很有效率的厨房格局设计方式。

（4）U 形和 H 形布置。

1）适用范围。U 字形格局要求厨房有较大面积，且有足够宽度。H 字形格局多用在拥有两个对面的空间。空间较为方正的多用 U 形布局，而偏向长方形的空间用 H 形的布局较为合适，如图 2－30 所示。

2）空间布局及特点。U 形厨房的布局即是厨房的三边墙面均布置家具及设备，水池置于厨房的顶端，冰箱和炉灶分设在其两翼。

这种布置方式操作面长，储藏空间充足，空间充分利用，设计布置也较为灵活，基本集中双列型和 L 形布局的优点。U 形厨房最大特点在于厨房空间工作流线与其他空间的交通可以完全分开，避免厨房内其他空间之间的相互干扰。

（5）中岛型布置（开放式格局）。

1）适用范围。中岛型格局即开放式格局，是近年来比较流行的设计方式。适用于做饭次数较少，面积较大的厨房，如图 2－31 所示。

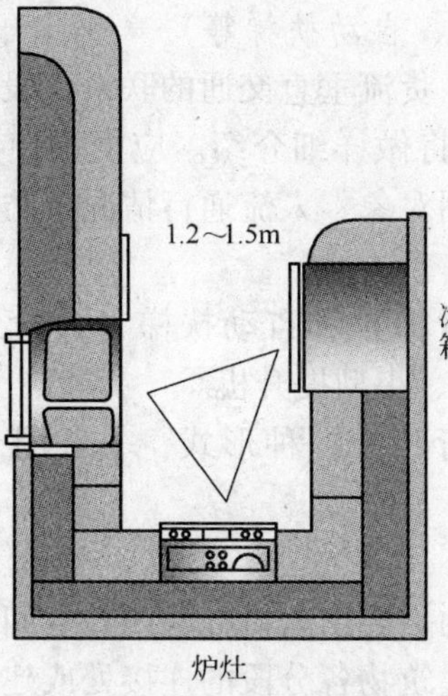

图 2－30 U 形布置厨房操作空间尺寸

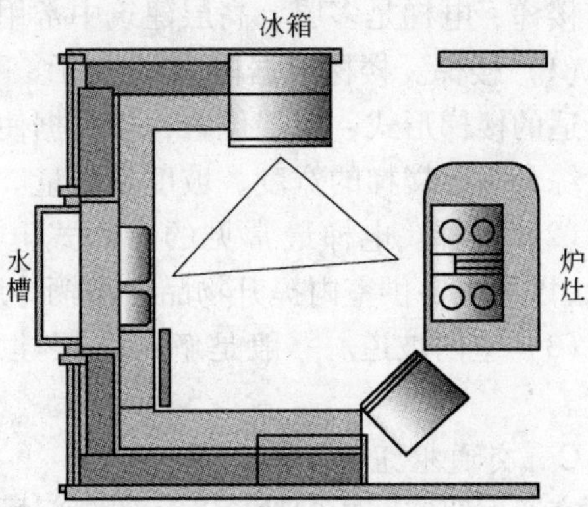

图 2－31 中岛型布置厨房操作空间尺寸

2）空间布局及特点。中岛型布局是沿着厨房四周设置橱柜，并在厨房的中央设置一个单独的工作中心，此处可设置炉灶、水槽，也可作为餐前准备区或兼便餐桌的功能，人的厨房操作活动围绕这个“岛”进行。

2.2.3 交通联系部分的平面设计

建筑平面功能的合理与否，除了取决于主要房间和辅助房间的设计以外，还取决于交通联系部分的设计是否合理与经济。

2.2.3.1 交通联系部分的设计要求

交通联系部分的设计要求包括：交通联系便捷安全，各种流线互不干扰；满足使用高峰时段人流、货流通过所需的安全尺度以及紧急情况下规范所规定的疏散安全要求；有良好的空间尺度；有良好的自然通风采光条件及人工照明、紧急疏散应急指示等设置；在满足使用功能的前提下，尽量减少交通面积在建筑面积中所占的比例，提高平面的利用率。

2.2.3.2 交通联系部分的功能组成

交通联系部分包括水平交通空间、垂直交通空间和交通枢纽空间三部分。

A 水平交通空间（走道/走廊）

走道是建筑物中最大量使用的水平交通联系部分。走道又称为过道、走廊。凡走道一侧或两侧空旷者称为走廊。走道的主要功能是用来联系同层内各房间的水平交通，有时也兼有其他的从属功能。按使用性质不同，走道的功能可以分为以下三种情况：

（1）交通疏散功能。完全为交通疏散需要而设置的走道，如办公楼、旅馆的走道及电影院、体育馆的安全走道等都是供人流集散用的，这类走道一般不允许安排作其他用途。

（2）交通疏散兼辅助功能。主要作为交通联系的功能，同时也兼有其他辅助功能的走道，如教学楼中的走道，可以作为学生课间休息的活动场所，还可布置通告黑板及橱窗展示陈列等；医院门诊部的走道兼作人流通行和候诊之用，这时走道宽度和面积应相应增加。

（3）兼有多种功能。兼有多种功能的走道，如展览馆的走道兼具交通和观展的综合功能，应满足边走边看展览的要求。

B 垂直交通空间（楼梯、室内坡道、厢式电梯、自动扶梯等）

楼梯、电梯是多层、高层建筑中常用的解决人流、货流垂直交通的联系手段。

（1）楼梯。楼梯根据构造可分为多种形式，后面将做详细介绍。应根据使用要求选择合适的楼梯形式、布置位置；应根据使用性质、使用对象、人流通行情况及防火规范等因素综合确定楼梯的宽度、坡度及数量。

（2）电梯。电梯最常见的有厢式电梯（客梯、货梯）和自动扶梯（台阶式、坡道式），以及主要供室内提升物品、车辆等用途的大、中、小型提升机。

（3）室内坡道。一般是解决多层建筑室内车辆行驶的一种形式，一般用于多层停车库。

C 交通枢纽空间

交通枢纽空间指门厅、过厅等。门厅是在建筑物的主要出入口处起内外空间过渡、集散人流作用的交通枢纽。过厅一般位于体型较复杂的建筑物各分段的连接处或建筑物内部某些人流或物流的集中交汇处，起到缓冲的作用。

2.2.3.3　交通联系部分的平面设计

A　水平交通空间——走道（走廊）的平面设计

走道设计首先应根据平面功能选择合适的走道布置方式，再根据走道性质、人流通行、安全疏散、防火规范、空间感受等因素综合考虑，最终确定走道的宽度和长度。

（1）走道的布置方式。走道/走廊的布置方式有单外廊（南外廊、北外廊）、单内廊、复廊（双外廊、内复廊）及多种组合方式。走廊的形式示意图，如图2－32所示。

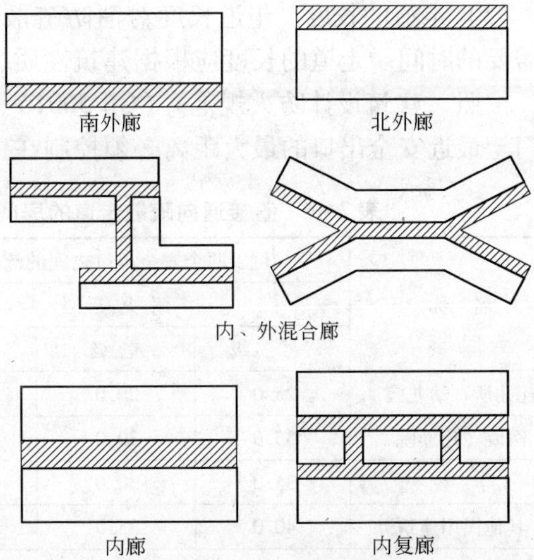

图2－32　走廊形式示意

（2）走道的宽度。走道的宽度应符合人流、货流通畅和消防安全的要求。通常单股人流的通行宽度为550～600mm，因此两人并列行走或迎面交叉的过道净宽度，包括消防楼梯的最小净宽度都不得小于1100mm。走廊尺寸示意图，如图2－33所示。

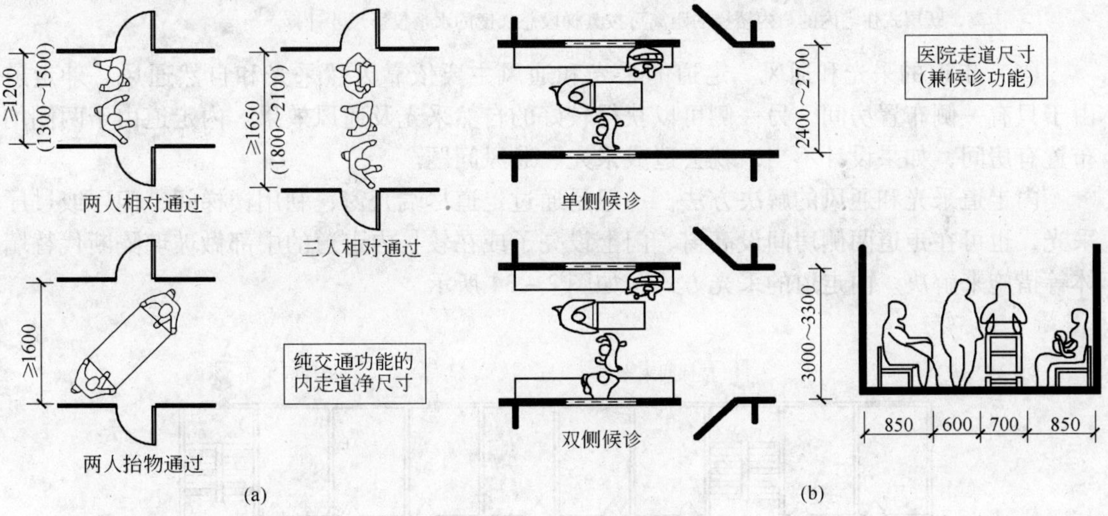

图2－33　走廊尺寸示意图

一般民用建筑常用走道宽度，见表2－5。作为局部联系或住宅内部走道宽度不应小于0.90m。当走道一侧布置房间时，其走道的宽度应相应减小。

表2－5　一般民用建筑常用走道宽度　（m）

类　型	内　廊	外　廊
教学楼	2.10～3.00	1.8～2.1
门诊部	2.40～3.00	3.00（兼候诊）
办公楼	2.10～2.4	1.50～1.80
旅　馆	1.50～2.10	1.50～1.80

（3）走道的长度。走道长度对消防疏散的影响最大，直接影响火灾时紧急疏散人员所需要的时间。走道的长度应根据建筑性质、耐火等级及防火规范来确定。

按照《建筑设计防火规范》（GB 50016—2006）的要求，直接通向疏散走道的房间疏散门至最近安全出口的最大距离必须控制在一定的范围内，见表2-6。

表2-6 直接通向疏散走道的房间疏散门至最近安全出口的最大距离 （m）

名 称	位于两个安全出口之间的疏散门			位于袋形走道两侧或尽端的疏散门		
	耐火等级			耐火等级		
	一、二级	三级	四级	一、二级	三级	四级
托儿所、幼儿园	25.0	20.0	—	20.0	15.0	—
医院、疗养院	35.0	30.0	—	20.0	15.0	—
学 校	35.0	30.0	—	22.0	20.0	—
其他民用建筑	40.0	35.0	25.0	22.0	20.0	15.0
建筑内的观众厅、展览厅、多功能厅、餐厅、营业厅和阅览室等，其室内任何一点至最近安全出口的直线距离不宜大于30.0m						

注：1. 敞开式外廊建筑的房间疏散门至安全出口的最大距离可按本表增加5.0m；
2. 建筑物内全部设置自动喷水灭火系统时，其安全疏散距离可按本表规定增加25%；
3. 房间内任一点到该房间直接通向疏散走道的疏散门的距离计算：住宅应为最远房间内任一点到户门的距离，跃层式住宅内的户内楼梯的距离可按其梯段总长度的水平投影尺寸计算。

（4）走道的采光和通风。走道的采光和通风主要依靠天然采光和自然通风。外走道由于只有一侧布置房间，另一侧可以获得较好的自然采光及通风效果。内走道由于两侧均布置有房间，如果设计不当，就会造成采光、通风问题。

内走道采光和通风的解决方法，一般是通过走道尽端开窗，利用楼梯间、门厅或过厅采光，也可在走道两侧房间设高窗、门上设亮子或在较长内走道的中部做玻璃隔断代替墙体等措施来解决。内走道的采光方式，如图2-34所示。

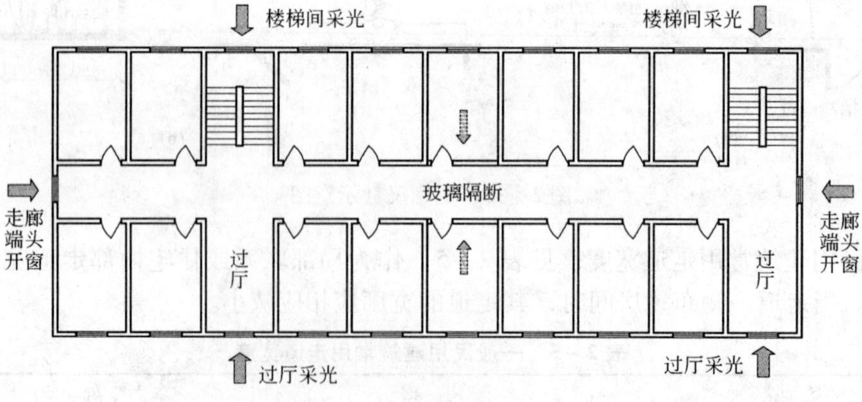

图2-34 内走道的采光方式

B 垂直交通空间的平面设计

a 楼梯

楼梯是多层、高层建筑中常用的垂直交通构件。合适的楼梯形式、布置位置、数量、宽度、舒适的坡度选择，应根据建筑功能的使用要求、使用性质、人流通行情况及防火规范综合确定。

（1）楼梯的设计要求。主要楼梯应与主要出入口邻近，且位置明显；同时还应避免垂直交通与水平交通在交接处拥挤、堵塞；楼梯间必须有良好的自然采光；对防火要求高的建筑物特别是高层建筑，应设计成封闭式楼梯或防烟楼梯。

（2）楼梯的分类。

1）按位置不同分类。分为室内楼梯与室外楼梯两种。

2）按使用性质分类。分为主要楼梯、辅助楼梯、安全楼梯、消防楼梯。

3）按材料和施工方法分类。楼梯按材料分为钢筋混凝土楼梯、木楼梯、金属楼梯、混合材料楼梯，最为常用的是钢筋混凝土楼梯。钢筋混凝土楼梯按施工方法分为现浇式或预制装配式楼梯。

4）按平面形式分类。楼梯的平面形式的选择取决于其在建筑平面中的位置、楼梯间平面形状与大小、楼层高低与层数、人流多少与缓急等因素。楼梯的形式及特点如图2－35 所示。

（3）楼梯的数量。应根据使用人数及防火规范要求来确定，必须满足房间疏散门至最近安全出口的最大距离的限制（见表2－7）。在通常情况下，每一栋公共建筑均应设两个楼梯。对于使用人数少或除幼儿园、托儿所、医院以外的二、三层建筑，也可以只设一个疏散楼梯。

表2－7 设置一个疏散楼梯的条件

耐火等级	层 数	每层最大建筑面积/m^2	人 数
一、二级	二、三层	400	第二层和第三层人数之和不超过100人
三级	二、三层	200	第二层和第三层人数之和不超过50人
四级	二层	200	第二层人数不超过30人

（4）楼梯的宽度。楼梯的宽度主要根据使用性质、人数和防火规范来确定，梯段要有足够的通行宽度，满足家具设备的搬运。

所有楼梯梯段宽度的总和应按《建筑设计防火规范》和《高层民用建筑设计防火规范》的最小宽度进行校核。一个梯段宽度一般满足以下要求：

1）单股人流宽度不小于850mm（居住建筑内部850～900mm）；

2）双股人流宽度1100～1200mm（居住建筑1100～1300mm，公共建筑1200～1400mm）；

3）三股人流宽度1500～1650mm（常用1500～1800mm）；

4）平台宽度 D 不小于梯段宽度 B。连续跑的梯段平台不小于1000mm。

楼梯梯段宽度如图2－36 所示。

b 电梯（厢式）

高层建筑的垂直交通以电梯为主，其他有特殊功能要求的多层建筑，如大型宾馆、百货公司、医院等，除设置楼梯外，还需设置电梯以解决垂直升降的问题。

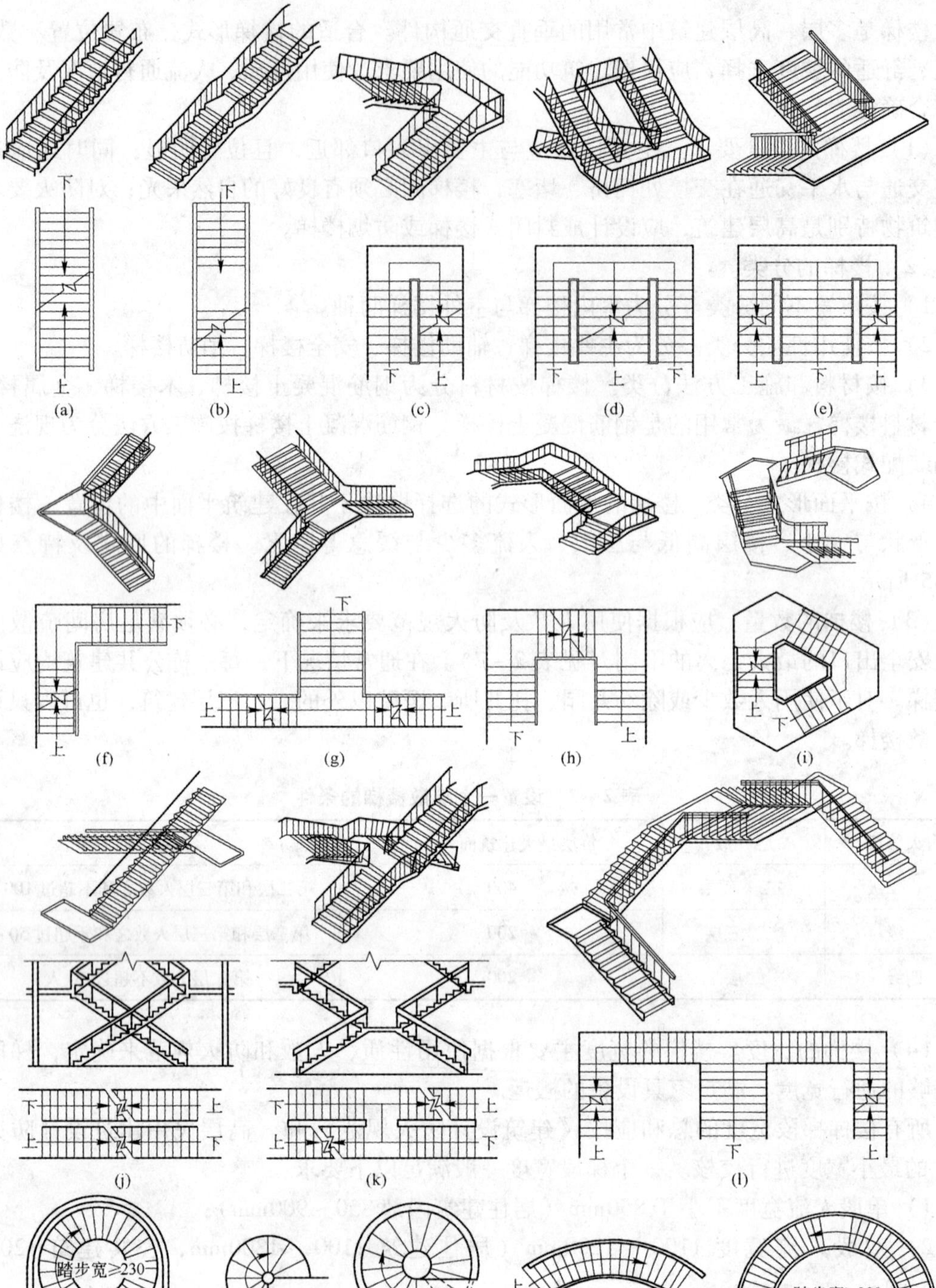

图 2 – 35　楼梯的形式

（a）直行单跑楼梯；（b）直行双跑楼梯；（c）平行双跑楼梯；（d）平行双分楼梯；（e）平行双合楼梯；（f）直角折形双跑楼梯；（g）双分转角楼梯；（h）矩形三跑楼梯；（i）三角形三跑楼梯；（j）交叉跑楼梯；（k）剪刀楼梯；（l）双分三跑楼梯；（m）圆形楼梯；（n）中柱螺旋楼梯；（o）无中柱螺旋楼梯；（p）单跑弧形楼梯；（q）双跑弧形楼梯

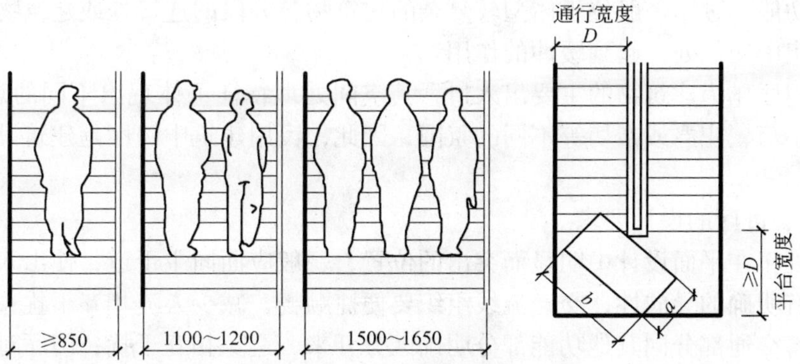

图2－36 楼梯梯段宽度

（1）电梯的分类。电梯按其使用性质可分为乘客电梯、载货电梯、客货两用电梯、医用病床电梯、消防电梯、杂物梯等几类。

（2）电梯间的设计要求。

1）电梯间应布置在人流集中的地方，如门厅、主出入口等，位置应明显，电梯应有前室并满足足够的等候面积，以免造成拥挤和堵塞。

2）按防火规范的要求，设计电梯时应配置辅助楼梯，供电梯发生故障时使用。布置时可将两者靠近，以便灵活使用，并有利于安全疏散。

3）电梯井道无天然采光要求，布置较为灵活，通常主要考虑人流交通方便、通畅。电梯等候厅由于人流集中，最好有天然采光及自然通风。

c 自动扶梯及坡道

自动扶梯是一种在一定方向上能大量、连续输送流动客流的垂直运输装置。除提供乘客上下楼层间外，自动扶梯还可引导乘客走一些既定路线，以引导乘客和顾客游览、购物，并具有良好的装饰效果。在具有频繁而连续人流的大型公共建筑中，如百货大楼、展览馆、游乐场、火车站、地铁站、航空港等建筑将自动扶梯作为主要垂直交通工具考虑。

其布置方式有单向布置、转向布置、交叉布置。构造形式有台阶式和坡道式。其梯段宽度较小，通常为600～1000mm。自动扶梯的布置形式，如图2－37。

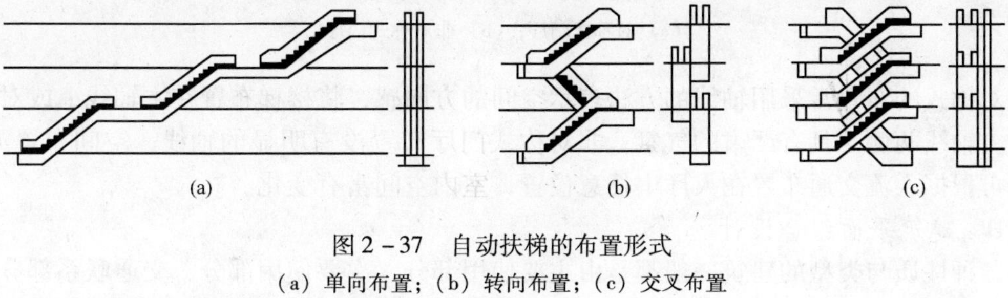

图2－37 自动扶梯的布置形式

（a）单向布置；（b）转向布置；（c）交叉布置

C 交通枢纽空间（门厅和过厅）

门厅是建筑物主要出入口处的交通枢纽，起内外空间过渡，接纳、分配人流及对各种交通（过道、楼梯等）的衔接作用。同时，根据建筑物使用性质不同，门厅还兼有其他功能，如旅馆门厅兼有登记、接待、休息、会客、小卖等功能；医院门厅兼有挂号、收费、取药的功能。过厅一般位于体型较复杂的建筑物各分段的连接处或建筑物内部某些人流或物流的集中交汇处，起到缓冲的作用。

此外，门厅作为建筑物的主要出入口，其空间处理特征可体现出不同的意境和形象，诸如雄伟或小巧、庄严或亲切等不同的氛围，因此，民用建筑中门厅是建筑设计应重点处理的部位。

a　门厅、过厅的设计要求

门厅应处于在平面设计中明显而突出的位置，一般应面向主干道，使出入方便；门厅内部设计要有明确的导向性，交通流线组织要便捷顺畅，减少人流相互干扰；兼有其他功能的门厅应将交通部分同其他功能部分明确区分开来，避免相互干扰；门厅对外出口的宽度按防火规范的要求不得小于通向该门厅的走道、楼梯宽度的总和；门厅作为室内过渡空间，应在入口处设门廊、雨篷；重视门厅的空间氛围、空间组合和建筑造型要求。

b　门厅的面积大小

门厅的面积大小应根据各类建筑的使用性质、规模及质量标准等因素来确定，设计时可参考相关面积定额指标。

c　门厅的布置形式

门厅的布置形式可分为对称式与非对称式两种，如图2-38所示。在建筑设计中，常常由于自然地形、布局特点、功能要求、建筑性格等各种因素的影响选择采用对称式门厅或非对称式门厅。

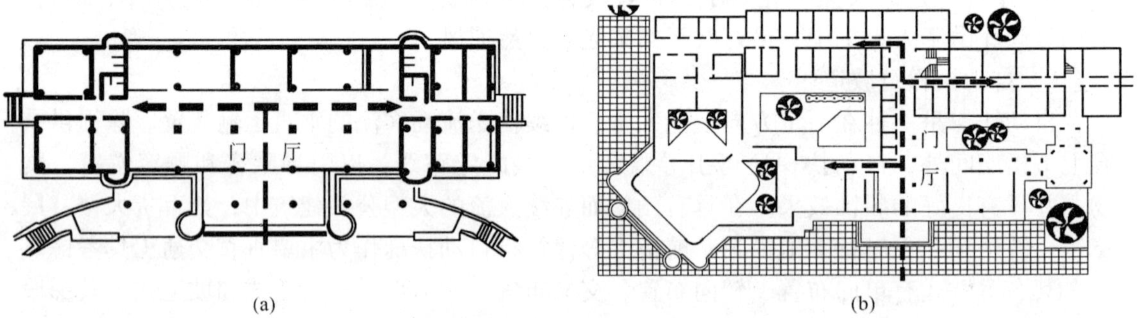

(a)　(b)

图2-38　门厅的布置形式

（a）对称式门厅；（b）非对称式门厅

对称式的布置常采用轴线的方法表示空间的方向感，将楼梯布置在主轴线上或对称布置在主轴线两侧，具有严肃的气氛；非对称式门厅布置没有明显的轴线，空间布置灵活。楼梯可根据人流交通布置在大厅中任意位置，室内空间富有变化。

D　建筑平面组合设计

各种性质与类型的建筑一般都是由主要使用部分、次要使用部分、交通联系部分这三类功能与空间组合而成。建筑平面组合设计，是将三者有机地进行组合设计，使之成为一个使用方便，结构合理，体型简洁，造价经济及与环境相协调的建筑物。建筑平面组合设计的过程如图2-39所示。

a　建筑平面组合的设计要求

（1）功能分区合理。功能分区是将空间按不同的功能要求进行分类，并根据它们之

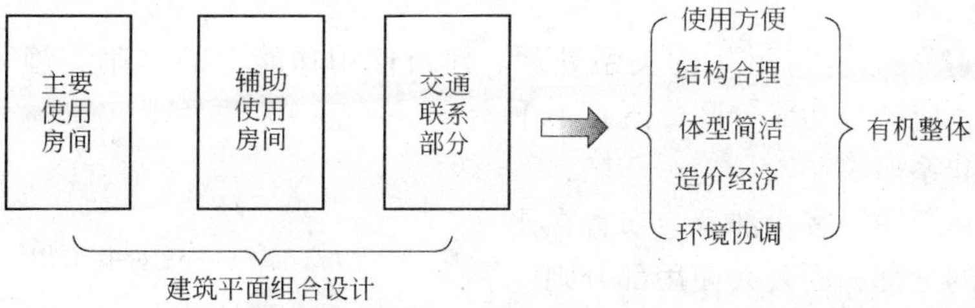

图 2－39 建筑平面组合设计的过程

间的密切程度加以区分，并找出它们之间的相互联系，达到分区明确又联系方便的目的。在进行功能分区时，应从空间的“主与次”、“内与外”、“闹与静”、“清与污”等关系加以分析，使各部分空间都能得到合理安排。建筑的功能分区方式有分散式、集中水平式、垂直式、水平与垂直相结合等几种方式。

1）主次关系处理。建筑物的各类空间的主次关系，反映在位置、朝向、交通、通风、采光以及建筑空间构图等方面，首先满足主要房间的条件，其次考虑次要房间。

功能分区的主次关系，还应考虑空间的使用顺序，如行政办公的传达室、医院的挂号室等，虽然属于次要空间，但功能分区上却应安排在门厅的主要位置。只有在次要空间妥善配置的前提下，主要空间才能充分地发挥作用。住宅的主次功能关系，如图 2－40 所示。

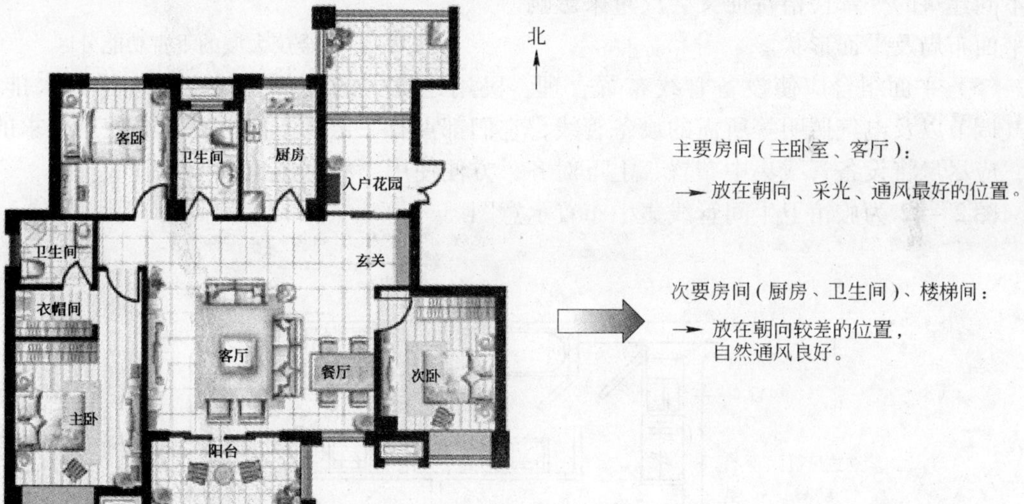

图 2－40 某住宅平面的主次功能分区

2）内外关系处理。建筑在进行功能分区时，应具体分析空间的内外关系，将对外联系较强的空间，尽量布置在出入口等交通枢纽的附近；与内部联系性较强的空间，应布置在比较隐蔽的部位，并使其靠近内部交通的区域。

例如百货商场、餐厅等公共建筑，营业厅、餐厅是对外的，且客流量大，应布置在交通方便、位置明显处；而对内联系性强的库房、厨房等部分则布置在建筑后部次要出入口处，面向内院较隐蔽的地方。内部使用的房间应设单独的出入口，避免与外来人流交叉干扰，既联系又分隔。图 2－41 所示为金茂大厦的垂直功能分区，对外联系强的空间位于高层的下部裙房位置。

3）“闹与静”、“清与污”的关系处理。建筑使用功能上的“闹与静”、“清与污”，在空间组合时，应进行功能分区，既互不干扰又有适当的联系。

例如旅馆建筑中，客房部分应布置在比较安静的位置的上部，而公共使用部分则应布置在临近道路及距出入口较近的下层位置上，如图2－41 所示。

（2）交通流线组织明确。所谓交通流线组织明确，即要使各种交通流线简捷通畅、安全迅捷，不迂回、不逆行，尽量避免相互交叉干扰。

（3）平面组合应与结构类型协调一致。

（4）平面组合应使建筑形象美观。建筑造型也影响到平面组合。当然，造型本身是离不开功能要求的，它一般是内部空间的直接反映。但是，简洁、完美的造型要求以及不同建筑的外部性格特征又会反过来影响到平面布局及平面形状。

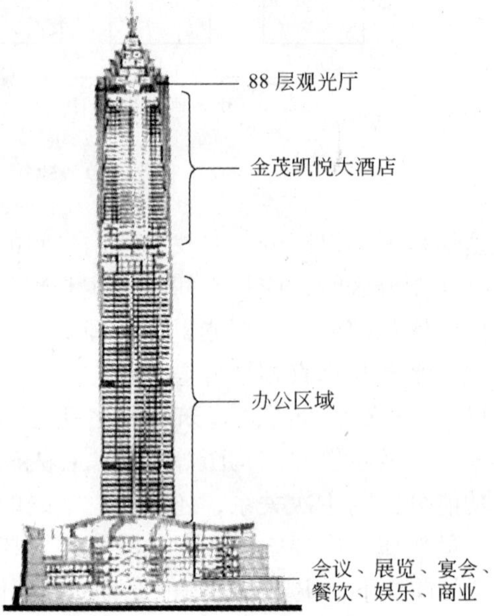

图 2－41　金茂大厦的垂直功能分区

（5）平面组合应使设备管线布置合理。民用建筑中的设备管线主要包括给水排水，空气调节以及电气照明等所需的设备管线，它们都占有一定的空间。在满足使用要求的同时，应尽量将设备管线集中布置、上下对齐，方便使用，有利施工和节约管线。

图 2－42 为旅馆卫生间管线集中布置示意图。

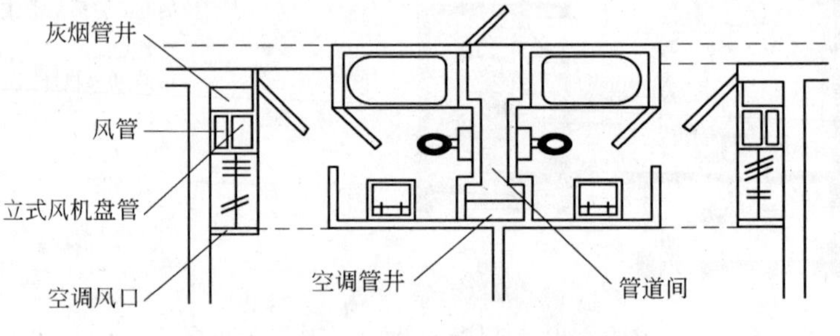

图 2－42　旅馆卫生间设备管线布置示意图

b　建筑平面组合的形式

建筑平面组合的形式主要有走廊式、大厅式、单元式、灵活大统间式、庭院式及综合式几种。

（1）走廊式（走道式）平面组合。其特点是使用房间与交通联系部分明确分开，各房间沿走廊一侧或两侧并列布置，房间门直接开向走廊，通过走廊相互联系；各房间基本上不被交通穿越，能较好地保持相对独立性；各房间有直接的天然采光和通风，结构简单，施工方便等。这种形式广泛应用于一般民用建筑，特别适用于相同房间数量较多的建筑，如学校、宿舍、医院、旅馆等。

根据房间与走廊的布置关系不同，走廊式又可分为外廊式、内廊式（分为单内廊、复廊式两种）及内外廊混合式等几种，如图2－43所示。

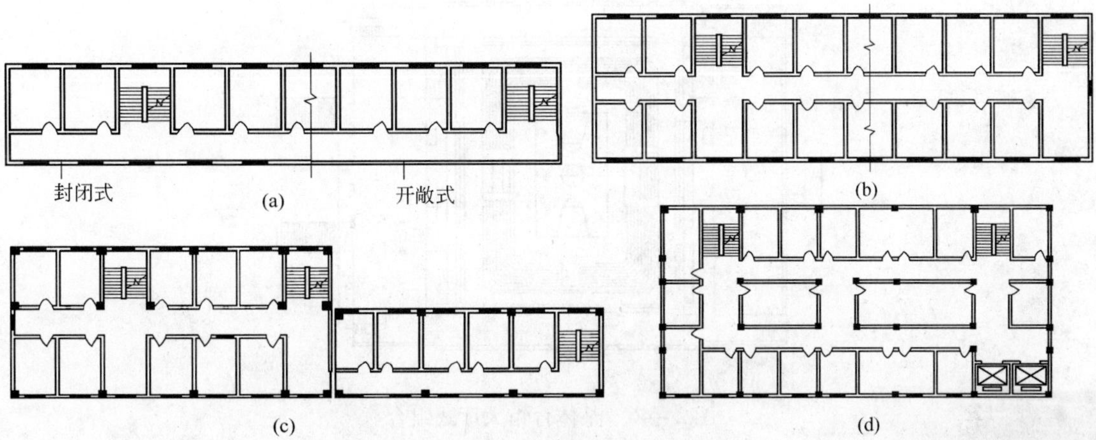

图2－43　走廊式平面组合

（a）外廊式；（b）单内廊式；（c）内外廊混合式；（d）复廊式

（2）串联式平面组合（见图2－44）。又称套间式组合，即房间与房间之间相互穿套串联，按一定的序列组织空间，不再通过走道联系。串联式多用于中小型展览馆等建筑，其特点是平面布置紧凑，面积利用率高，陈列室之间联系方便，观众参观路线连贯，顺序感强。缺点是方向单一，各房间使用不灵活，相互干扰较大，易堵塞。图2－45所示为某串联式平面的展览馆二层平面。

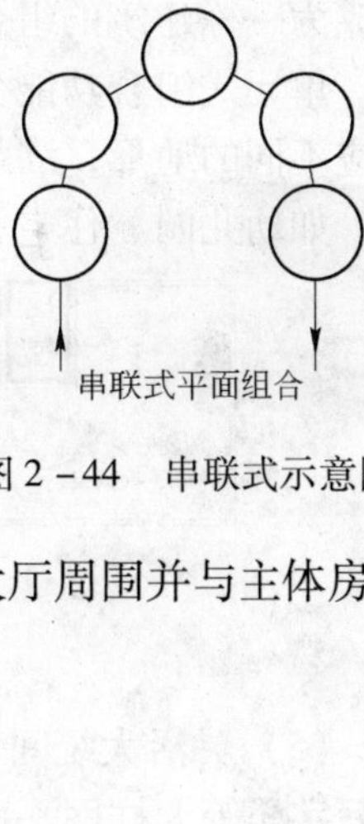

图2－44　串联式示意图

（3）大厅式平面组合。大厅式平面组合是以公共活动的大厅为主穿插布置辅助房间。这种组合的特点是主体房间使用人数多、面积大、层高大，辅助房间与大厅相比，尺寸大小悬殊，常布置在大厅周围并与主体房间保持一定的联系。

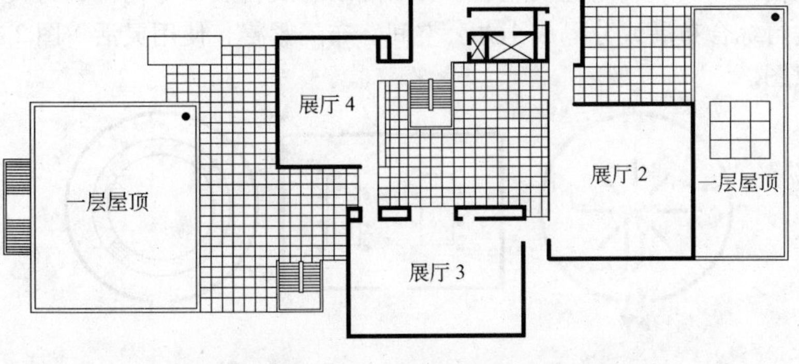

图2－45　串联式平面实例：某展览馆二层平面

大厅式适用于影剧院、体育馆等大空间建筑。图2－46所示为某体育馆大厅式组合。

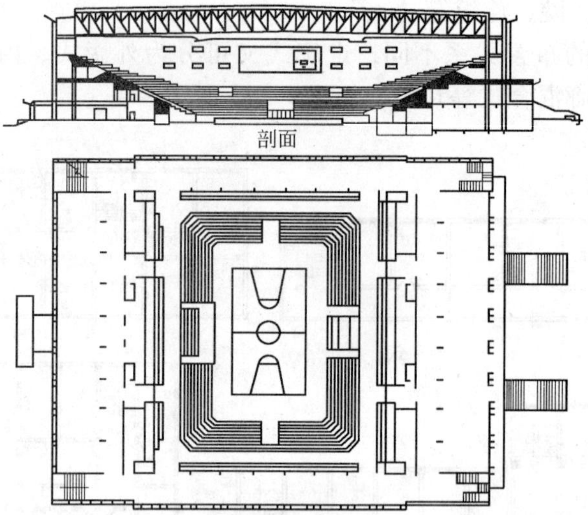

图2－46　某体育馆大厅式组合

（4）单元式平面组合。单元式组合是将关系密切的房间组合在一起成为一个相对独立的整体，称为单元。将一种或多种单元按地形和环境情况在水平或垂直方向重复组合起来成为一栋建筑的组合方式。

单元式组合功能分区明确，布置紧凑，单元之间相对独立，互不干扰；布局灵活，能适应不同的地形，满足朝向要求，形成多种不同组合形式，因此，广泛用于大量性民用建筑，如幼儿园、住宅、学校、医院等。图2－47为单元式住宅平面组合示意图。

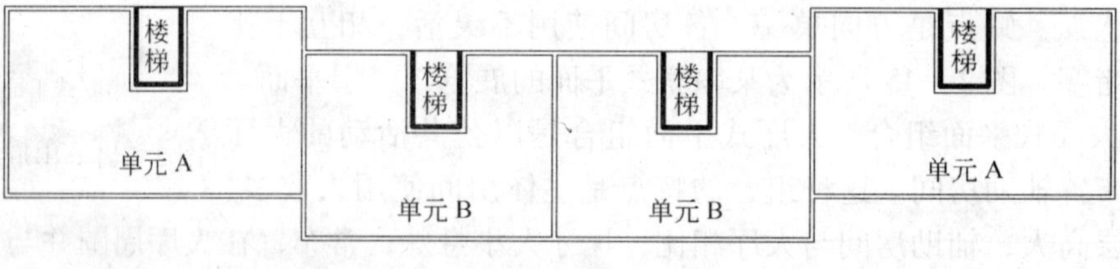

图2－47　单元式住宅平面组合示意图

（5）灵活大统间式平面组合。多用于大跨度建筑的无柱网展览大厅，或无室内分隔的写字楼等大柱网平面。利用轻质隔墙、灵活隔断、展台展板等构件，将大空间灵活分隔为小空间，进行综合布展或分隔成小办公空间，布局紧凑、使用灵活。图2－48为灵活大统间空间示意图。

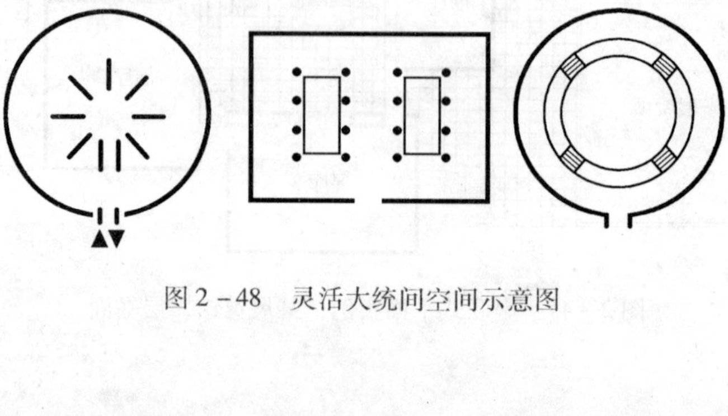

图2－48　灵活大统间空间示意图

（6）庭院式平面组合。建筑物围合成院落，多用于学校、医院、图书室、中小型旅馆等。

（7）综合式平面组合。大型现代建筑面积大、功能多、空间要求复杂，运用上述某一种平面组合形式难以满足要求，因而结合运用多种组合方式，满足不同的功能需要，形成综合式的平面布局形式。

2.3 建筑剖面设计

建筑剖面设计是根据房间的功能要求确定房间的剖面形状、确定建筑物的各部分高度、建筑的层数、分析建筑空间的组合和利用及研究建筑剖面设计中有关的结构、构造关系。

剖面设计与平面设计、立面设计有密切的联系，平面、立面、剖面设计需要结合在一起考虑。

2.3.1 房间的剖面形状

影响房间剖面形状的因素有使用要求，结构、材料和施工的影响和采光、通风的要求，同时也要结合具体的物质技术、经济条件及特定的艺术构思考虑，使之既满足使用功能又能达到一定的艺术效果。

2.3.1.1 使用功能的要求影响房间剖面形状

在民用建筑中，如住宅、学校、办公楼、旅馆和商店等，其剖面形状多采用矩形，因为矩形剖面简单、规整、便于竖向的空间组合和获得简洁的体型、结构简单、施工方便、造价较低。对于某些特殊功能要求（如视线、音质等）的房间或是采用特殊结构形式的建筑，则应根据需要选择适合的剖面形状。

A 视线要求

有视线要求的房间主要是指影剧院的观众厅、体育馆的比赛大厅、教学楼中阶梯教室等。这类房间除平面形状、大小满足一定的视距、视角要求外，需要将座位逐排升高，使地面形成一定的坡度，以保证良好的视觉要求，即视线无遮挡。设计视点越低，地面坡度越大，如图2-49所示。

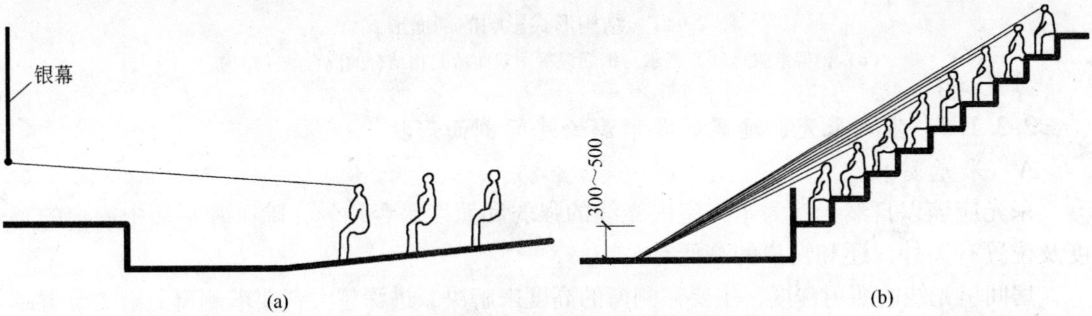

图2-49 设计视点与地面坡度的关系

（a）电影院；（b）体育馆

B 音质要求

剧院、电影院、会堂等建筑，大厅的音质要求对房间的剖面形状影响很大。为保证室内声场分布均匀，防止出现空白区、回声和聚焦等现象，在剖面设计中要注意顶棚、墙面和地面的处理。如图 2－50 所示，（a）易形成回声，（b）、（c）可避免这一现象并能使更多声能反射到楼座、池座后部。

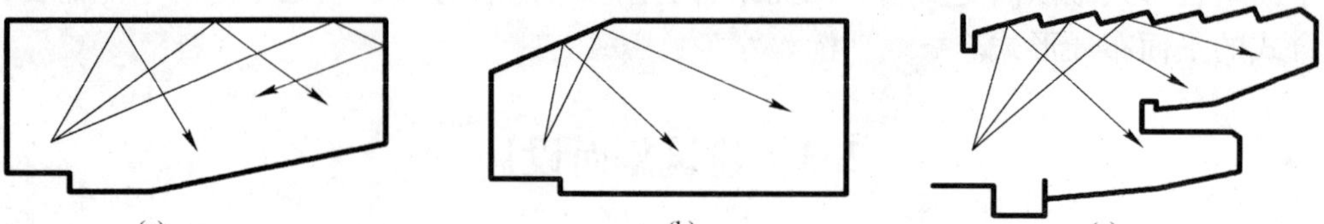

(a) (b) (c)

图 2－50 观众厅的几种剖面形状示意图

（a）平顶棚；（b）台口降低；（c）波浪式顶棚

2.3.1.2 结构、材料和施工影响房间剖面形状

不同的结构类型对房间的剖面形状具有一定的影响，采用梁板式结构布置的建筑宜优先考虑采用矩形剖面，而大跨度空间结构的剖面形状选择应结合结构形式。图 2－51a 所示为某采用三角形钢桁架拱结构的体育馆比赛大厅；又如，图 2－51b 所示为某飞机场航站楼登机口，底部是钢筋混凝土框架结构，屋顶是悬索与钢筋混凝土双曲薄壳相结合的混合悬挂结构，结构特点既满足使用要求，又具有独特的空间形状。

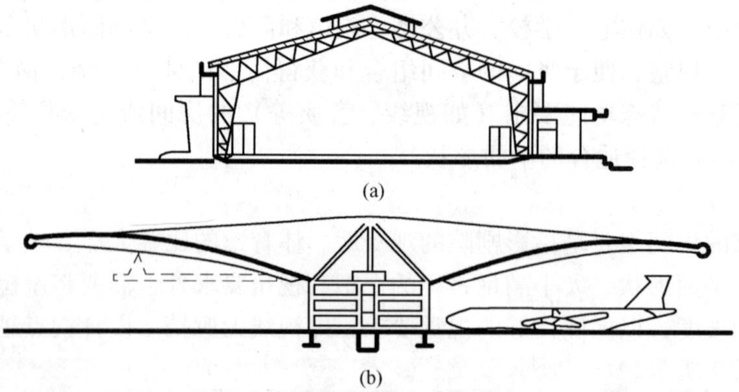

图 2－51 结构形式影响的剖面形式

（a）桁架结构；（b）悬索与钢筋混凝土双曲薄壳相结合的混合悬挂结构

2.3.1.3 室内采光、通风的要求影响房间剖面形状

A 采光要求

采光应该以自然光线为主。室内光线的强弱和照度是否均匀，除了和平面中窗户的宽度及位置有关外，还和窗户的高低有关。

房间里光线的照射深度，主要靠侧窗的高度来解决。进深越大，要求侧窗上沿的位置越高，即相应房间的净高也要高一些。单面采光时，窗的上沿离地面的高度，必须大于房间进深的 1/2；双面采光时，窗的上沿离地面的高度应不小于房间进深的 1/4，如图2－16 所示。

有些特殊要求的房间，如展览馆中的陈列室，为使室内照度均匀、稳定、柔和，避免眩光的影响，避免直射光损害陈列品，也常设置各种形式的天窗采光。

(1) 天然采光方式。主要有以下几种，如图2-52所示。

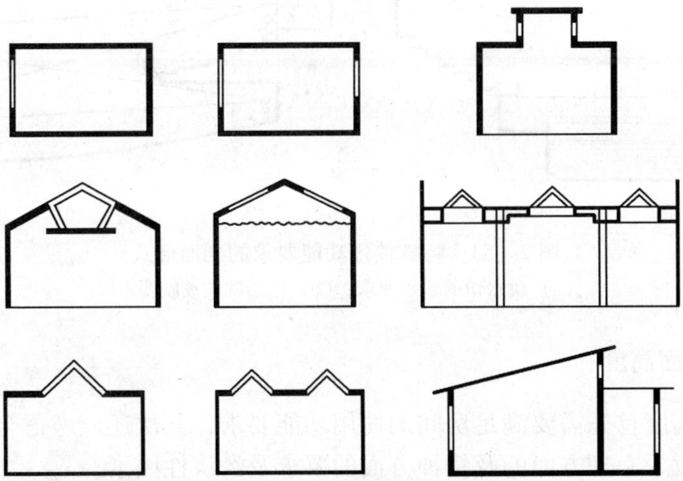

图2-52 天然采光方式

1) 普通侧窗采光。窗台高度900~1000mm左右，采光面积大，光线充足。但应控制房间的进深。

2) 高侧窗采光。窗台高1800mm左右，一般用于展览建筑或有视线私密要求的浴室等。

3) 天窗采光。光线均匀，可用于进深大的房间，主要适用于单层及多层建筑的顶楼及多跨厂房建筑的中间跨的采光。

(2) 有效采光面积的确定。不同的建筑空间为了保证室内的明亮程度，规定了一个房间达到最小照度标准的有效采光面积，主要衡量指标是“窗地比”和“玻地比”。

1) 窗地比。有效采光面积与房间地面面积的比率称为窗地比。如规范规定，住宅起居室、卧室、厨房应直接采光，窗地比为1:7；住宅其他房间、楼梯间为1:12。

2) 玻地比。考虑窗框等的遮挡因素，只计算采光玻璃的面积与房间地面面积的比率称为玻地比。它一般只用于采光要求较高的中小学教室。中小学设计规范规定教室的玻地比不低于1:6，单侧采光的教室光线应从学生座位左侧射入，双侧采光的教室主采光窗应设在左侧；新建教室的采光玻地比最好应达到1:4。

B 通风要求

房间内的通风效果与室内进出风口在剖面上的位置有关，二者距离越大，通风效果越好。一般进深不大的房间，采用侧窗采光和通风已足够满足室内卫生的要求。当房间进深大或中间跨的房间，常设置各种天窗来采光通风。温湿和炎热地区的民用建筑，常利用空气的气压差及门窗的对应布置来组织室内穿堂风。如在内墙开设高窗或在门上设亮子等组织室内通风。

2.3.1.4 特殊使用功能要求影响房间剖面形状

特殊使用功能的空间，如影剧院、体育馆等都有自己特殊的使用要求，它影响到剖面的形状与高度。如带跳台的游泳馆、带楼座的电影院的剖面设计，可根据不同位置的室内设施确定相应空间高度，以确定经济合理的结构形式和剖面形状，如图2-53所示。

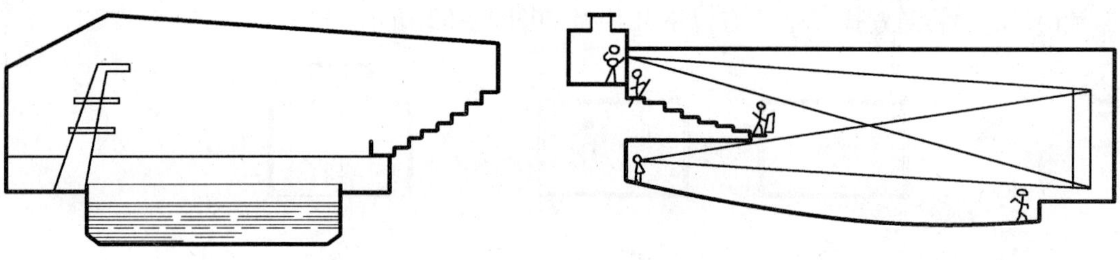

图 2－53　特殊使用功能要求的剖面形式

（a）跳水馆的跳水要求；（b）电影院的放映要求

2.3.2　房间的剖面高度

房间的剖面高度首先需要满足房间的使用功能要求，其次还应考虑合理舒适的空间比例尺度给人的视觉、心理方面的及精神方面的要求及经济性因素。

2.3.2.1　层高和净高

房屋有关高度的概念主要有层高、净高、窗台高度、室内外地面高差、女儿墙高度和建筑总高度等。房屋的剖面设计，首先需要确定房屋的层高和净高。房间的层高是指该层楼地面到上一层楼面之间的距离。房间的净高是指楼地面到结构层（梁、板）底面或顶棚下表面之间的距离。层高等于净高加上楼板层（或屋顶结构层）的高度，如图 2－54 所示。

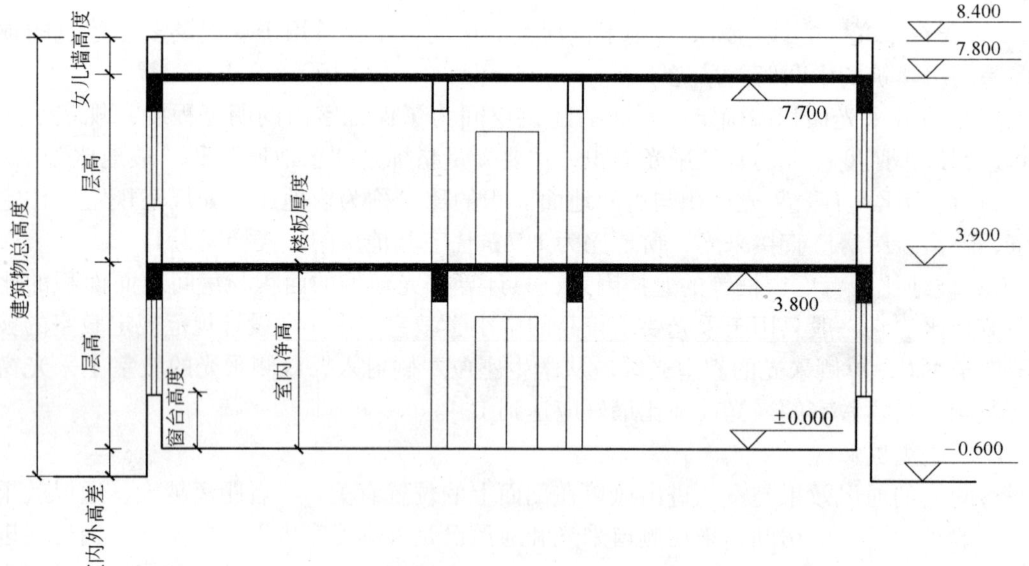

图 2－54　房屋的各部分高度

2.3.2.2　房间高度的影响因素

A　使用人数、人体活动及家具设备的要求影响房间高度

（1）房间的最小净高。房间的净高与人体活动尺度有很大关系。为保证人们的正常活动，一般情况下，室内最小净高应使人举手不接触到顶棚为宜。为此，房间净高应不低

于2.20m，如图2－55所示。

(2) 不同使用人数、房间面积的房间净高。

1) 卧室。常取2.8～3.0m，但不应小于2.4m；

2) 教室。一般常取3.30～3.60m；

3) 公建门厅。是交通枢纽，高度可适当提高；

4) 商店营业厅。大中型营业厅底层（无空调设备的）层高为4.2～6.0m，二层层高为3.6～5.1m。

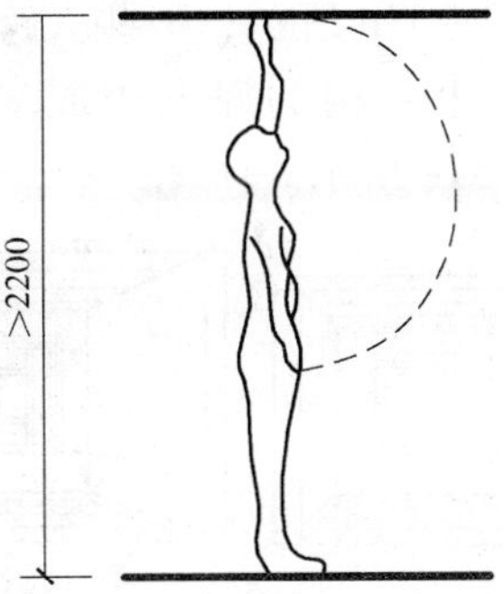

图2－55 房间最小净高要求

B 家具设备、人们使用家具设备所需空间影响房间的净高和层高

(1) 学生宿舍。通常设有双人床，考虑床的尺寸及必要的使用空间，净高应比一般住宅适当提高，结合楼板层高度考虑，层高不宜小于3.20m，如图2－56a所示。

(2) 医院手术室。净高应考虑手术台、无影灯及手术操作所需的空间，如图2－56b所示。

(3) 演播室。净高不应小于4.5m，因顶棚下装有灯具，要求距离顶棚有足够的高度，同时为了避免灯光直接投射到演讲人的视野范围而引起严重眩光，灯光源距演讲人头顶至少有2.0～2.5m的距离，如图2－56c所示。

(4) 有中央空调的房间。通常在顶棚内布置有水平风管，确定层高时考虑风管尺寸及必要的检修空间。

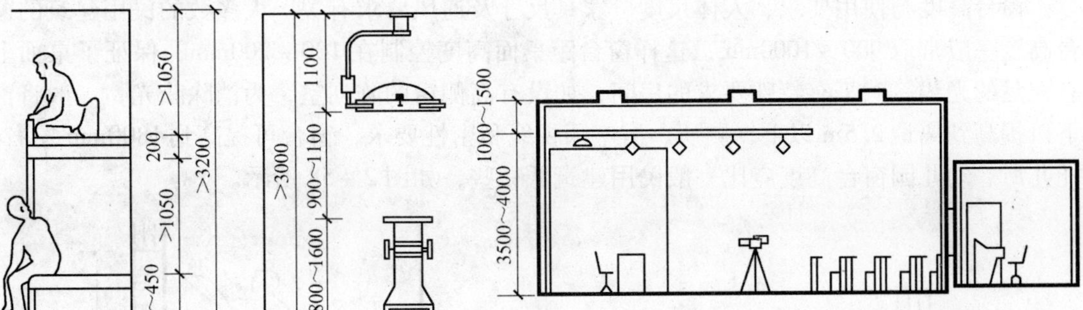

图2－56 家具设备及使用空间对房间高度的影响

(a) 宿舍；(b) 手术台；(c) 中学演播室

C 采光、通风的要求影响房间高度

容纳人数较多的公共建筑，还应考虑房间正常的气容量，保证必要的卫生条件。根据房间的容纳人数、面积大小及气容量标准，可以确定出符合卫生要求的房间净高。如中小学教室每个学生气容量为3～5m³/人，电影院为4～5m³/人。

D 结构高度及其布置方式影响房间高度

在满足房间净高要求的前提下，其层高随结构层的高度而变化。当房间的顶棚采用吊顶构造时，层高也应适当加高，以满足房间净高的要求。

板式楼板，节省了梁所占的空间，如图2－57a所示；梁板式楼板结构高度较大，如

图2－57b所示；一些大跨度建筑以及其他空间结构形式，结构层高度则更大，例如在采用梁板结构的渥太华加拿大银行大型办公室中，梁板结构高度约占层高的1/4，如图2－57c所示。

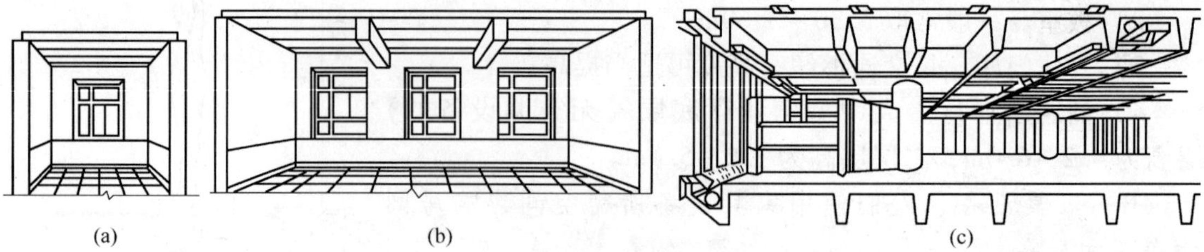

图2－57 结构高度对房间高度的影响

E 建筑造价因素影响房间高度

建筑物的层高是影响建筑造价的一个重要因素，因此，在满足使用要求和卫生要求的前提下，应尽可能降低层高。降低层高可相应减小房屋的间距，节约用地，减轻房屋自重，改善结构受力情况，节约材料。寒冷地区以及有空调要求的建筑，考虑到减少空调费用、节约能源，层高也宜适当降低。根据不同性质的工程综合测算，建筑层高每增加10cm，相应造成建筑造价增加约2%～3%。

2.3.2.3 其他位置的高度

A 窗台的高度

窗台高度与使用要求、人体尺度、家具尺寸及通风要求有关。大多数的民用建筑的窗台高度一般常取900～1000mm，这样窗台距桌面高度控制在100～200mm，保证了桌面上有充足的光线。对于有特殊要求的房间，如设有高侧窗的陈列室，为消除眩光，一般将窗下口提高到离地2.5m以上；厕所、浴室因视线私密性要求，窗台可提高到1800mm左右；托儿所、幼儿园窗台高度应比一般民用建筑低一些，如图2－58所示。

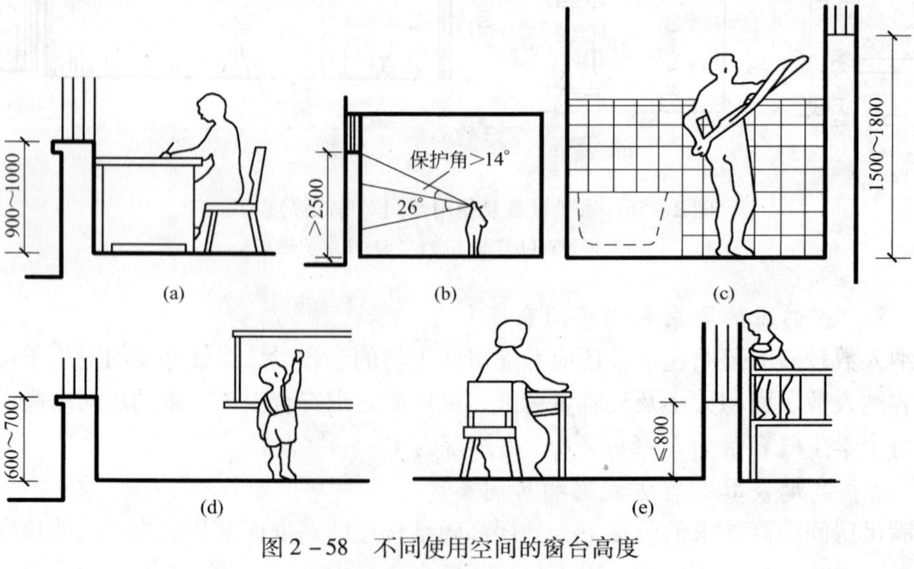

图2－58 不同使用空间的窗台高度

(a) 一般民用建筑；(b) 展览馆陈列室；(c) 卫生间；

(d) 托儿所、幼儿园；(e) 儿童病房除此以外，某些公共建筑的房间如餐厅、休息厅、娱乐活动场所，以及疗养建筑和旅游建筑，为使室内阳光充足和便于观赏室外景色，丰富室内空间，常将窗台设置得很低，甚至采用落地窗。

B 底层室内外高差

在建筑设计中，一般以底层室内地坪标高定为±0.000，为了防止室外雨水流入室内，并防止墙身受潮，应使建筑物室内外地面形成一定的高差。普通民用建筑室内外高差一般取450～600mm。

2.3.3 建筑的层数

影响房屋层数的因素很多，主要有建筑本身的功能要求、城市规划要求、结构类型特点、建筑安全等。

(1) 功能要求影响房屋层数。住宅、办公楼、旅馆等大量性建筑，使用人数不多、室内高度较低，可采用多层和高层。托儿所、幼儿园等建筑，考虑到儿童的生理特点和安全，同时为便于室内与室外活动联系，其层数不宜超过三层。影剧院、体育馆等一类公共建筑都具有面积和高度较大的房间，人流集中，为迅速而安全地进行疏散，宜建成低层。

(2) 安全因素影响房屋层数。安全因素主要有建筑防火和地震烈度。建筑防火是影响结构和建筑层数的重要因素，建筑物层数受不同建筑的耐火等级影响。

按《建筑设计防火规范》(GB 50016—2006) 的规定，民用建筑的耐火等级、层数、长度和建筑面积，应符合表2-8的要求。地震烈度不同，对房屋的层数和高度要求也不同。表2-9所示为钢筋混凝土房屋最大适用高度。

表2-8 民用建筑的耐火等级、最多允许层数和防火分区最大允许建筑面积

耐火（等级）	最多允许层数	防火分区的最大允许建筑面积/m^2	备注
一、二级	按GB 50016—2006第1.0.2条规定	2500	(1) 体育馆、剧院的观众厅，展览建筑的展厅，其防火分区最大允许建筑面积可适当放宽； (2) 托儿所、幼儿园的儿童用房和儿童游乐厅等儿童活动场所不应超过3层或设置在四层及四层以上楼层或地下、半地下建筑（室）内
三级	5层	1200	(1) 托儿所、幼儿园的儿童用房和儿童游乐厅等儿童活动场所、老年人建筑和医院、疗养院的住院部分不应超过2层或设置在三层及三层以上楼层或地下、半地下建筑（室）内； (2) 商店、学校、电影院、剧院、礼堂、食堂、菜市场不应超过2层或设置在三层及三层以上楼层
四级	2层	600	学校、食堂、菜市场、托儿所、幼儿园、老年人建筑、医院等不应设置在二层
地下、半地下建筑（室）		500	—

(3) 建筑结构、材料和施工的要求影响房屋层数。建筑结构类型和材料是决定房屋层数的基本因素。如一般混合结构的建筑是以墙或柱承重的梁板结构体系，一般为1～6

层，常用于一般大量性民用建筑，如住宅、宿舍、中小学教学楼等。多层和高层建筑的结构体系，常采用梁柱、剪力墙承重的框架结构、剪力墙结构或框架－剪力墙结构等。各种结构体系的适用层数，见表2－10。

表2－9 钢筋混凝土房屋最大适用高度 (m)

结构类型	烈度			
	6	7	8	9
框架结构	同非抗震设计	55	45	25
框架－剪力墙结构		120	100	50

表2－10 各种结构体系的适用层数

各种结构体系的适用层数									
体系名称	框架	框架剪力墙	剪力墙	框筒	筒体	筒中筒	束筒	带刚臂框筒	巨型支撑
适用层数	12层	24层	40层	30层	100层	110层	110层	120层	150层
高度	50m	80m	120m	100m	400m	450m	450m	500m	800m

建筑的施工条件、起重设备、吊装能力以及施工方法等均对层数有所影响。施工机械能力的大小对构件的重量、建筑总高度有所限制。滑模施工，对于多层和高层钢筋混凝土结构的建筑是适合的，而且层数愈多，经济效益也愈显著。

（4）建筑基地环境与城市规划的要求影响房屋层数。确定房屋的层数不能脱离一定的环境条件，同时，建筑层数应符合当地城市规划部门对整个城市面貌和节约土地的统一要求。如风景园林区建筑宜采用低层的建筑群；临近飞机场的建筑还应考虑飞机的限空要求，在一定范围之内不应有高层建筑和高层构筑物。

2.3.4 建筑剖面组合设计与空间利用

2.3.4.1 建筑剖面组合设计

在进行建筑空间剖面组合设计时，应根据使用性质和使用特点将各房间进行合理的垂直分区，做到分区明确、流线清晰、合理利用空间，同时应注意结构合理、设备管线集中。对于不同空间类型的建筑也应采取不同的剖面组合方式，主要有以下几种方式：

（1）重复小空间的剖面组合设计。这类空间的特点是面积大小、剖面高度相等或相近，在一栋建筑物内房间的数量较多，功能要求各房间应相对独立。在剖面组合设计中，将剖面高度相同，使用功能相近的房间组合在同一层上，以楼梯、电梯将各垂直排列的空间联系起来构成一个整体。这种形式有利于统一各层标高、简化结构。适用于走道式和单元式的组合方式，如住宅、医院、学校、办公楼等。

（2）大小、高低相差悬殊的剖面组合设计。

1）以大空间为主体，小空间围合在大空间周围或看台下。常用于影剧院、体育馆空间组合时，以观众厅为中心，在其周围布置小空间，如化妆间、办公、卫生间或运动员休息室、更衣室、贵宾室等。与“大厅式”平面组合方式是对应的，如图2－46所示。

2）以小空间组合成主体建筑，灵活布置大空间。某些类型的建筑，构成建筑的主要房间为小空间，但还需要布置少量大空间，如教学楼中的阶梯教室、办公楼中的大会议室、旅馆中的餐厅、临街商住楼中的营业厅等。这类建筑一般的空间组合处理方法有以下几种：

① 主体与大空间脱开布置。即以小空间为主形成主体建筑，将个别的大空间附建于主体建筑旁，大空间可根据需要选择合适的结构形式，从而不受主体建筑的层高和结构的限制，如图2－59a、b所示。

② 将大空间布置在主体建筑中。可以将大空间布置在主体建筑的顶层或底层，如图2－59c、d所示。

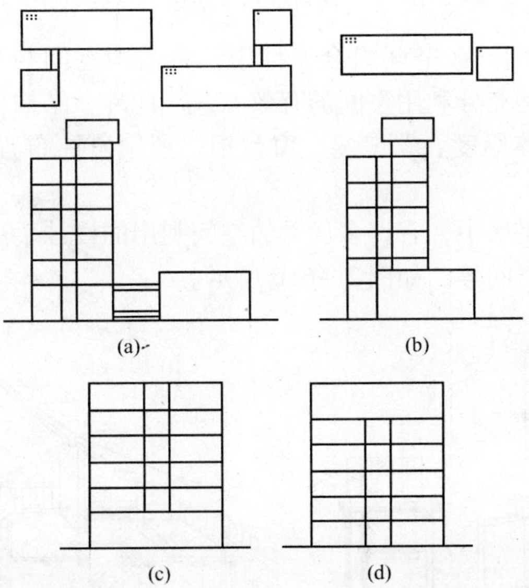

图2－59　大空间与主体建筑的组合方式

2.3.4.2　建筑空间的利用

建筑空间的利用涉及建筑的平面及剖面设计，体现在剖面体型设计和室内空间利用两方面。因此，合理地最大限度地利用空间以扩大使用面积，是空间组合的重要问题。

A　结构悬挑增加使用空间

有些建筑的楼层、顶层结构，可采用结构悬挑的方式增加使用面积。更有一些建筑以层层悬挑的独特倒金字塔的形式，充分利用空间的同时，也大大增加了立面空间的效果，如2010上海世博会的中国馆（见图2－60）。

B　室内空间的利用

充分利用室内空间不仅可以增加使用面积，还可以起到改善室内空间比例、丰富室内空间艺术的效果。

（1）夹层空间的利用。前面介绍的体育馆、影剧院建筑，在观众厅周围或看台下布置小空间，也是夹层空间的一种设计方法。在普通公共建筑中，营业厅、候机楼等，由于功能要求其主体空间与辅助空间在面积和层高上也常常不一致，因此常采取在大空间周围布置夹层的做法，从而达到利用空间及丰富室内空间效果的目的。

图 2－60　上海世博会中国馆的悬挑结构

（2）结构空间的利用。在空间组合设计中，将结构空间与功能空间在面积、形状、层高上尽量统一起来，是充分利用空间的有效方式。此外，结构构件所占用的空间应尽量加以利用，如可利用墙体厚度、置壁龛、窗台柜，利用角柱布置书架及工作台等，如图 2－61a 所示。

在我国各地的传统民居中，有许多优秀的空间利用的设计手法值得借鉴，如利用坡屋顶的阁楼部分拓展使用空间等，如图 2－61b 所示。

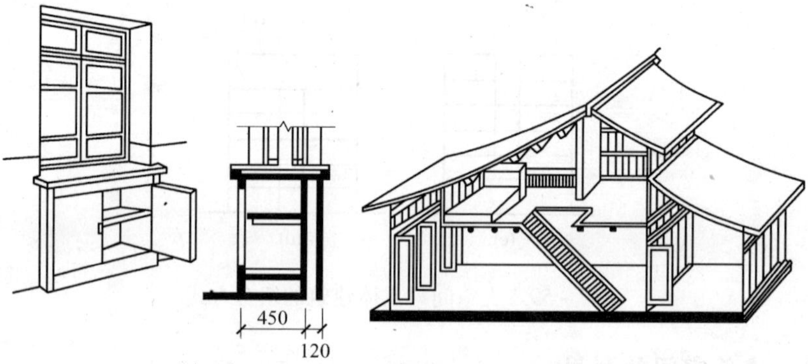

(a)　(b)

图 2－61　建筑结构空间的利用

（a）窗台下部的空间利用；（b）坡屋顶的空间利用

（3）走道空间的利用。民用建筑的走廊、走道主要面积和宽度都较小，因此高度也相应要求低一些。因而可以充分利用走道上部的空间，常吊顶处理，利用其布置设备管道及照明线路等。如图 2－62 所示。

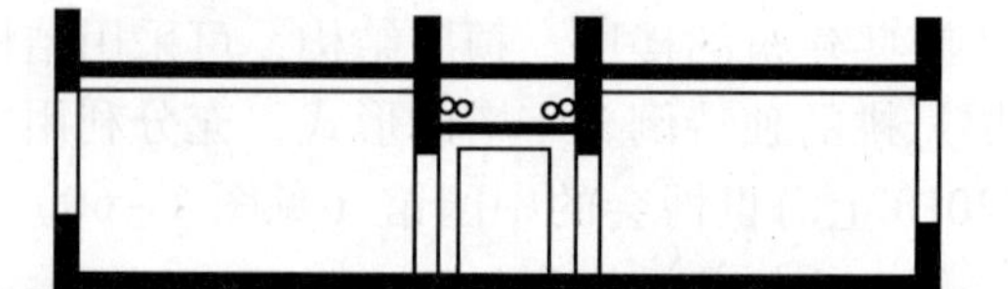

图 2－62　走道上部作为技术层利用

2.4　建筑体型与立面设计

建筑的外部形象设计包括体型设计和立面设计两个方面。建筑体型与立面设计是在平面功能及内部空间组合合理的基础上，考虑与所处环境协调统一的原则，在技术、经济条件的制约下，对总体体型和立面细部等外部形象按照建筑美学规律加以处理，以求得完美的建筑形象的过程。

2.4.1 影响体型和立面设计的因素

建筑的体型和立面设计要满足建筑内因和外因的要求。内因包括建筑内部功能、建筑技术、建筑经济等；外因包括环境因素、民俗风情、地段文脉等。外部造型艺术处理与使用功能设计是矛盾的双方，但功能决定形式，形式反映功能，二者互为依存，不可分割。

2.4.1.1 建筑外形反映建筑功能和建筑性格特征要求

各类建筑物由于使用功能不同，室内空间形态及空间组合方式千差万别，体现出不同的外部体型和立面特征。不同功能类型的建筑，反映出不同的建筑性格特征。

如城市住宅重复排列的阳台、尺度不大的窗户形成了生活气息浓郁的居住建筑性格特征；综合办公楼体型高低错落，虚实穿插，并通过细部处理，体现出简洁明快、大方雅致的建筑风格；幼儿园符合童趣特征及活泼欢快的性格特点，常有各种卡通形象造型和鲜艳的色彩装饰；文化纪念性建筑以巨大的空间体量组合及虚实对比表现出建筑的雕塑感，立面造型新颖庄重、大气庄严。

2.4.1.2 建筑外形反映结构形式

结构是建筑的骨架，不同的结构形式反映出不同的体型和立面设计特征。

（1）混合结构（又称砖混结构）。混合结构由于受到墙体承重及梁板经济跨度的局限，开窗面积受到限制，外形处理多采用立面色彩、线条及材料质感的变化来体现建筑朴素、简洁、稳重的外观特征。图2-63为同济大学老四层砖混教学楼。

（2）框架结构。由于墙体只起围护作用，空间处理和外墙开窗有较大的灵活性，可形成水平带形窗，也可形成大面积独立窗或外挂玻璃幕墙，底层甚至可以全部取消窗间墙而形成完全通透的架空形式。因而框架结构建筑具有简洁、明快、轻巧的外观形象，如图2-64所示。

图2-63 同济大学老四层砖混教学楼

巴尔巴罗莎广场办公楼

图2-64 框架结构的水平带形窗

（3）大跨度空间结构。随着城市中现代体育馆、影剧院、展览馆等大跨度建筑的增多，各种大跨度空间结构的新结构、新材料、新技术使其建筑外形设计拥有更大的灵活性和多样性，更加丰富了城市建筑的外观形象，使建筑造型千姿百态。

图2－65所示为日本千叶幕张展览中心的空间悬索、网架结构。

图2－65 大跨度展览建筑的外形

2.4.1.3 建筑外形反映材料与施工技术特点

建筑不同于一般的艺术品，它必须运用各种建筑技术手段如结构类型、材料特质、施工手段等才能完成。构成建筑的不同色彩、质感则带给我们丰富的建筑空间环境形象。

施工技术的不同反映在建筑体型上，有着不同的建筑形象。如具有工业化施工技术及工艺特点的建筑如滑模、升板、大模板、盒子建筑等都具有自己独特的外形特征。内容详见4.2节。

2.4.2 体型和立面设计运用建筑形式美的规律

建筑艺术设计是形式与内容、主观与客观的统一。形式美是指构成事物的物质材料的自然属性（色彩、形状、线条、声音等）及组合规律（如对比、节奏、韵律等）所呈现出来的审美特性。

建筑形式美的规律包括基本规律“多样统一规律”，以及被称为基本法则的若干建筑构图原则：“主从与重点”，“对比与呼应”、“韵律与节奏”、“均衡与稳定”、“比例与尺度”、“性格与联想”等，如图2－66所示。

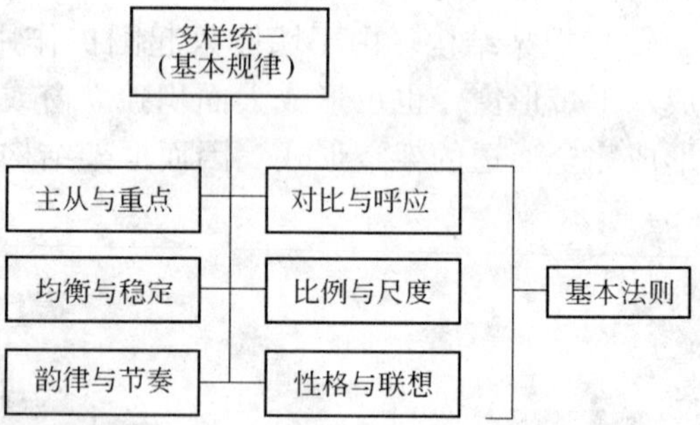

图2－66 建筑形式美的规律及法则

2.4.2.1 建筑形式美的基本规律——多样统一规律

多样统一，又称和谐统一、有机统一，是一切艺术形式美的基本规律，也是画面构图的总规律。在建筑构图中，多样统一是矛盾的统一体，是指既要多样有变化，又要统一有规律。只多样不统一就会杂乱无章；只统一不多样，就会单调、死板、无生气。简而言之，就是构图要繁而不乱，统而不死。

古代许多优秀的建筑作品以简单的几何图形作为构图的依据，从而获得了高度的完整统一性。如原始石环建筑、罗马万神庙的圆形平面，罗马圣彼得大教堂的方形平面、金字塔的正方锥体等。

（1）原始社会的石环建筑。其以圆周形状竖立的石梁、石柱围合成秩序井然，具有向心性的原始祭拜空间，取得统一的性格特征，明显地表现出作为一种人工创造物的性格特征。如图 2－67 所示。

（2）埃及金字塔。一系列的金字塔，虽大小各不相同，但都用简单规则的正方锥体取得统一，如图 2－68 所示。

图 2－67 原始社会石环建筑

图 2－68 古埃及金字塔

2.4.2.2 建筑形式美的基本法则

形式美的法则是人类在创造美的形式、美的过程中对美的形式规律的经验总结和抽象概括。一个建筑给人们以美或不美的感受，在人们心理上、情绪上产生某种反应，存在着某种规律。建筑形式美法则就表述了这种规律。

建筑物是由各种构成要素如墙、门、窗、台基、屋顶等组成的。这些构成要素具有一定的形状、大小、色彩和质感，而形状（及其大小）又可抽象为点、线、面、体（及其尺度），建筑形式美法则就表述了这些点、线、面、体以及色彩和质感的普遍组合规律。

在建筑构图中形式美的法则主要包括：对称、均衡、调和、对比、稳定、比例、节奏、韵律等。

A 主从与重点

建筑构图为了达到统一，从平面组合到立面处理，从内部空间到外部体型，从细部处理到群体组合，都必须处理好主和从、重点和一般的关系。在一些采用对称构图的古典建筑中，对此作了明确的处理。如印度莫卧尔王朝国王杰罕为爱妃蒙泰吉所修的陵墓——泰姬陵，严格对称的清真寺型制及布局，主体居中，四个叫拜塔衬托四角，层次分明，构图优美，如图 2－69 所示。

图 2－69 印度泰姬陵

B 对比与呼应（对比与微差）

建筑要素之间存在着差异，对比是显著的差异，微差则是细微的差异。对比可以借相互烘托陪衬求得变化，微差则借彼此之间的协调性、连续性以求得调和和呼应。没有对比会产生单调，而过分强调对比以致失掉了连续性又会造成杂乱。只有把这两者巧妙地结合起来，才能达到既有变化又协调一致。对比在建筑构图中主要体现在不同尺度、不同形状、不同方向、不同色彩和不同质感之间。

著名的澳大利亚悉尼歌剧院，几片形状相同的轻盈的贝壳状壳体屋顶，通过同向层叠、方向及大小变化的对比组合，形成了蓝天碧海中的独特风景，如图 2－70 所示。

C　均衡和稳定

均衡是建筑前后左右方向的各部分之间的平衡关系，稳定是建筑上下之间的轻重关系。处于地球重力场内的一切物体只有在重心最低和左右均衡的时候，才给人安定、平衡、完整的感觉。人眼习惯于均衡、稳定的组合关系，如下大上小的山，左右对称的人等。

均衡分为对称均衡、非对称均衡、动态均衡等各种表现形式。稳定有静态的上小下大的形式，也有各种非常态的形式。

美国纽约古根海姆博物馆是纽约著名的地标建筑，由美国 20 世纪最著名的建筑师弗兰克·劳埃德·赖特设计，以上大下小的白色的螺旋线结构闻名于世，体现动态均衡的关系，如图 2－71 所示。

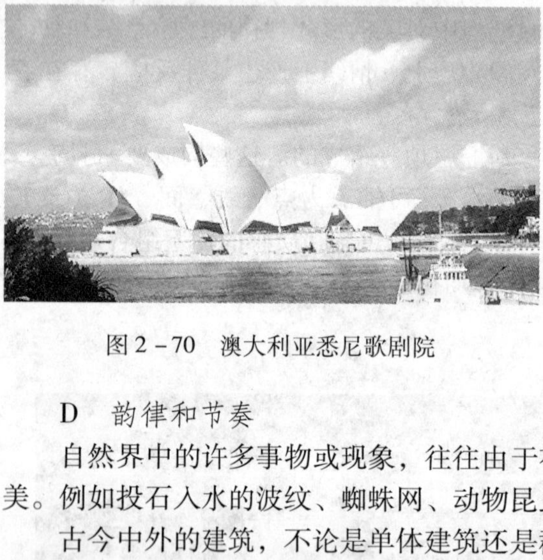

图 2－70　澳大利亚悉尼歌剧院

图 2－71　美国纽约古根海姆博物馆

D　韵律和节奏

自然界中的许多事物或现象，往往由于有秩序地变化或有规律地重复出现而拥有韵律美。例如投石入水的波纹、蜘蛛网、动物昆虫身上的斑纹、树叶的脉络等。

古今中外的建筑，不论是单体建筑还是群体建筑，乃至细部装饰，几乎处处都有应用韵律美造成的节奏感。无怪有人说“建筑是凝固的音乐，音乐是流动的建筑。”

图 2－72 所示为香港维多利亚湾夜景，城市天际线下的建筑群轮廓线的起伏，呈现出城市天际线的跃动音符般的韵律节奏感。西班牙一高层建筑每层重复出挑的檐口形成规律的韵律感，建筑呈现静态流动的潺潺之水的美感，见图 2－73。

E　比例和尺度

建筑整体或其细部长、宽、高之间，整体与局部、局部与局部之间如果达到协调的比例关系，可以引起人们的美感。良好的比例关系不能单纯按抽象的几何关系来确定，功能要求、结构、材料以及民族文化传统都会对构成良好的比例发生影响。良好的比例不单是直觉的产物，并且还应当是符合理性的比例。

F　性格与联想

建筑物的性格是由建筑物的形象和内在空间相关联而形成的特征，建筑物的联想是建立在性格特征之上的人的思维想象。特征使建筑物具有可识别性，也使建筑具有了性格：

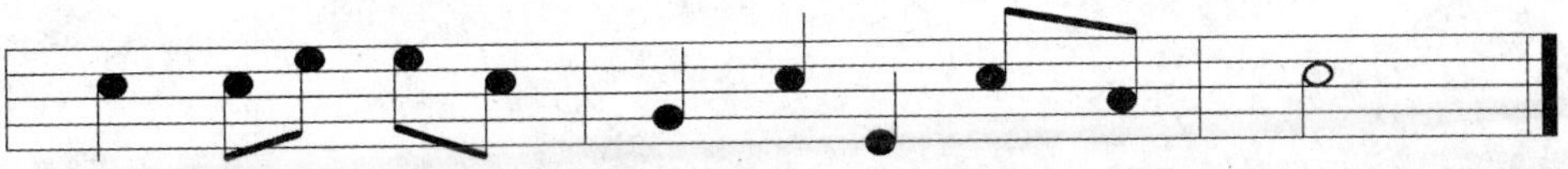

图 2－72　城市天际线的韵律感

或庄重严谨，如政府办公建筑；或肃穆雄伟，如法庭建筑；或开放流动，如交通建筑；或亲切宜人，如医院建筑；或典雅洒脱，如剧场建筑。因此，恰当而准确的特征使用，是建筑创作的要点之一。

图 2－73　西班牙 Water Tower

象征是中国传统建筑中常用的手法，中国传统建筑的艺术构思，尤其注重将建筑的客观功能与人的审美心理相融合，借助建筑的形式畅神达意，抒发情怀。表现为以建筑为题材的象征，其常用的象征手法有形的象征、数的象征、色彩的象征与物品的象征等。

现代建筑中，最为常见的还是以“形”作为立意引发的联想。如著名的悉尼歌剧院（见图 2－70），引起人们对大海的联想，或帆、或蚌壳、或海鸟。又如美国环球航空公司候机楼，建筑外形像展翅的大鹏，动势很强，如图 2－74 所示。

图 2－74　美国环球航空公司候机楼（纽约肯尼迪机场）

3 民用建筑构造

3.1 概　　述

3.1.1 建筑物的构造组成及其作用

一栋建筑，一般是由建筑部件和建筑构件组成，建筑部件包括基础、墙或柱、楼地层、屋顶，建筑构件包括楼梯、门窗等。民用建筑的构造组成如图 3 – 1 所示。

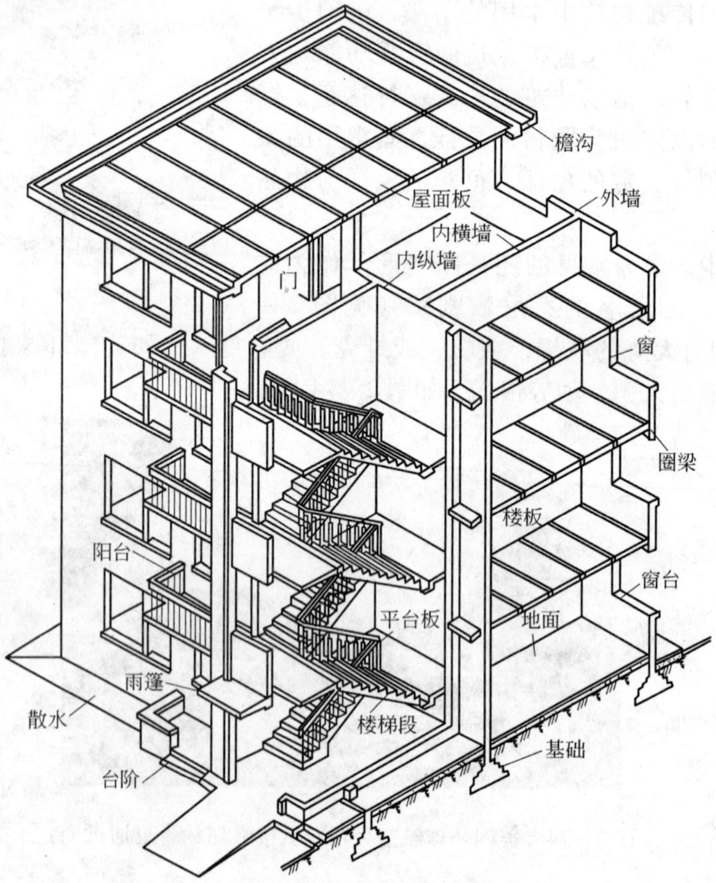

图 3 – 1　民用建筑的构造组成

3.1.1.1 基础

基础是建筑物最底部与地基接触的承重构件，其作用是承受建筑物的全部荷载，并将这些荷载传给地基。因此，基础必须具有足够的强度，并能抵御地下各种有害因素的侵蚀。

3.1.1.2 墙（或柱）

墙主要起围护、分隔空间的作用。砌筑结构体系中，墙体兼具承重与围护作用；框架或排架结构体系中，墙体的作用是围护与分隔空间。外墙的作用是抵御自然界各种因素对室内的侵袭；内墙主要起分隔空间及保证舒适环境的作用。因此，要求墙体要有足够的强度、刚度和稳定性，具有保温、隔热、隔声、防火、防水等物理性能。柱是框架或排架结构建筑物中的主要承重构件，承载屋顶和楼层传来的荷载，受力集中，须有足够的强度、刚度和稳定性，以及防火、防水等物理性能。

3.1.1.3 楼板层和地坪

（1）楼板。楼板是水平方向的承重构件，承受人、家具、设备荷载以及自重，并将这些荷载传给墙或柱；楼板将建筑物沿竖向分为若干层，并对墙体起着水平支撑的作用。因此要求楼板层应具有足够的抗弯强度、刚度和隔声、防潮、防水的性能。

（2）地坪。地坪是底层房间与地基土层相接触的部分，起承受底层房间荷载的作用。要求具有一定的强度和刚度，并具有耐磨、防潮、防水、防尘和保温的性能。要处理好地坪与平台、台阶及周边场地的关系，使室内外关系明确、合理。

3.1.1.4 楼梯

楼梯是多层建筑的垂直交通构件，供人们上下楼层和紧急疏散之用。楼梯应具有足够的通行能力，并且具有防滑、防火、安全功能。楼梯是建筑构造处理的重点和难点。

3.1.1.5 屋顶

屋顶是建筑物顶部的围护构件和承重构件。需要抵抗风、雨、雪、冰雹等的侵袭和太阳辐射的影响；又要承受风雪荷载、绿化、蓄水及施工、检修等上人荷载，并将这些荷载传给墙或柱。故屋顶应具有足够的强度、刚度及防水、保温、隔热等性能。区域与地方不同，屋顶的形式、坡度、材料及构造也有所区别。

3.1.1.6 门与窗

门与窗均属非承重构件，也称为配件。门主要用作交通联系，同时能分隔房间；窗主要起采光、通风、分隔、眺望等作用。处于外墙上的门窗又是围护构件的一部分，要满足热工、防水的要求；某些有特殊要求的房间，门、窗应具有保温、隔声、防火的能力。

一座建筑物除上述六大基本组成部分以外，对不同使用功能的建筑物，还有许多特有的构件和配件，如阳台、雨篷、平台、台阶、排烟道等，构造方法也有着具体的要求。

3.1.2 建筑构造的设计原则

构造设计是建筑设计的重要组成部分，应遵循适用、经济、美观的原则。在满足建筑物各项功能要求的前提下，遵循以下设计原则：结构坚固、耐久和实用；技术先进；经济合理；美观大方等。

3.1.3 影响建筑构造的因素

3.1.3.1 外界环境的影响

外界环境的影响是指自然界和人为因素的影响，主要有以下三个方面：

（1）外界作用力的影响。外力包括人、家具和设备的重量，结构自重、风力、地震力以及雪的重量等，这些通称为荷载。荷载对于结构选型、构造方案及进行细部构造设计都是非常重要的依据。

（2）气候条件的影响。气候条件如日晒雨淋、风雪冰冻及地下水等。对于这些影响，在构造上必须考虑相应的防护措施，如防水防潮、防寒隔热、防温度变形等。

（3）人为因素的影响。如火灾、机械振动、噪声等的影响，在建筑构造上需要采取防火、防震和隔声等相应措施。

3.1.3.2 建筑技术条件的影响

建筑技术是指建筑材料技术、结构技术和施工技术等。随着这些技术的不断发展和变化，建筑构造技术也在改变着。

3.1.3.3 建筑标准的影响

建筑标准包含造价标准、建筑装修标准和建筑设备标准等。建筑构造的选材、选型和细部做法都是根据标准的高低来确定的。一般来讲，大量性民用建筑多属一般标准的建筑，构造方法往往是常规做法；而大型公共建筑，标准则要求高些，构造做法也更为复杂一些。

3.2 基础与地下室

本节主要介绍地基与基础的基本概念；基础的埋深及其影响因素；基础的类型与构造；地下室的防潮和防水构造等。其中基础的类型与地下室的防潮、防水构造是本节重点。

3.2.1 基础

3.2.1.1 地基与基础的概念

任何建筑物皆由上部结构和基础两大部分组成，通常以室外地面标高为划分标准，地面标高以上的部分称为上部结构，地面标高以下的部分为基础。

上部结构传来的荷载，如果通过柱或墙体直接作用在土层上，为了减小土层承受的压应力及房屋的沉降量，须将柱或墙体在与土层相接触处的截面放大。

（1）地基。承受由基础传来荷载的土层称为地基，地基不属于房屋的组成部分。与基础底面相接触的第一层土层，称为持力层；持力层以下的土层称为下卧层，如图 3－2 所示。

1）天然地基。当地基有足够承载力，不需要经过人工加固，可直接在其上建造房屋，称为天然地基。

2）人工地基。土层的承载力较差，或虽然土层较好，但上部荷载较大时，为了使地基具有足够的承载力，对土层进行人工加固和改良，这种经过人工处理的土层称为人工地基。

（2）基础。基础是建筑物地面以下的承重构件，它承受建筑物上部结构传下来的全部荷载，并把这些荷载与基础自身荷载一起传给地基。基础是建筑物的组成部分。

3.2.1.2　基础的埋置深度

基础埋深一般是指从室外设计地坪至基础底面的垂直距离，如图3－2所示。桩基础的埋置深度是指设计地面至承台底面的距离，桩的长度不计入在内。

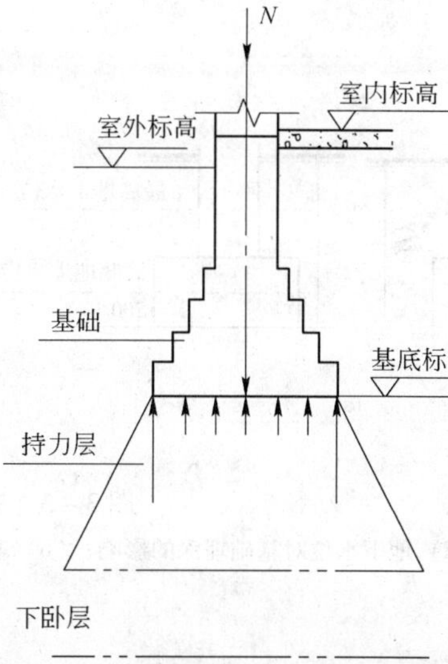

图3－2　地基与基础示意图

（1）浅基础和深基础。

1）浅基础。当埋置深度小于基础底面宽度或小于5m，且可用普通开挖基坑和蔽坑排水方法建造的基础，一般称为浅基础。

2）深基础。若基础必须埋置在较深的坚实土层上，需用特殊施工手段和设备建造，且当埋置深度大于基础底面宽度或大于5m的基础，称为深基础，如桩基、沉井、沉箱、地下连续墙等。

（2）影响基础埋置深度的因素。

1）建筑物的用途及结构类型决定基础的形式、构造和埋深。当建筑物设置地下室、设备基础或地下设施时，基础埋深应满足使用要求；高层建筑基础埋深应随建筑高度的增大而增大，才能满足稳定性要求。

2）作用在地基上的荷载大小和性质的影响。一般荷载较大时应加大基础埋深；一般除岩石地基外，基础埋置深度不应小于0.5m，且基础顶面应低于设计地面100mm以上，以免基础外露。

3）工程地质和水文地质条件的影响。确定地下水的常年水位和最高水位，以便选择基础的埋深。一般宜将基础落在地下常年水位和最高水位之上。地下水位与基础埋深的关系如图3－3a所示。

4）地基土冻胀和融陷的影响。一般将基础的垫层部分做在土层冻结深度以下。否则，冬天土层的冻胀力会把房屋拱起，产生变形；天气转暖，冻土解冻时又会产生陷落。基础和冻土之间的关系如图3－3b所示。

5）相邻建筑物基础埋深的影响。有相邻建筑物时，新建建筑物的基础埋置深度不宜大于原有建筑物的基础。当埋置深度大于原有建筑物的基础时，两基础间应根据荷载大小和土质情况保持一定净距。一般取相邻两基础底面高差的1～2倍，如图3－3c所示。

6）考虑地震作用的影响。当抗震设防烈度为7～9度时，高层建筑基础的埋置深度当采用天然地基时，不宜小于建筑物高度的1/12；当采用桩基时，不宜小于建筑物高度的1/15。当抗震设防烈度为6度或非抗震设计时，埋置深度可适当减小。

3.2.1.3　基础的类型及适用条件

按基础的材料和受力特点可分为刚性基础与非刚性基础；按基础的构造形式分为墙下条形基础、柱下单独基础、柱下条形基础、十字交叉条形基础、片筏基础、箱形基础和桩

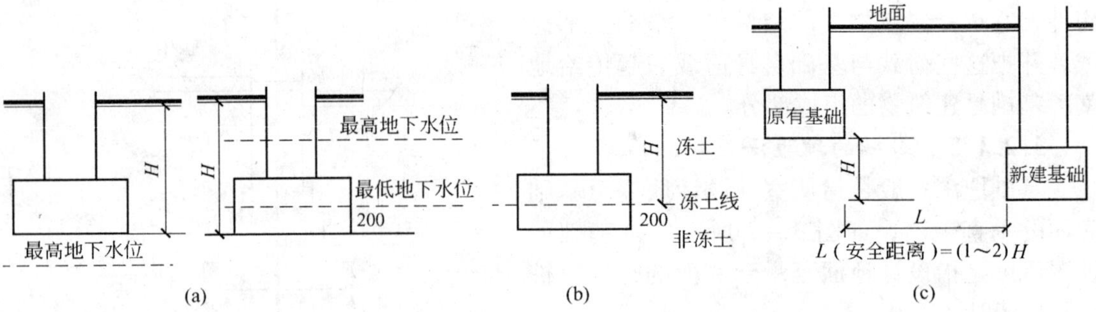

图 3-3　影响基础埋置深度的因素

（a）地下水位对基础埋深的影响；（b）基础和冻土之间的关系；（c）新旧建筑物之间基础的关系

基础等。

A　基础按材料和受力特点分类

基础按材料和受力特点分为刚性基础与非刚性基础。

（1）刚性基础（无筋基础）。刚性基础又称无筋基础，是指用刚性材料做的基础。刚性材料，一般指抗压强度高，而抗弯、抗剪强度较低的材料，常用的有砖、毛石、灰土、三合土、混凝土等。为满足地基容许承载力的要求，刚性基础的基础底宽 b 一般大于上部墙宽，为了保证基础不被拉力、剪力破坏，基础必须具有相应的高度。

1）常见刚性基础有砖基础、毛石基础及混凝土基础，如图 3-4 所示。刚性基础抗压大，抗拉、抗弯、抗剪差。刚性基础多用于地基承载力较好、压缩性较小的中小型民用建筑和轻型厂房。

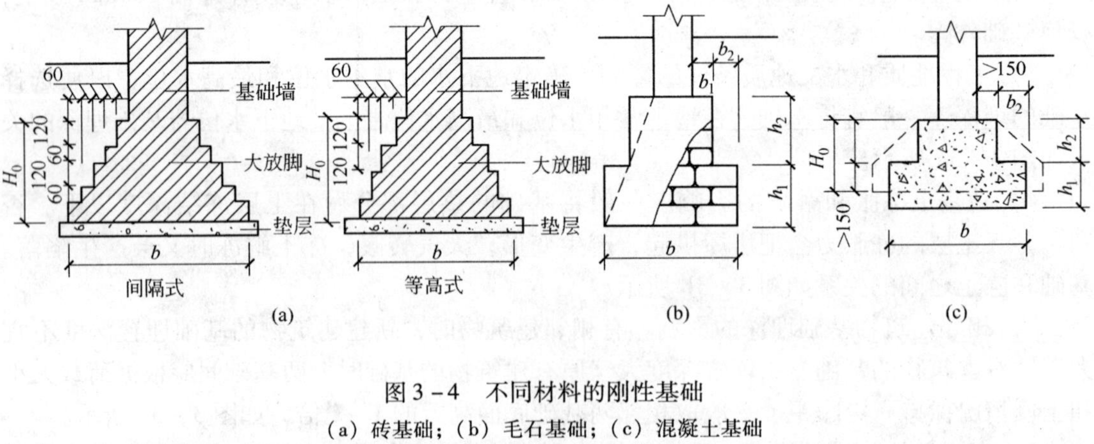

图 3-4　不同材料的刚性基础

（a）砖基础；（b）毛石基础；（c）混凝土基础

2）刚性角。刚性基础在传力时只能在材料的允许范围内控制，这个控制范围的夹角称为刚性角，即基础放宽的引线与墙体垂直线之间的夹角，用 α 表示。刚性基础的受力、传力特点，如图 3-5 所示。

刚性基础受刚性角限制，砖、石基础的刚性角控制在（1∶1.25）～（1∶1.50）（26°～33°）以内，混凝土基础刚性角控制在 1∶1（45°）以内。

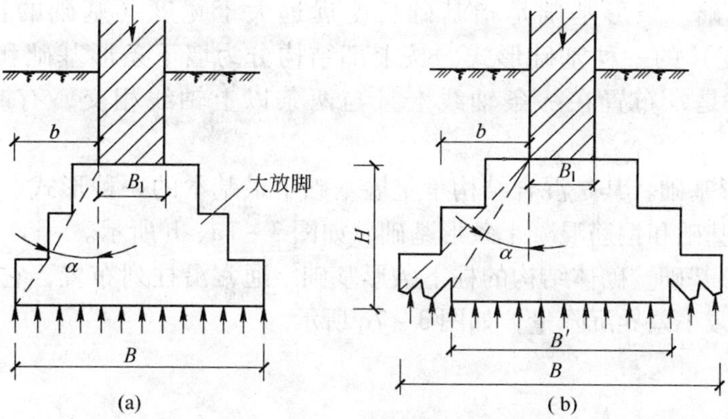

图3-5 刚性基础的受力、传力特点

（a）基础在刚性角范围内传力；（b）基础底面宽超过刚性角范围而破坏

（2）非刚性基础（即钢筋混凝土基础，又称柔性基础）。当建筑物的荷载较大而地基承载能力较小时，基础底面宽度需要加宽，刚性基础无法满足要求。如果在混凝土基础的底部配以钢筋来承受拉应力，使基础底部能够承受较大的弯矩，这时，基础宽度的加大不受刚性角的限制，故称非刚性基础，又称钢筋混凝土基础或柔性基础，如图3-6所示。

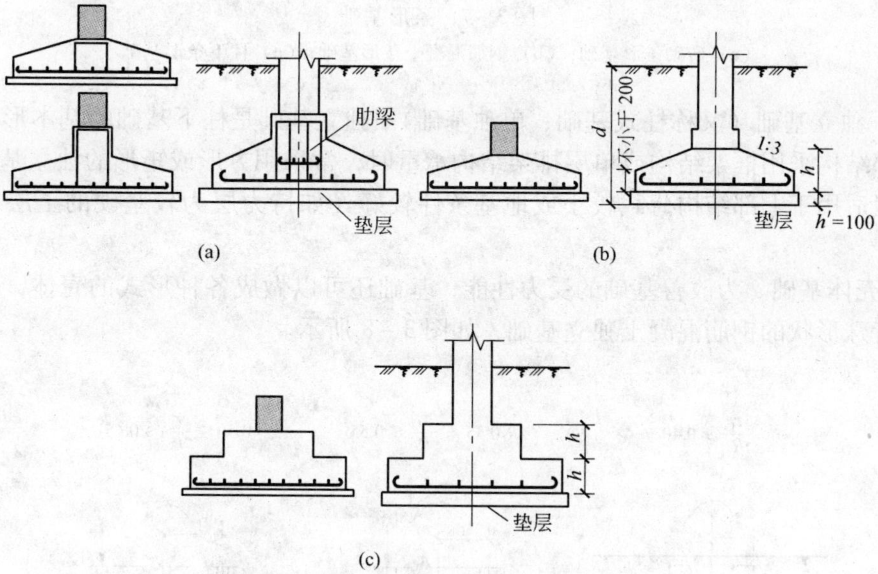

图3-6 钢筋混凝土基础（柔性基础）

（a）梁式柔性基础；（b）板式柔性基础；（c）阶梯式柔性基础

B 基础按构造形式分类

基础按其构造形式不同可以分为条形基础、独立基础、联合基础、箱形基础和桩基础等。

（1）条形基础。条形基础是指基础长度远远大于宽度（基础的长度大于或等于10倍基础的宽度）的一种基础形式。按上部结构分为墙下条形基础和柱下条形基础。条形基础的特点是，布置在一条轴线上且与两条以上轴线相交，有时也和独立基础相连。

1）墙下条形基础。其是混合结构承重墙基础中最基本的一种形式。按照所选用的材料分为刚性条形基础和钢筋混凝土条形基础，如图3－7a、b所示。

2）柱下条形基础。砌体结构的柱下条形基础，通常沿柱列布置，它将上部结构较好地连成整体，可减小差异沉降量，如图3－7c所示。

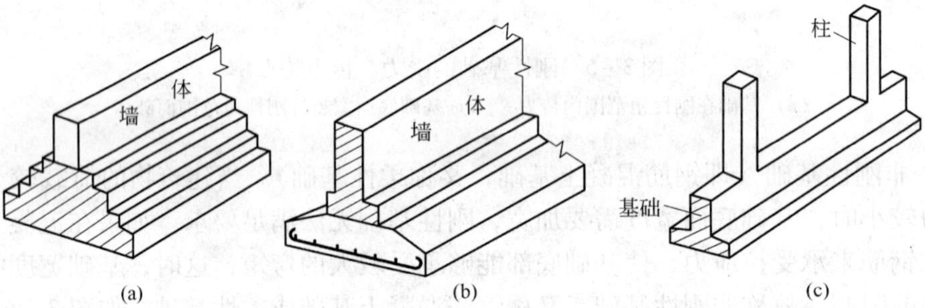

图3－7　条形基础

（a）砖砌条形基础；（b）钢筋混凝土条形基础；（c）柱下条形基础

（2）独立基础（又称柱式基础、单独基础）。独立基础是柱下基础的基本形式，当建筑物上部结构采用框架结构或单层排架结构承重时，常采用方形或矩形的独立基础。独立基础一般适用于上部结构荷载较小或地基条件较好（如持力层为较坚硬的土层等）的情况。

1）壳体基础。为改善基础的受力性能，基础还可以做成各种形式的壳体，壳体基础是一种特殊形状的钢筋混凝土独立基础，如图3－8所示。

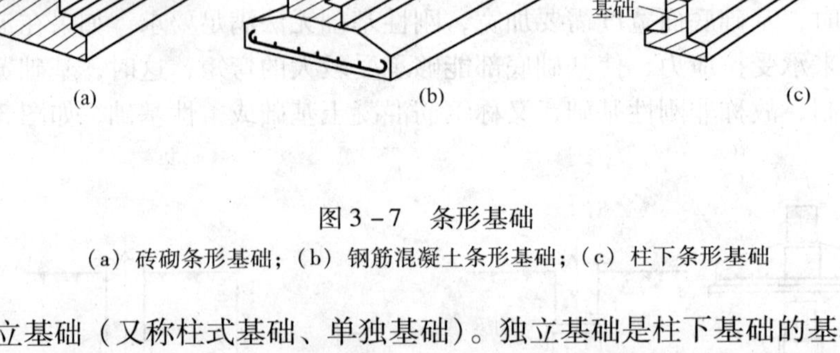

图3－8　壳体基础

壳体基础常用于民用建筑物的柱基和各类筒形构筑物（烟囱、水塔、筒仓、中小型高炉、电视塔等）的基础。

2）杯形基础。柱下钢筋混凝土基础有现浇的和预制的两种。杯形基础是当柱采用钢筋混凝土预制构件时，把基础做成杯口形，然后将柱子插入并嵌固在杯口内，故称杯形基础，如图 3－9 所示。

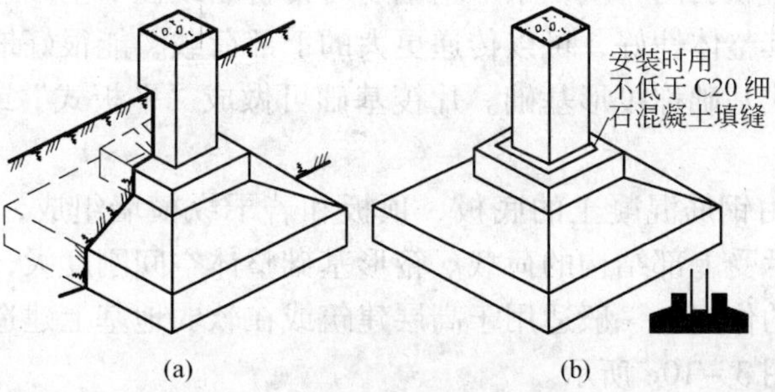

图 3－9 独立基础（现浇/杯形）

（a）现浇基础；（b）杯形基础

（3）联合基础（又称整片基础）。为了减小基底压力，加强基础的整体性，有时将柱下单独基础相联形成条形、网格形或筏片形，称为联合基础。常见有以下类型：

1）柱下条形基础。柱下条形基础如图 3－10a 所示。

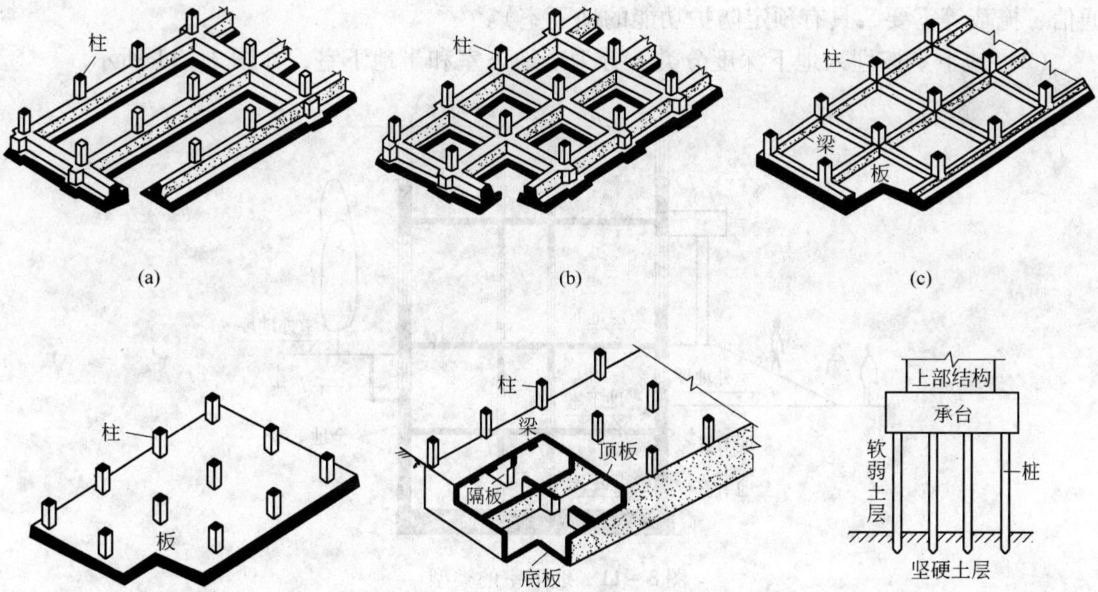

图 3－10 基础的类型

（a）柱下条形基础；（b）十字交叉条形基础；（c）片筏式基础（肋梁式）；

（d）片筏式基础（平板式）；（e）箱形基础；（f）桩基础

2）十字交叉条形基础（又叫井格式基础）。十字交叉条形基础如图3－10b所示。基础布置成十字交叉梁系，从而使上部结构在纵、横两个方向都有较好的联系。与单向条形基础相比，不仅增大了基础底面尺寸，还增强了基础的整体性。它适用于地基土质较差或上部结构的荷载分布在纵、横两个方向都很不均匀的房屋。

3）片筏基础（又叫筏板基础、筏形基础）。当建筑物上部荷载较大而所在地的地基承载力不均匀或者地基软弱的时候，条形基础这时常将墙或柱下基础连成一片，下面再整体浇筑混凝土底板，其整体性好，可以传递更大的上部荷载，能很好地抵抗地基不均匀沉降，这种满堂式的板式基础称筏形基础。片筏基础可做成“平板式”或“肋梁式”，如图3－10c、d所示。

（4）箱形基础。由钢筋混凝土的底板、顶板和若干纵横墙组成，形成一个中空箱体的整体结构，共同来承受上部结构的荷载。箱形基础整体空间刚度大，对基础的不均匀沉降能起到调节和减小的作用。一般适用于高层建筑或在软弱地基上建造的上部荷载较大的建筑物。箱形基础如图3－10e所示。

（5）桩基础。桩基础是由基桩和连接于桩顶的桩承台（简称承台）组成的深基础，简称桩基，如图3－10f所示。桩基有墙下桩基础和柱下桩基础。

3.2.2 地下室

地下室是建筑物底层地面以下的建筑使用空间。

3.2.2.1 地下室的类型

（1）地下室按使用功能分类，分为普通地下室和防空地下室（为保障人民防空指挥、通信、掩蔽等需要，具有预定防护功能的地下室）。

（2）地下室按埋入地下深度分类，分为全地下室和半地下室，如图3－11所示。

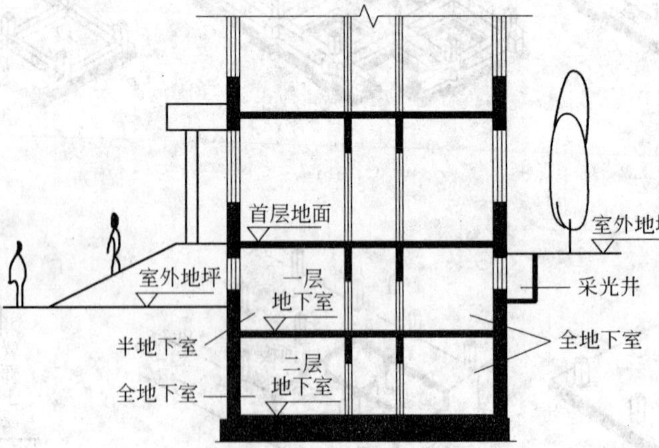

图3－11 地下室的类型

全地下室是指地下室地面低于室外地坪的高度超过该房间净高的1/2；半地下室是指地下室地面低于室外地坪的高度超过该房间净高的1/3，但不超过净高的1/2。

3.2.2.2 地下室的防潮、防水

由于地下室的外墙、底板受到地下潮气和地下水的侵袭，所以必须重视地下室的防

潮、防水设计。

A 地下室外墙防潮

当地下室周围土层为强透水性的土，地下室地坪高于设计最高地下水位且无滞水可能时，由于地下水不会直接侵入地下室，地下室墙和底板仅受土层中毛细水和地表水下渗而形成的无压水影响，只需采取防潮措施。

（1）垂直防潮层。做法是先在外墙表面抹一层20mm厚的水泥砂浆找平层，再涂一道冷底子油和两道热沥青，然后在外侧回填低渗透性土壤，如黏土、灰土等，土层宽度为500mm，如图3－12所示。

（2）水平防潮层。地下室的所有墙体都应设两道水平防潮层。水平防潮层的做法是一毡两油或冷底子油、热沥青。第一层水平防潮层：位置应设在地下室地坪面层与结构层之间附近实铺地坪的混凝土结构层厚度之间，即底层室内标高以下0.06m处的所有砖墙处；第二层水平防潮层设在室外地面散水之上150～200mm处，以防止地潮沿地下墙身或勒脚处侵入室内，如图3－12所示。

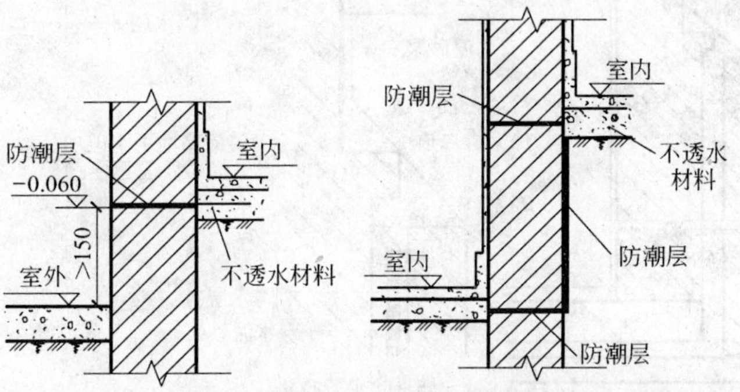

图3－12 墙身水平防潮层、垂直防潮层

B 地下室防水

当设计最高地下水位高于地下室底板或地下室周围土层属弱透水性土存在滞水可能，地下室的底板和部分外墙将浸在水中，此时地下室外墙受到地下水的侧压力，地坪受到水的浮力的影响，因此必须将地下室外墙和地坪防水层连贯起来做防水处理。

（1）地下室的防水等级划分。各地下工程的防水方案应根据建筑物的性质、重要程度、使用功能、水文地质状况、水位高低以及埋置深度等选定。地下室防水工程分为四个等级，一级最高，四级为对渗漏水无严格设防要求的工程。

（2）地下室的防水措施选择。地下室工程防水应采取“刚性防水”与“柔性防水”相结合的设防措施。一般处于侵蚀介质中的工程应采用耐腐蚀的防水混凝土、防水砂浆或卷材、涂料；结构刚度较差或受震动影响的工程应采用卷材、涂料等柔性防水材料。

1）柔性防水。柔性防水即地下室卷材防水。卷材防水是以防水卷材和相应的粘结剂分层粘贴，铺设在地下室底板垫层至墙体顶端的基面上，形成封闭防水层的做法，属柔性防水。防水卷材有高聚物改性沥青类防水卷材和合成高分子类防水卷材。卷材防水适用于受侵蚀性介质作用、受振动作用或结构会有微量变形的地下工程，不宜用于地下水含矿物油或有机溶液处。

卷材防水的施工方法多采用整体全外包防水做法，按防水层铺设位置的不同分为“外防外贴法”（外包防水）和“外防内贴法”（内包防水）。

① 外防外贴法。该法是将卷材防水层直接铺设在地下工程围护结构外侧（即迎水面），称为外包防水。这种方法防水效果较好，适用于防水结构层层高大于3m 的地下结构的防水工程。外包防水构造如图3－13a 所示。

② 内防外贴法。该法是浇筑混凝土垫层后，在垫层上将永久保护墙全部砌筑好，将卷材防水层铺贴在垫层和永久保护墙结构内表面，称为内包防水。这种做法防水效果较差，但施工简单，便于修补，常用于修缮工程。内包防水构造如图3－13b 所示。

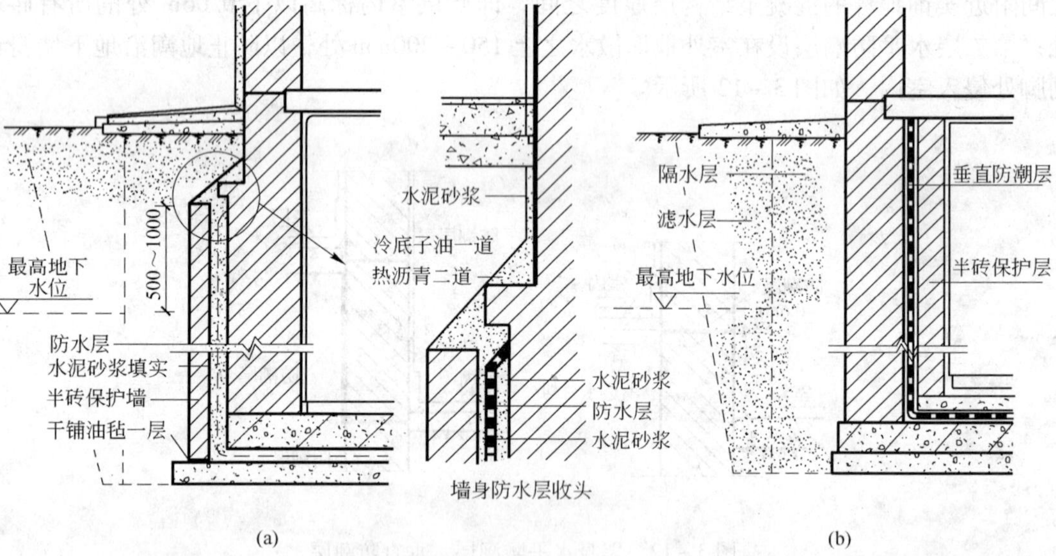

图3－13 地下室卷材防水构造

（a）外包防水；（b）内包防水

2）刚性防水。

① 水泥砂浆防水层。水泥砂浆防水层可用于结构主体的迎水面或背水面，宜采用多层抹压法施工。水泥砂浆防水适用于主体结构刚度较大、建筑物变形小及面积较小（不宜超过300m^2）的工程。不适用于有侵蚀性、有剧烈震动的工程。

② 地下室混凝土构件自防水（刚性防水）。当地下室的墙和底板均采用钢筋混凝土时，通过调整混凝土的配合比或在混凝土中掺入外加剂（如微膨胀剂、密实剂、减水剂等）等手段，改善混凝土的密实性，提高混凝土的抗渗性能，使得地下室结构构件的承重、围护、防水功能三者合一。防水混凝土具有较好的抗渗性能，因此在钢筋混凝土地下工程中均应采用。

防水混凝土的结构厚度不应小于250mm；迎水面钢筋保护层厚度不应小于50mm。此外，为防止地下水对钢筋混凝土构件的侵蚀，在墙外侧应抹水泥砂浆，然后涂刷热沥青，如图3－14 所示。

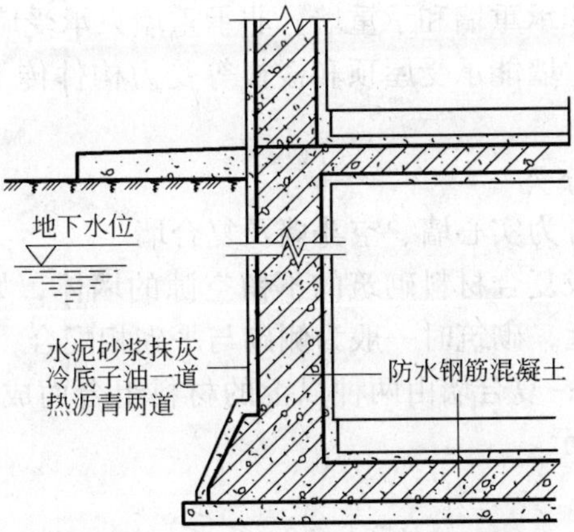

图 3－14 地下室混凝土构件自防水

3.3 墙 体

3.3.1 墙体的类型、设计要求、承重方式

3.3.1.1 墙体的类型

A 墙体按材料分类

墙体按材料不同可分为砖墙、石材墙、加气混凝土砌块墙、承重混凝土空心小砌块墙及板材墙（钢筋混凝土板材、加气混凝土板材、玻璃幕墙）等。

B 墙体按所在位置分类

总体分为外墙和内墙两大部分，外墙作为建筑的围护结构，起着挡风遮雨、保温隔热等作用；内墙分隔室内空间，同时具有隔声、防火等作用。

墙体沿建筑物长轴方向布置的墙称为纵墙（又称檐墙），沿建筑物短轴方向布置的墙称为横墙，端头横墙称为山墙。墙体的名称和位置，如图 3－15 所示。

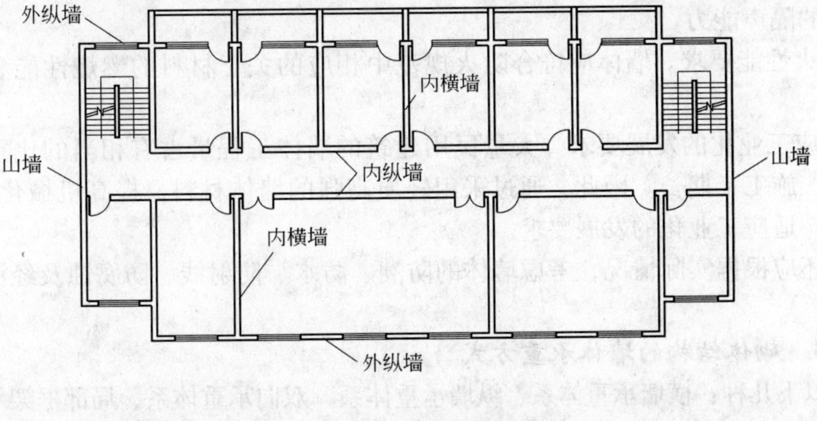

图 3－15 墙体的名称和位置

C 墙体按受力特点分类

墙体按受力特点分为非承重墙和承重墙。非承重墙只承受墙体自身的重量而不承受屋顶、楼板等竖向荷载。承重墙能承受屋顶和楼板等受力构件传下来的垂直荷载以及风力、地震力等水平荷载。

D 墙体按构造方法分类

墙体按构造方法不同分为实心墙、空斗墙及复合墙。

实心墙是由单一材料或复合材料砌筑的不留空隙的墙体，如图 3－16a 所示；空斗墙在我国民间的应用比较久远，砌筑时一般为侧砌与平砌相配合，但一般不应在抗震设防地区使用，如图 3－16b 所示；复合墙由两种以上的材料组合而成，一般多加保温层形成保温复合墙，如图 3－16c 所示。

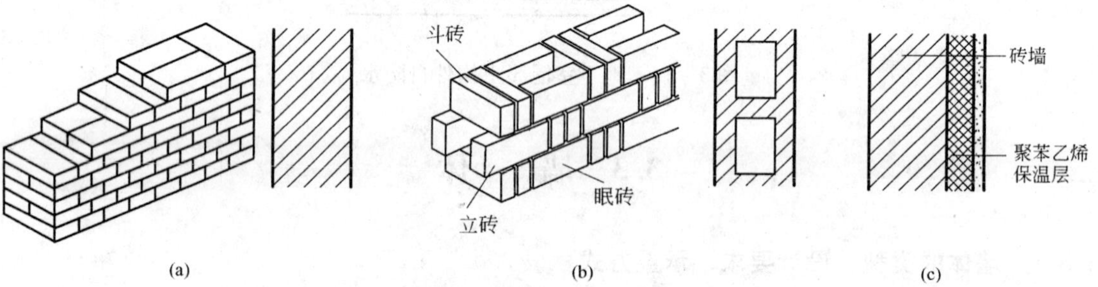

图 3－16 墙体按构造方法分类

（a）实心墙；（b）空斗墙；（c）复合墙

3.3.1.2 墙体的设计要求

（1）强度和稳定性要求。承重墙的墙体材料、强度等级、墙体截面积、构造和施工方式应有承受荷载的能力。墙的高度、长度、厚度以及纵横向墙体间的距离应满足墙体的稳定性要求。

（2）热工性能要求。寒冷地区的外墙应具有较好的保温能力，以减少室内热损失。炎热地区的外墙，设计中应考虑隔热性能。

（3）隔声性能要求。为保证建筑的室内有一个良好的声学环境，要求墙体必须具有一定的隔声能力，设计中可通过选用密度大的材料、加大墙厚以及在墙中设空气层等措施来提高墙体的隔声能力。

（4）防火性能要求。墙体应符合防火规范中相应的关于材料的燃烧性能和耐火极限的规定。

（5）适应工业化的发展要求。大量民用建筑的墙体工程量占有相当的比重，同时劳动力消耗大，施工工期长。因此，通过采用轻质高强的墙体材料，提高机械化施工程度，提高工效等，适应工业化的发展要求。

另外，还应根据实际情况，考虑墙体的防潮、防水、防射线、防腐蚀及经济性等各方面的要求。

3.3.1.3 砌体结构的墙体承重方式

通常有以下几种：横墙承重体系、纵墙承重体系、双向承重体系、局部框架承重体系。

（1）横墙承重体系。指楼板支承在建筑的横墙上。由于横墙起主要承重作用且间距较密，所以建筑物的横向刚度较强，整体性好，对抗风力、抗地震力和调整地基基础不均匀沉降有利，但是建筑空间组合不够灵活；纵墙只承担自身的重量，主要起围护、隔断和联系的作用，因此对纵墙上开门窗限制较少。这种承重方式适用于房间的使用面积不大、墙体位置比较固定的建筑，如住宅、宿舍、旅馆等，如图 3 – 17a 所示。

（2）纵墙承重体系。指楼板支承在纵墙上，其特点是内外纵墙起主要承重作用，室内横墙的间距可以增大，为了抵制横向水平力，应适当设置承重横墙，与楼板一起形成纵墙的侧向支撑，以保证房屋空间刚度及整体性的要求。相对横墙承重体系来说，纵墙承重体系的刚度较差，板材用量较多。此承重方式空间划分灵活，适用于在使用上要求有较大空间、墙位置在同层或上下层之间可能有变化的建筑，如教学楼中的教室、阅览室、实验室等，但其对在纵墙上开门窗的限制较大，如图 3 – 17b 所示。

（3）双向承重体系。其又称为纵横墙承重体系，即承受墙体由纵横两个方向的墙体混合组成。双向承重体系在纵横两个方向上的抗侧力的能力都较强。此承重方式建筑组合灵活，空间刚度较好，适用于开间、进深变化较多的建筑，如医院、实验楼等，如图 3 – 17c 所示。

（4）局部框架承重体系。局部框架承重体系的楼板自重及活荷载均传递给梁、柱和墙，建筑物的刚度主要由框架保证，因此水泥及钢材用量较多。适用于大空间的建筑，如商店、综合楼等，其采用内部框架承重，四周为墙体承重。此种形式不利于抗震，应少用。局部框架承重体系如图 3 – 17d 所示。

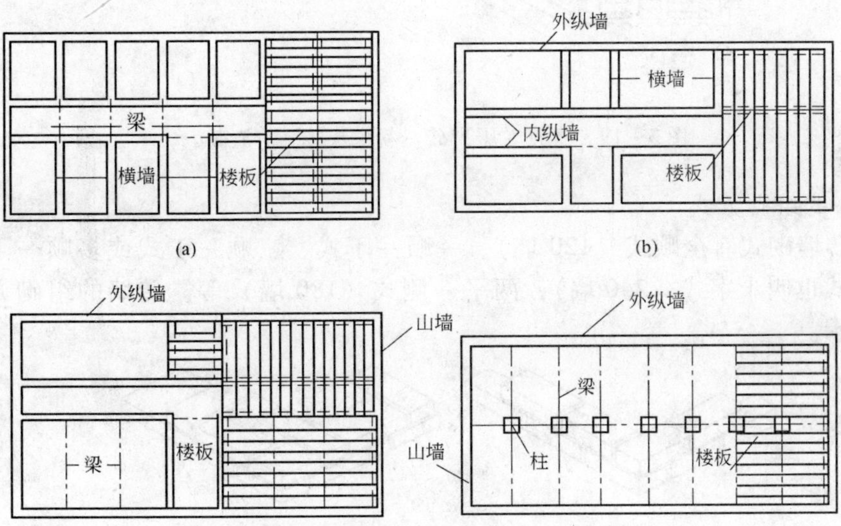

图 3 – 17　砌体结构墙体承重方式
（a）横墙承重；（b）纵墙承重；（c）纵横墙承重；（d）局部框架承重

3.3.2 砖墙构造

3.3.2.1 砖墙的材料与组砌方式

砌体墙是由砖或砌块砌筑的墙体，是建筑的主要构件之一，起围合和承重作用。

砖墙取材容易、制造简单，既能承重，又具有一定的保温、隔热、隔声、防火性能。它的缺点是强度较低、施工进度慢，又与农业争地，所以，以黏土为主要原料的普通黏土砖在建设中已逐渐禁用，取而代之的是各种人工材料的砌体砖。

A 砖墙的材料

砖墙是用砂浆将一块块砖按一定技术要求砌筑而成的砌体。砖按材料不同，有普通黏土砖、页岩砖、粉煤灰砖、灰砂砖、炉渣砖等；按形状分有实心砖、多孔砖和空心砖等。现在常用的是框架结构中的各种空心填充砖，如图3－18、图3－19所示。

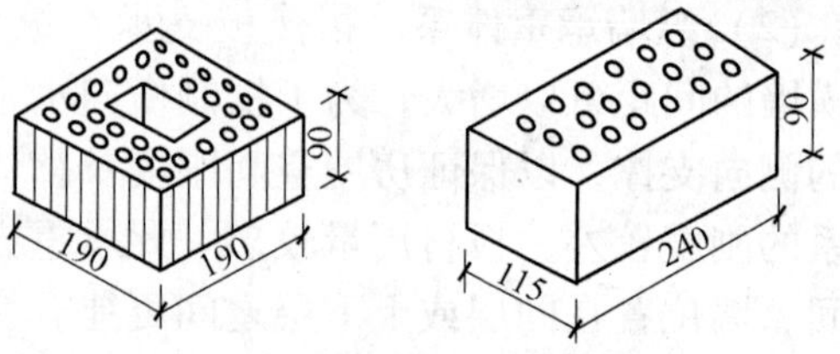

图3－18 烧结空心砖

砂浆是常用的粘结材料，主要成分有水泥、黄砂、石灰膏，按照一定的级配（不同的材料配合的重量比）混合而成。常用的砂浆有水泥砂浆、混合砂浆、石灰砂浆。砂浆强度等级有M15、M10、M7.5、M5、M2.5、M1、M0.4共7个级别。

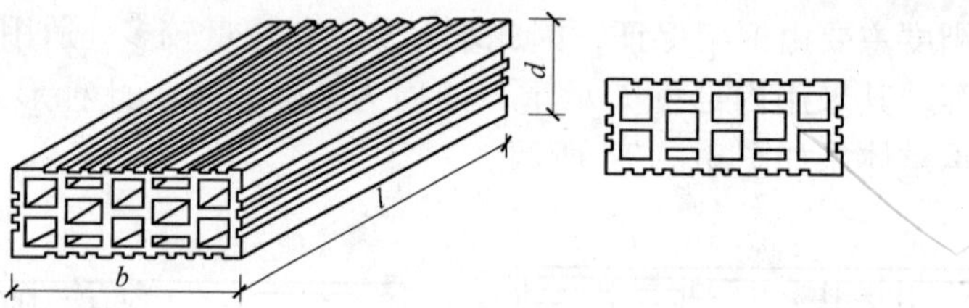

图3－19 蒸养（压）砖－粉煤灰砖－炉渣砖

B 砖墙的组砌方式

常见的砖墙砌式有全顺式（120墙）、一顺一丁式、三顺一丁式或多顺一丁式、每皮丁顺相间式也叫十字式（240墙），两平一侧式（180墙）等。砖墙的组砌方式，如图3－20所示。

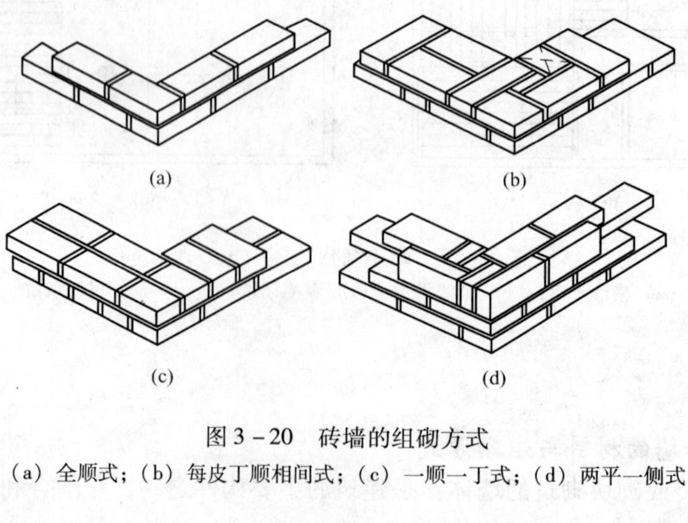

图3－20 砖墙的组砌方式

（a）全顺式；（b）每皮丁顺相间式；（c）一顺一丁式；（d）两平一侧式

为了保证墙体的强度，砖砌体的砖缝必须横平竖直，错缝搭接，避免通缝。同时砖缝砂浆必须饱满，厚薄均匀。常用的错缝方法是将丁砖和顺砖上下皮交错砌筑。每排列一层砖称为一皮。

3.3.2.2 砖墙体的细部构造

墙体的细部构造包括门窗过梁、窗台、勒脚、散水、明沟、变形缝、圈梁、构造柱和防火墙等处的构造。

A 门窗过梁

为了支承洞口上部砌体所传来的各种荷载，并将这些荷载传给窗间墙，常在门、窗洞孔上设置过梁。过梁的形式有砖拱过梁、钢筋砖过梁和钢筋混凝土过梁三种，见图3－21。

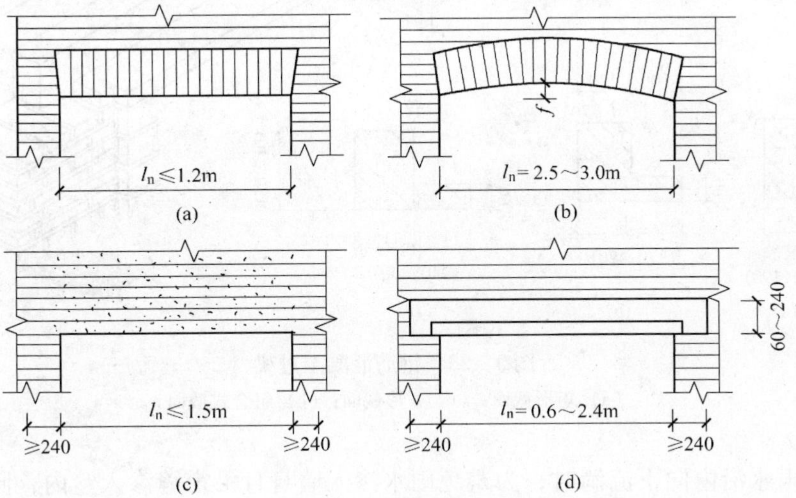

图3－21 过梁的类型

(a) 平拱砖过梁；(b) 弧拱砖过梁；(c) 钢筋砖过梁；(d) 钢筋混凝土过梁

(1) 砖拱过梁。砖拱过梁分为平拱和弧拱，如图3－21a、b所示。由竖砌的砖作拱圈，一般将砂浆灰缝做成上宽下窄，上宽不大于20mm，下宽不小于5mm。砖不低于MU7.5，砂浆不能低于M2.5。砖砌平拱过梁净跨宜小于1.2m。弧拱砖过梁中部起拱高约为$l_n/50$。

(2) 钢筋砖过梁。钢筋砖过梁用砖不低于MU7.5，砌筑砂浆不低于M2.5。一般在洞口上方先支木模，砖平砌，下设3～4根$\phi6$钢筋要求伸入两端墙内不少于240mm，梁高砌5～7皮砖或≥$l/5$，钢筋砖过梁净跨宜为1.5m以内，如图3－21c、图3－22所示。

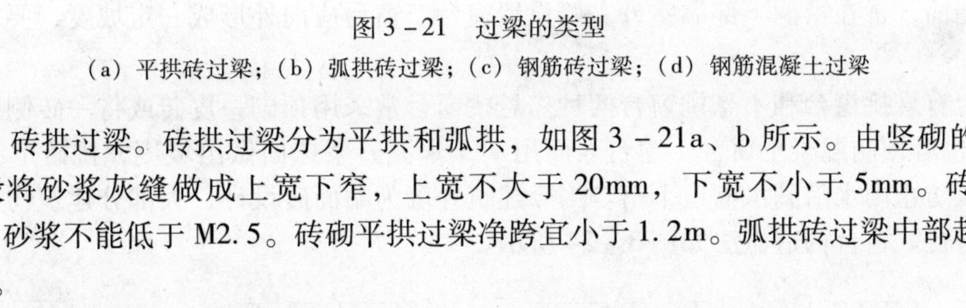

图3－22 钢筋砖过梁构造示意图

（3）钢筋混凝土过梁。钢筋混凝土过梁有现浇和预制两种，梁高及配筋由计算确定。为施工方便，梁高应与砖的皮数相适应，以方便墙体连续砌筑，故常见梁高为60mm、120mm、180mm、240mm，即60mm的整倍数。梁宽一般同墙厚，梁两端支承在墙上的长度不少于240mm，以保证足够的承压面积，如图3－21d、图3－23所示。

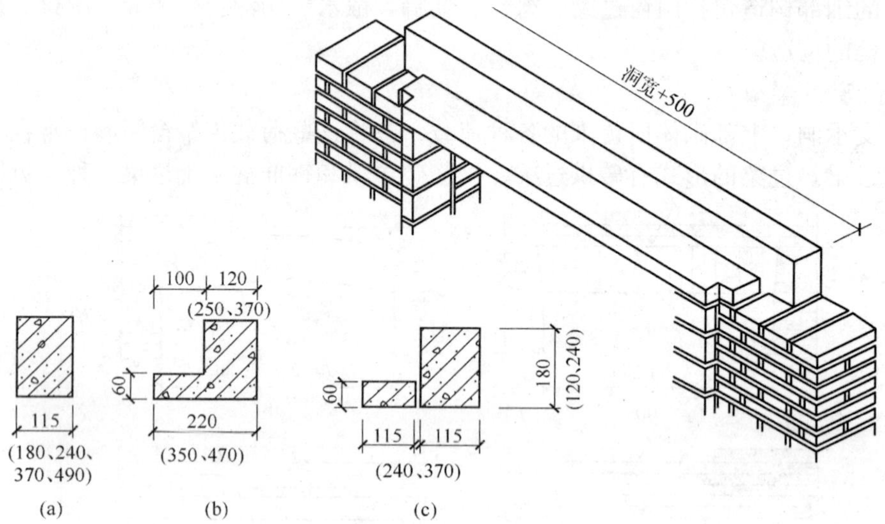

图3－23 钢筋混凝土过梁

（a）矩形截面；（b）L形截面；（c）组合式截面

B 窗台

当室外雨水沿窗向下流淌时，为避免雨水渗入墙身且沿窗缝渗入室内，同时避免雨水污染外墙面，常在窗洞下部靠室外一侧设置窗台。窗台应向外形成一定坡度，要求坡度大于20%。

窗台有悬挑窗台和不悬挑窗台两种。悬挑窗台常采用顶砌一皮砖或将一砖侧砌并悬挑60mm，也可预制混凝土窗台。窗台表面用1∶3水泥砂浆抹面做出坡度，挑砖下缘粉出滴水槽，以防止雨水沿滴水槽口下落。当今建筑外墙为贴面砖设计，大部分建筑物都设计为不悬挑窗台。窗台构造做法如图3－24所示。

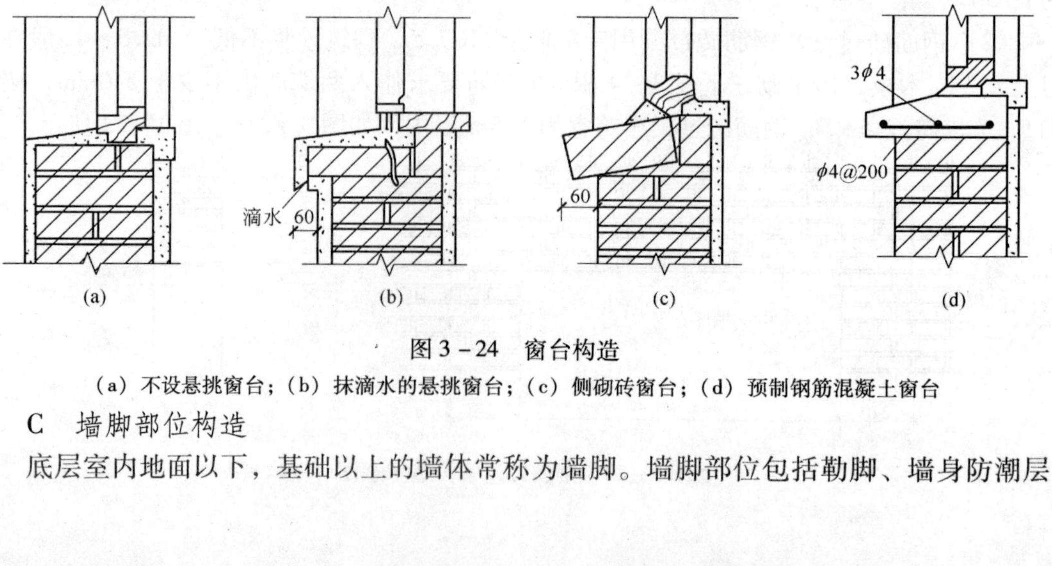

图3－24 窗台构造

（a）不设悬挑窗台；（b）抹滴水的悬挑窗台；（c）侧砌砖窗台；（d）预制钢筋混凝土窗台

C 墙脚部位构造

底层室内地面以下，基础以上的墙体常称为墙脚。墙脚部位包括勒脚、墙身防潮层、散水和明沟等构造。

（1）勒脚。勒脚俗称墙根，是外墙墙身接近室外地面的部分，要求坚固耐久和防潮。一般情况下，其高度为室内地坪与室外地面的高差部分。现代建筑的外墙面整体贴面，勒脚已不单独设置。此外，为防止地下潮气对墙身的影响，砌体墙应在勒脚处设置防潮层。

1）勒脚处的外墙面构造做法（见图3－25）。

① 抹灰做法。可采用20厚1∶3水泥砂浆抹面，1∶2水泥白石子浆水刷石或斩假石抹面，高度通常为450～600mm，多用于一般建筑。

② 贴面做法。可采用天然石材或人工石材，如花岗石、水磨石板等，其耐久性、装饰效果好。

③ 毛石砌筑。勒脚还可采用毛石直接砌筑，多用于山区民居等。

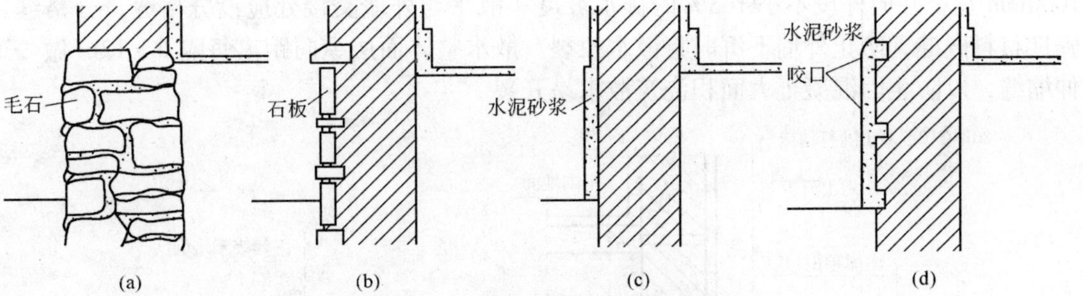

图3－25 勒脚外墙面构造做法

（a）毛石；（b）贴面；（c），（d）抹灰

2）墙身防潮层的构造做法。

① 水平防潮层、垂直防潮层的位置。水平防潮层的位置首先至少高出人行道或散水表面150mm以上，以防止雨水溅湿墙面。水平防潮层的标高应设在低于底层室内地坪以下60mm处，即－0.06m处。当内墙两侧室内地面有标高差时，水平防潮层设在两个不同标高的室内地坪以下60mm（即一皮砖）的地方，并在两个水平防潮层之间墙的内侧设垂直防潮层，如图3－12所示。

② 墙身水平防潮层的构造做法。通常有以下三种做法，如图3－26所示。

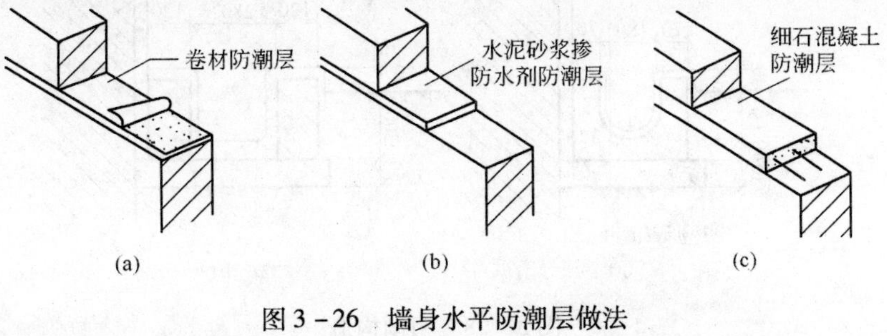

图3－26 墙身水平防潮层做法

（a）油毡防潮层；（b）防水砂浆防潮层；（c）细石混凝土防潮层

a. 油毡水平防潮层。先抹20mm厚水泥砂浆找平层，上铺一毡二油，此种做法防水效果好，但有油毡隔离，削弱了砖墙的整体性，不应在刚度要求高或地震区采用。

b. 防水砂浆水平防潮层。采用1∶2水泥砂浆加水泥用量3%～5%防水剂，厚度为

20～25mm 或用防水砂浆砌三皮砖作水平防潮层。此种做法构造简单，但砂浆开裂或不饱满时影响防潮效果。

c. 细石混凝土水平防潮层。采用 60mm 厚的细石混凝土带，内配三根 $\phi 6$ 钢筋，其防潮性能好。

如果墙脚采用不透水的材料（如条石或混凝土等），或设有钢筋混凝土地圈梁时，可以不设防潮层。

（2）散水与明沟。房屋底层四周与室外地面土壤直接交接处，应采用散水、明沟或暗沟排除屋顶或雨水管流下的雨水。

1）散水。散水的构造做法，如图 3－27 所示。通常是在素土夯实上铺三合土、混凝土等材料，厚度 60～70mm。散水宽度应比屋檐挑出的宽度大 150mm 以上，一般为 600～1000mm 宽，并向外设不小于 3% 的排水坡度。散水与外墙交接处应设分格缝，分格缝用弹性材料嵌缝，防止外墙下沉时将散水拉裂。散水整体面层纵向距离每隔 6～12m 做一道伸缩缝，以防止因混凝土大面积浇筑散水易开裂。

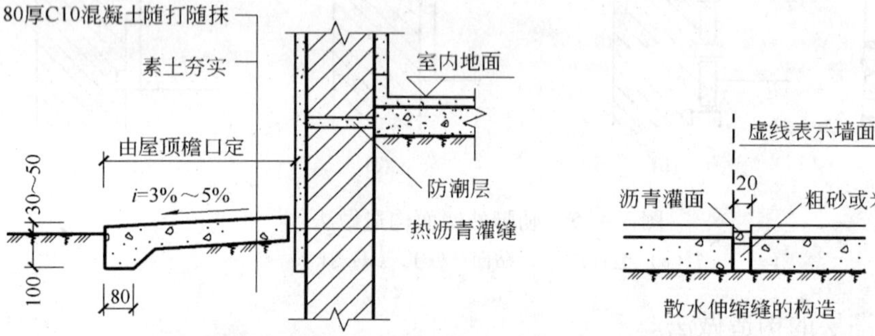

图 3－27 混凝土散水构造

2）明沟。明沟的构造做法，如图 3－28 所示。可用砖砌、石砌、混凝土现浇，沟底应做纵坡，坡度为 0.5%～1%，宽度为 220～350mm，坡向排污口。外墙与明沟之间应做散水。

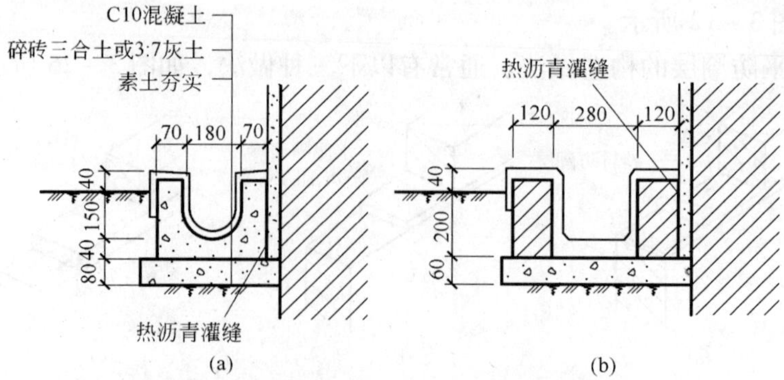

图 3－28 明沟构造

（a）混凝土明沟；（b）砖砌明沟

D 墙身的加固措施

由于墙身受集中荷载、门窗洞口及地震等因素的影响，使墙体的稳定性受到影响，须在墙身采取加固措施，通常采用以下方法：

（1）增加壁柱和门垛。当墙体的长度和高度超过一定限度并影响到墙体稳定性时，或当墙体的窗间墙上出现集中荷载，而墙厚又不足以承担其荷载时，常在墙身局部适当位置增设凸出墙面的壁柱以提高墙体刚度，壁柱突出墙面的尺寸一般为 120mm × 370mm、240mm × 370mm、240mm × 490mm，如图 3 – 29a 所示。

墙体上开设门洞时，为便于门框的安置和保证墙体的稳定，须在门靠墙转角处或丁字接头墙体的一边设置门垛，门垛凸出墙面不少于 120mm，宽度同墙厚，如图 3 – 29b 所示。

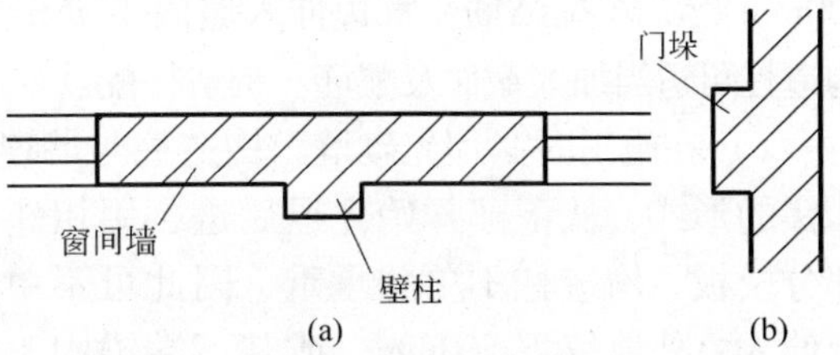

图 3 – 29 壁柱和门垛

（2）设置圈梁。

1）圈梁的设置要求。圈梁是沿外墙四周及部分内墙设置在楼板处的连续闭合的梁，可提高建筑物的空间刚度及整体性，增加墙体的稳定性。减少由于地基不均匀沉降而引起的墙身开裂。对于抗震设防地区，利用圈梁加固墙身更加必要。

2）圈梁的构造。圈梁有钢筋砖圈梁和钢筋混凝土圈梁两种。钢筋砖圈梁就是将前述的钢筋砖过梁沿外墙和部分内墙一周连通砌筑而成。钢筋混凝土圈梁的高度不小于 120mm，宽度与墙厚相同。圈梁的构造，如图 3 – 30 所示。

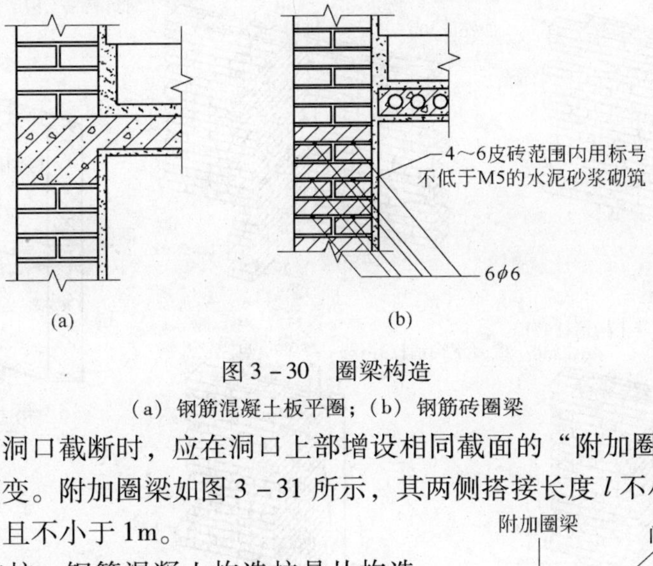

图 3 – 30 圈梁构造
（a）钢筋混凝土板平圈；（b）钢筋砖圈梁

当圈梁被门窗洞口截断时，应在洞口上部增设相同截面的“附加圈梁”，其配筋和混凝土强度等级均不变。附加圈梁如图 3 – 31 所示，其两侧搭接长度 l 不小于与原有圈梁之间高度 h 的 2 倍，且不小于 1m。

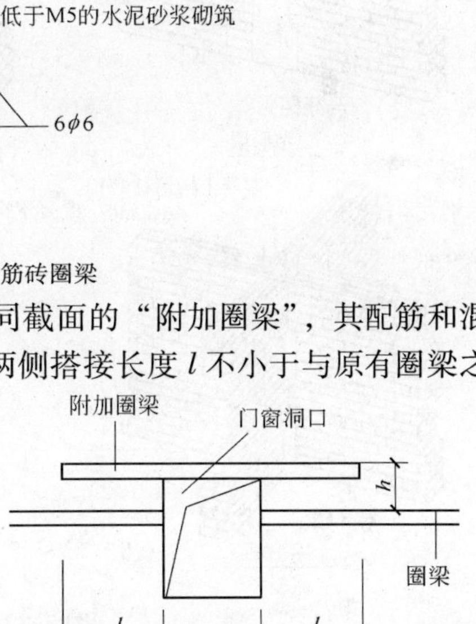

图 3 – 31 附加圈梁

（3）设置构造柱。钢筋混凝土构造柱是从构造角度考虑设置的，是加强砖砌墙体的整体性、防止房屋倒塌的一种有效措施。构造柱必须与圈梁及墙体紧密相连，从而加强建筑物的整体刚度，提高墙体抗变形的能力。

多层砖混建筑的构造柱一般设在震害较重、连接构造比较薄弱，易于产生应力集中的部位，如建筑物四角、外墙、错层部位横墙与外纵墙交接处、较大洞口两侧、大房间内外墙交接处、楼梯间、电梯间以及某些较长墙体中部。

构造柱的构造做法及与墙体的连接，具体要求如下：

1）构造柱最小截面为 180mm × 240mm，立筋宜用 4ϕ12；箍筋用 ϕ6，间距不大于 250mm；在离圈梁上下不小于 1/6 层高或 450mm 范围内，箍筋需加密至间距 100mm；在构造柱与墙之间应沿墙高每 500mm 设 2ϕ6 拉结筋，每边伸入墙内不少于 1m；房屋角的构造柱可适当加大截面及配筋。构造柱配筋如图 3－32 所示。

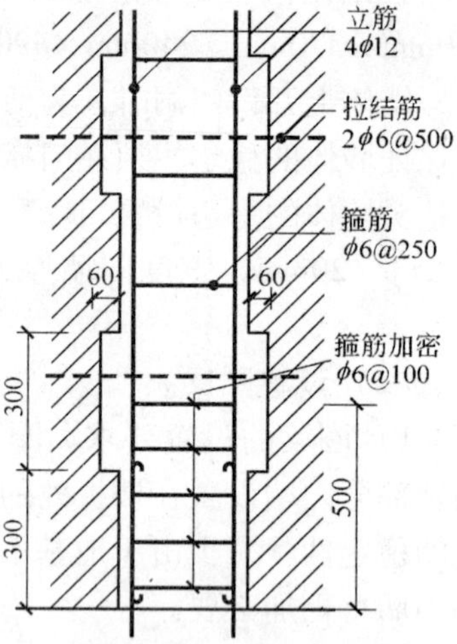

图 3－32　构造柱配筋

2）在施工时必须先砌墙，构造柱与墙连接处宜砌成马牙槎的形式，从下部开始先退后进，用相邻的墙体作为一部分模板。构造柱不单独承重，因此可不单独设基础，但应伸入室外地坪下 500mm，或其下端锚固于钢筋混凝土基础或基础梁内。构造柱与墙体的连接构造如图 3－33 所示。

3.3.3　砌块墙构造

砌块建筑是由预制好的块材作为墙体主要材料的建筑，一般尺寸大于普通黏土砖。砌块墙作为墙体改革的途径之一，我国目前许多地区都在提倡采用。

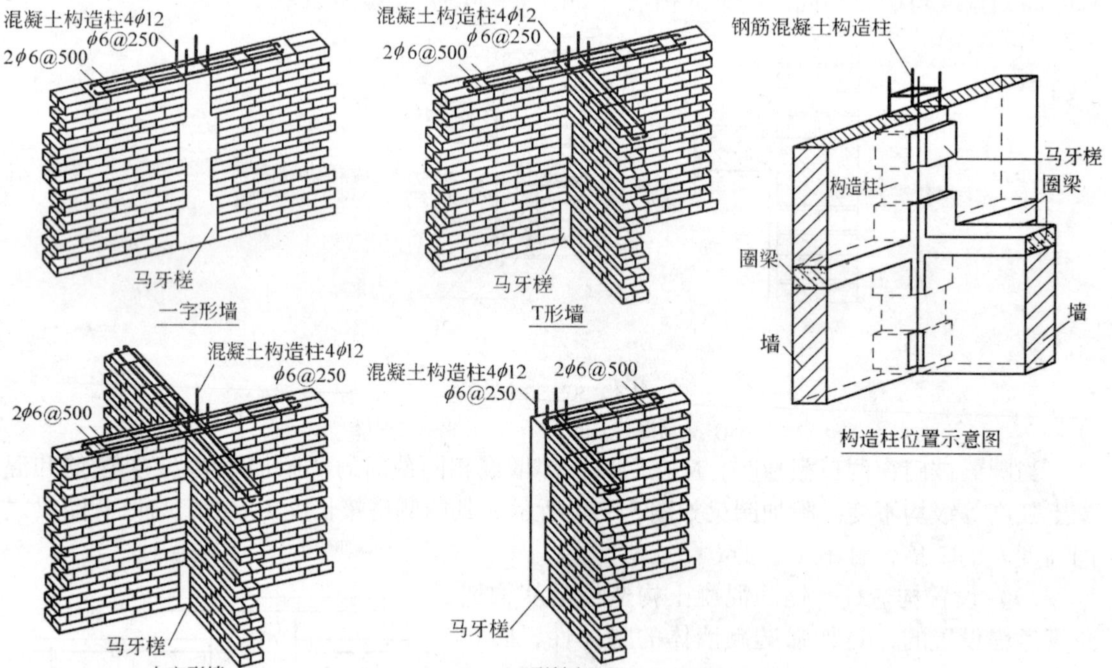

图 3－33　构造柱与墙体的连接构造

3.3.3.1　砌块墙体的砌筑原则

用砌块砌筑墙体时，必须将砌块彼此交错搭接进行砌筑，以保证建筑物符合一定的整体性。但砌块不能像砖那样只用一种规格并可任意砍断，为满足砌筑的需要，必须在多种规格间进行砌块的排列设计。砌块建筑进行施工前，必须遵循以上原则进行反复排列设计，通过试排来发现和分析设计与施工间的矛盾，并给予解决。

3.3.3.2 砌块墙体的细部构造

A 砌块墙体圈梁构造

圈梁的作用是加强砌块墙体的整体性，圈梁可预制和现浇，圈梁通常与窗过梁合用。在抗震设防区，圈梁设置在楼板同一标高处，将楼板与之连牢箍紧，形成闭合的平面框架，对抗震有很大的作用。图 3－34 所示为中型砌块墙面的划分示例，圈梁设置时可设在图中过梁块位置处。

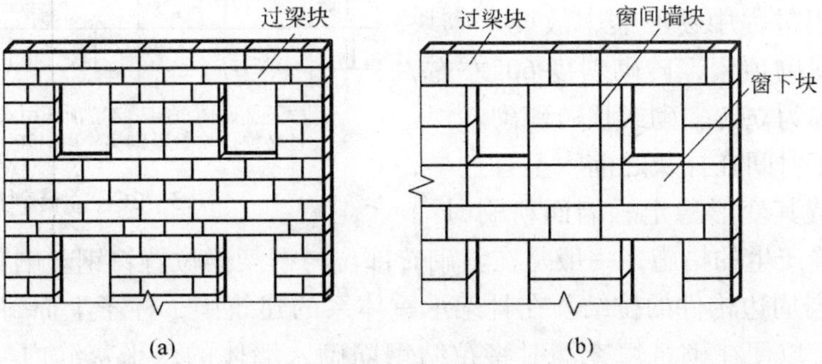

图 3－34 中型砌块墙面的划分
（a）多皮划分；（b）四皮划分

B 砌块墙芯柱构造

砌体采用空心砌块，即便墙体不是配筋砌体，也应该在对应砖墙设构造柱的位置，即纵横墙交接处、外墙转角处、楼梯间四角等处，将若干相邻的砌块的孔洞作为配筋的芯柱来处理，用以代替构造柱。墙芯柱用细石混凝土填入砌块孔中，并在孔中插入通长钢筋。空心砌块墙芯柱构造如图 3－35 所示。

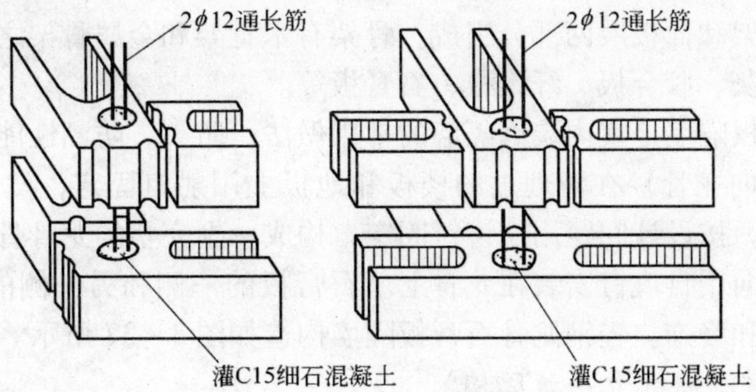

图 3－35 空心砌块墙芯柱构造

3.3.4 隔墙构造

隔墙是分隔建筑物内部空间的非承重构件，其本身的重量由楼板或梁来承担。设计要求隔墙自重轻，厚度薄，有隔声和防火性能，便于拆卸。浴室、厕所的隔墙应能防潮、防水。框架结构的填充墙也属于隔墙。

常用隔墙有块材隔墙、轻骨架隔墙（立筋隔墙）和板材隔墙三大类。

3.3.4.1 块材隔墙

块材隔墙基本构造如前面所述的砖墙、砌块墙构造，在此不再赘述。现介绍一下块材隔墙的细部构造。

（1）立砖斜砌（见图3-36）。《砌体工程施工重量验收规范》（GB50203—2002）规定：填充墙砌至接近梁、板底时，应留一定空隙，待填充墙砌筑完毕并应至少间隔7天后，再将其补充砌挤紧。原因是填充墙砌完后，砌体还将要有一定变形，砂浆有一定的干缩，且填充墙到顶部时，墙顶与梁底不易紧密结合，使用过程中易开裂，故要求砌块墙面用黏土砖斜砌顶紧，砖砌斜度60°左右，砂浆应饱满，称为立砖斜砌或顶砖斜砌。

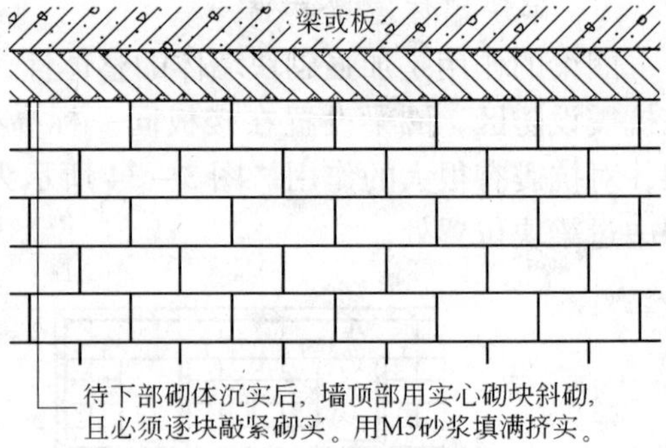

图3-36　立砖斜砌

斜砌砖施工时间在抹灰之前，不宜过早，目的是为了等待其变形稳定。墙面粉刷时一般应有防止裂缝产生的措施，一般是在斜砌砖部位与框架梁位置钉钢丝网预防裂缝。

（2）墙体与周边构件的拉结。在骨架承重体系的建筑中，柱子上面每500mm高左右留出拉结钢筋，以便在砌筑填充墙时将拉结钢筋砌入墙体的水平灰缝内。拉结筋不少于2ϕ6，深入墙内的距离：一、二级框架沿全长设置；三、四级框架不小于1/5墙长，并不小于700mm。

混合结构体系的后砌隔墙，最好在新砌墙两端原有的墙体上有间隔地掏去部分砌筑块材，使得新墙体砌筑时有可能局部嵌入原有墙体，做到新旧墙体有效搭接。

3.3.4.2　轻骨架隔墙（立筋隔墙）

轻骨架隔墙，即用木材或薄壁金属型材做骨架，再在骨架外钉面层而成的隔墙。由于先立墙筋（骨架），再做面层，故又称为立筋式隔墙。

立筋隔墙由骨架和面板层两部分组成，骨架有木骨架和金属骨架之分，面板有板条抹灰、钢丝网板条抹灰、胶合板、纤维板、石膏板等。

轻钢龙骨石膏板隔墙是室内装修隔墙的常用做法，防火、防潮性能好。构造做法是将沿顶沿地龙骨（导向龙骨）在清理过的楼板和地板上用射钉固定，然后将竖向龙骨安装在沿顶沿地龙骨内，按设计间距用拉铆钉固定，构成一副完整的龙骨骨架，再将纸面石膏板按要求竖向或横向用自攻钉安装在龙骨上。石膏板的一侧和另一侧的石膏板缝应错开，最后进行嵌缝处理和终饰。轻钢龙骨石膏板隔墙构造如图3-37所示。

3.3.4.3　板材隔墙（立条板隔墙）

板材隔墙是指用各种预制、轻质、薄条板材直接装配而成的隔墙，各种轻质板材的高度相当于房间净高，因而可以不依赖骨架直接装配。立条板隔墙的特点是施工方便、能快速安装、自重轻、防火、收缩性小，应用广泛。

目前多采用条形板，如水泥玻纤空心板、碳化石灰板、加气混凝土条板、多孔石膏条板、纸蜂窝板、水泥刨花板及各种新型复合板，如秸秆空心隔墙条板、秸秆粉煤灰空心隔墙条板等。其次，泰柏板隔墙也属于轻质板材隔墙。

常见轻质板材隔墙构造做法如下：

（1）增强水泥玻纤空心条板隔墙（简称“GRC”板）。GRC板是一种以低碱特种水泥、膨胀珍珠岩、耐碱玻璃涂胶网格布及建材特种胶粘剂与添加剂配比而成的新型（单

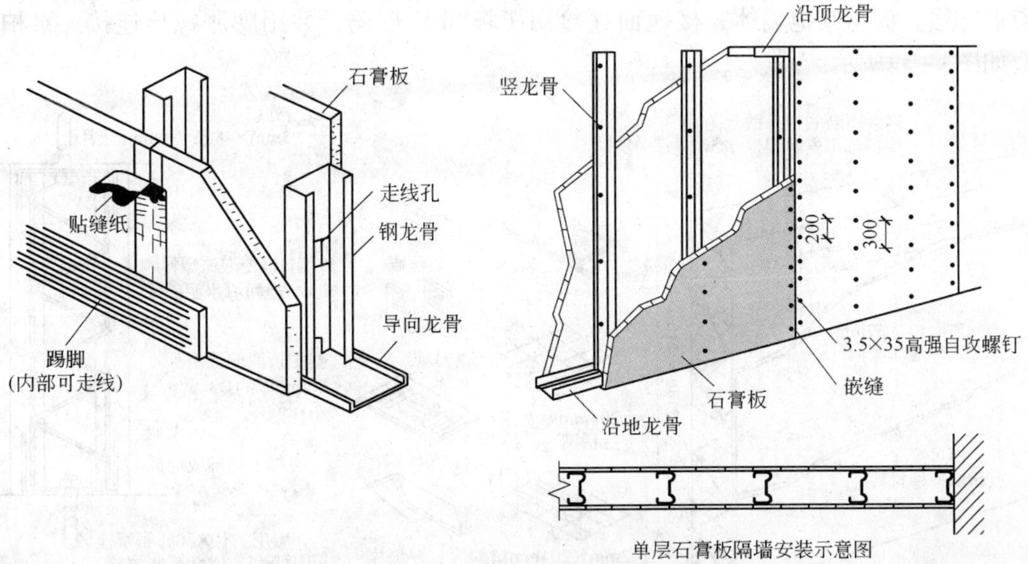

图 3－37 轻钢龙骨石膏板隔墙构造

排圆孔与双排圆孔）轻质隔声隔墙板。优点是强度高、韧性好；耐冲击、耐水、耐火性能好；防潮、保温、不燃、隔声、可锯、可钻、可钉、可刨。

1）GRC 板规格。板长尺寸一般为房间净高，住宅常用 2400～3000mm，公建常用 2400～3900mm；板宽为 590～595mm；板厚，住宅常用 60mm、90mm，公建常用 90mm。

2）GRC 板安装构造。板与下层楼板连接处用一对口木楔在板底楔紧；板顶两侧用角铝固定；板之间用粘结剂连接，如图 3－38 所示。

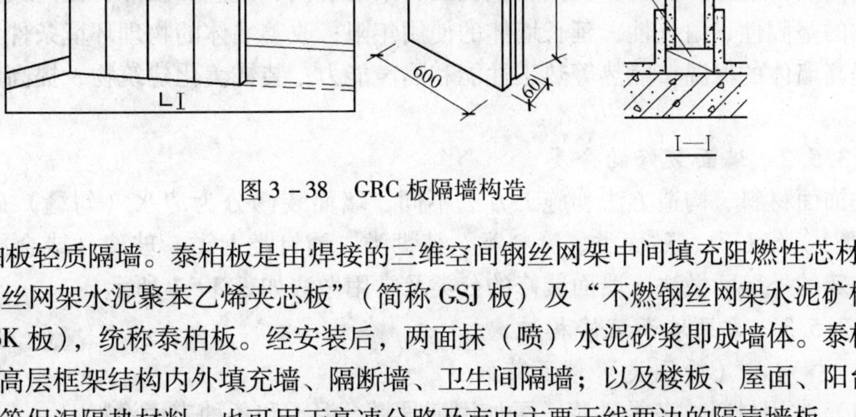

图 3－38 GRC 板隔墙构造

（2）泰柏板轻质隔墙。泰柏板是由焊接的三维空间钢丝网架中间填充阻燃性芯材组成，分为“难燃钢丝网架水泥聚苯乙烯夹芯板”（简称 GSJ 板）及“不燃钢丝网架水泥矿棉夹芯板”（简称 GSK 板），统称泰柏板。经安装后，两面抹（喷）水泥砂浆即成墙体。泰柏板广泛用于多层及高层框架结构内外填充墙、隔断墙、卫生间隔墙；以及楼板、屋面、阳台及原房加层、冷库等保温隔热材料；也可用于高速公路及市内主要干线两边的隔声墙板。

泰柏板安装先用水泥砂浆打底形成坚固的基础，再进行表面装饰。板的拼缝处用连接网覆盖补强。板与其他墙体、楼地面连接用压板和 U 形码，并用膨胀螺栓连接。泰柏板构造如图3－39所示。

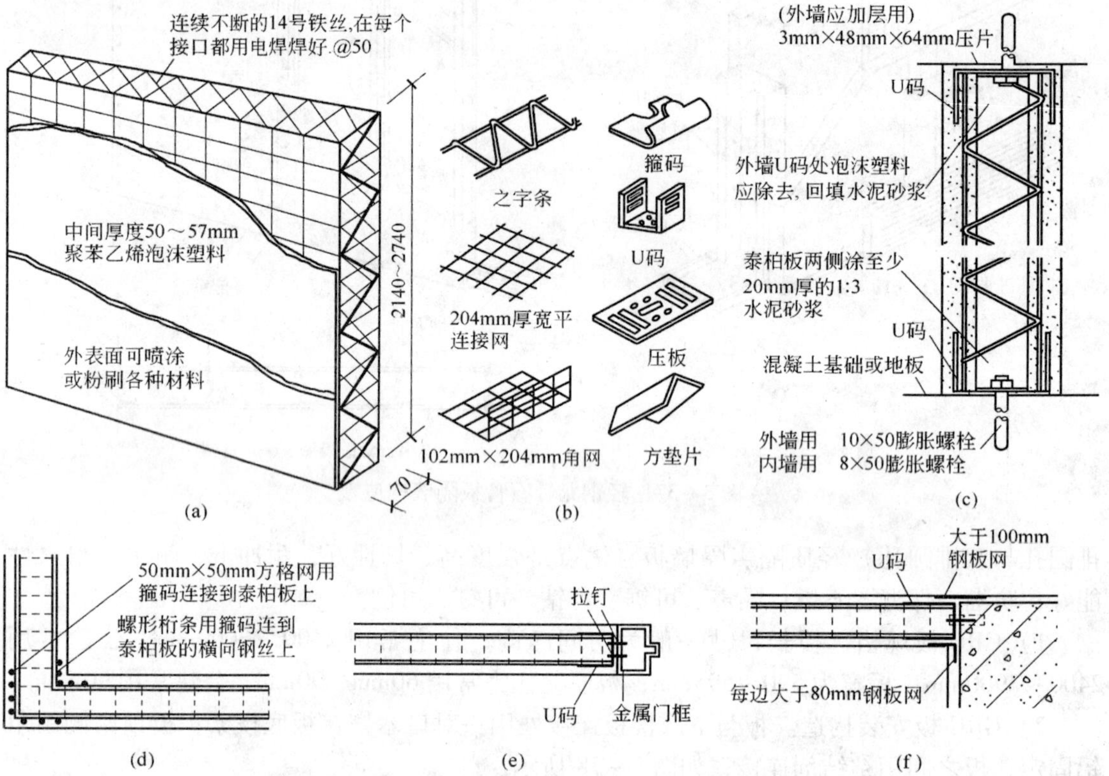

图 3－39 泰柏板构造

（a）泰柏板构造示意；（b）泰柏板墙的构件；（c）与楼地板连接；（d）泰柏板之间的连接；（e）泰柏板与门框的连接；（f）泰柏板与钢混柱的连接

3.3.5 墙面装修

3.3.5.1 墙面装修的作用

墙面装修能保护墙身，免其直接受到外来的磨损、碰撞和破坏，提高其耐久性能；增强墙体的坚固性、耐久性，延长墙体的使用年限；改善墙体的物理环境条件，满足功能要求；提高墙体的保温、隔热等热工性能和隔声能力；装饰美化建筑物，提高建筑的艺术效果。

3.3.5.2 墙面装修的分类

按饰面材料、构造方法、施工方法不同，墙面装修分为清水（勾缝）砖墙、抹灰类（粉刷类）、集石类、贴面类、涂料类、裱糊类、铺钉类七类。玻璃（或金属）幕墙装修属于特殊的外墙面做法。墙面装修的分类及常用做法如表 3－1 所示。

3.3.5.3 常见墙面装修构造

A 抹灰类（粉刷类）墙面装修

（1）常用材料。各类砂浆、添加用细骨料、泥子和各种表面涂料。

（2）施工工艺。抹灰的组成一般分作三层，即底灰、中灰和面灰。施工工艺为打底

(又称找平、刮糙)、粉面(又称罩面)和表层处理三个步骤,如图3-40所示。

表3-1　墙面装修的分类及常用做法

类别			室外装修	室内装修
抹灰类	普通抹灰		水泥砂浆、混合砂浆、聚合物水泥砂浆等	纸筋灰、麻刀灰、石膏罩面、膨胀珍珠岩灰浆、混合砂浆等
	装饰抹灰	集石类	水刷石、水磨石、斩假石、干粘石等	水磨石
		艺术抹灰	拉毛、喷涂、滚涂、弹涂等	拉毛、喷涂、滚涂、弹涂等
涂料类			水泥浆、(溶剂型、乳液、水溶性、彩色胶砂、硅酸盐无机)涂料等	大白浆、石灰浆、油漆、乳胶漆水溶性涂料
贴面类			外墙面砖、陶瓷锦砖、玻璃锦砖、水磨石板、天然石板、人造石板等	瓷砖、陶瓷锦砖、水磨石板、天然石板、人造石板等
裱糊类			—	(塑料、金属面、木纹、纺织面)墙纸、玻璃纤维布等
铺钉类			各种金属饰面板、石棉水泥板、玻璃等	各种木夹板、木纤维板、石膏板、各种装饰面板等

(3)厚度要求。由于砂浆在硬结的过程中易干缩开裂,因此找平层必须分层施工,分层厚度及总厚度均应控制。

1)分层厚度控制。底层5~7mm、中层5~12mm、面层2~5mm;

2)总厚度控制。室外20~25mm;室内15~20mm;楼板底15mm。

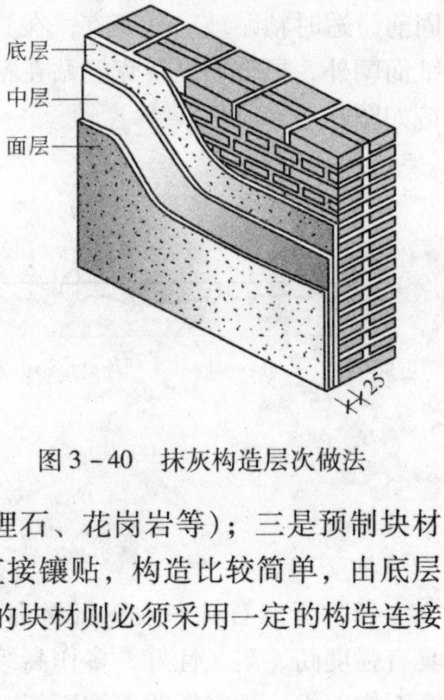

图3-40　抹灰构造层次做法

B　贴面类墙面装修

贴面类装修指在内外墙面上粘贴各种陶瓷面砖或拴挂各种人造石板、天然石板等的饰面装修。常用的贴面材料可分为三类,一是陶瓷制品(如瓷砖、面砖、陶瓷锦砖、玻璃马赛克等);二是天然石材(如大理石、花岗岩等);三是预制块材(如水磨石饰面板、人造石材等)。轻而小的块面可以直接镶贴,构造比较简单,由底层砂浆、粘结层砂浆和块状贴面材料面层组成;大而厚重的块材则必须采用一定的构造连接措施,用贴挂等方式加强与主体结构的连接。

(1)面砖类饰面构造。

1)外墙面砖。外墙面砖是指用于建筑物外墙的陶制或坯制的建筑装饰面砖。外墙面砖的构造做法是:面砖应先放入水中浸泡,安装前取出晾干或擦干净;安装时,先抹15mm 1∶3水泥砂浆找底并刮毛,再用1∶0.3∶3水泥石灰混合砂浆或用掺有107胶(水泥用量5%~7%)的1∶2.5水泥砂浆满刮10mm厚于面砖背面紧粘于墙上;最后用专用嵌缝白水泥浆嵌缝,对贴于外墙的面砖常在面砖之间留出一定缝隙。

2)内墙面砖。多为釉面砖,也称为瓷砖/瓷片,它是用瓷土或优质陶土经高温烧制成的饰面材料,多用于建筑物内墙装饰的薄板状精陶制品。

内墙面砖的构造做法为：先在基层用1∶3水泥砂浆打底，厚度为10~15mm；粘结砂浆用1∶0.1∶2.5水泥石灰膏混合砂浆，厚度为5~8mm。粘结砂浆也可用掺5%~7%的107胶的水泥素浆，厚度为2~3mm。釉面砖贴好后，要用清水将表面擦洗干净，然后用白水泥擦缝，随即将瓷砖擦干净。

3）陶瓷锦砖。陶瓷锦砖又称“马赛克”，是以优质瓷土烧制而成的小块瓷砖。分为挂釉和不挂釉两种，规格较小，具有质地坚实，经久耐用，花色繁多，耐酸碱、耐火、耐磨，不渗水，易清洁等优点。可拼成各种花纹图案，是建筑装饰中常用的一种材料。

陶瓷锦砖的构造做法：铺贴时先按图案小块材正面向下反贴在牛皮纸上，然后牛皮纸面向外将马赛克贴于饰面基层上，待半凝后将纸洗掉，同时修整饰面。构造做法是在清理好的基层基础上，用15mm厚1∶3水泥砂浆打底；粘结层用3mm厚，配合比为纸筋石灰膏∶水泥=1∶1∶8的水泥浆，或采用掺加水泥量的5%~10%的107胶或聚乙酸乙烯乳胶的水泥浆。

4）玻璃锦砖。其又称“玻璃马赛克”，是由各种颜色的玻璃掺入其他原料经高温熔炼发泡后，压制而成。玻璃马赛克是乳浊状半透明的玻璃质饰面材料，色彩更为鲜明，并具有透明光亮的特征。

玻璃马赛克饰面的构造做法为：在清理好基层的基础上，用15mm厚1∶3的水泥砂浆做底层并刮糙，分层抹平两遍即可；再抹3mm厚1∶（1~1.5）水泥砂浆粘结层，在其凝固前，适时粘贴玻璃马赛克，在其麻面上抹2mm厚白水泥浆（其中加入白胶增加黏度），纸面朝外，把玻璃马赛克镶贴在粘结层上。然后用同种水泥色浆擦缝。玻璃马赛克饰面构造如图3-41所示。

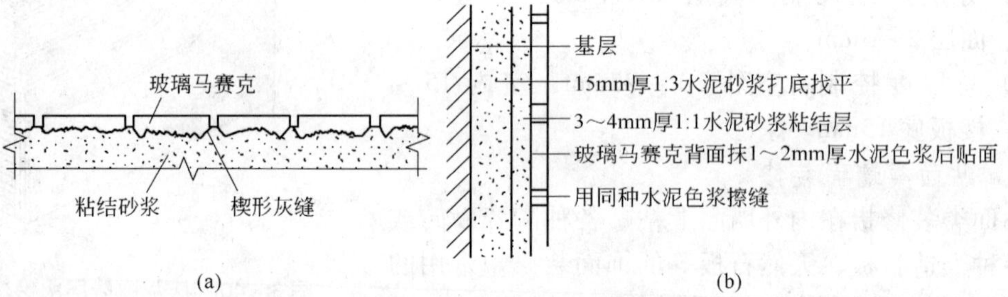

图3-41 玻璃马赛克饰面构造
（a）粘结情况；（b）饰面构造组成

（2）天然石材和人造石材饰面。常见天然板材饰面有花岗石、大理石和青石板等，具有强度高、耐久性好，多作高级装饰用。常见人造石板有人造大理石材饰面板、预制水磨石饰面板、预制斩假石饰面板、预制水刷石饰面板以及预制陶瓷砖饰面板等。

天然石材和人造石材“拴挂法”，分为传统的湿挂法与现在常用的干挂法两种。

1）湿挂法（灌浆法）构造做法（见图3-42）。

① 先在结构表面墙内或柱内预埋$\phi 6$铁箍，或与埋件焊接，或埋膨胀螺栓焊接，或与顶模箍筋焊接，间距依石材规格而定，而铁箍内立$\phi 8$~10竖筋，在竖筋上绑扎横筋，形成钢筋网。

② 在石板上下边钻小孔备用。

③ 拉线、垫底尺，从阳角处或中间开始绑扎石板，用双股16号铜丝绑扎固定在钢筋

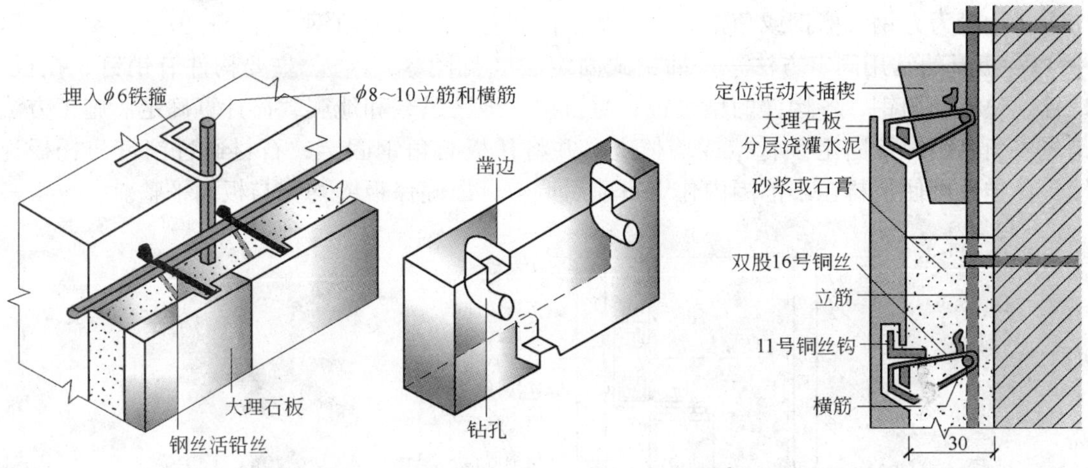

图 3－42 石材贴面类构造：湿挂法（灌浆法）

网上。找垂直后，板与墙面之间预留 20～30mm 缝隙。石板四周用石膏临时固定，较大者上下两块石板用不锈钢卡销支撑固定。上部用定位活动木楔做临时固定，校正无误。

④ 在石板与墙之间浇筑 1∶2.5 或 1∶3 水泥砂浆，每层 200～300mm 高，灌浆接缝留在板顶下 50～100mm 处（白色石材用白水泥）。

⑤ 待砂浆初凝后，取掉石膏块、定位活动木楔，清理后继续上层石板的安装。

2）干挂石材法（连接件挂接法）。

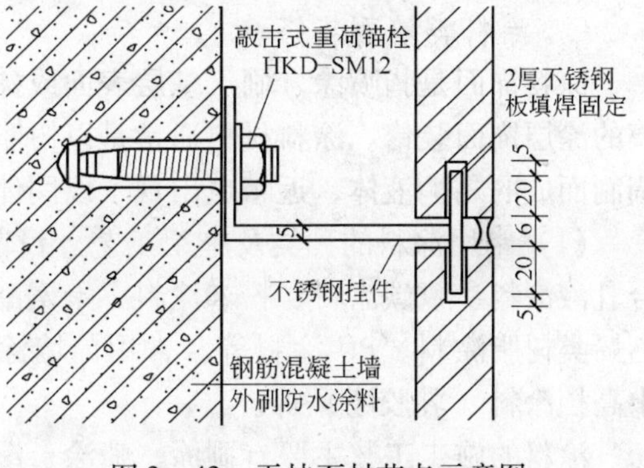

图 3－43 干挂石材节点示意图

干挂石材法（见图 3－43），又称连接件挂接法，属于石材幕墙的一种施工方法。干挂石材法是在主体结构上设主要受力点，通过一组高强耐腐蚀金属连接件将饰面石材与结构做可靠连接形成的石材装饰幕墙，其间形成的空气间层不作灌浆处理。

干挂石材法的主要优点是连接可靠，强度高；干作业、自重减轻有利于抗震；可以有效地避免传统湿贴工艺出现的板材空鼓、开裂、脱落等现象，明显提高了建筑物的安全性和耐久性；可以完全避免传统湿贴工艺板面出现的泛白、变色等现象，有利于保持幕墙清洁美观；在一定程度上改善了施工人员的劳动条件，减轻了劳动强度，也有助于加快工程进度。

干挂用石材多为花岗岩、大理石，尺寸一般在 $1m^2$ 以内，厚度 20～30mm，多为 25mm。干挂法构造做法如下：

① 按金属连接挂件与主体结构的固定技术分为两种方法：

a. 剪力墙结构做法。可通过膨胀螺栓或预埋铁件直接将挂件固定在钢筋混凝土墙上，又称无龙骨体系。

b. 框架结构做法。因轻质填充墙体不能直接固定挂件，需要通过安装金属骨架使挂件固定，又称龙骨体系。按金属骨架的用料分为型钢骨架和铝材骨架两种，前者造价低，但需作镀锌和防腐处理，后者因需使用加厚或飞机用材而造价较高。钢骨架的主龙骨竖向布置，一般为方钢、槽钢或角钢，次龙骨横向布置，一般为角钢。

② 板材的常用固定方法——插销式固定法（见图3－44）。主要构件有销钉、托板、螺栓、垫板和角钢，各构件的型号视石材自重、地区风载和地震载荷计算确定。施工方法是先将角钢用螺栓固定于骨架或墙体上，并将托板与角钢固定，石材通过销钉与托板连接。该挂件可使板材在小范围内作上下前后调节，以确保板缝均匀与板面平整。

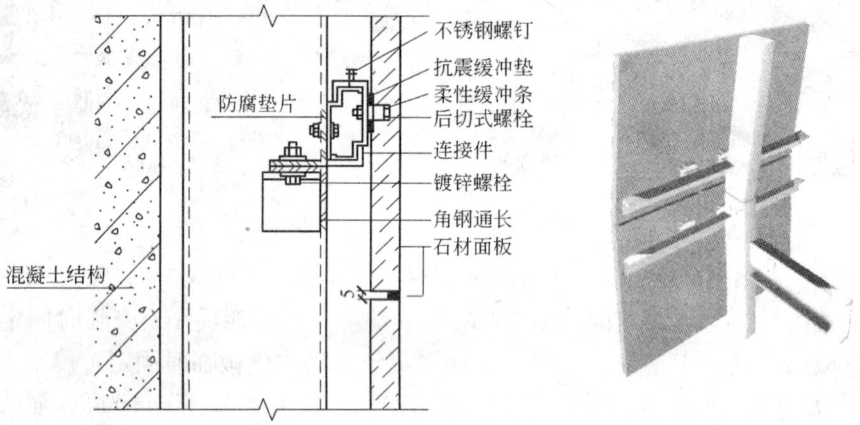

图3－44　插销式连接干挂法构造及示意图

C　涂料类墙面装修

涂料饰面是指喷涂、刷于基层表面或抹灰饰面上后，能与基层形成完整而牢固的保护膜的涂层饰面装修。涂料材料通常是以树脂或油为主，并加颜料、填料，用有机溶剂或水调制而成的黏稠液体，近年也出现了以固体形态存在的涂料新品种如粉末涂料。

（1）常用涂料的种类及施工工艺。目前常用的外墙涂料有丙烯酸树脂涂料、硅丙复合乳液涂料、氟碳涂料、粉末涂料、聚氨酯树脂涂料、环氧树脂涂料、有机硅树脂涂料、乙烯类树脂涂料、PU涂料等。常用内墙涂料有低档水溶性涂料（聚乙烯醇内墙涂料）、中高档涂料（乳胶漆）等。

涂料的施工工艺主要有刷涂、喷涂、滚涂、弹涂、拉毛等，涂料可根据要求做成特殊效果，如平面浮雕花纹和凹凸浮雕花纹漆、橘子花纹漆、真石漆等。

（2）氟碳漆涂料的特点及施工工艺。氟碳漆涂料有“涂料王”美称，是近年来规范运用的外墙装饰做法。具有耐候耐久性好、耐酸碱、耐腐蚀、耐热耐寒、自熄性、不粘性、抗辐射性等优良特性。氟碳漆的效果多样，有仿铝板系列、仿幕墙玻璃系列及常规涂料效果系列等。氟碳漆的经济性优越，工程综合造价仅为传统幕墙（含龙骨、胶料、人工等）的1/5左右。氟碳漆广泛应用于建筑内、外墙以及旧瓷砖墙面的翻新，并且在高速公路、铁路、涵洞、堤坝等工程中也应用广泛。

外墙氟碳漆施工工艺：表面处理→涂封闭底漆→刮泥子→打磨→氟碳底漆→干打磨→氟碳面漆→氟碳清漆→涂膜维护→自干打磨→氟碳面漆→氟碳清漆→涂膜维护。

D　裱糊类墙面装修

裱糊类装修是将各种装饰性的墙纸、墙布、织锦等卷材类的装饰材料裱糊在内墙面上的一种装修饰面。应用较广的有塑料墙纸、玻璃纤维花纹墙布等。

（1）墙纸的材料构造组成。由面层与衬底层复合而成。

（2）墙纸的分类。按面层装饰效果分类，有印花墙纸、压花墙纸、浮雕墙纸等；按功能分类，有装饰性墙纸、防水墙纸、耐火墙纸等；按材料分类，有塑料墙纸、纺织物墙纸、天然材料面墙纸、金属面墙纸、纸面纸基墙纸等。

壁纸壁布饰面构造，如图 3－45 所示。

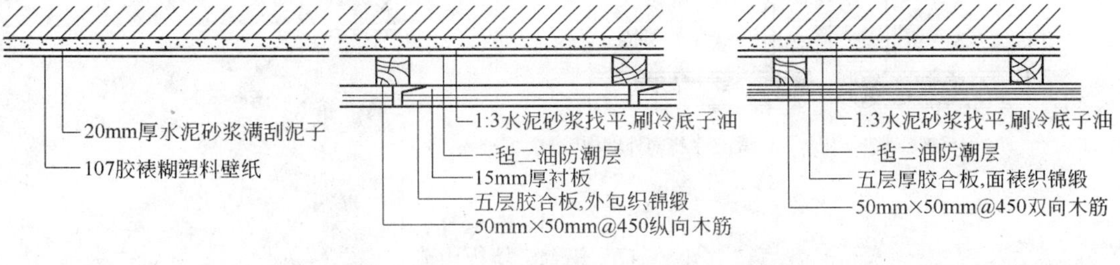

(a) (b) (c)

图 3－45 壁纸壁布饰面构造

（a）塑料；（b）分块式织锦缎；（c）织锦缎

E 铺钉类（镶板类）墙面装修

铺钉类/镶板类装修系指利用天然木板或各种人造薄板借助于镶、钉、胶等固定方式对墙面进行的装修处理，属于干作业范畴。

铺钉类装修和隔墙构造相似，由骨架和面板两部分组成。骨架有木骨架和金属骨架之分。木骨架由墙筋和横档组成，借预埋在墙上的木砖固定到墙身上。金属骨架采用薄壁型钢制成。面板有硬木板、胶合板、纤维板、石膏板等各种装饰面板和近年来应用日益广泛的金属面板。

普通木质板饰面墙构造如图 3－46 所示。

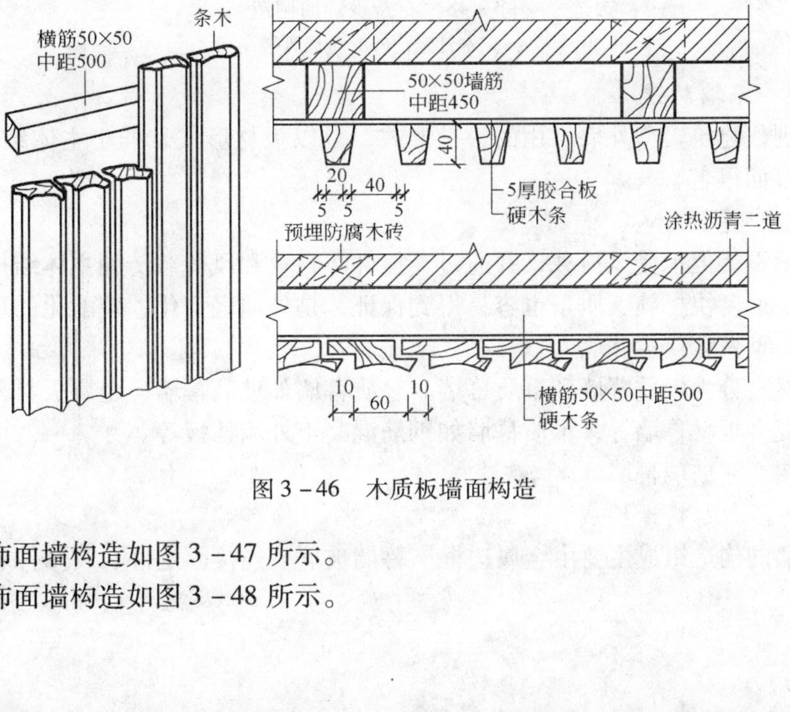

图 3－46 木质板墙面构造

铝合金饰面墙构造如图 3－47 所示。

石膏板饰面墙构造如图 3－48 所示。

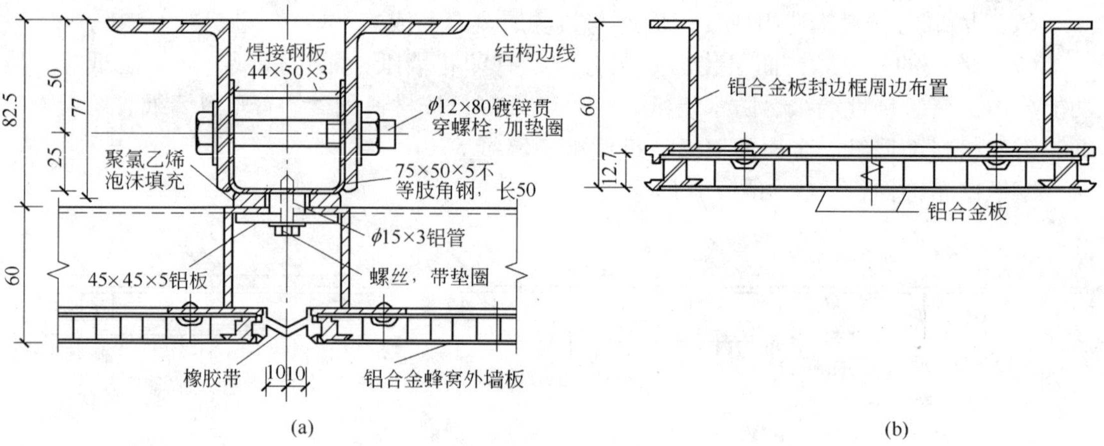

图 3－47　铝合金墙板构造

（a）节点大样；（b）铝合金外墙板

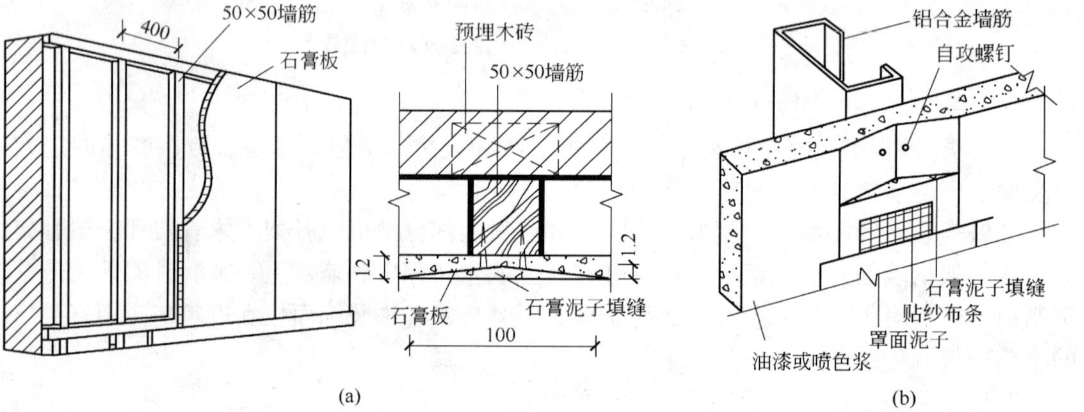

图 3－48　石膏板饰面构造

（a）木骨架；（b）金属骨架

3.3.5.4　幕墙构造

幕墙是现代建筑轻型外墙常用的一种形式，是以板材形式悬挂于主体结构上的外墙，犹如悬挂的幕而得名。

A　幕墙的特征

幕墙不承重，但承受风荷载，并通过连接件将自重和风荷载传到主体结构。幕墙装饰效果好，安装速度快，施工质量也容易得到保证，是外墙轻型化、装配化的理想形式。

B　幕墙的分类

幕墙按材料分为轻质幕墙和重质幕墙。轻质幕墙如玻璃幕墙、金属板材幕墙、纤维水泥板幕墙、复合板材幕墙等；重质幕墙如钢筋混凝土外墙挂板等。

本节主要介绍玻璃幕墙。

C　玻璃幕墙的构造组成

玻璃幕墙的构造组成主要由金属边框、幕墙玻璃、连接固定件、装修件和密缝材料几部分组成。

（1）金属边框。即金属骨架，是将幕墙玻璃固定在主体结构上的中介构件，是幕墙结构的骨架，起传递荷载的作用。铝型材金属边框的常用断面形式有实腹和空腹两种，空腹型材节约材料、刚度大，对抗风有利。

1）金属边框之间的连接方式。金属边框骨架用连接固定件固定、连接，包括预埋件、转接件、连接件、支承用材等。

① 竖梃与横档的连接（见图 3－49）。连接竖梃与横档通过角形铝铸件或专用铝型材连接。铝角与竖梃、铝角与横档均用螺栓固定。

② 竖梃与竖梃的连接（见图 3－50）。连接铝合金型材一般的供货长度是 6000mm，但通常玻璃幕墙的竖梃依一个层间高度来划分，即竖梃的高度等于层高。因此，相邻层间的竖梃需要通过“套筒”来连接，竖梃与竖梃之间应留有 15～20mm 的空隙，以解决金属的热胀问题。考虑到防水，还需用密封胶嵌缝。

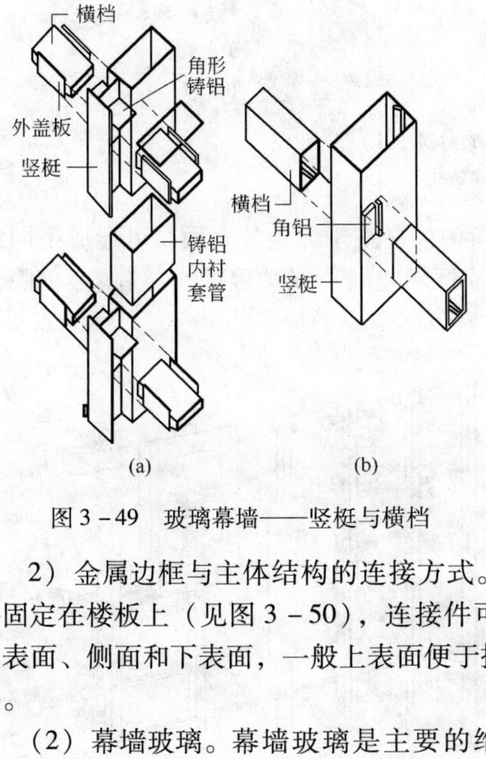

图 3－49　玻璃幕墙——竖梃与横档

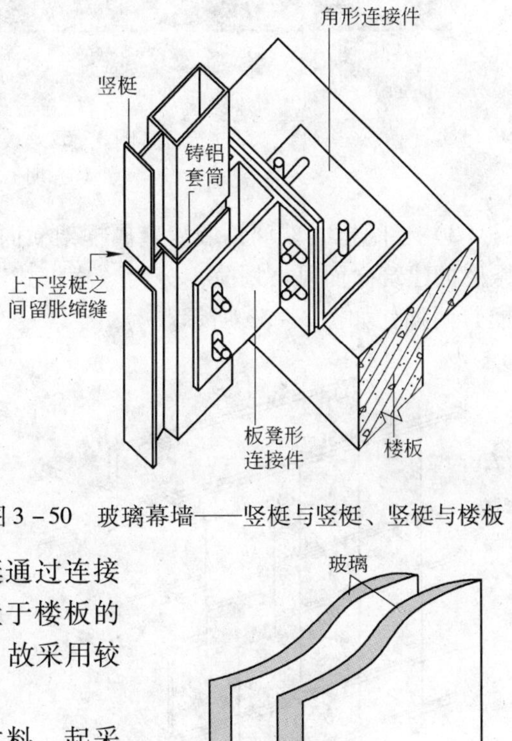

图 3－50　玻璃幕墙——竖梃与竖梃、竖梃与楼板

2）金属边框与主体结构的连接方式。竖梃通过连接件固定在楼板上（见图 3－50），连接件可以置于楼板的上表面、侧面和下表面，一般上表面便于操作，故采用较多。

（2）幕墙玻璃。幕墙玻璃是主要的维护材料，起采光、通风、隔热、保温等作用，玻璃选择时应主要考虑玻璃的安全性能和热工性能，常用吸热玻璃、反射玻璃、中空玻璃等。中空玻璃的构造如图 3－51 所示。

目前采用较多的低辐射反射玻璃（简称 LOW－E），是镀膜玻璃的一种，拥有良好的隔热性能，具有夏季隔热、冬天保温的性能。

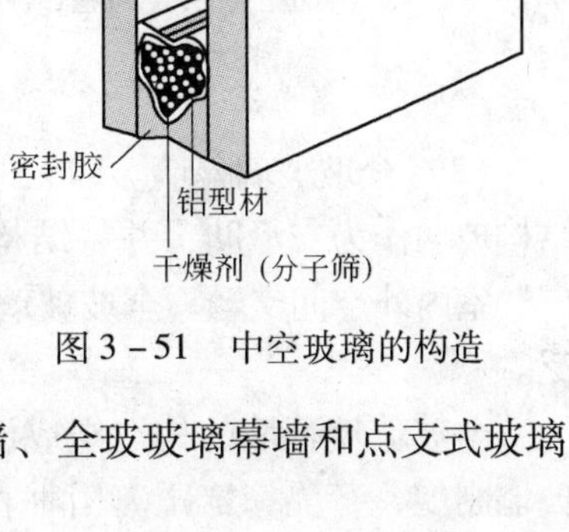

图 3－51　中空玻璃的构造

D　玻璃幕墙的分类及构造特点

按构造特点及承重方式，玻璃幕墙分为框格式玻璃幕墙、全玻玻璃幕墙和点支式玻璃幕墙。

（1）框格式玻璃幕墙（又称框支承玻璃幕墙）。以金属型材为边框，以玻璃为外覆面，轻质块材或板材为内衬墙，中间填以保温隔热材料，造价较低，应用最为广泛。可现场组装，也可采用预制装配式。按幕墙金属框是否外露又分为三种：

1）明框式玻璃幕墙。幕墙金属框架构件全部外露于面板外表面，如图3－52a所示。

2）隐框式玻璃幕墙。金属框架构件全部隐藏在玻璃后面，如图3－52b所示。

(a)

(b)

图3－52　玻璃幕墙的分类（1）

（a）明框式；（b）隐框式

3）半隐框式玻璃幕墙。金属框架横向或竖向构件显露于面板外表面，可形成不同线条感的建筑立面风格划分，分为“横框式”（露横框隐竖框）或“竖框式”（露竖框隐横框）两种，如图3－53所示。

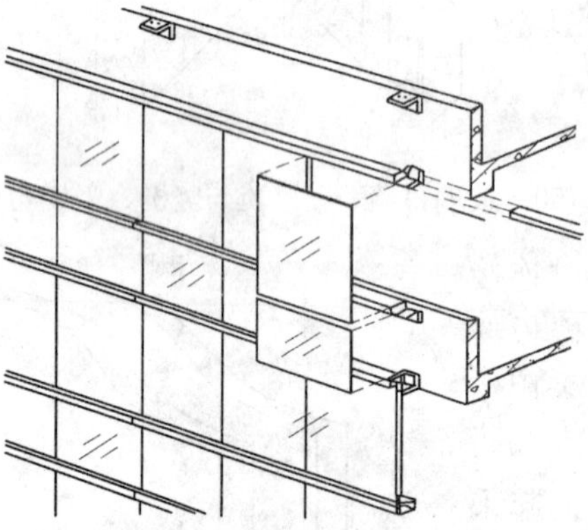

横框式
（横框主要受力，横框外露）

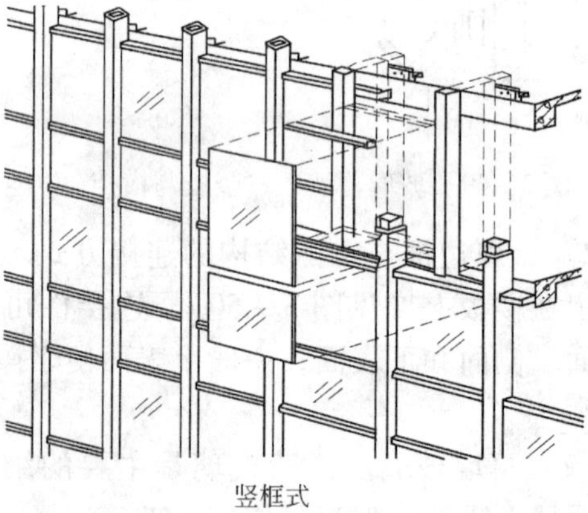

竖框式
（竖框主要受力，竖框外露）

图3－53　玻璃幕墙的分类（2）

（2）全玻玻璃幕墙。即无框式玻璃幕墙，这种玻璃幕墙在视线范围不设边框骨架，用结构玻璃作为支承肋，并将结构玻璃与主体结构直接连接。全玻幕墙通透、轻盈，视阈宽广，室内外空间交融。全玻玻璃幕墙只能现场组装，常用于大型公共建筑，在国内外应用广泛。

全玻玻璃幕墙的构造组成由面玻璃和肋玻璃组成。玻璃幕墙部分称为面玻璃，为增强玻璃刚度，每隔一定距离用垂直于玻璃幕墙表面设置的条形玻璃板作为加强肋板，因其设置的位置如板的肋一样，又称为肋玻璃。

面玻璃和肋玻璃的交接方式有多种，面玻璃与肋玻璃相交部位宜留出一定的间隙，间隙尺寸可根据玻璃的厚度而略有不同，间隙用硅酮系列密封胶注满，如图 3－54 所示。

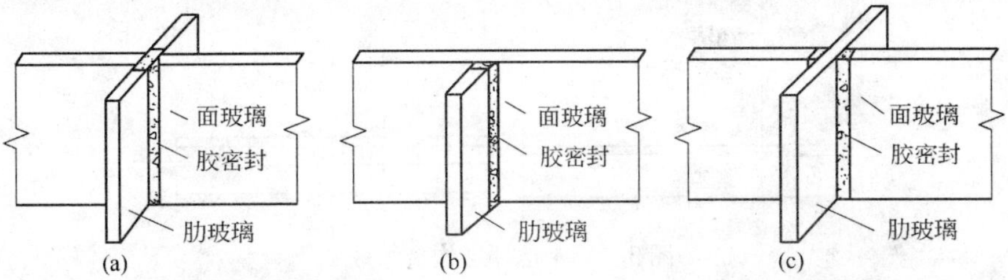

图 3－54　全玻玻璃幕墙——面玻璃与肋玻璃的交接

（a）肋玻璃在两侧；（b）肋玻璃在单侧；（c）肋玻璃穿过面玻璃

（3）点支式玻璃幕墙。点支式玻璃幕墙是由玻璃面板、点支承装置和支承结构构成，属于格构式钢结构受力全玻幕墙，点支式玻璃幕墙只能现场组装。图 3－55 为点支式玻璃幕墙的驳接点示意图。

点支式玻璃幕墙追求回归自然，空间效果非常通透、构件精巧，结构美观，体现机械美的现代建筑装饰特征。尽管其造价相对较高，但仍得到建筑师的青睐，近年来使用广泛。

图 3－55　点支式玻璃幕墙的驳接点示意图

3.4 楼 地 层

楼地层包括楼板层与地坪层，是分隔建筑空间的水平承重构件。它一方面承受着楼板层上的全部活荷载和恒荷载，并把这些荷载合理有序地传给墙或柱；另一方面对墙体起着水平支撑作用，以减少外界（风、地震等）水平力对墙体的影响，加强建筑物的整体刚度；此外，还具备一定的隔声、防火、防水、防潮等能力。

3.4.1 楼地层的构造组成

（1）楼板层的构造组成。包括面层、结构层、附加层及楼板顶棚层，如图 3－56 所示。

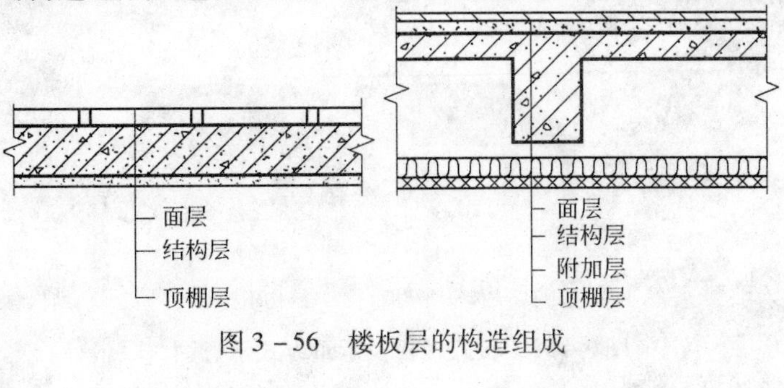

图 3－56　楼板层的构造组成

(2) 地坪层的构造组成。地坪层由面层、附加层、垫层和素土夯实组成，如图3－57所示。

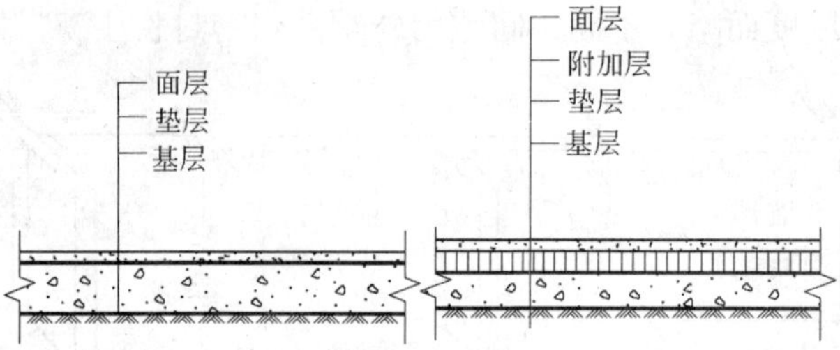

图3－57 地坪层构造组成

3.4.2 楼板层构造

3.4.2.1 楼板的类型

根据所用材料不同，楼板可分为木楼板、砖拱楼板及常用的钢筋混凝土楼板和压型钢板组合楼板等多种类型。

3.4.2.2 楼板层的设计要求

应具有足够的强度和刚度；具有一定的隔声能力；具有一定的防火能力；具有防潮、防水能力；满足各种管线的设置；满足建筑经济的要求，减少材料消耗、降低工程造价。

3.4.2.3 钢筋混凝土楼板构造

现浇钢筋混凝土楼板整体性好，特别适用于有抗震设防要求的多层房屋和对整体性要求较高的建筑。对于有管道穿过的房间、平面形状不规整的房间、尺度不符合模数要求的房间和防水要求较高的房间，都适合采用现浇钢筋混凝土楼板。主要有以下几种类型：

A 现浇钢筋混凝土楼板构造

(1) 板式楼板。板式楼板即板下不设梁，直接将板搁在墙或梁上的楼板。其特点是结构层底部平整，可以得到最大的使用净高。适用于跨度较小（≤2.5m）的房间，特别是墙承重体系的建筑物。例如住宅、旅馆、公建走道、厨房、卫生间等。板式楼板及承重方式示意图见图3－58。

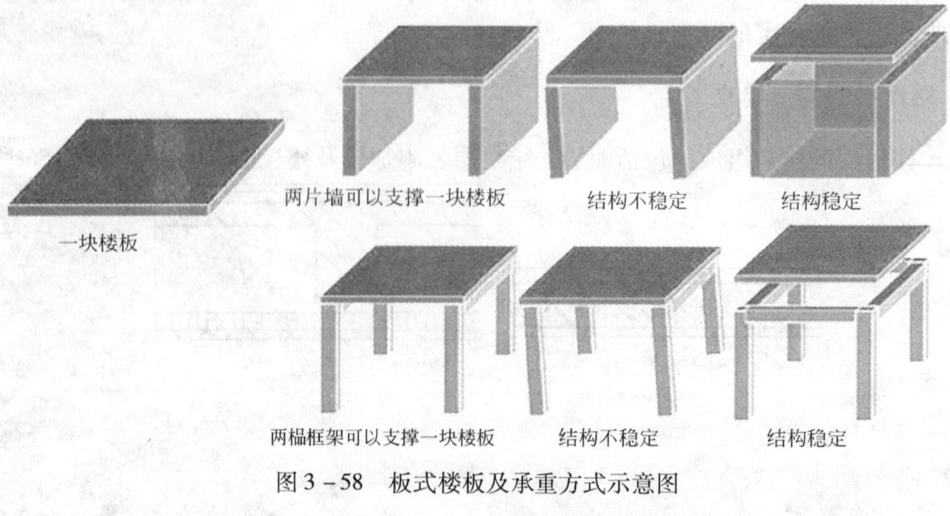

图3－58 板式楼板及承重方式示意图

（2）梁板式楼板。由板、次梁、主梁共同组成的楼板，板下设梁的目的是可以减少板的跨度。

1）单向板肋梁楼板。单向肋梁楼板由板、次梁和主梁组成，如图 3－59 所示。其荷载传递路线为板→次梁→主梁→柱（或墙）。

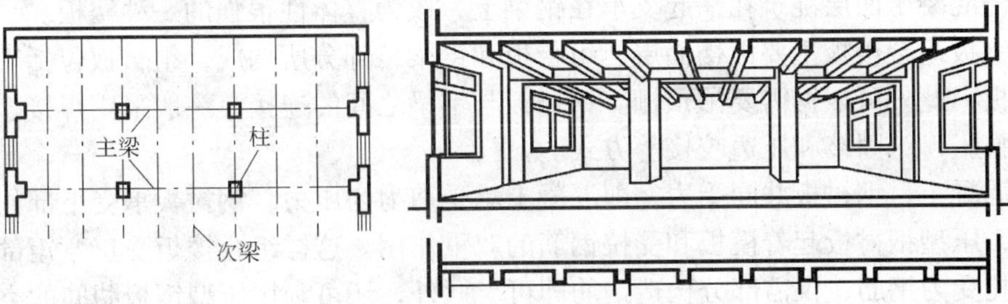

图 3－59 单向板肋梁楼板

2）双向板肋梁楼板（井式楼板）。双向板肋梁楼板无主、次梁之分，由板和梁组成，两个方向板跨相同、梁截面也相同时，即形成了井式楼板（见图 3－60）。适用于长宽比不大于 1.5 的矩形平面。

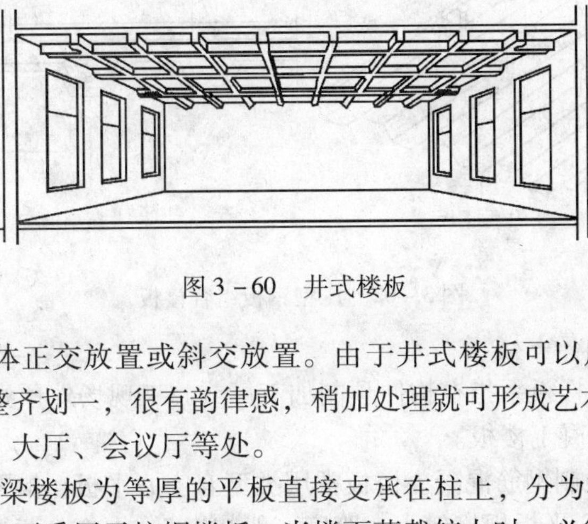

图 3－60 井式楼板

井式楼板可与墙体正交放置或斜交放置。由于井式楼板可以用于较大的无柱空间，而且楼板底部的井格整齐划一，很有韵律感，稍加处理就可形成艺术效果很好的顶棚。常用于公共建筑的门厅、大厅、会议厅等处。

3）无梁楼板。无梁楼板为等厚的平板直接支承在柱上，分为有柱帽和无柱帽两种。当楼面荷载比较小时，可采用无柱帽楼板；当楼面荷载较大时，必须在柱顶加设柱帽。柱帽可根据室内空间要求和柱截面形式进行设计，如图 3－61 所示。

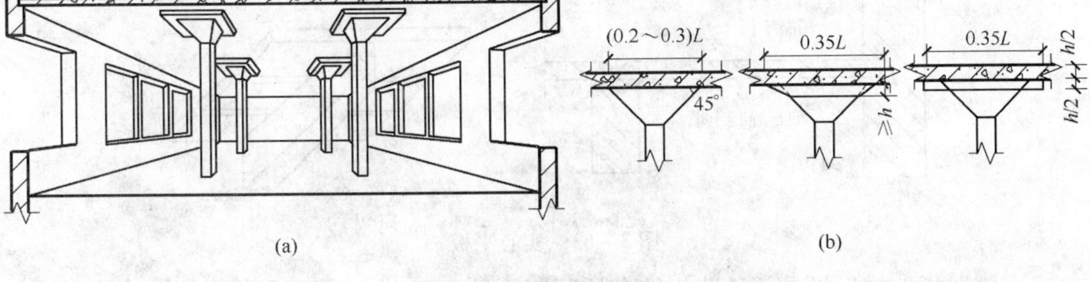

图 3－61 无梁楼板

（a）无梁楼板透视图；（b）柱帽形式

无梁楼板的柱可设计成方形、矩形、多边形和圆形；无梁楼板的柱网一般布置为正方形或矩形，间跨一般不超过6m，板的最小厚度不小于150mm。无梁楼板多用于商店、仓库、展览馆等要求荷载、净空较大，顶棚平整的建筑。

4）压型钢板组合楼板。压型钢板组合楼板是利用截面为凹凸相间的压型钢板做衬板，与现浇混凝土面层浇筑在一起支承在钢梁上，成为整体性很强的一种楼板。

压型钢板组合楼板主要由楼面层、组合板和钢梁三部分所构成，组合板包括现浇混凝土和钢衬板，此外可根据需要吊顶棚。钢衬板与钢梁之间的连接，一般采用焊接、自攻螺钉连接、膨胀铆钉固接和压边咬接等方式。

由于混凝土、钢衬板共同受力，即混凝土承受剪力与压力，钢衬板承受下部的压弯应力，因此，压型钢衬板起着模板和受拉钢筋的双重作用。这样组合楼板受正弯矩部分不需放置或绑扎受力钢筋，仅需部分构造钢筋即可。此外，还可利用压型钢板肋间的空隙敷设室内电力管线，亦可在钢衬板底部焊接架设悬吊管道、通风管和吊顶棚的支柱，从而充分利用楼板结构中的空间。压型钢板组合楼板在高层建筑中得到广泛的应用。其构造如图3－62所示。

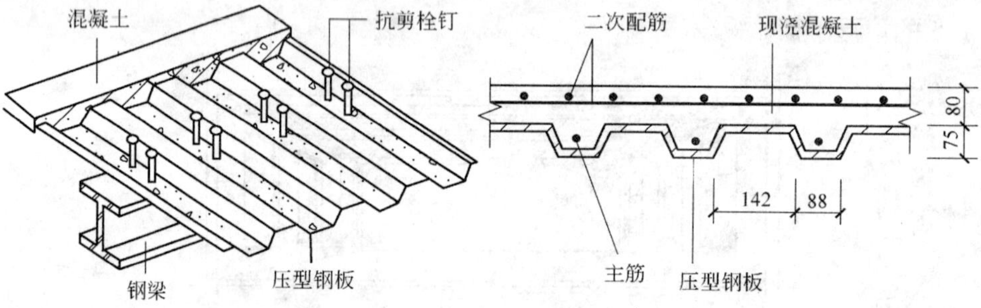

图3－62 压型钢板组合楼板

B 装配式钢筋混凝土楼板

装配式钢筋混凝土楼板系指在构件预制加工厂或施工现场外预先制作，然后运到工地现场进行安装的钢筋混凝土楼板。

（1）板的类型。预制钢筋混凝土楼板常用类型有实心平板、槽形板、空心板三种。

1）实心平板。实心平板规格较小，跨度一般在1.5m左右，板厚一般为60mm。预制实心平板由于其跨度小，常用于过道、小房间、卫生间和厨房等处。实心平板如图3－63所示。

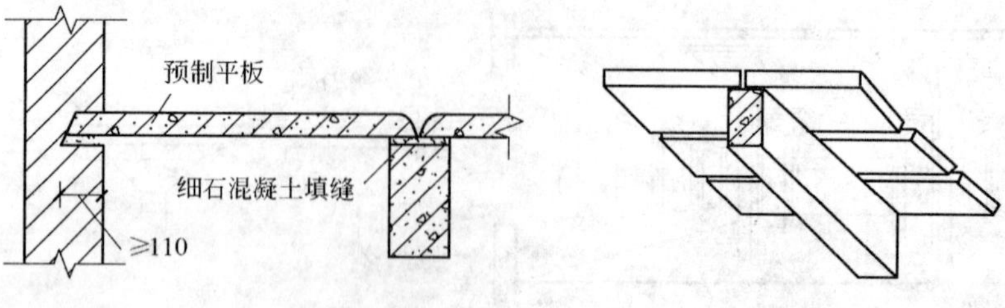

图3－63 实心平板

2）槽形板。槽形板是一种肋板结合的预制构件，即在实心板的两侧设有边肋，作用在板上的荷载都由边肋来承担，板宽为500～1200mm，板肋高120～240mm，板厚仅

30mm。槽形板减轻了板的自重，具有省材料，便于在板上开洞等优点，但隔声效果差。槽形板构造如图 3-64 所示。

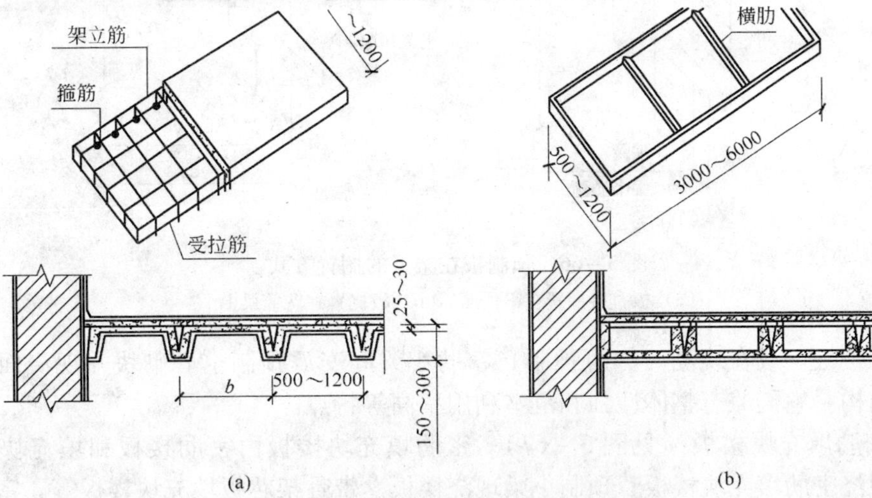

图 3-64 槽形板构造

（a）正槽形板；（b）反槽形板

3）空心板。空心板也是一种梁板结合的预制构件，其结构计算理论与槽形板相似，两者的材料消耗也相近，但空心板上下板面平整，且隔声效果优于槽形板，因此是较广泛采用的一种形式，见图 3-65。

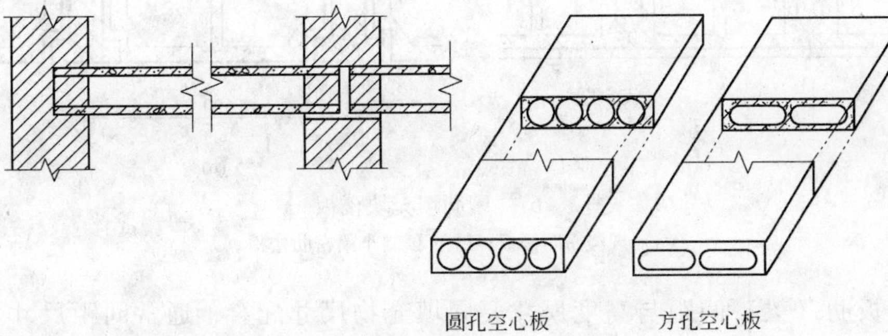

图 3-65 空心板

（2）板的搁置要求。支承于梁上时其搁置长度应不小于 80mm；支承于内墙上时其搁置长度应不小于 100mm；支承于外墙上时其搁置长度应不小于 120mm。板与墙或梁有较好的联结。

当采用梁板式结构时，板在梁上的搁置方式一般有两种：

1）板直接搁置在梁顶上，如图 3-66a 所示。

2）板搁置在花篮梁或十字梁上（见图 3-66b），在梁高不变的情况下，梁底净高相应也增加了一个板厚，因此是节省净空高度的一种措施。

C 装配整体式钢筋混凝土楼板

装配整体式楼板，是在楼板中预制部分构件，然后在现场安装，再以整体浇筑的办法

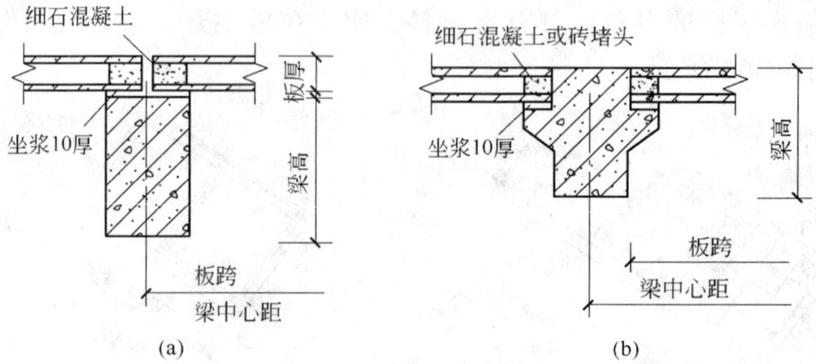

图3-66 预制板在梁上的搁置方式

（a）板直接搁置在梁顶面；（b）板搁置在花篮梁上

连接而成的楼板。或在现浇（亦可预制）密肋小梁间安放预制空心砌块并现浇面板而制成的楼板结构。它们兼有整体性强和范本利用率高等特点。

（1）密肋填充块楼板（见图3-67）。密肋填充块楼板由密肋楼板和填充块叠合而成。分为现浇密肋填充块楼板、预制小梁现浇楼板、带骨架芯板填充块楼板等。密肋填充块楼板板底平整，保温、隔热、隔声效果好，肋的截面尺寸不大，楼板结构占据的空间较少，整体性强，范本利用率高，是一种较好的结构形式。

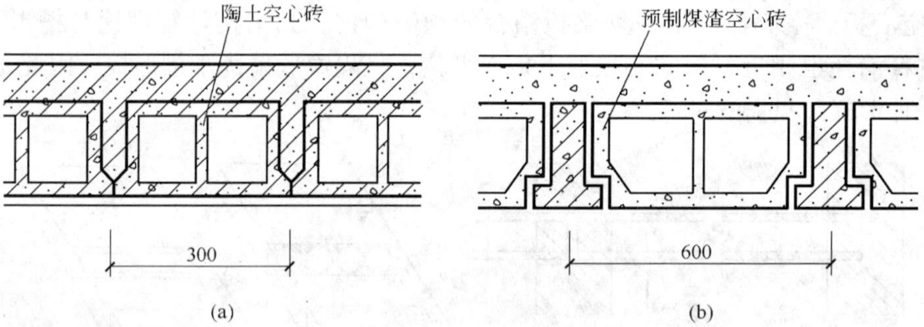

图3-67 密肋填充块楼板

（a）现浇密肋楼板；（b）预制小梁密肋楼板

密肋楼板肋（梁）间距与高度尺寸要同填充物尺寸配合，通常间距尺寸为700～1000mm、肋宽60～150mm，肋高200～300mm；板的厚度不小于50mm，板的适用跨度为4～10m。

（2）预制薄板叠合楼板（见图3-68）。即预制混凝土薄板（预应力）与现浇混凝土面层叠合而成的装配整体式楼板。所有楼板层中的管线等均事先埋在叠合层内。现浇层内只需配置少量支座负筋。预制薄板底面平整，不必抹灰，作为顶棚可直接喷浆或粘贴装饰墙纸。

预制薄板具有结构、模板、装修三方面的功能，因而叠合楼板具有良好的整体性和连续性，对结构有利。这种楼板跨度大、厚度小，结构自重可以减轻，目前已广泛应用于住宅、宾馆、学校、办公楼、医院以及仓库等建筑中。

3.4.3 地坪层、楼地面构造

地坪层指建筑物底层房间与土层的交接处地面，所起作用是承受地坪上的荷载，并均

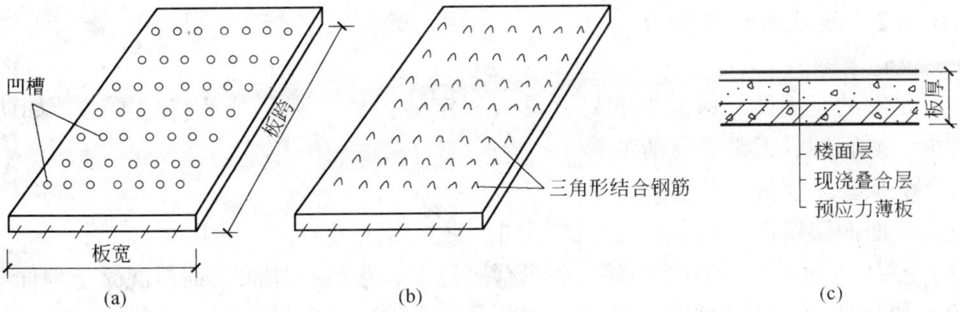

图 3－68 叠合楼板

（a）板面刻槽；（b）板面露出三角形结合钢筋；（c）叠合组合薄板

匀地传给地坪以下的土层。

3.4.3.1 地坪层的分类

按地坪层与土层间的关系不同，可分为实铺地层和空铺地层两类：

（1）实铺地层。地坪的基本组成部分有面层、垫层和基层，对有特殊功能要求的地坪，常在面层和垫层之间增设一些附加层，如图 3－69 所示。

面层起着保护结构层和美化室内的作用；垫层是基层和面层之间的填充层，其作用是承重传力，一般采用 60～100mm 厚的 C10 混凝土垫层。垫层分为刚性垫层（如混凝土、碎砖三合土等）和柔性垫层（如砂、碎石、炉渣等）两大类；基层即地基；附加层（如防水层、防潮层、保温层、隔热层、隔声层和管道敷设层），主要应满足某些有特殊使用要求而设置的一些构造层次等。

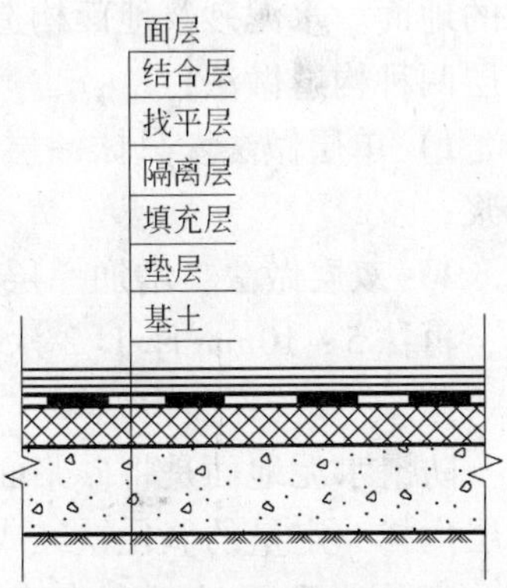

图 3－69 地坪层构造

（2）空铺地层。为防止房屋底层房间受潮或满足某些特殊使用要求（如舞台、体育训练、比赛场等的地层需要有较好的弹性）将地层架空形成空铺地层。空铺地层构造如图 3－70 所示。

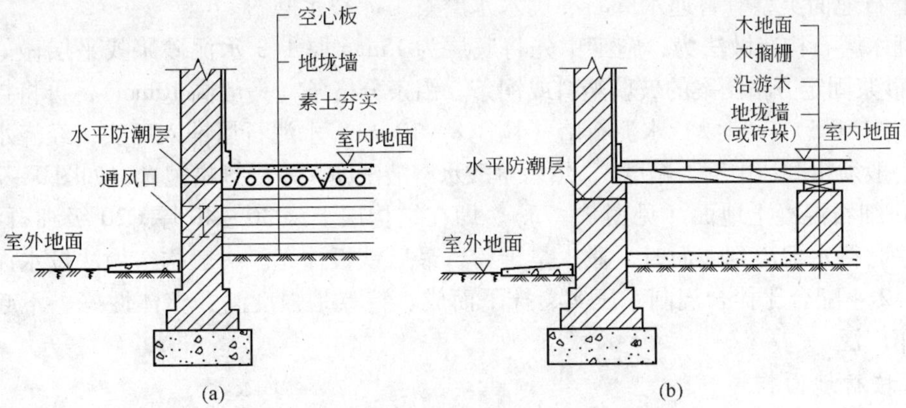

图 3－70 空铺地层构造

（a）钢筋混凝土板空铺地层；（b）木板空铺地层

3.4.3.2 楼地面装修构造

A 设计要求

具有足够的坚固性、保温性能好、具有一定的弹性、满足某些特殊要求，如防水防潮、防火、耐腐蚀、无毒、易清洁等。

B 楼地面装修做法的分类

按楼地面面层所用材料和施工方式不同，常见做法可分为以下几类：

（1）整体地面。水泥砂浆地面、水泥石屑地面、水磨石地面、细石混凝土地面等。

（2）块材地面。砖铺地面、面砖、缸砖及陶瓷锦砖地面等。

（3）木地面。常采用条木地面和拼花木地面。

（4）塑料地面。聚氯乙烯塑料地面。

C 整体式楼地面装修构造

（1）水泥砂浆地面。水泥砂浆地面构造简单、坚固、耐磨、防水、造价低廉，但导热系数大、冬天感觉阴冷、易起灰，是一种广为采用的低档地面或需进行二次装修的毛坯房的地面。水泥砂浆地面构造做法是在混凝土垫层或结构层上抹水泥砂浆。通常有单层和双层两种构造做法：

1）单层做法。只抹一层20～25mm厚1∶2或1∶2.5水泥砂浆；

2）双层做法：增加一层10～20mm厚1∶3水泥砂浆找平层，再抹5～10mm厚1∶2水泥砂浆抹平压光，如图3－71所示。

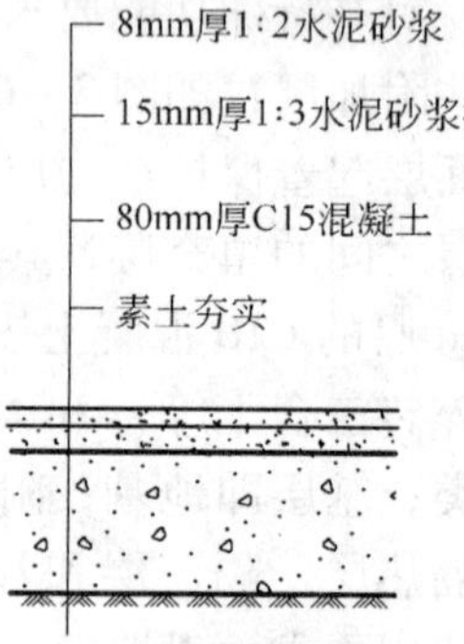

图3－71 水泥砂浆地面

防滑水泥地面是将砂浆面层做成瓦垄状、锯齿状。在砂浆面层内掺一定量的氧化铁红或其他颜料即彩色水泥地面。

（2）水磨石地面。水磨石地面是将天然石料（大理石、方解石）的石碴做成水泥石屑面层，经磨光打蜡制成。其质地美观，表面光洁，不起尘，易清洁，具有很好的耐磨性、耐久性、耐油耐碱、防火防水性能，通常用于公共建筑门厅、走道、主要房间地面、墙裙及住宅的浴室、厨房、厕所等处。水磨石地面类型有普通水磨石、美术水磨石、冰裂水磨石。

普通水磨石构造做法为：施工中先将底层为15mm厚1∶3水泥砂浆找平层做好，再用1∶1水泥砂浆固定方格图案的玻璃塑料或铜条、铝条分格条（一般高10mm），再将拌和好的10mm厚（1∶1.5）～（1∶2）水泥石碴（粒径8～10mm）水泥石屑铺入压实，经浇水养护后磨光（一般须粗磨、中磨、精磨），然后草酸水溶液洗净，最后打蜡抛光，如图3－72所示。

（3）细石混凝土地面（见图3－73）。即在结构层上浇30～40厚C20级细石混凝土，木板压平，待水泥溢到表面时，撒少量干粉，最后铁板抹光。一般构造做法按水泥∶砂∶小石子＝1∶2∶4配合比拌合浇制、压实、抹平而成。特点是强度高、整体性好、不起砂、经济且应用广泛。

D 块材地面构造

（1）缸砖、地面砖及陶瓷锦砖地面。

1）缸砖。由陶土加矿物颜料烧制而成的一种无釉砖块，主要有红棕色和深米黄色两种。缸砖质地细密坚硬，强度较高，耐磨、耐水、耐油、耐酸碱，易于清洁不起灰，施工

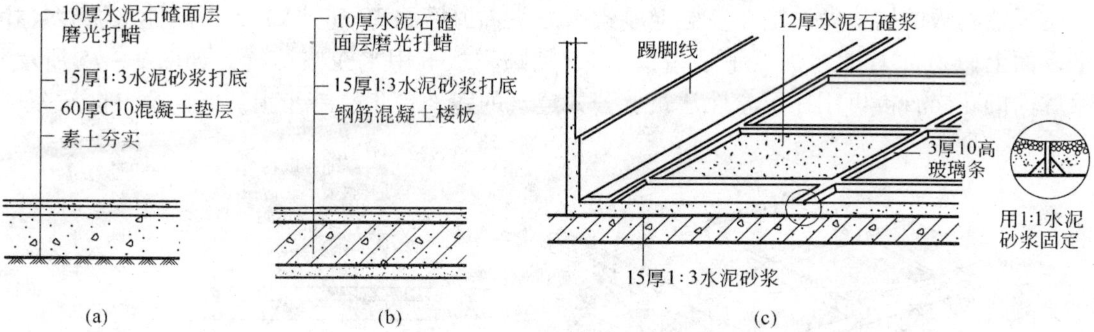

图3－72 水磨石地面构造

（a）底层地面；（b）楼层地面；（c）嵌分格条水磨石楼地面

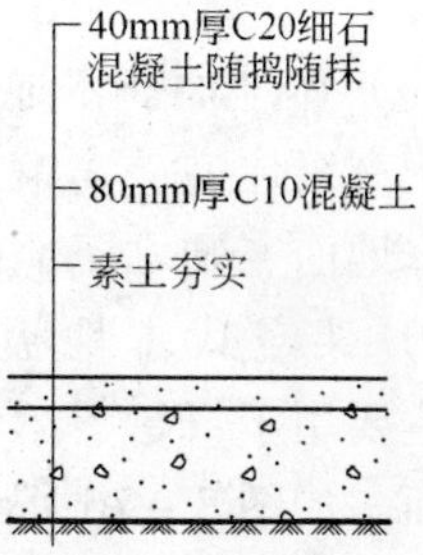

图3－73 细石混凝土地面

简单。因此，其广泛应用于卫生间、盥洗室、浴室、厨房、实验室及有腐蚀性液体的房间地面。缸砖地面构造做法如图3－74a所示。

2）地面砖。各项性能都优于缸砖，且色彩图案丰富，装饰效果好，造价也较高，多用于装修标准较高的建筑物地面。缸砖、地面砖的构造做法都一样，先用20mm厚1:3水泥砂浆找平，然后用3～4mm厚水泥胶（水泥:107胶:水＝1:0.1:0.2）粘贴缸砖、地面砖，用素水泥浆擦缝。

3）陶瓷锦砖。又称“马赛克”，质地坚硬，经久耐用，色泽多样，耐磨、防水、耐腐蚀、易清洁，适用于有水、有腐蚀的地面。做法类同缸砖，后用滚筒压平，使水泥胶挤入缝隙，用水洗去牛皮纸，用白水泥浆擦缝。陶瓷锦砖地面构造做法如图3－74b所示。具体施工做法参考前面88页墙面陶瓷锦砖构造。

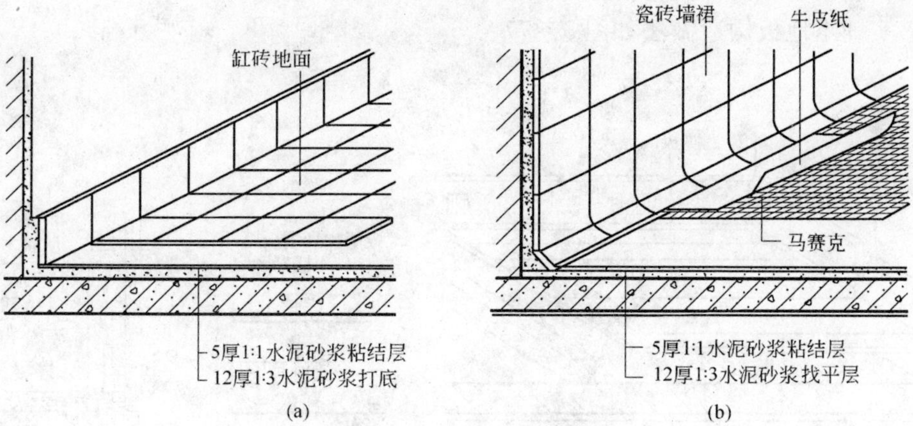

图3－74 预制块材楼地面

（a）缸砖楼地面；（b）陶瓷锦砖楼地面

（2）天然石板地面。常用的天然石板指大理石和花岗石板，由于它们质地坚硬，色泽丰富艳丽，属高档地面装饰材料，一般多用于高级宾馆、会堂、公共建筑的大厅、门厅等处。

天然石板的构造做法是在基层上刷素水泥浆一道后用30mm厚1∶3干硬性水泥砂浆找平，面上撒2mm厚素水泥（洒适量清水），粘贴石板，用水泥浆擦缝，如图3－75所示。粗琢面的花岗石板可用在纪念性建筑、公共建筑的室外台阶、踏步上，既耐磨又防滑。

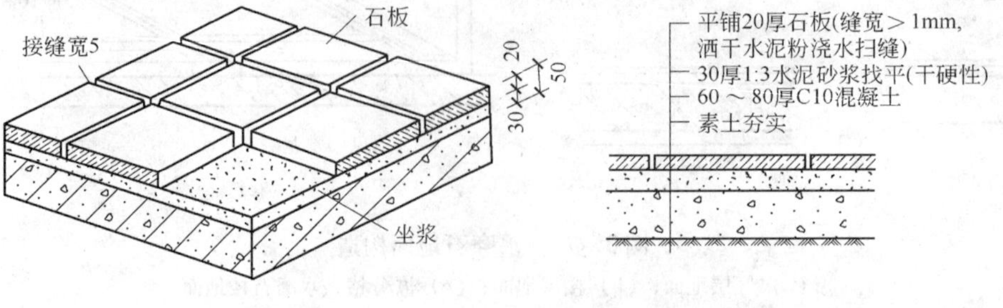

图3－75 大理石、花岗石板地面

（3）木地面。木地面的主要特点是有弹性，不起灰、不返潮、易清洁、保温性好，常用于高级住宅、宾馆、体育馆、健身房、剧院舞台等建筑中。木地面按其用材规格分为普通木地面、硬木条地面和拼花木地面三种。按构造方式有架空、实铺和粘贴三种。

1）架空式木地板。常用于底层地面，主要用于舞台、运动场等有弹性要求的地面，如图3－76所示。

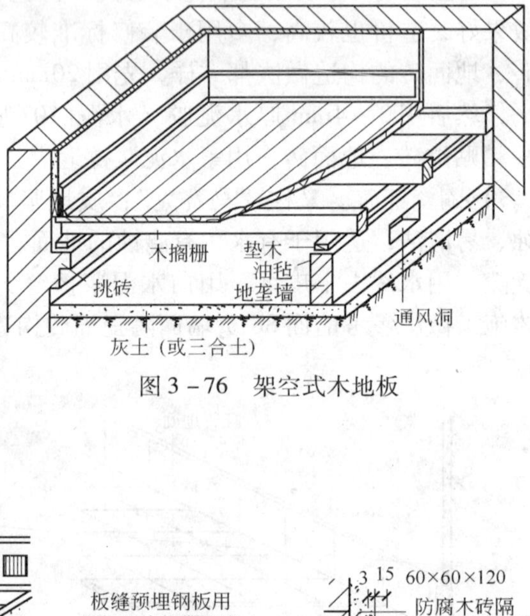

图3－76 架空式木地板

2）实铺木地板。将木地板直接钉在钢筋混凝土基层上的木搁栅上。木搁栅为50mm×60mm方木，中距400mm，40mm×50mm横撑，中距1000mm，与木搁栅钉牢。为了防腐，可在基层上刷冷底子油和热沥青，搁栅及地板背面满涂防腐油或煤焦油。实铺木地板构造做法如图3－77所示。

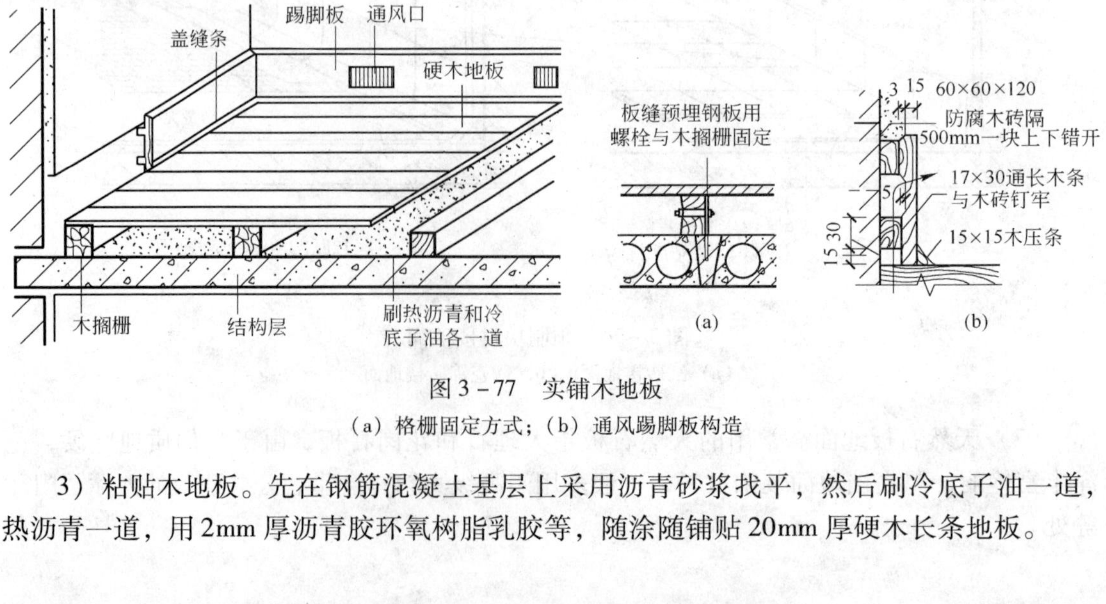

图3－77 实铺木地板

（a）格栅固定方式；（b）通风踢脚板构造

3）粘贴木地板。先在钢筋混凝土基层上采用沥青砂浆找平，然后刷冷底子油一道，热沥青一道，用2mm厚沥青胶环氧树脂乳胶等，随涂随铺贴20mm厚硬木长条地板。

木地板做好后应采用油漆打蜡来保护地面。普通木地板做色漆地面、硬木条地板做清漆地面。做法是用泥子将拼缝、凹坑填实刮平，待泥子干后用1号木砂纸打磨平滑，清除灰屑，然后刷2~3遍色漆或清漆，最后打蜡上光。粘贴木地板构造做法如图3-78所示。

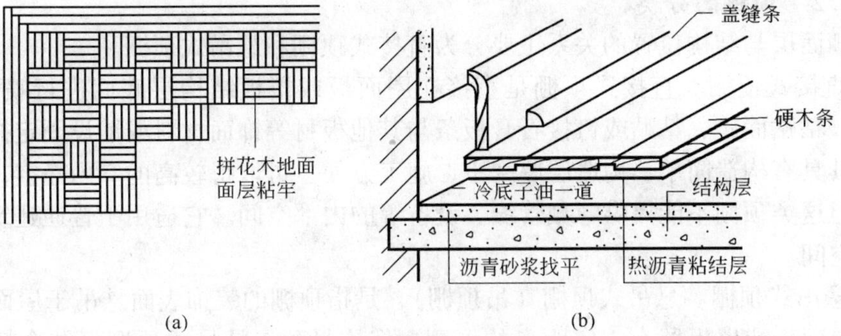

图3-78 粘贴木地板

(a) 拼花木地板；(b) 硬木条地板

(4) 塑料地面。常用的塑料地毡为聚氯乙烯树脂地毡和地板。塑料地毡又称地板胶，是软质卷材，可直接干铺在地面上。聚氯乙烯地板质地较硬，常做成300mm×300mm的小块地板，用粘结剂拼花对缝粘贴。构造做法如图3-79所示。

塑料地面具有步感舒适、柔软而富有弹性、轻质、耐磨、防水、防潮、耐腐蚀、绝缘、隔声、阻燃、易清洁、施工方便等特点，且色泽明亮、图案多样，多用于住宅及公共建筑，以及工业厂房中要求较高清洁环境的房间。缺点是不耐高温，怕明火，易老化。

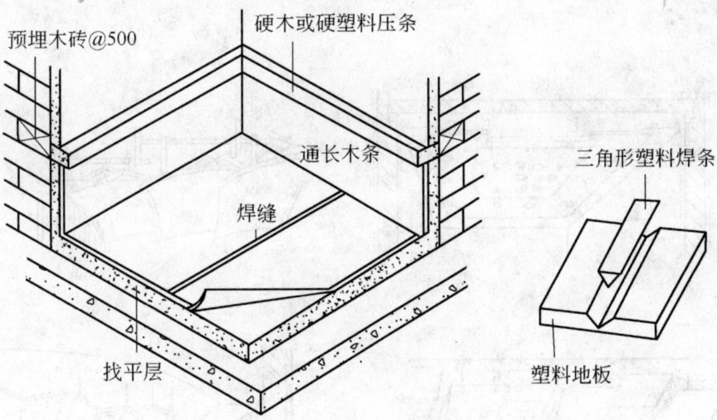

图3-79 塑料地面

3.4.4 吊顶棚构造

顶棚又称天棚、天花板，是指建筑物屋顶和楼层下表面的装饰构件，是室内空间上部的结构层或装修层，同墙面、楼地面一样，是建筑物主要装修部位之一。当悬挂在承重结构下表面时，又称吊顶。

3.4.4.1 顶棚的设计要求

顶棚的构造设计与选择应从建筑功能、建筑声学、建筑照明、建筑热工、设备安装、管线敷设、维护检修、防火安全以及美观要求等多方面综合考虑。顶棚要求光洁、美观，能通过反射光照来改善室内采光及卫生状况，对某些特殊要求的房间，还要求顶棚具有隔声、防水、保温、隔热等功能。

3.4.4.2 顶棚的分类

按顶棚面层与结构位置的关系主要分为直接式顶棚和悬吊式顶棚。

（1）直接式顶棚。直接式顶棚是直接在屋面板或楼板结构层底面进行喷浆、抹灰、粘贴壁纸、粘贴面砖、粘贴或钉接石膏板条与其他板材等饰面材料或铺设固定搁栅所做成的顶棚。其具有构造简单、构造层厚度小、施工方便、可取得较高的室内净空，造价较低等特点；但这类顶棚不能提供隐藏管线、设备等的内部空间。它适用于普通建筑及功能较为简单的空间。

（2）悬吊式顶棚。悬吊式顶棚（吊顶棚），是指顶棚的装饰表面悬吊于屋面板或楼板下，并与屋面板或楼板留有一定距离的顶棚，俗称吊顶。悬吊式顶棚可结合灯具、通风口、音响、喷淋、消防设施等进行整体设计，形成变化丰富的立体造型，改善室内环境，满足不同使用功能要求。

1）顶棚按外观的不同分有平滑式顶棚、井格式顶棚、分层式（迭落式）顶棚、悬浮式顶棚等，如图 3－80 所示。

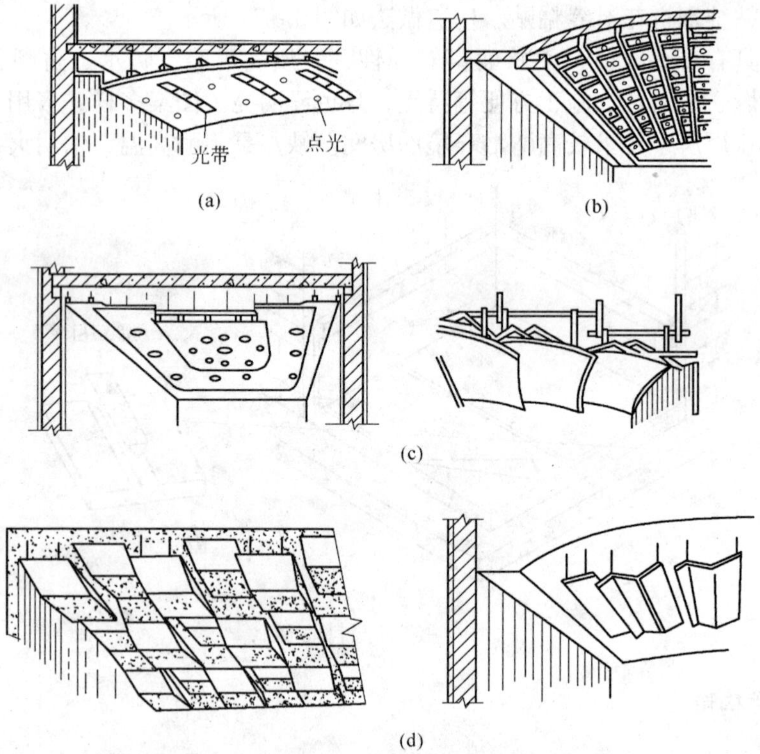

图 3－80 顶棚的形式

（a）平滑式；（b）井格式；（c）分层式；（d）悬浮式

2）顶棚按龙骨材料不同分有木龙骨悬吊式顶棚、轻钢龙骨悬吊式顶棚、铝合金龙骨悬吊式顶棚。

3.4.4.3 顶棚构造

A 直接式顶棚构造

直接式顶棚构造可分为直接抹灰顶棚、喷刷类顶棚、裱糊类顶棚几种，如图 3－81 所示。

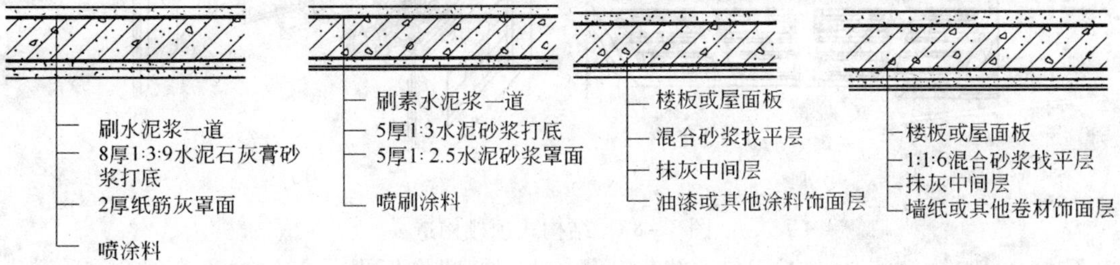

(a) (b) (c) (d)

图 3－81 直接式顶棚构造

（a），（b）抹灰类顶棚；（c）喷刷类顶棚；（d）裱糊类贴面

B 贴面类顶棚构造

贴面类顶棚构造是指直接将装饰板粘贴在经抹灰找平处理的顶板上。直接铺设龙骨固定装饰板顶棚的构造做法与镶板类装饰墙面的构造相似，即在楼板底下直接铺设固定龙骨（龙骨间距根据装饰板规格确定），然后固定装饰板。常用的装饰板材有胶合板、石膏板等，主要用于装饰要求较高的建筑，如图 3－82 所示。

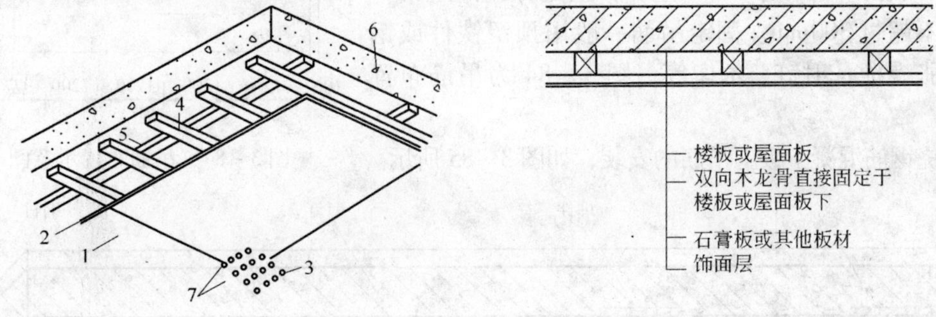

图 3－82 贴面类顶棚构造

1—饰面穿孔石膏板；2—矿棉（上面纸层）；3—纤维网；4—次龙骨；5—主龙骨；6—楼板；7—腻子嵌平

C 结构式顶棚构造

将屋盖或楼盖结构暴露在外，利用结构本身的韵律作装饰，不再另做顶棚，称为结构式顶棚。例如在网架结构、拱结构、悬索结构、井格式梁板结构等结构中，构成结构的构件本身很有规律，充分利用结构本身的艺术表现力，能获得优美的韵律感。结构式顶棚构造如图 3－83 所示。

结构式顶棚充分利用屋顶结构构件，并巧妙地组合照明、通风、防火、吸声等设备，形成和谐统一的空间景观。一般应用于体育馆、展览厅等大型公共性建筑。

D 悬吊式顶棚构造

悬吊式顶棚在构造上一般由吊筋、基层、面层三大基本部分组成。吊筋吊挂主龙骨及灯具等，承受荷载，调整高度。基层承受荷载，固定面层及灯具设备等。面层美观装饰，

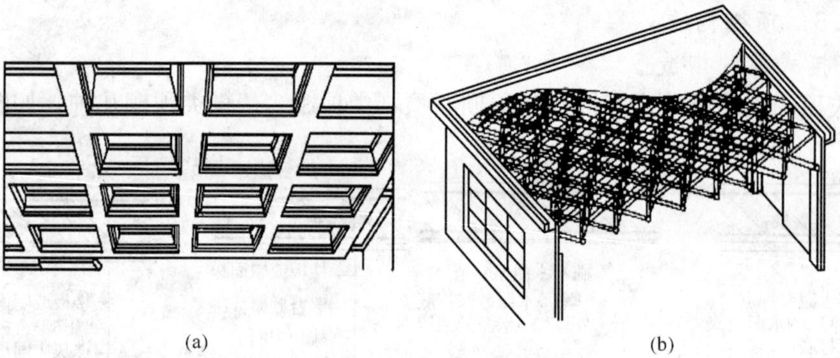

图 3－83 结构式顶棚构造

（a）井格结构式顶棚；（b）网架结构式顶棚

吸声，反射光线等。

（1）吊筋（吊杆）。吊筋（吊杆）按材料分为钢筋、型钢、镀锌铅丝或方木等。钢筋吊筋的直径一般为6～8mm，用于一般悬吊式顶棚；型钢吊杆用于重型悬吊式顶棚或整体刚度要求高的悬吊式顶棚；木吊杆用40mm×40mm或50mm×50mm的方木条制作，一般用于木龙骨悬吊式顶棚。

吊筋与楼屋盖连接的节点称为吊点，吊点应均匀布置，一般为900～1200mm左右，主龙骨端部距第一个吊点不超过300mm。固定吊筋一般用预留铁件或钢筋、膨胀螺栓、射钉、木楔等。图3－84为吊筋布置示意图。

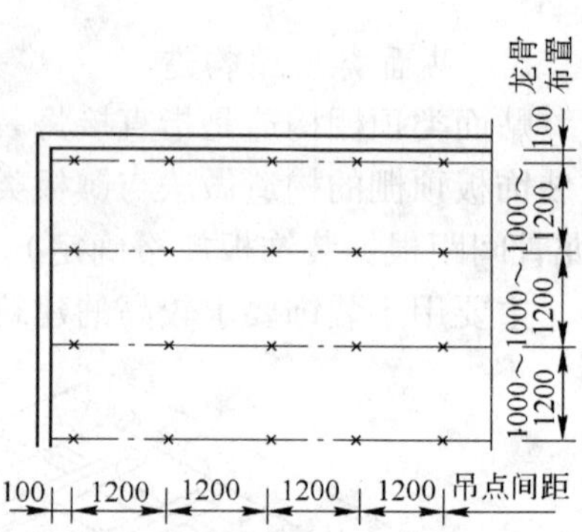

图 3－84 吊筋布置示意图

现浇钢筋混凝土板上吊筋的安装，如图3－85所示。

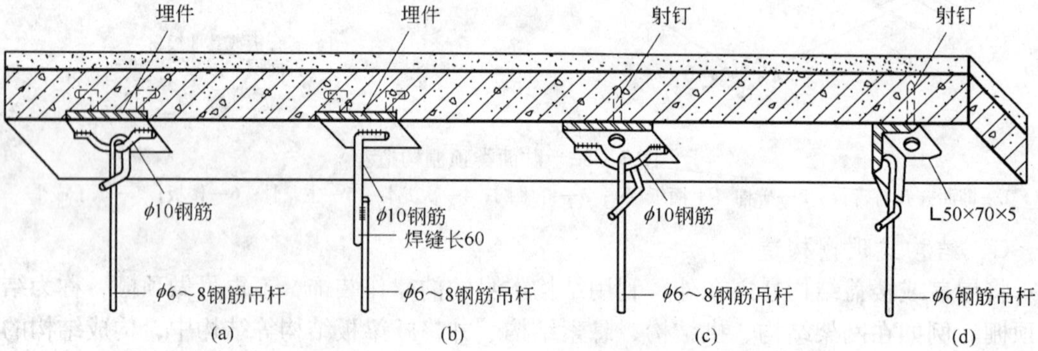

图 3－85 吊筋与现浇钢筋混凝土板的连接

（2）基层/骨架层构造。顶棚基层又叫做顶棚骨架层，是由龙骨所形成的网格骨架体系。其作用是承受饰面层的重量并通过吊筋将荷载传递给楼盖或屋顶的承重结构。

1）龙骨按作用分类。分为主龙骨（大龙骨）、次龙骨（中龙骨、覆面龙骨）、小龙骨（横撑龙骨、间距龙骨）。

2）龙骨按材料分类。悬吊式顶棚的龙骨主要有木龙骨和金属龙骨两种，金属龙骨有型钢龙骨、轻钢龙骨、铝合金龙骨等。龙骨断面视其材料的种类、是否上人和面板做法等因素而定。

① 轻钢龙骨。一般用特制的型材，断面多为U形，故又称为U形轻钢龙骨系列。U形系列由大龙骨、中龙骨、小龙骨、横撑龙骨及各种连接件组成。

② 铝合金龙骨。断面常用的有T形、U形、LT形及各种特制龙骨断面，应用最多的是LT形龙骨。T形铝合金龙骨悬吊式顶棚构造如图3-86所示。

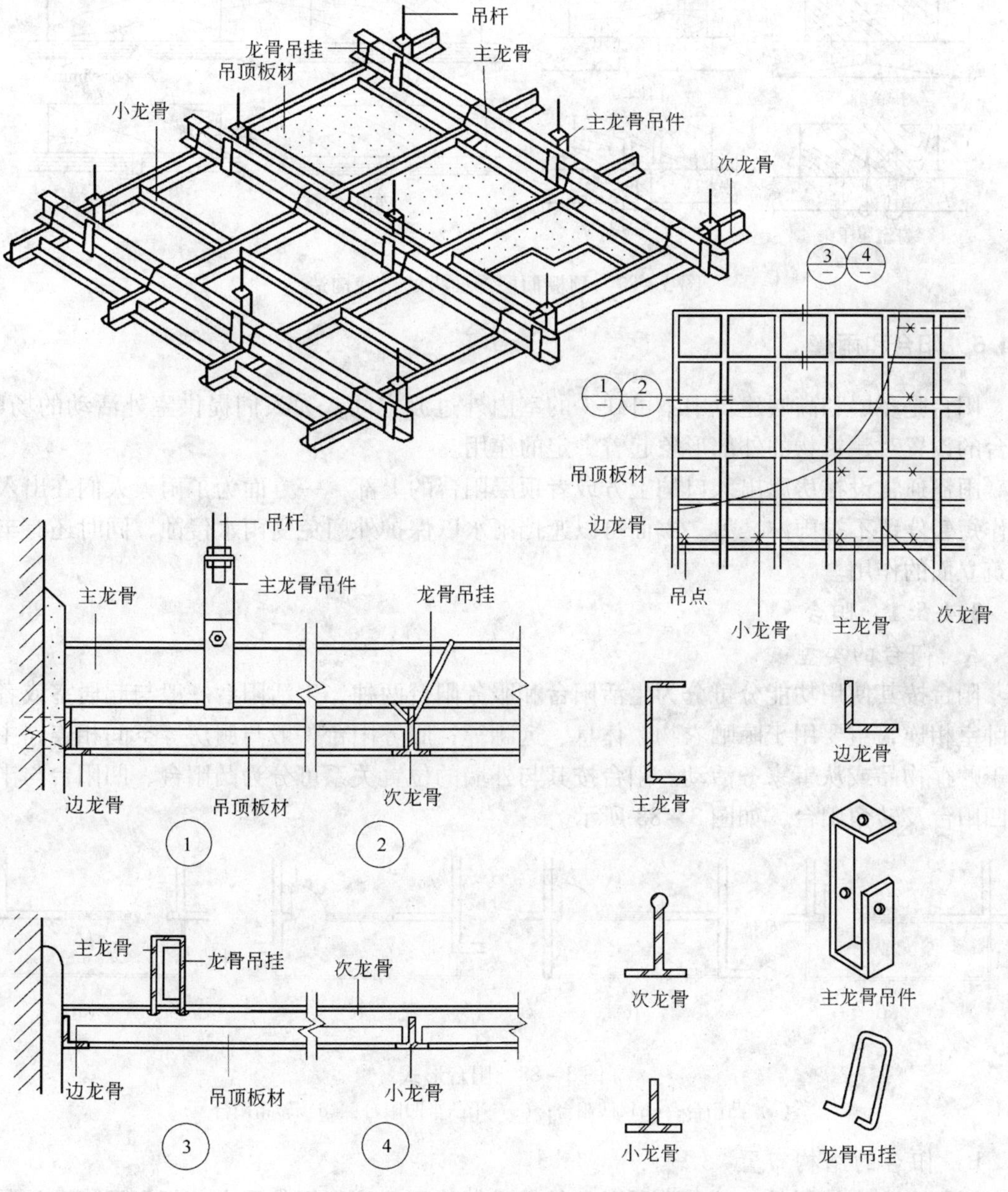

图3-86 T形铝合金龙骨悬吊式顶棚构造

（3）顶棚面层构造。顶棚面层的作用是装饰室内空间，一般还具有吸声、反射等一些特定功能。面层的构造设计通常要结合灯具、风口布置等一起进行。

1）顶棚面层分类。分为抹灰类、板材类和格栅类。最常用的是板材类。

2）板材类顶棚面层与基层的连接方式。板材类顶棚饰面板与龙骨之间的连接一般需要连接件、紧固件等连接材料，有卡、挂、搁等连接方式。

3）饰面板的拼缝。拼缝是影响顶棚面层装饰效果的一个重要因素，一般有对缝、凹缝、盖缝等几种方式，如图 3－87 所示。

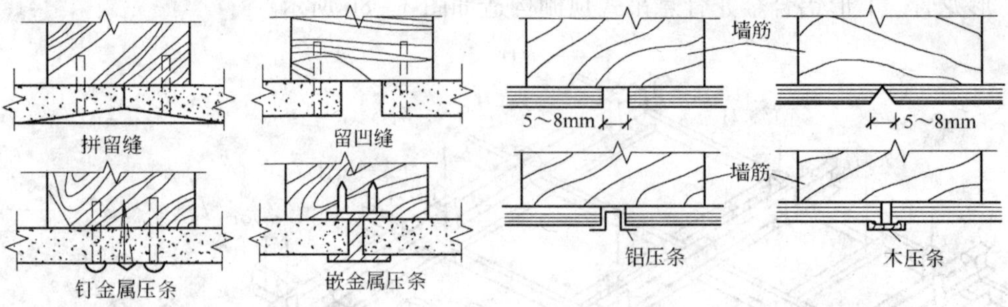

图 3－87 顶棚面层饰面板的拼缝构造

3.4.5 阳台和雨篷

阳台是多层和高层建筑中不可缺少的室内外过渡空间，为人们提供室外活动的场所，阳台的设置对建筑物的外部形象起着一定的作用。

雨篷通常设在房屋出入口的上方或者顶层阳台的上部，一方面为了雨天人们在出入口处作短暂停留不被雨淋，另一方面可以遮挡雨水以保护外门免受雨水侵蚀，同时还有丰富建筑立面的作用。

3.4.5.1 阳台

A 阳台的类型

阳台按其使用功能分可分为生活阳台和服务阳台两种，生活阳台一般与起居室或者次要卧室相连，主要用于晾晒衣物、休息、远眺等；服务阳台一般与厨房等空间相连，主要用于贮存物品或从事家务活动。阳台按其与外墙的位置关系可分为凸阳台、凹阳台与半凸半凹阳台及转角阳台，如图 3－88 所示。

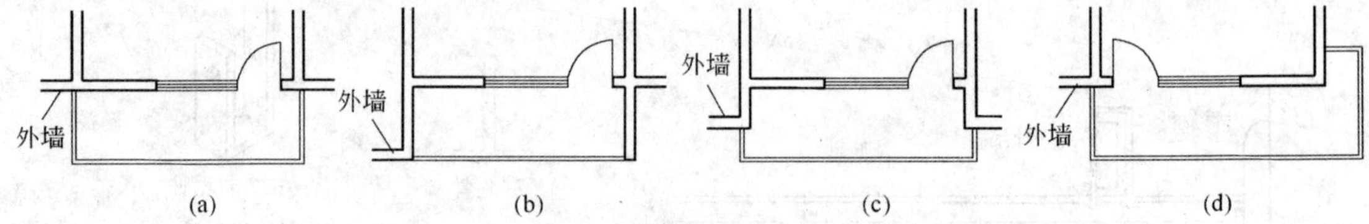

图 3－88 阳台形式

（a）凸阳台；（b）凹阳台；（c）半凸半凹阳台；（d）转角阳台

B 阳台的结构布置

凹阳台实为楼层的一部分，所以它的承重结构可按楼板层的受力分析布置，采用隔板式布板方式。而凸阳台的受力构件则为悬挑结构，涉及结构受力、倾覆等问题，构造上要特别重视。凸阳台的承重方案大体可分为挑梁式、挑板式、压梁式等几种类型。当出挑长度在 1200mm 以内时，可采用挑板式或者压梁式；大于 1200mm 时可采用挑梁式。

(1) 搁板式。在凹阳台中，将阳台板搁置于阳台两侧凸出来的墙上，即形成搁板式阳台（见图3－89a)，阳台板形和尺寸与楼板一致，施工方便。在寒冷地区采用搁板式阳台，可以避免冷桥的产生。

(2) 挑板式。做法一是利用楼板从室内向室外延伸，即形成挑板式阳台，这种阳台构造简单，施工方便，但对寒冷地区建筑的保温不利，是纵墙承重住宅阳台的常用做法，阳台的长度可不受房屋开间的限制。做法二是将阳台板与墙梁和楼板整浇在一起。这种阳台底部平整，长度可调整，但须注意阳台板的稳定。挑板式阳台的结构布置如图3－89b所示。

(3) 压梁式。阳台板与墙梁现浇在一起，墙梁可用加大的圈梁来代替，阳台板靠墙梁和梁上的墙体来抗倾覆，由于墙梁受扭，故阳台出挑不宜过长，一般在1200mm左右，并在墙梁两端设拖梁压入墙内，来增加抗倾覆力矩，如图3－89c所示。

(4) 挑梁式。横墙承重时可选择挑梁式，即从横墙内向外伸挑梁，其上搁置阳台板，阳台荷载通过挑梁传给纵、横墙，由压在挑梁上的墙体和楼板来抵抗阳台的倾覆力矩，挑梁压在墙中的长度应不小于1.5倍的挑出长度。为美观起见，可在挑梁端头设置面梁，既可以遮挡梁头，又可以承受阳台栏杆的重量，还可以加强阳台的整体性，如图3－89d所示。

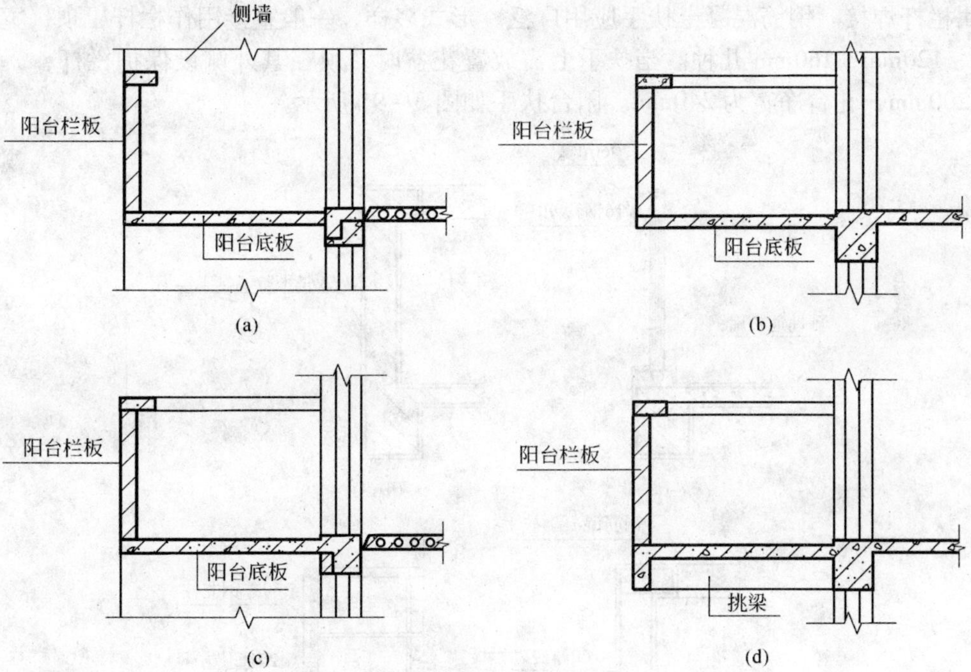

图3－89 阳台的结构布置

(a) 搁板式；(b) 挑板式；(c) 压梁式；(d) 挑梁式

C 阳台的细部构造

(1) 阳台栏杆。栏杆是在阳台外围设置的垂直构件，一方面是承担人们推倚的侧向力，以保证人的安全；另一方面是对建筑物起装饰作用。栏杆在构造上要求坚固、美观，栏杆的高度应高于人体的重心，对于多层建筑不应低于1050mm，高层建筑不应低于1100mm，但不宜超过1200mm。

栏杆形式从外观上看，有镂空栏杆、实心栏板以及由镂空栏杆和实心栏板组合而成的组合式栏杆。从材料上看，有金属栏杆、钢筋混凝土栏杆、砖砌及钢筋混凝土栏板等。阳台栏杆、栏板的形式，如图 3 - 90 所示。

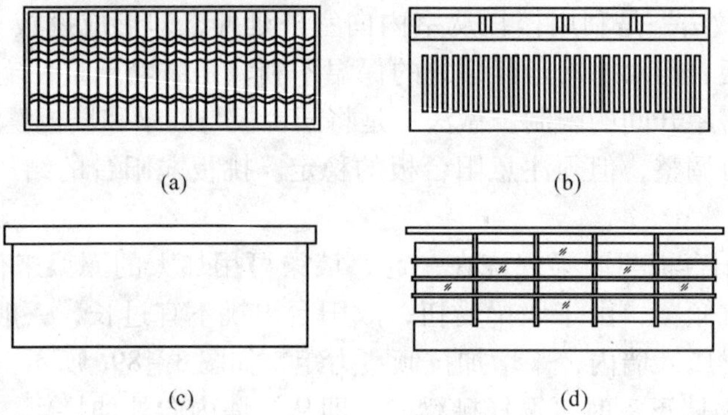

图 3 - 90　阳台栏杆、栏板形式

（a）金属栏杆；（b）半镂空栏板；（c）实墙栏板；（d）玻璃栏板

（2）阳台扶手。扶手有金属扶手和钢筋混凝土扶手两种，金属扶手一般为 $\phi60$ 钢筋与金属栏杆焊接。钢筋混凝土扶手应用广泛、形式多样，一般直接用作栏杆压顶，宽度有 80mm、120mm、160mm 几种。当扶手上需放置花盆时，须在其外侧设保护栏杆，一般高 180 ~ 200mm，花台净宽为 240mm。阳台扶手如图 3 - 91 所示。

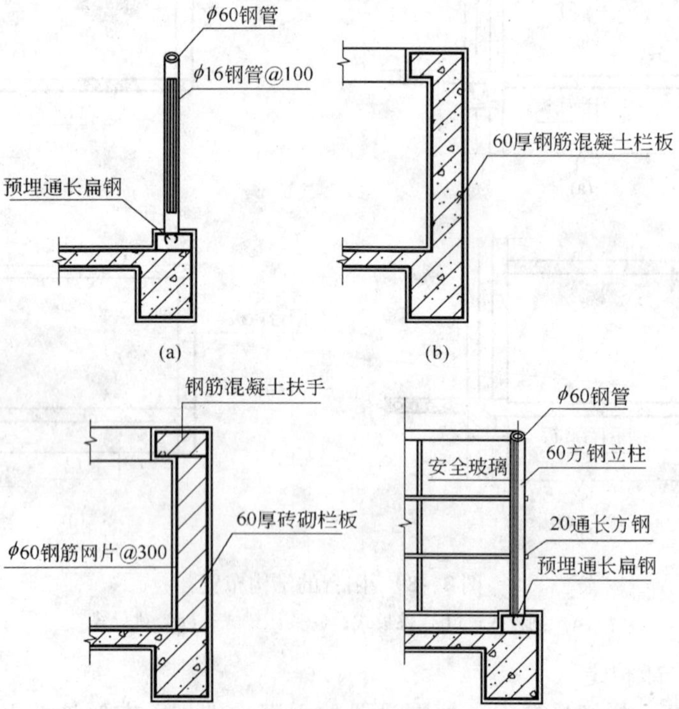

图 3 - 91　阳台栏板、栏杆及扶手构造示例

（a）金属栏杆；（b）现浇钢筋混凝土栏板；（c）砖砌栏板；（d）玻璃栏板

(3) 阳台的排水。由于阳台为室外构件，需采取必要措施以保证排水通畅。阳台地面一般应低于室内地面 30mm 以上，并在排水口处设 0.5% ~1% 的排水坡，以防止雨水倒灌室内。

阳台排水有外排水和内排水两种，外排水常与水落管相连；北方少数地区一般是在阳台外侧设置泄水管（水舌）将水排出，外挑长度不少于 80mm，以防雨水溅到下层阳台。内排水使用于高层和高标准建筑，即在阳台内侧设置排水立管和地漏，将雨水直接排入地下管网，保证建筑物立面美观，如图 3 -92 所示。

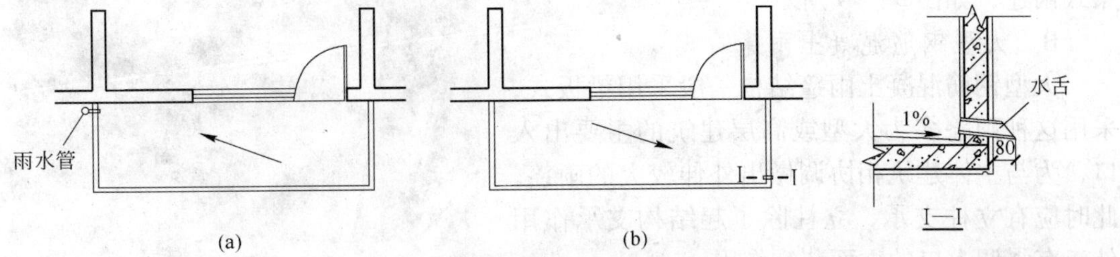

图 3 -92 阳台的排水

(a) 雨水管排水；(b) 水舌排水

3.4.5.2 雨篷

由于房屋的性质、出入口的大小和位置、地区气候特点以及立面造型等因素的影响，雨篷的形式可做成多种多样。雨篷多为悬挑构件，大型雨篷下常加立柱支承形成门廊。

A 中小型钢筋混凝土雨篷

中小型钢筋混凝土雨篷主要有板式雨篷和梁板式雨篷两种。雨篷的排水方式有无组织排水和有组织排水两种，应尽量使用后种。雨篷在构造上需解决好两个问题：一是防倾覆，保证雨篷梁上有足够的压重；二是板面上要做好排水和防水，通常沿板四周用砖砌或现浇混凝土做凸檐挡水，板面用防水砂浆抹面，并向排水口做 1% 的坡度，防水砂浆应顺墙上抹至少 300mm。

(1) 板式雨篷（见图 3 -93a）。小型雨篷常用，多用于次要出入口。从过梁部位直接悬挑钢筋混凝土悬臂板形成雨篷板。板悬挑长度一般不宜过大；板根部厚度不小于挑出长

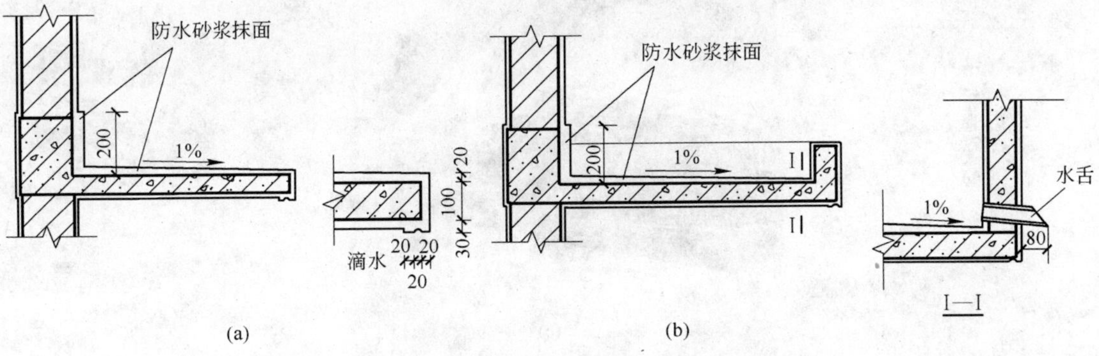

图 3 -93 钢筋混凝土雨篷的结构形式及排水方式

(a) 板式雨篷；(b) 梁板式雨篷

度的1/2且不小于70mm，端部不小于50mm；雨篷宽度比门洞每边宽250mm。雨篷顶面距过梁顶面200～250mm高，板底抹灰为1∶2水泥砂浆内掺5%防水剂的防水砂浆15mm厚。

（2）梁板式雨篷。雨篷挑出长度较大时，一般做成梁板式雨篷，如图3－93b所示。雨篷梁板应与门上圈梁、框架梁一起现浇防止倾覆。

为使板底平整，可将挑梁上翻，形成上翻梁式雨篷，如图3－94所示。

图3－94 雨篷上翻梁

B 大型钢筋混凝土雨篷

大型钢筋混凝土雨篷结构一般采用梁板式，采用这种雨篷多为大型或高层建筑的主要出入口，为与主体建筑相协调做出外伸较大的雨篷。此时应有立柱支承，立柱除了起结构支承作用外尚有强调入口的立面装饰作用。

C 钢结构雨篷

钢结构雨篷多采用玻璃—钢组合式结构的做法，有悬挑式、悬吊式两种结构形式，大型钢结构雨篷也有采用钢网架上置玻璃或阳光板的悬吊结构做法。如图3－95。

(a)

(b)

(c)

图3－95 钢结构雨篷形式

（a）悬挑式雨篷；（b）悬吊式雨篷；（c）钢网架雨篷

3.5 屋 顶

屋顶是建筑物最上层起围护作用的承重构件。屋顶的作用是抵抗风、霜、雨、雪侵袭及太阳辐射并能承受屋顶自重及屋顶上的风、雪及上人荷载。

3.5.1 屋顶的设计要求、类型及坡度

3.5.1.1 屋顶的设计要求

屋顶应满足防水、排水、抗渗漏、保温、隔热等功能要求；屋顶应选用自重轻的材料，有足够的强度和刚度，坚固耐久，构造简单，施工方便；屋顶应注重形式及其细部的设计，造型美观，以满足人们对建筑艺术方面的需求。

3.5.1.2 屋顶的类型

(1) 屋顶根据外形分类。屋顶根据外形不同分为平屋顶、坡屋顶及各种大跨度屋顶。

1）平屋顶。屋顶坡度不大于5%的屋顶，常用坡度2%～3%。平屋顶主要采用防水性能好的材料，屋顶上可以做成露台、屋顶花园等活动场所，应用广泛，如图3－96a所示。

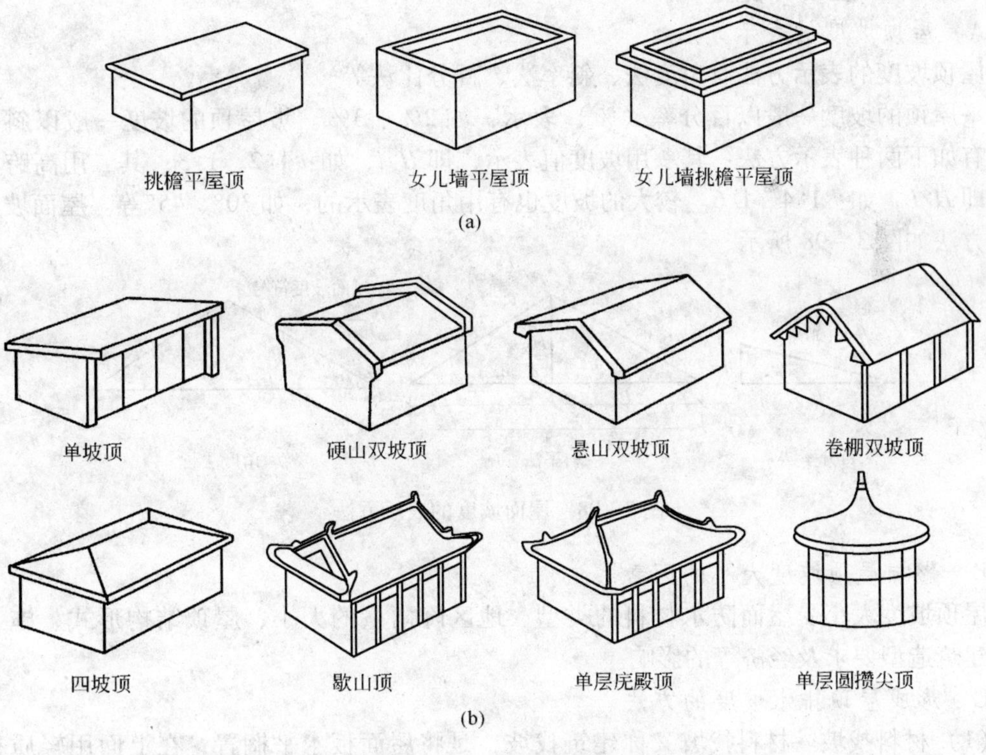

图3－96 平屋顶、坡屋顶的常见类型

(a) 平屋顶；(b) 坡屋顶

2）坡屋顶。屋顶坡度大于10%的屋顶，屋面材料多为各种瓦材。屋面类型有单坡、双坡、四坡、攒尖等，如图3－96b所示。

3）其他形式的屋顶。如薄壳、悬索、球壳、双面扁壳、折板、网架、膜结构等，多用于较大跨度结构的屋顶，如图 3－97 所示。

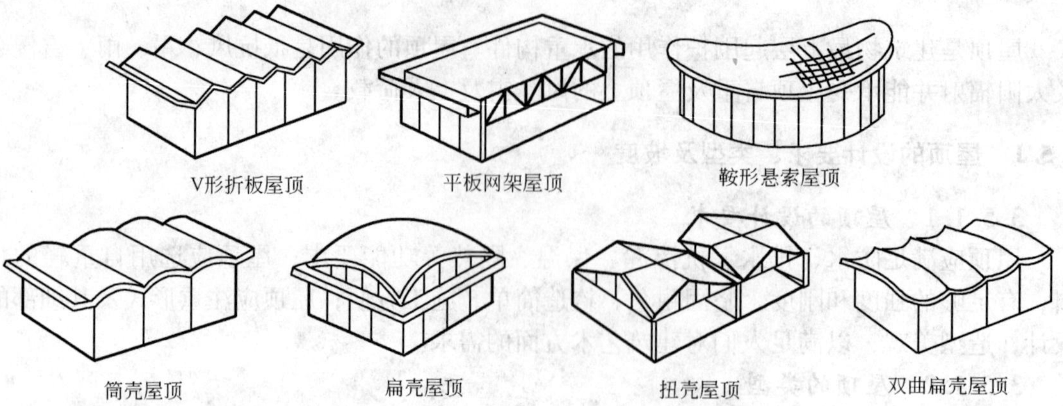

图 3－97　大跨度屋顶的常见类型

（2）屋顶根据结构和材料分类。分为钢筋混凝土屋顶、轻钢结构屋顶及复合结构屋顶。

3.5.1.3　屋顶的坡度

A　屋顶坡度的表示方法

屋顶坡度的表示方法有角度法、斜率法、百分比法等。

平屋顶的坡度一般以百分率（%）表示，如 2%、3%。坡屋顶的坡度一般以斜率表示，有如下两种表示方法：其一用坡度值表示，即 $H:l$，如：1∶2、1∶3；其二用高跨比表示，即 $H:L$，如：1∶4、1∶6。较大的坡度也有用角度表示的，如 30°、45°等。屋面坡度的表示方法如图 3－98 所示。

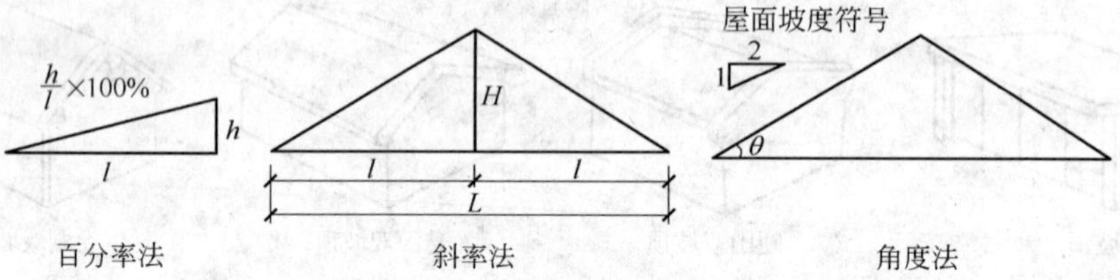

图 3－98　屋面坡度的表示方法

B　影响屋顶坡度大小的因素

屋顶坡度大小受屋面防水材料的类型、地区降雨量的大小、屋顶结构形式、施工方法、建筑造型要求及经济等的影响。

C　形成屋顶排水坡度的方法

（1）材料找坡。材料找坡又称建筑找坡，是将屋面板水平搁置，在上面用轻质材料垫置屋面排水坡度，例如铺设炉渣加水泥，或轻质混凝土或发泡的高分子块材等，以将屋面雨水有组织地疏导到建筑物和城市的雨水排放系统中去。

材料找坡坡度不宜太大，以免增加材料和荷载，坡度宜为 2%～3%。需设保温层的地区，可用保温材料来垫置坡度。材料找坡适用于跨度不大的平屋顶，如图 3－99a 所示。

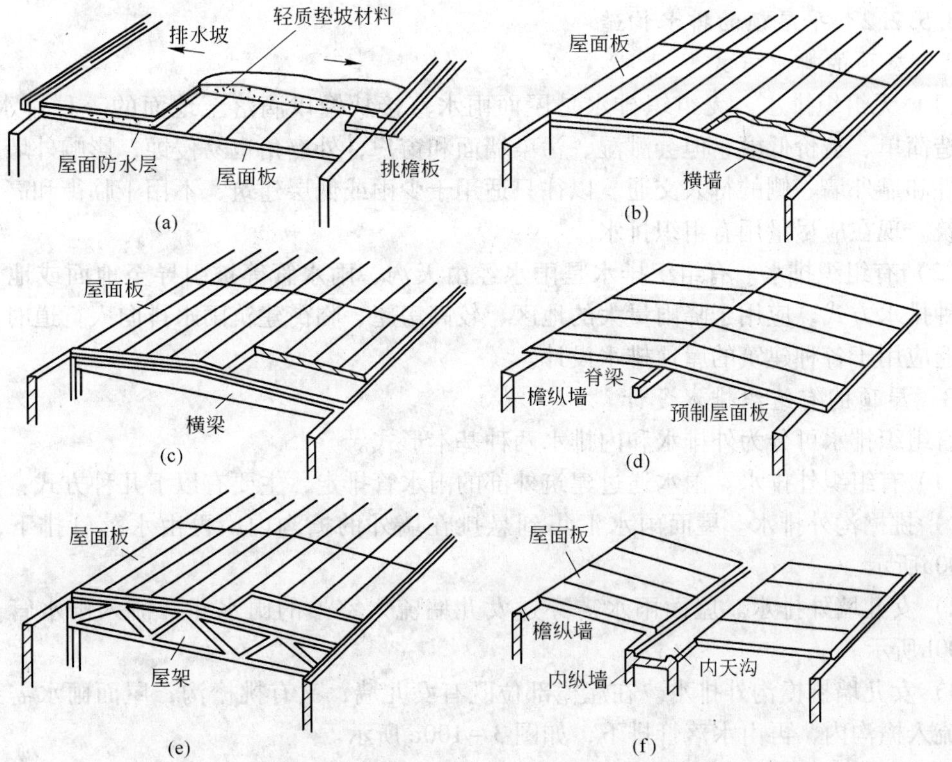

图 3－99 屋面坡度的成坡方式
(a) 材料找坡；(b) ～ (f) 结构找坡

(2) 结构找坡。结构找坡又称为搁置坡度，是根据屋面的排水坡度，将屋面板搁置成倾斜状（支承在跨中部抬高的墙或梁上），再铺设防水层的方法。

结构找坡不需另加找坡层，荷载轻，施工简便，造价低。但是顶层房间的屋面板稍有倾斜，房间装饰要求高时需做吊顶。结构找坡适用于屋面进深较大或屋顶坡度大于3%的屋面，如图 3－99b～f 所示。

3.5.2 平屋顶构造

3.5.2.1 平屋顶的类型和构造组成

A 平屋顶的类型

(1) 按屋面功能分类。分上人屋面、不上人屋面。

(2) 按防水材料分类。分柔性防水屋面、刚性防水屋面及其他防水屋面（涂膜等）。

(3) 按保温性能分类。分保温屋面、不保温屋面。

B 平屋顶的构造组成

(1) 屋面构造层。包括通风隔热层、防水层、保温层等，本节将重点介绍。

(2) 承重结构层（钢筋混凝土屋面板）。构造同楼板层构造。

(3) 顶棚层。构造同楼板层的顶棚及吊顶构造。

以下按照平屋顶的排水构造、防水构造、保温构造、隔热构造分别介绍其做法。

3.5.2.2 平屋顶的排水构造

A 屋顶的排水方式

(1) 无组织排水。无组织排水是屋面雨水直接从檐口滴落至地面的一种排水方式。其构造简单、造价低廉，但会溅湿、污染墙面和窗户，外墙角也易侵蚀，影响外墙的坚固耐久性和靠外墙一侧的行人交通。以往只适用于少雨或低层建筑，不用于临街和高度较高的建筑。现在应尽量用有组织排水。

(2) 有组织排水。有组织排水是雨水经由天沟、雨水管等被引导至地面或地下管沟的一种排水方式。应用于降雨量大的地区、较高房屋、临街建筑雨水排向人行道时。目前已普遍应用于各种建筑的屋顶排水设计。

B 屋顶的有组织排水设计

有组织排水可分为外排水和内排水两种基本形式。

(1) 有组织外排水。雨水通过建筑外部的雨水管排走，主要有以下几种方式：

1) 挑檐沟外排水。屋面雨水汇集到悬挑在墙外的檐沟内，再由水落管排下，如图 3－100a所示。

2) 女儿墙外排水。屋面雨水需穿过女儿墙流入室外的雨水斗并流入雨水管，如图 3－100b所示。

3) 女儿墙挑檐沟外排水。在屋檐部位既有女儿墙，又有挑檐沟，屋面雨水需穿过女儿墙流入檐沟内，再由水落管排下，如图 3－100c 所示。

4) 暗管外排水。采用暗装雨水管的方式，将雨水管隐藏在假柱或空心墙中。

在一般民用建筑屋顶排水设计中，最为常用的方式是女儿墙外排水和挑檐沟外排水。

(2) 有组织内排水。雨水通过在建筑内部的雨水管排走，如中间内天沟内排水（见图 3－100d、e、f）。有组织内排水适用于高层建筑、大型公建（外墙多有幕墙）、多跨厂房的中间跨及寒冷地区的建筑，但构造较复杂、易造成渗漏。为避免噪声，应采用双层减噪构造设计的雨水管。

C 屋面雨水口构造

屋面雨水口构造如图 3－101 所示。

3.5.2.3 平屋顶的防水构造

平屋顶的防水做法主要有卷材防水屋面（柔性防水屋面）、刚性防水屋面和涂膜防水屋面。

A 卷材防水屋面（柔性防水屋面）

卷材防水屋面是利用防水卷材与粘结剂结合，形成连续致密的构造层来防水的一种屋顶。卷材防水屋面由于其防水层具有一定的延伸性和适应变形的能力，又被称作柔性防水屋面，这是一种防水效果好、适应性广的防水方式。

(1) 卷材防水屋面的材料。分为防水卷材和粘合剂两类。

1) 防水卷材。常用的有沥青类防水卷材（纸胎沥青油毡、玻纤胎沥青油毡、麻布胎沥青油毡）；高聚物改性沥青类防水卷材（SBS 改性沥青卷材、APP 改性沥青卷材、SBR 改性沥青卷材等）；合成高分子类防水卷材。

2) 粘合剂。沥青类防水卷材常用冷底子油、沥青胶做粘合剂；高聚物改性沥青类和合成高分子防水卷材常用溶剂型胶粘剂做粘合剂。

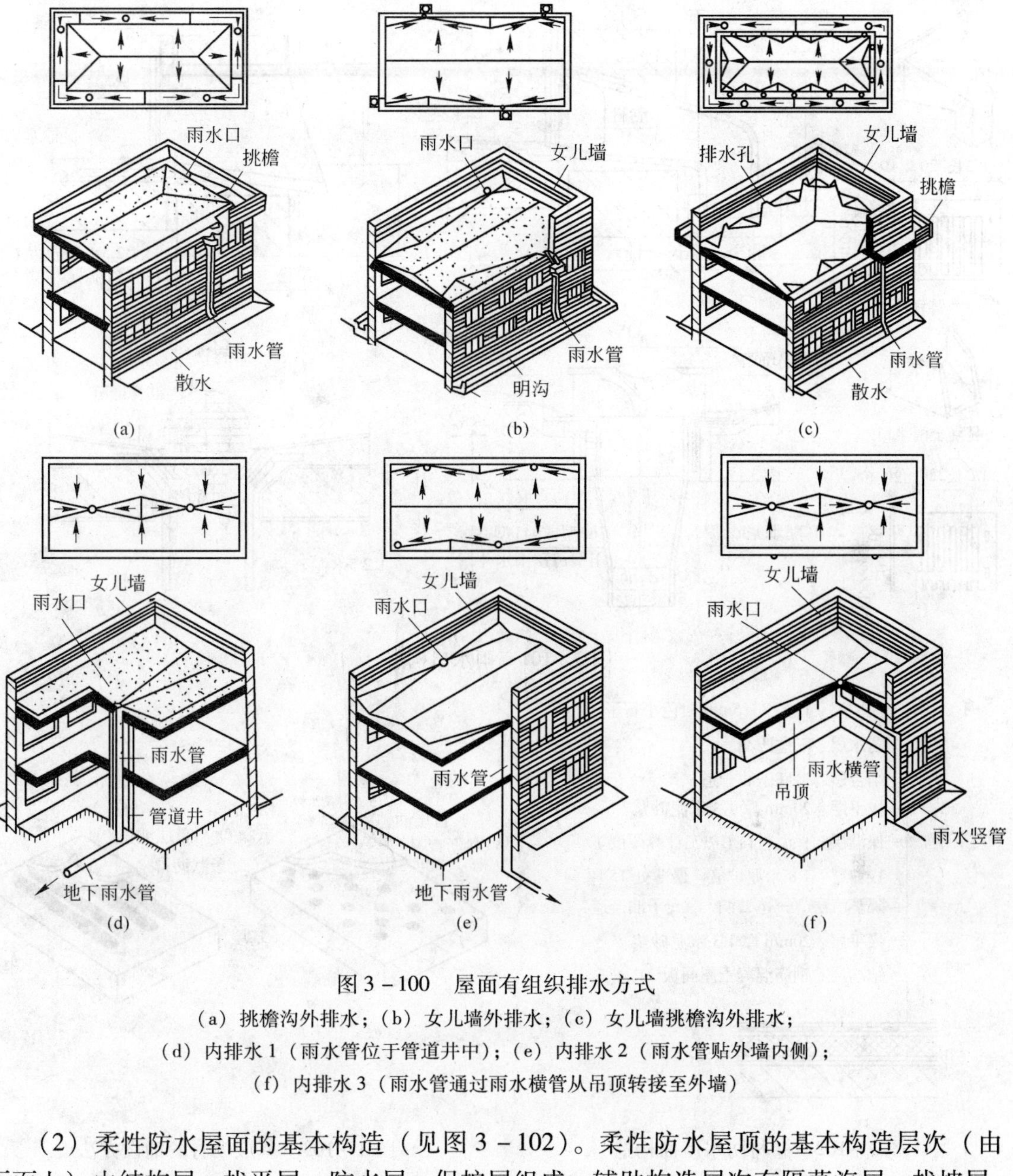

图 3-100 屋面有组织排水方式

(a) 挑檐沟外排水；(b) 女儿墙外排水；(c) 女儿墙挑檐沟外排水；
(d) 内排水 1（雨水管位于管道井中）；(e) 内排水 2（雨水管贴外墙内侧）；
(f) 内排水 3（雨水管通过雨水横管从吊顶转接至外墙）

（2）柔性防水屋面的基本构造（见图 3-102）。柔性防水屋顶的基本构造层次（由下而上）由结构层、找平层、防水层、保护层组成；辅助构造层次有隔蒸汽层、找坡层、保温层、隔热层等。

1）基层沥青铺设方法。第一道沥青铺设应呈点状或条状，给蒸汽留出通路，并通过屋脊或檐口的出气口排出，如图 3-103 所示。

2）卷材的铺设方法（见图 3-104）。可垂直屋脊或平行屋脊，也可二者交替使用。平行屋脊时自下而上水平铺设，上下搭接 80～120mm，左右搭接 100～150mm；垂直屋脊时，应顺主导风向铺设，搭接长度同上。

（3）柔性防水屋面的细部构造。

1）檐口构造。平屋顶的檐口根据排水方式的不同，分为以下两大类：

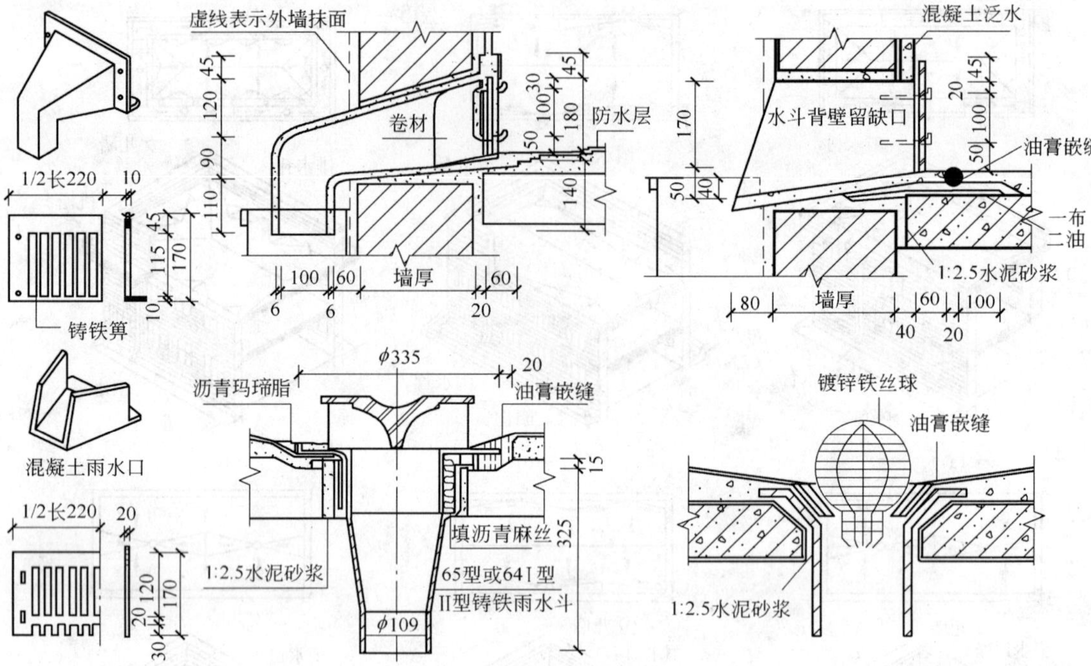

图 3－101　雨水口构造

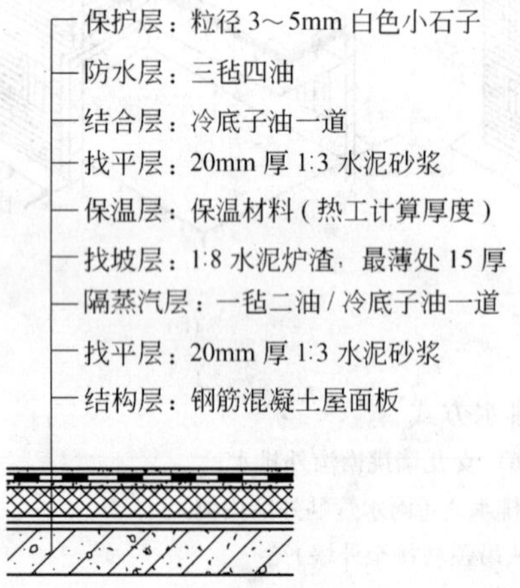

图 3－102　卷材防水屋面构造

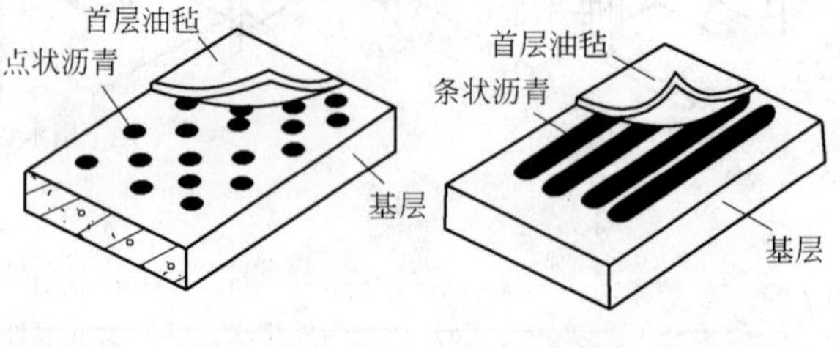

图 3－103　基层沥青的铺设方法

① 无组织排水檐口。即自由落水檐口，现已不常用。

② 有组织排水檐口。常见的主要有挑檐沟外排水檐口，如图 3－105a 所示；女儿墙内天沟外排水檐口，如图 3－105b 所示；女儿墙外挑檐口外排水三种。

2）泛水构造。泛水是指屋面与高出屋面的构件（如墙体、烟囱、管道等）交接处的防水处理，即用防水材料将容易渗漏的墙角、缝隙处整体保护的一种构造做法。女儿墙泛水构造如图 3－106 所示。泛水的处理重点有以下几点：

① 屋面与垂直女儿墙面的交接缝处，砂浆找平层应做成圆弧形（半径 $R=80\sim100$mm）或成 45°斜角面，上刷卷材胶粘剂，使卷材胶粘密实，避免卷材架空或折断，并

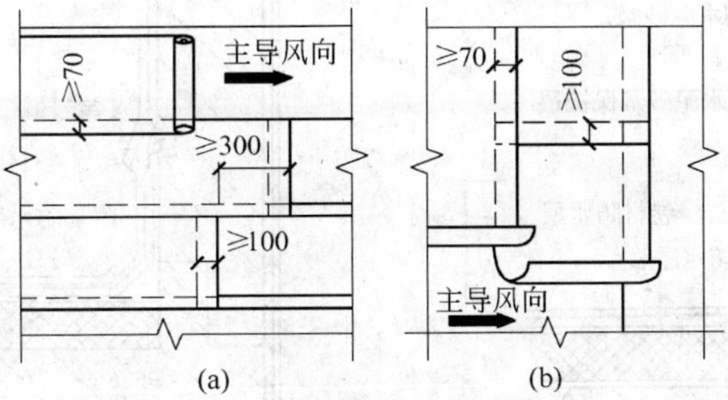

图 3-104 卷材的铺设方法

（a）平行屋脊铺设；（b）垂直屋脊铺设

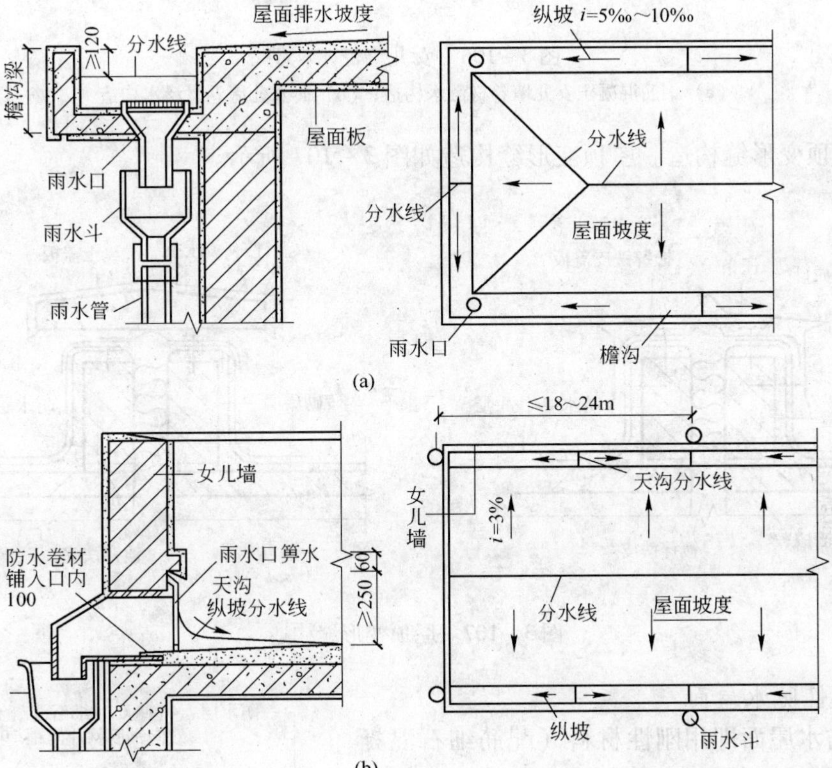

图 3-105 檐沟外排水、女儿墙外排水檐口构造

（a）檐沟外排水；（b）女儿墙外排水

加铺一层卷材，且卷材上翻高度应不小于 250mm；

② 防水层在交接处上翻至墙面 250mm 高后，做好收头，卷材应在墙面上钉牢，防止卷材在垂直墙面上下滑。一般做法是：在垂直墙中凿出通长的凹槽，将卷材收头压入凹槽内，用防水压条钉压后再用密封材料嵌填封严，外抹水泥砂浆保护。凹槽上部的墙体亦应做防水处理。

③ 防水层收头处墙面上应挑出 1/4 砖盖住防水层或用金属盖板盖缝。

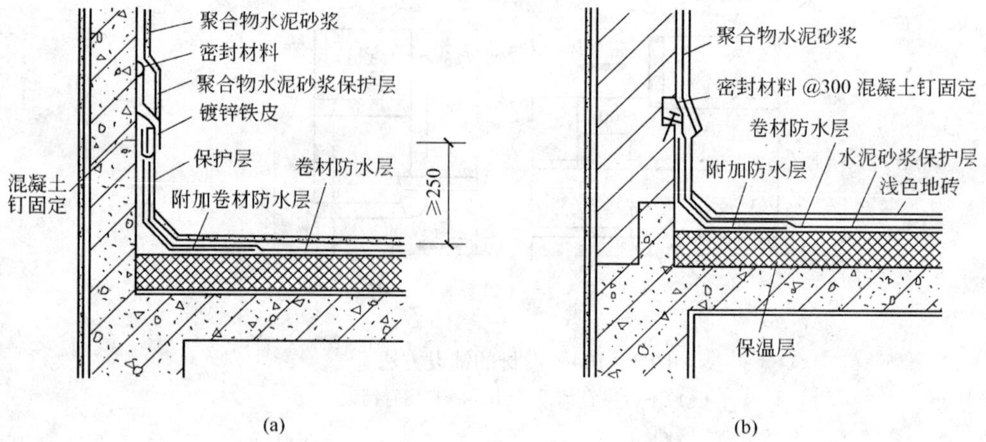

图 3-106 女儿墙泛水构造

（a）钢筋混凝土女儿墙卷材泛水构造；（b）砖女儿墙卷材泛水构造

3）屋顶变形缝构造。屋顶变形缝构造如图 3-107 所示。

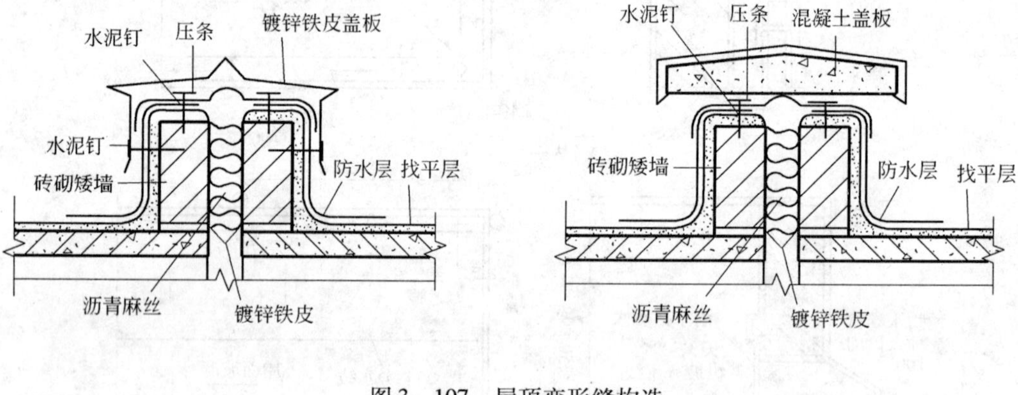

图 3-107 屋顶变形缝构造

B 刚性防水屋面

刚性防水屋面即用刚性材料（配筋细石混凝土或防水混凝土）做防水层的屋面。刚性防水屋面施工方便，构造简单，造价较低。但刚性防水层对温度变化、结构变形敏感，容易产生裂缝且对施工质量要求较高，不适用于用松散材料作保温层的屋面、较大振动的屋面及北方温差变化较大的地方。

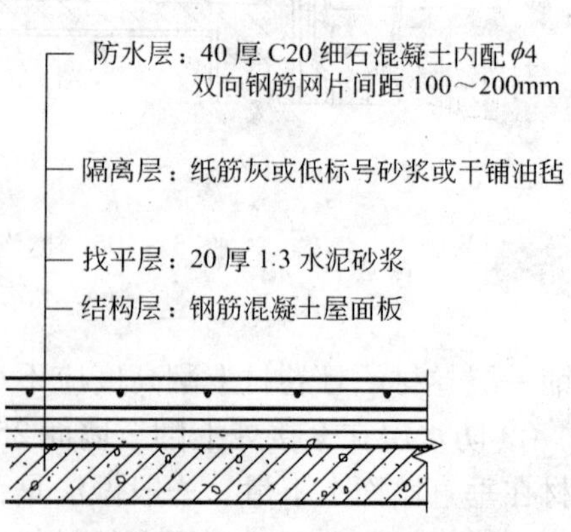

图 3-108 刚性防水屋顶的构造

（1）刚性防水屋顶的基本构造组成（由下而上）如图 3-108 所示。

1）结构层。即钢筋混凝土屋面板；

2）找平层。当结构层不平整时，应用 20mm 厚 1∶3 水泥砂浆作找平层；

3）隔离层。位于刚性防水层与结构层之间，作用是避免刚性防水层的混凝土与结构层的混凝土变形不一致，使刚性防水层拉裂引起渗漏。做法是采用石灰砂浆、薄砂层、干铺一层油毡或油纸等。

4）刚性防水层。构造做法有以下两种：

① 配筋细石混凝土防水层。即用不低于 C20 的细石混凝土整体现浇而成，其厚度不小于40mm，并应配置直径为$\phi4\sim6$mm 间距100～200mm 的双向钢筋网片。钢筋网片在分格缝处应断开，其保护层厚度不应小于10mm。

② 防水混凝土。即在普通混凝土中掺入适量外加剂（如防水剂、膨胀剂、减水剂），以提高混凝土的抗渗性、密实性、抗裂度来提高防水性能的方法。

（2）刚性防水屋面的细部构造。

1）分格缝（分仓缝）。分格缝是刚性防水层的变形缝，主要作用是防止长形屋面的温度变化引起的应力变形引起混凝土开裂。

① 分格缝设置位置及服务面积。设置在屋面板支承处、屋面的转折处、防水层与突出屋面结构的交界处，并应与板缝对齐，如图3－109所示。分格缝的服务面积为15～25m^2。

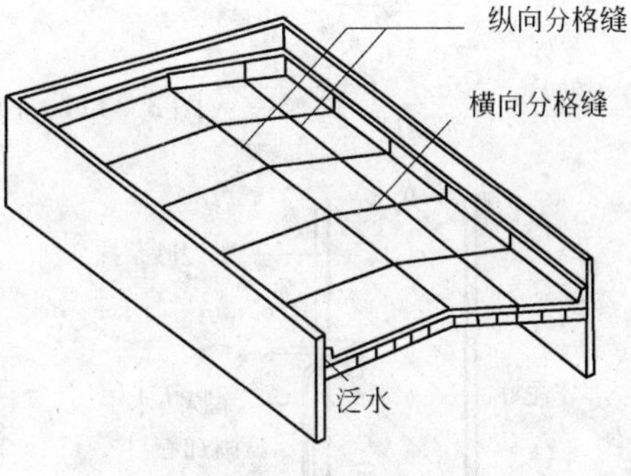

图3－109 分格缝的设置位置

② 分格缝间距。横向设置时，间距3～5m，且不大于6m。纵向设置时，当进深不大于10m时，在屋脊处设置一道纵向分格缝；当进深大于10m时，在屋面某一板缝处（横墙承重）增设一道纵向分格缝。

③ 分格缝构造。缝宽一般为20mm，缝应用油膏嵌缝或柔性防水条嵌缝，缝口用防水布盖缝，如图3－110所示。

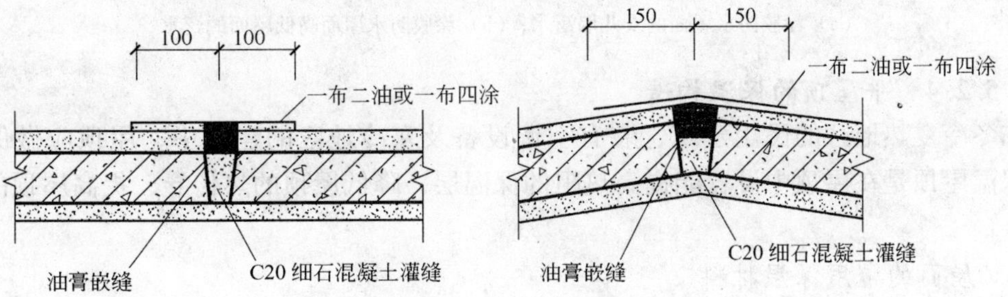

图3－110 分格缝构造

2）刚性防水屋面的泛水构造。刚性防水屋面的泛水构造如图3－111所示。

C 涂膜防水屋面

涂膜防水是在自身有一定防水能力的结构层表面涂刷一定厚度的防水涂料，经常温胶联固化后，形成一层具有一定韧性防水涂膜的防水方法。涂膜防水由于防水效果好，施工简单方便，特别适合于表面形状复杂的结构防水施工。

涂膜防水主要适用于防水等级为Ⅲ、Ⅳ级的屋面防水，也可用作Ⅰ、Ⅱ级屋面多道防水设防中的一道防水。它不仅仅适用于建筑物的屋面防水、墙面防水，而且还广泛应用于地下防水及其他工程的防水。涂膜防水屋顶的女儿墙泛水构造，如图 3－112 所示。

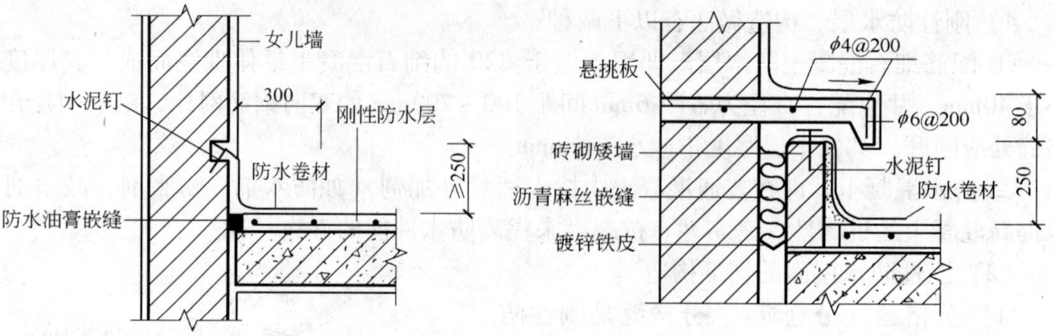

图 3－111　刚性防水屋面的泛水构造

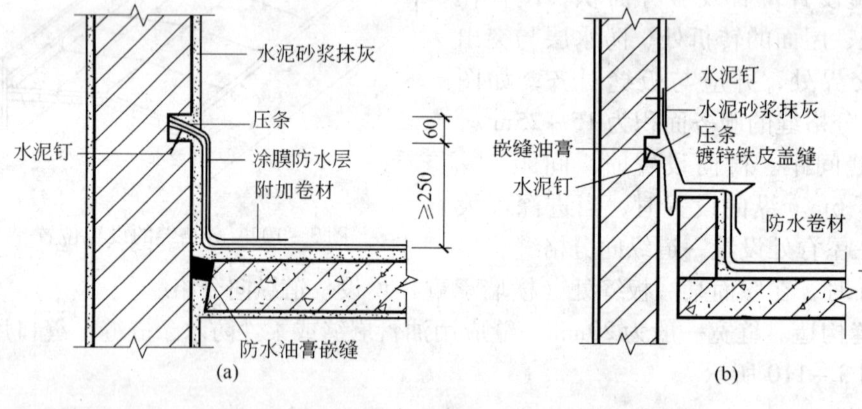

图 3－112　涂膜防水女儿墙泛水构造

（a）涂膜防水屋面的女儿墙泛水；（b）涂膜防水屋面高低屋面的泛水

3.5.2.4　平屋顶的保温构造

在冬冷夏热地区的民用建筑、装有空调设备及寒冷地区的建筑中，屋顶应做保温设计。保温屋顶是在屋顶中设置能提高热阻的保温层，降低屋顶的热传导，提高屋顶的节能水平。

A　屋面的常用保温材料

（1）松散保温材料。膨胀蛭石、膨胀珍珠岩、炉渣、矿棉等。

（2）整体、板块保温材料。如加气混凝土板、泡沫混凝土板、膨胀珍珠岩板、膨胀蛭石板、矿棉板、岩棉板、泡沫塑料板、木丝板、刨花板、甘蔗板等。其中最常用的是加气混凝土板和泡沫混凝土板。挤塑聚苯板，其卓越的耐水气渗透能力和隔热保温功能，是倒置式屋面（保温层在防水层之上）的理想建材，也是应用在单层金属屋面的最佳选择。

B　屋面保温层构造

（1）屋面保温层按保温层与屋面板的位置关系分为屋面外保温、屋面内保温、保温层与结构层组合复合板材三种。

1）屋面外保温。即将保温层铺设在屋面板结构层之上的做法，如图 3－113 所示。

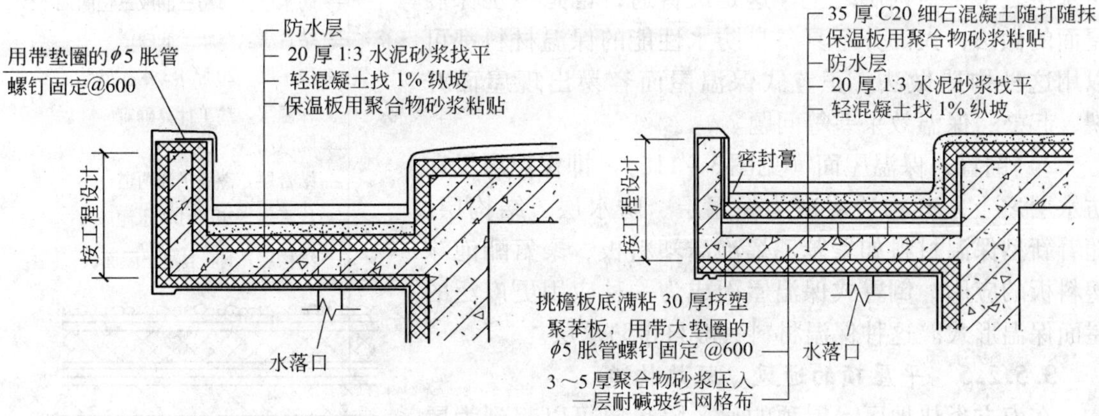

(a)　　　　　　(b)

图 3－113　屋顶外保温构造

（a）挑檐保温；（b）倒置式屋面挑檐保温

2）屋面内保温构造。即将保温层铺设在屋面板结构层之下的做法，如图 3－114 所示。

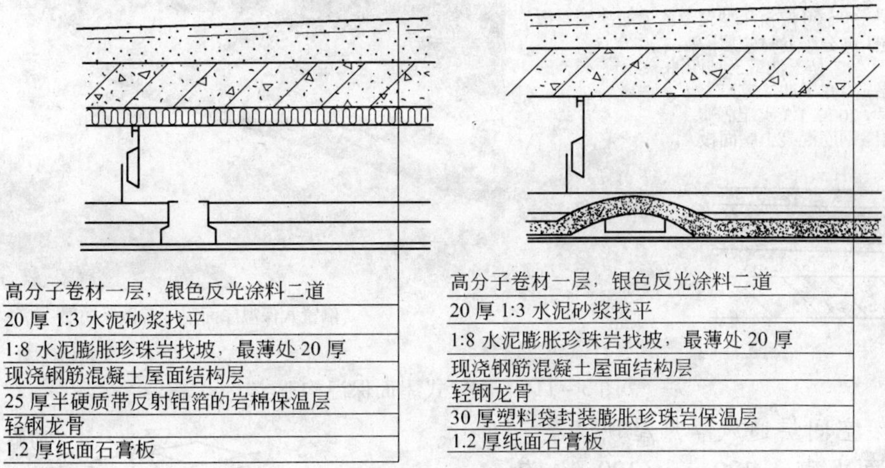

图 3－114　屋顶内保温构造

3）保温层与结构层组合复合板材。这种板材既是结构构件，又是保温构件。一般有两种做法：一种是在槽板内设置保温层，这种做法可以减少施工工序，提高工业化水平，但成本偏高；另一种为保温材料与结构层融为一体，如加气的配筋混凝土屋面板，这种复合板材构件既能承重，又能达到保温效果，简化施工，降低成本。但其板的承载力较小，耐久性较差，因此适用于标准较低且不上人的屋顶中。

（2）层面保温层按保温层与结构层、防水层的位置关系分为正置式保温屋面、倒置式保温屋面和设有空气间层的保温屋面，其中正置式和倒置式保温屋面应用最广泛。

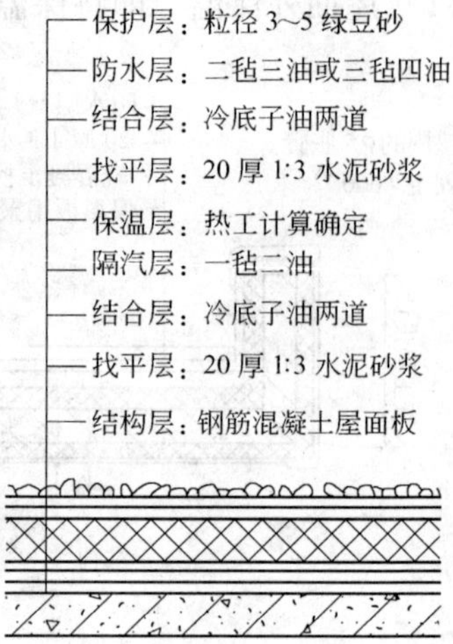

图 3－115 正置式保温屋面构造

1）正置式保温屋面（见图3－115）。即保温层设在防水层之下，结构层之上。这是最普通，也是传统保温屋面的做法，大部分不具备自防水性能的保温材料都可以用这种构造做法。正置式保温屋面容易出现屋面开裂、起鼓、保温效果差等问题。

2）倒置式保温屋面（见图3－116）。即保温层设在防水层之上，其构造层次为保温层、防水层、结构层。随着新型保温材料如聚苯乙烯泡沫塑料板、聚氨酯泡沫塑料板的应用，倒置式保温屋面成为一种应用更广泛的屋面保温形式。这种保温材料一般自带防水层。

3.5.2.5 平屋顶的通风、隔热构造

在南方炎热地区，屋顶的通风隔热层可以起到为屋顶降温的作用。通风屋顶是指在屋顶设置通风的空气间层，利用间层中空气的流动带走热量，降低屋顶表面温度的屋顶。隔热屋顶主要是在屋顶铺设或粉刷各种保温绝热及反射材料来达到保温节能效果的屋顶。通风、隔热屋顶的类型有以下几种。

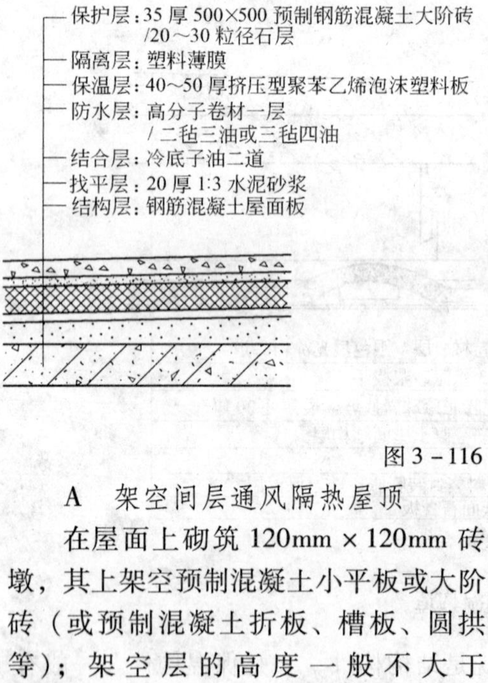

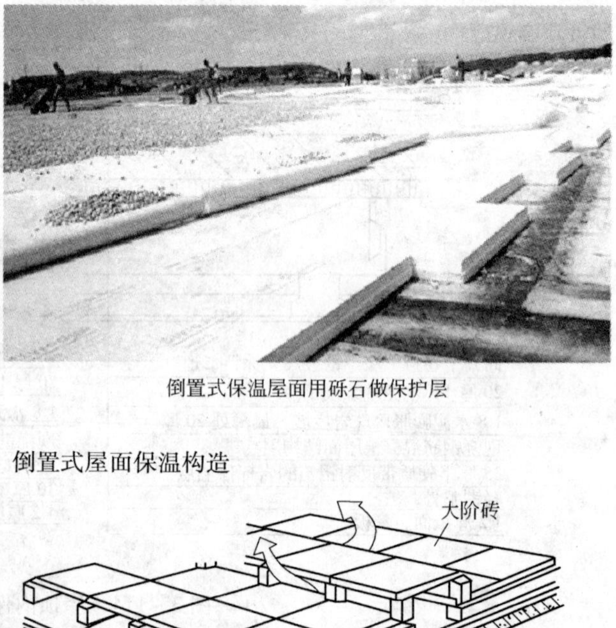

倒置式保温屋面用砾石做保护层

图 3－116 倒置式屋面保温构造

A 架空间层通风隔热屋顶

在屋面上砌筑 120mm × 120mm 砖墩，其上架空预制混凝土小平板或大阶砖（或预制混凝土折板、槽板、圆拱等）；架空层的高度一般不大于360mm，最佳为 180 ~ 240mm。架空通风隔热屋顶构造，如图 3－117 所示；架空层的面板形式，如图 3－118 所示。

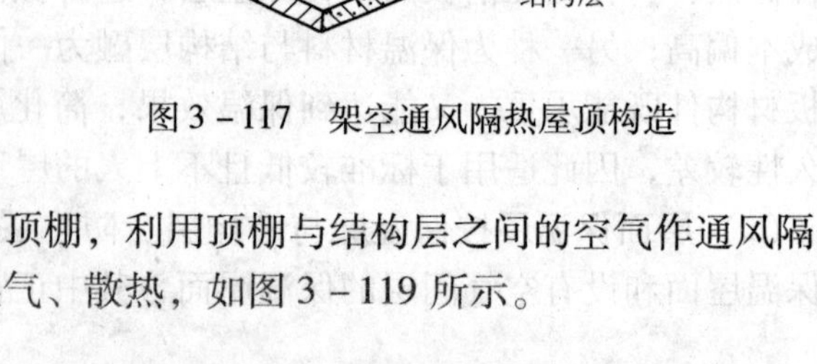

图 3－117 架空通风隔热屋顶构造

B 顶棚通风隔热屋顶

顶棚通风隔热屋顶即在结构层下做吊顶棚，利用顶棚与结构层之间的空气作通风隔热层，并在檐墙上设一定数量的通风孔来换气、散热，如图 3－119 所示。

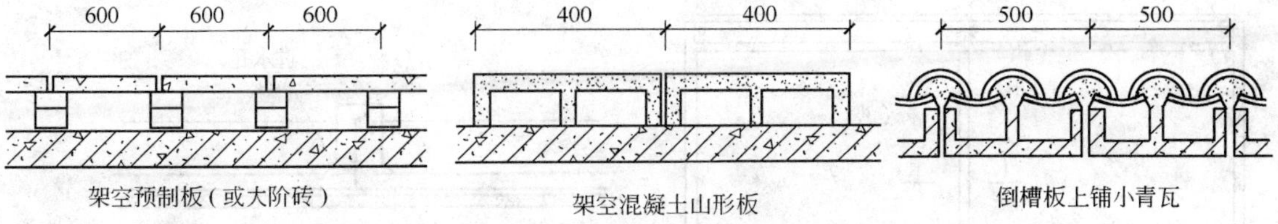

图 3 – 118　架空层的面板形式

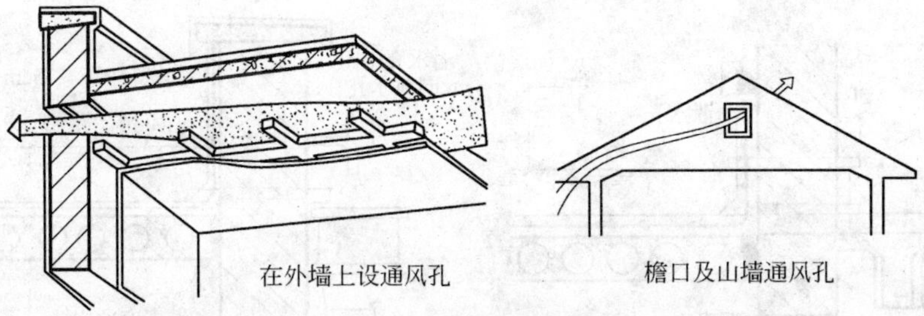

图 3 – 119　顶棚通风隔热屋顶构造

3.5.2.6　种植屋面构造

种植屋面特指人们根据建筑屋顶的结构特点、荷载和屋顶上的生态环境条件，选择生长习性与之相适应的绿色植被或花草，种植或覆盖在屋面防水层上，并配有给排水设施。它既可使屋面具备冬季保温、夏季隔热的作用，又可净化空气、阻噪吸尘、增加氧气，还可以营造出休闲娱乐、高雅舒适的休闲空间，提高人居生活品质。

种植屋面按种植介质不同分为有土种植和无土种植（蛭石、珍珠岩、锯末）。

种植屋面的构造做法如图 3 – 120 所示。

3.5.2.7　蓄水屋面构造

蓄水屋面即在刚性防水屋面上蓄一层水，其目的是利用水蒸发时带走大量水层中的热量，大量消耗屋面的太阳辐射热，从而有效地减弱了屋面的传热量和降低屋面温度，是一种较好的隔热措施，又可保护防水层。蓄水屋面适用于南方地区，北方寒冷易结冰地区、地震地区均不宜采用。

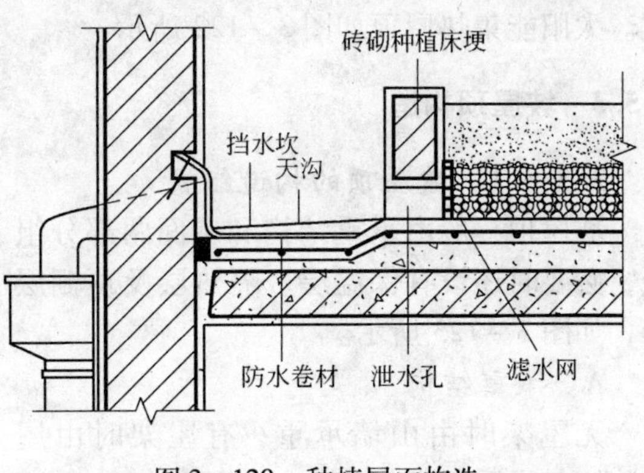

图 3 – 120　种植屋面构造

蓄水屋面与普通平屋顶防水屋面不同的是增加了“一壁三孔”，所谓“一壁”是指屋面蓄水池的仓壁，“三孔”是指溢水孔、泄水孔、过水孔。蓄水屋面的构造做法如图 3 – 121 所示。

3.5.2.8　“太阳能与建筑一体化”节能屋顶设计

目前，利用智能技术、生态技术来实现建筑节能的愿望，向屋顶要能源已成为趋势，“太阳能与建筑一体化”是未来太阳能技术发展的方向，从多层建筑到高层建筑，从整体

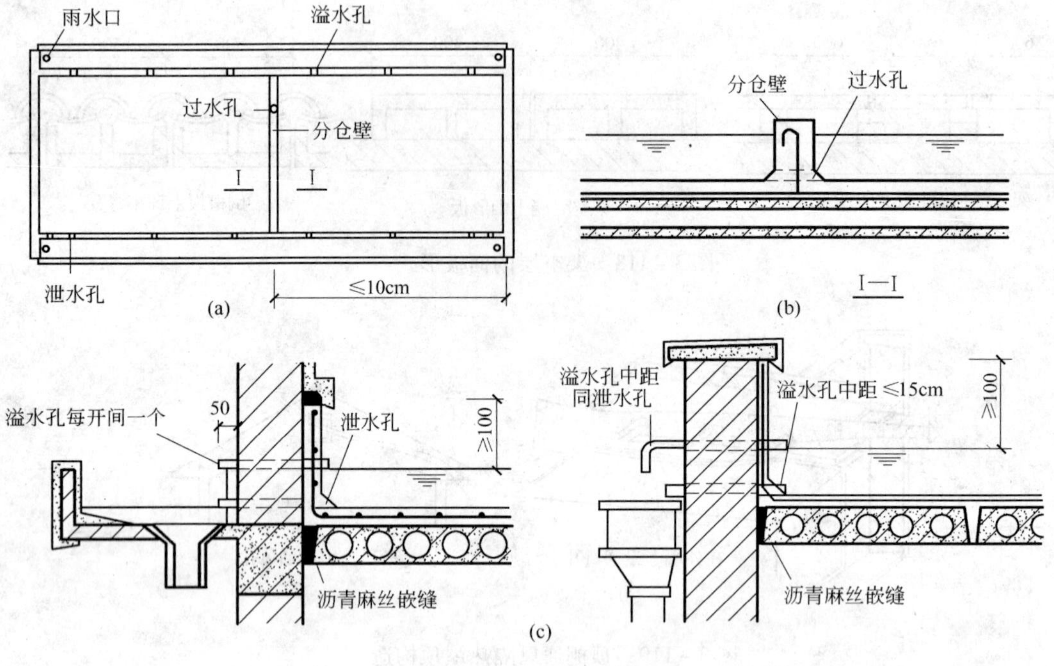

图 3－121 蓄水屋面构造

式、分体式到联集式，太阳能技术与建筑的完美结合逐步趋于成熟，应用范围逐步增大。

太阳能建筑一体化光热技术之一“太阳能集热屋顶”，是利用太阳能集热器替代屋顶覆盖层或替代屋顶保温层，既消除了太阳能对建筑物形象的影响，又避免了重复投资，降低了成本。可用于平屋顶或斜屋顶，一般对平屋顶而言用覆盖式，对斜屋顶用镶嵌式。太阳能集热屋顶如图 3－122 所示。

图 3－122 太阳能集热屋顶

3.5.3 坡屋顶构造

3.5.3.1 坡屋顶的构造组成

坡屋顶一般由承重结构和屋面两部分组成，必要时还设有保温层、隔热层及顶棚层等，如图 3－123 所示。

A 承重结构

无屋架时由山墙承重；有屋架时由屋架、檩条承受屋面荷载。

B 屋面结构

(1) 瓦材。屋面上的覆盖防水层，利用瓦材的相互搭接来防止雨水渗漏。

(2) 基层。瓦材下的屋面板（上铺椽条、挂瓦板）、防水层等。

C 其他构造层

(1) 顶棚层（吊顶棚）。顶棚层具有保温、隔热、装饰的作用。

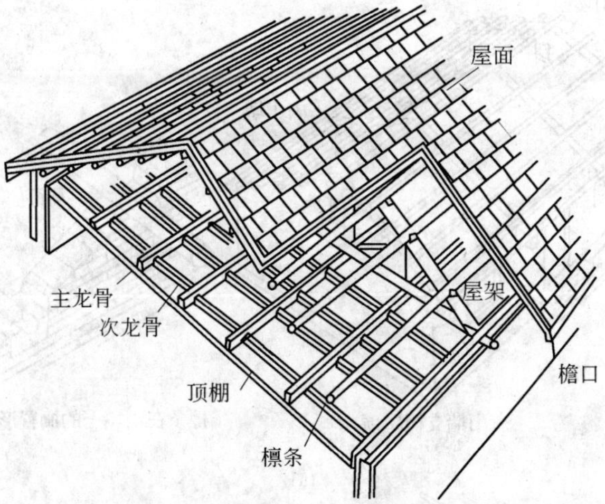

图 3-123 坡屋顶的构造组成

(2) 保温层、隔热层。根据需要设定。

3.5.3.2 坡屋顶的承重结构类型

A 屋面构造方式

屋面构造方式分为檩式、椽式和板式。我国主要采用檩式结构系统。檩式结构坡屋顶是以檩条为坡屋面的主要支承结构的结构系统，如图 3-124 所示。

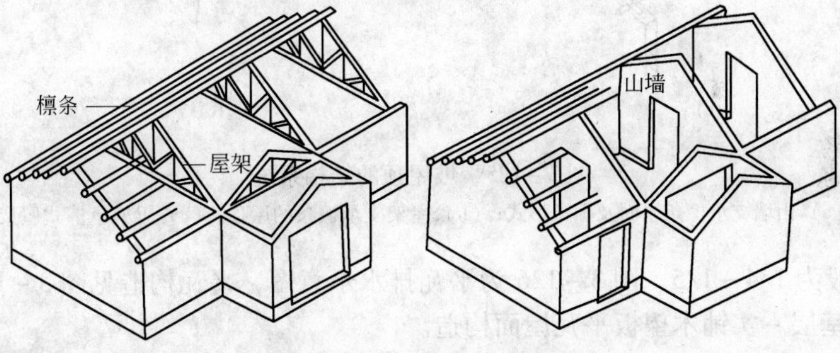

图 3-124 檩式结构坡屋顶

B 坡屋顶结构的承重方式

以檩式结构为例，承重方式分为山墙承重、屋架承重和梁架承重。

(1) 山墙承重。按坡屋顶的坡度，把横墙上部砌成三角形（山墙），上部直接搁置檩条承受屋顶荷载，如图 3-125a 所示。

(2) 屋架承重。用屋架代替山墙来搁置檩条并承受屋顶荷载（屋架支承在纵向外墙或柱上），如图 3-125b 所示。

(3) 梁架承重。梁架承重如图 3-125c 所示。

3.5.3.3 坡屋顶的构造

A 平瓦屋面构造

平瓦，又称机平瓦，是根据防水和排水需要用黏土模压制成凹凸楞纹后焙烧而成的瓦片。瓦的上表面有沟槽用来排水，瓦的背面有挂钩用来挂瓦。平瓦屋顶常用坡度平瓦屋面

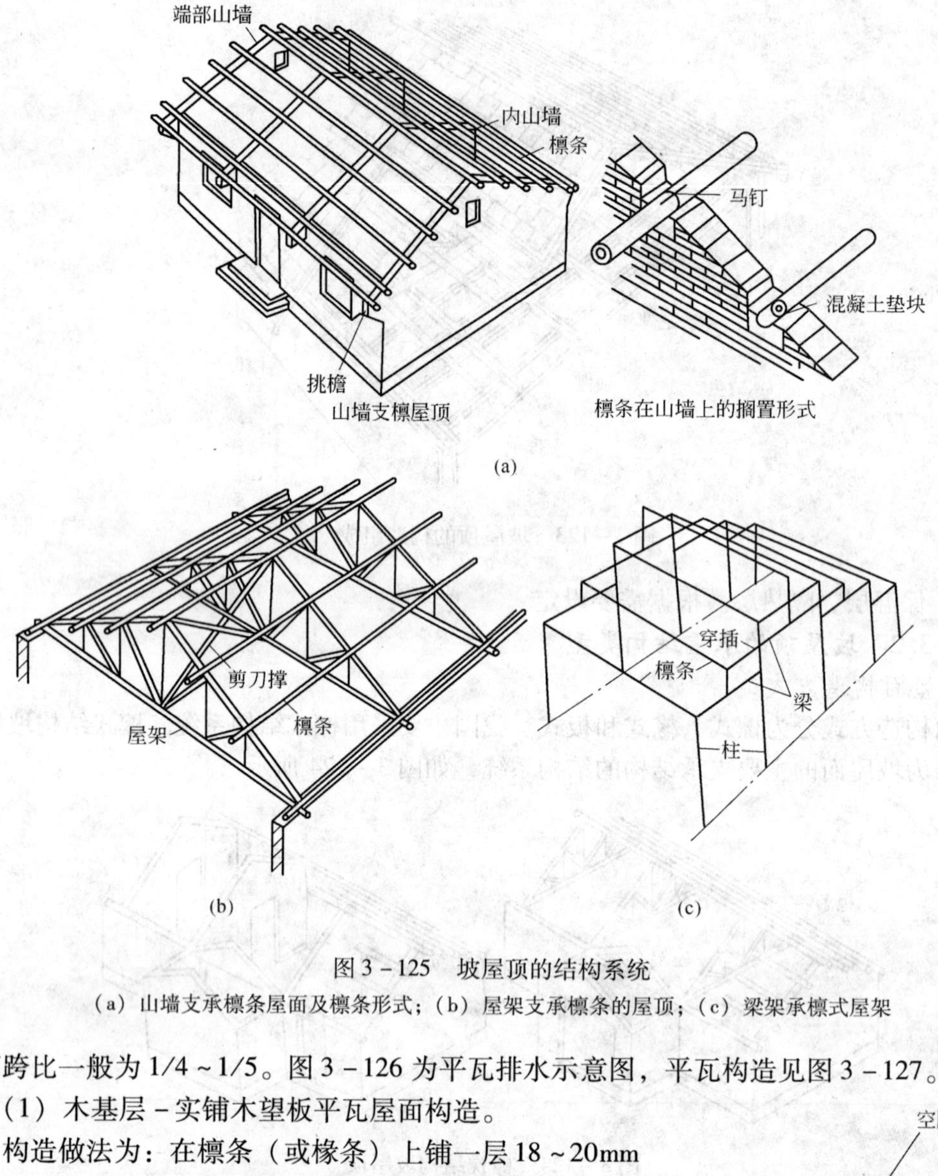

图 3－125 坡屋顶的结构系统

（a）山墙支承檩条屋面及檩条形式；（b）屋架支承檩条的屋顶；（c）梁架承檩式屋架

的高跨比一般为 1/4 ~ 1/5。图 3－126 为平瓦排水示意图，平瓦构造见图 3－127。

（1）木基层－实铺木望板平瓦屋面构造。

构造做法为：在檩条（或椽条）上铺一层 18 ~ 20mm 厚屋面板（木望板），在板上沿平行屋脊的方向铺一层油毡，用 10 × 30mm@ 500mm 压毡条（顺水条）沿垂直檐口方向固定油毡，再在顺水条上钉挂瓦条挂瓦，如图 3－128 所示。

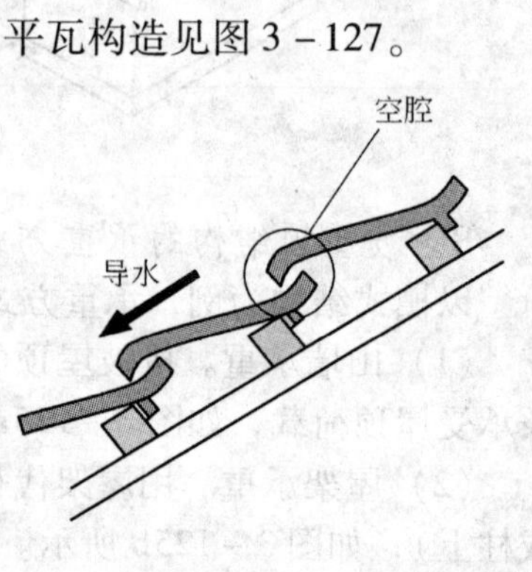

图 3－126 平瓦排水示意图

（2）现浇钢筋混凝土基层平瓦屋面构造。现代建筑常用钢筋混凝土屋面板作基层，上面按照平屋顶的构造做法做保温层、防水层等，再铺平瓦，瓦的作用主要是装饰作用。构造层次做法，如图 3－129 所示。

B 平瓦屋面细部构造

（1）平瓦屋面纵墙檐口构造。一般有挑檐檐口和包檐檐口两种。图 3－130a ~ e 所示为挑檐檐口，图 3－130f 所示为包檐檐口。

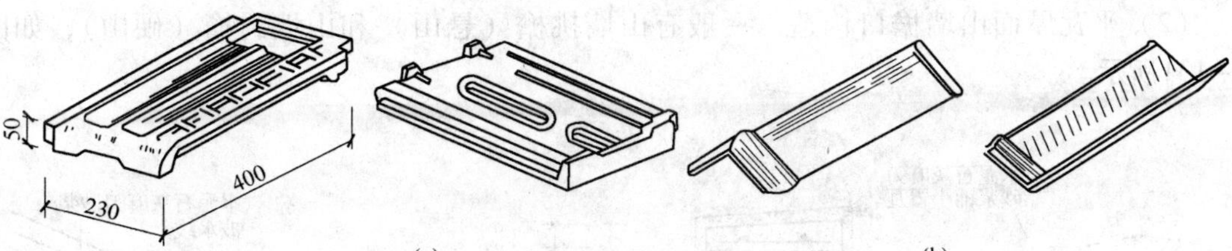

图 3－127 平瓦构造

（a）平瓦；（b）脊瓦

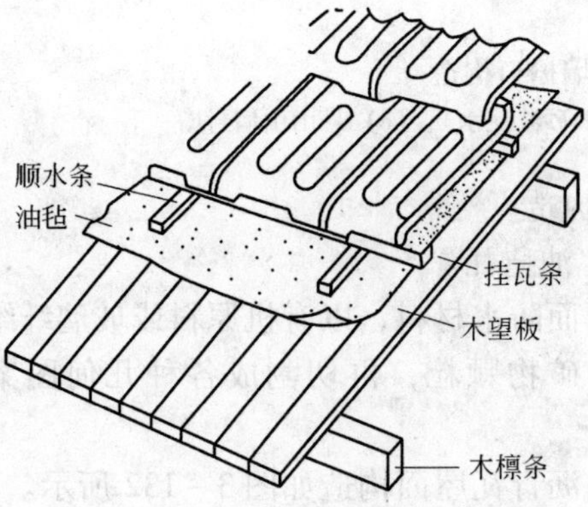

图 3－128 木基层－实铺木望板平瓦屋面构造

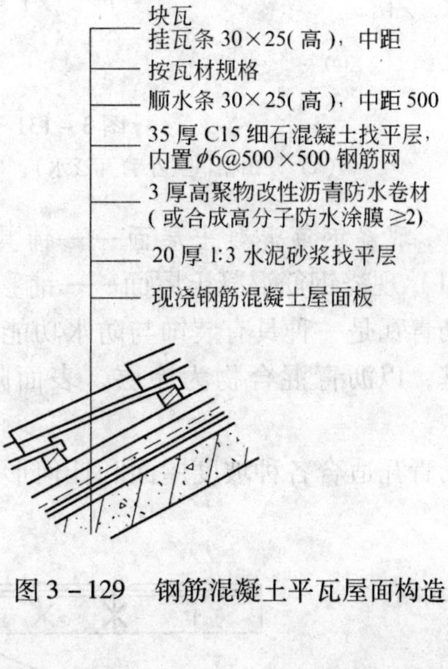

图 3－129 钢筋混凝土平瓦屋面构造

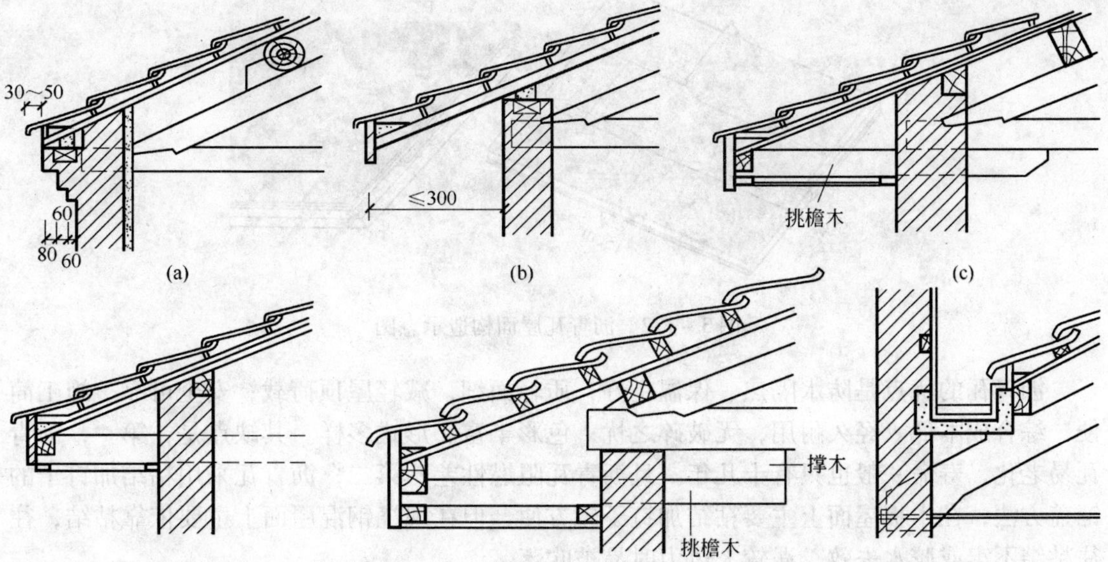

图 3－130 平瓦屋顶纵墙檐口构造

（2）平瓦屋面山墙檐口构造。一般有山墙挑檐（悬山）和山墙封檐（硬山），如图3－131所示。

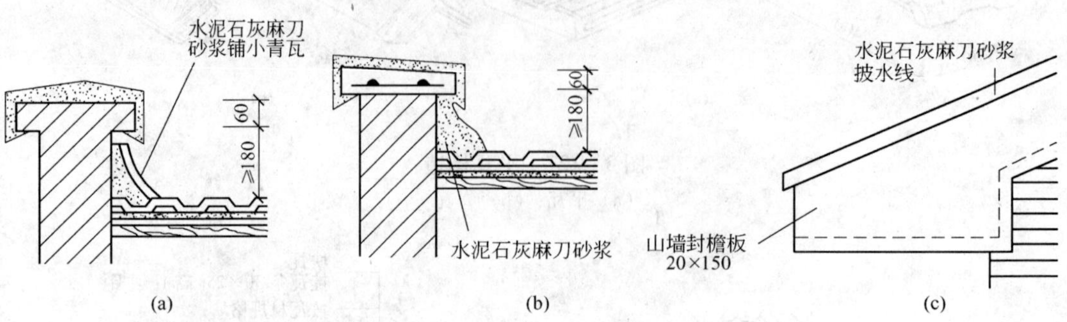

图3－131 平瓦屋面山墙檐口构造
（a）硬山檐口（小青瓦泛水）；（b）硬山檐口（砂浆泛水）；（c）悬山山墙封檐

C 现浇钢筋混凝土屋面——铺其他瓦屋面构造

（1）现浇钢筋混凝土屋面——铺彩色沥青瓦、油毡瓦。

沥青瓦是一种具有装饰与防水功能的沥青基屋面防水材料，以有机原料或玻璃纤维等为胎基，以沥青混合物为涂层，表面附以彩色的矿物颗粒，再切割成各种几何图案的瓦片。

沥青瓦适合各种坡度屋面和任何形状的屋面。沥青瓦屋面构造如图3－132所示。

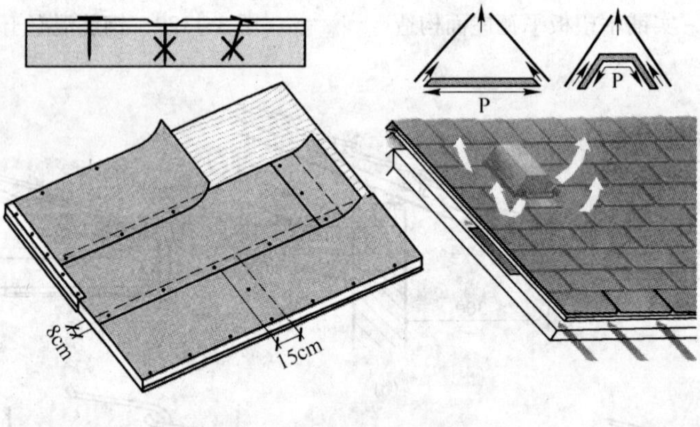

图3－132 沥青瓦屋面构造示意图

沥青瓦的优点是防水隔热、保温良好；质轻面细，减轻屋顶荷载；安全可靠、施工简便、综合成本低。经久耐用，无破碎之忧；色彩丰富、形式多样。其缺点是，第一，沥青瓦易老化，寿命一般也只有十几年。且沥青瓦阻燃性差；第二，沥青瓦采用粘结加钉子的铺盖方法，在木板屋面上主要粘结加钉子较方便，但在现浇钢混屋面上主要依靠粘结，往往粘结不牢或胶水失效，遇较大风力时易被吹落。

（2）现浇钢筋混凝土屋面——铺保温夹芯彩色压型钢板（见图3－133）。保温夹芯彩色压型钢板屋顶，坡度一般为1/6～1/20，在腐蚀环境中屋面坡度应不小于1/12。

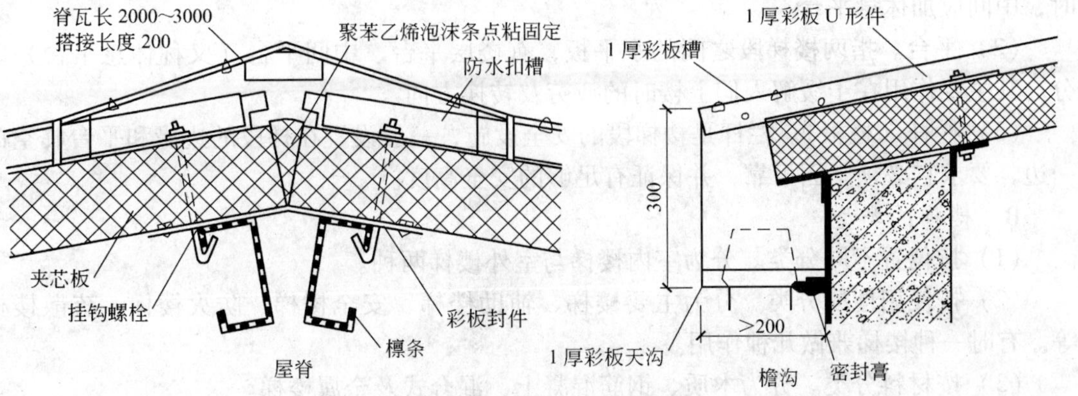

图 3-133　保温夹芯彩色压型钢板屋面构造

3.6　楼梯和电梯

在建筑物中，为了解决垂直交通，一般采取的设施有楼梯、电梯、自动扶梯、垂直爬梯以及台阶、坡道等。

楼梯是建筑竖向联系的主要部件，除应满足引导人流、紧急疏散的作用外，还应充分考虑其造型美观，通行方便；电梯多用于层数较多或有特种需要的建筑物中，但是不能作为疏散通道。在建筑物入口处，因室内外地面的高差而设置的踏步段，称为台阶，为方便车辆通行，应增设车行坡道。民用建筑主出入口处还应设无障碍坡道。

3.6.1　楼梯

3.6.1.1　楼梯的设计要求

楼梯要求结构坚固，同时还应满足施工和经济条件的要求；主要楼梯应与主要出入口邻近，且位置明显，同时还应避免垂直交通与水平交通在交接处拥挤、堵塞；楼梯必须满足防火要求，楼梯间除允许直接对外开窗采光外，不得向室内任何房间开窗；高层建筑防火要求高，应设计成封闭式楼梯间或防烟楼梯间。

3.6.1.2　楼梯的组成、类型及尺寸

A　楼梯的构造组成

楼梯一般由楼梯段、平台、栏杆或栏板三部分组成，如图 3-134 所示。

图 3-134　楼梯的构造组成

(1) 楼梯段。楼梯段又称楼梯跑，是楼梯的主要使用和承重部分。它是由若干踏步组成的梯段板，一个楼梯段的踏步数最少不少于 3 级；同时，最多也不应超过 18 级，多于 18 级

时，中间应加休息平台。

（2）平台。指两楼梯段之间的水平板，有楼层平台、中间平台（又称休息平台）之分。其主要作用在于缓解人们上楼时的疲劳及转换方向。

（3）栏杆（栏板）。栏杆是楼梯段的安全设施，一般设置在梯段的边缘和平台临空的一边，要求它必须坚固可靠，并保证有足够的安全高度。

B　楼梯的类型

（1）按位置不同分类。分为室内楼梯与室外楼梯两种。

（2）按使用性质分类。分为主要楼梯、辅助楼梯、安全楼梯、防火楼梯、疏散楼梯等。有时一种楼梯兼做几种作用。

（3）按材料分类。分为木质、钢筋混凝土、混合式及金属楼梯。

（4）按楼梯的形式分类。楼梯的形式如图 3－135 所示。

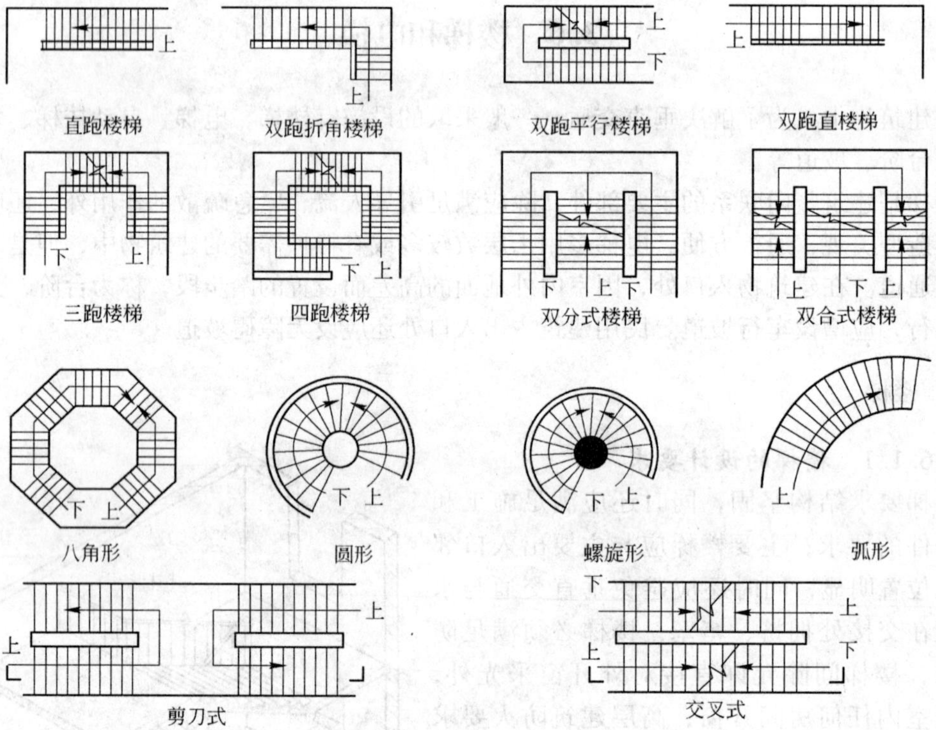

图 3－135　楼梯的形式

C　楼梯的细部尺寸及坡度

（1）楼梯段的宽度。楼梯段的宽度必须满足上下人流及搬运物品的需要。从确保安全角度出发，楼梯段宽度取决于通行的人流数和消防要求。

按通行人数考虑时，每股人流的宽度为人的平均肩宽 550mm，再加少许提物尺寸（0～150mm）即 550＋(0～150mm)；按消防要求考虑时，每个楼梯段必须保证二人同时上下，即最小宽度为 1100～1400mm；多层住宅楼梯段最小宽度为 1000mm，室内疏散楼梯其最小宽度为 900mm。在工程实践中，公共建筑由于疏散人数较多，常要求有 3～4 股人流的通行量。

（2）楼梯的坡度。楼梯梯段的最大坡度不宜超过38°；当坡度小于20°时，可采用坡道；大于45°时，则采用爬梯。楼梯坡度实质上与楼梯踏步密切相关，踏步高与宽之比即可构成楼梯坡度。踏步的水平面叫踏面，垂直面叫踢面。

（3）楼梯的踏步尺寸。踏步尺寸应根据人体的尺度、不同类型建筑物的使用要求来决定其数值。踏步宽用 b 表示，踏步高用 h 表示，b 和 h 应符合以下关系之一：

1）$b+h=450$mm；

2）$b+2h=600\sim620$mm。

民用建筑中，楼梯踏步的最小宽度与最大高度的限制值见表3－2。

表3－2　楼梯踏步最小宽度和最大高度　（m）

楼梯类别	最小宽度	最大高度
住宅共用楼梯	0.26	0.175
幼儿园、小学校等楼梯	0.26	0.15
电影院、剧场、体育馆、商场、医院、旅馆和大中学校等楼梯	0.28	0.16
其他建筑楼梯	0.26	0.17
专用疏散楼梯	0.25	0.18
服务楼梯、住宅套内楼梯	0.22	0.20

注：1. 本表选自《民用建筑设计通则》（GB 50352—2005）；

2. 无中柱螺旋楼梯和弧形楼梯离内侧扶手中心0.25m处的踏步宽度不应小于0.22m。

（4）楼梯栏杆、扶手的高度。楼梯在靠近梯井处应加栏杆或栏板，栏杆顶部做扶手。楼梯栏杆扶手的高度，指踏面前缘至扶手顶面的垂直距离。30°左右的坡度，栏杆扶手高度常采用900mm；儿童使用的楼梯高度一般为600mm；对一般室内楼梯则不小于900mm；靠梯井一侧水平栏杆长度若大于500mm，其高度不小于1000mm；室外楼梯栏杆高不小于1050mm；楼梯段的宽度大于1650mm时，应增设靠墙扶手；楼梯段宽度超过2200mm时，还应增设梯段中间扶手。栏杆扶手高度如图3－136所示。

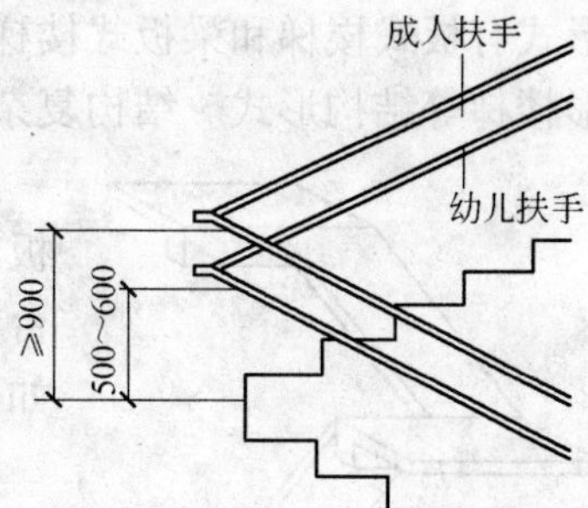

图3－136　栏杆扶手的高度

（5）楼梯平台的尺寸。楼梯平台分中间平台（休息平台）和楼层平台。建筑物层高在3m以上时，常分为两个梯段，中间增设中间休息平台。为保证正常情况下人流通行和非正常情况下安全疏散，以及搬运家具设备的方便，中间平台和楼层平台的宽度与梯段宽度的关系是，平台宽 B 始终应大于等于梯段宽 D，如图3－137a所示。

为方便扶手转弯，休息平台宽度应取楼梯段宽度再加1/2踏步宽。在开敞式楼梯中，楼层平台宽度因靠近走廊端，可利用走廊或过厅的宽度。但楼层平台应有一个缓冲空间以利于安全，其宽度不得小于500mm，如图3－137b所示。

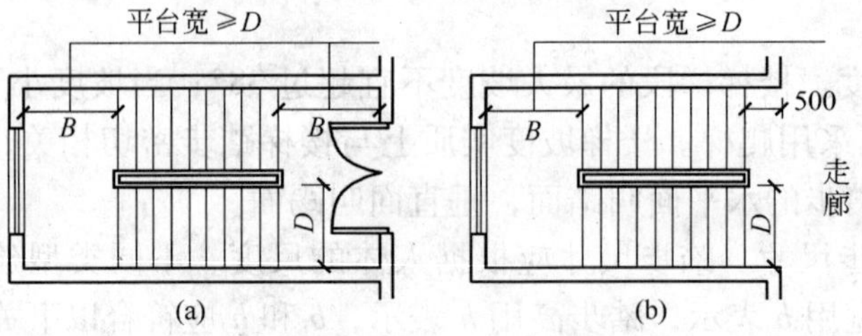

图 3－137 平台宽度要求

（6）梯井的尺寸。两个楼梯段之间的空隙叫梯井。民用建筑防火规范要求，梯井的宽度不小于 150mm。当梯井宽度大于 200mm 时，梯井应做防护设施以利于安全。

（7）楼梯的净空高度。为保证在这些部位通行或搬运物件时不受影响，其净高在平台处应大于 2m；在梯段处应大于 2.2m，如图 3－138 所示。

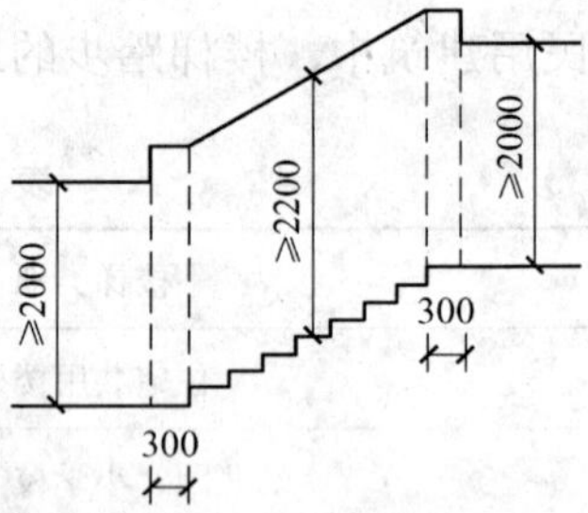

图 3－138 楼梯段上的净空高度

3.6.1.3 钢筋混凝土楼梯的结构形式

钢筋混凝土楼梯具有坚固耐久、防火性能好、可塑性强等优点，因而得到广泛应用。按施工方法不同，主要有现浇式（又称整体式）楼梯和预制装配式楼梯两类。

A 现浇钢筋混凝土楼梯

现浇钢筋混凝土楼梯是在施工现场支模，绑扎钢筋和浇注混凝土而成。这种楼梯的整体性强，但施工工序多，工期较长。现浇钢筋混凝土楼梯按梯段的传力特点，最常见的结构形式有板式楼梯和梁板式楼梯。其他还有折板悬挑式楼梯、悬挂式楼梯、螺旋式楼梯、弧形楼梯等结构形式。结构复杂的楼梯也可用钢结构。

图 3－139 板式楼梯

（1）板式楼梯（见图 3－139）。板式楼梯是一块斜放的板，板端支承在平台梁上。作用于梯段上的荷载直接传至平台梁。当梯段跨度在 3m 以内时，采用板式楼梯较为合适，如住宅一般采用这种楼梯。

板式楼梯的梯段下表面平整，施工简便，外观较轻巧。但是梯段斜板较厚，一般为跨度的 1/25～1/30。

板式楼梯梯段有带平台和不带平台两种，如图 3－140 所示。

（2）梁式楼梯（见图 3－141）。当梯段较宽、楼梯负载较大及梯段踏步数多而使跨度加大时，采用板式梯段往往不经济，应增加梯段斜梁（简称梯梁）以承受板的荷载，并将荷载传给平台梁，这种梯段称梁式梯段。梁式楼梯施工较复杂，外观也较笨重。但当梯段较长时，由于梯段板的跨度小，受力较好，梁式楼梯较为经济，因而广泛应用于办公楼、教学楼等公共建筑。

梁式楼梯由踏步板、斜梁、平台板及平台梁组成。踏步板支承在斜梁上，斜梁再支承在平台梁上。作用于梯段上的荷载由踏步板传给斜梁，再由斜梁传给平台梁。

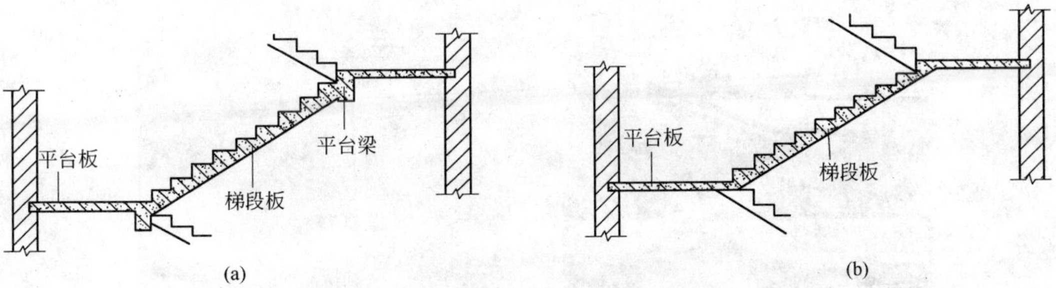

图 3－140 现浇钢筋混凝土板式梯段
（a）不带平台的梯段；（b）带平台的梯段

梁板式梯段按照梯段斜梁与梯段的关系又分为正梁式和反梁式。

1）正梁式（明步式）。斜梯梁在踏步板的下面，受力明确，但板底不平整，不够美观，要求高的建筑需做装修处理，如图 3－142a 所示。

2）反梁式（暗步式）。斜梁从踏步板两侧上翻，梁底与板底平齐。梁可阻止垃圾、灰尘从梯井落下，且板底平整，便于粉刷。缺点是反梁占据了梯段宽度，所以较少用。反梁式楼梯如图 3－142b 所示。

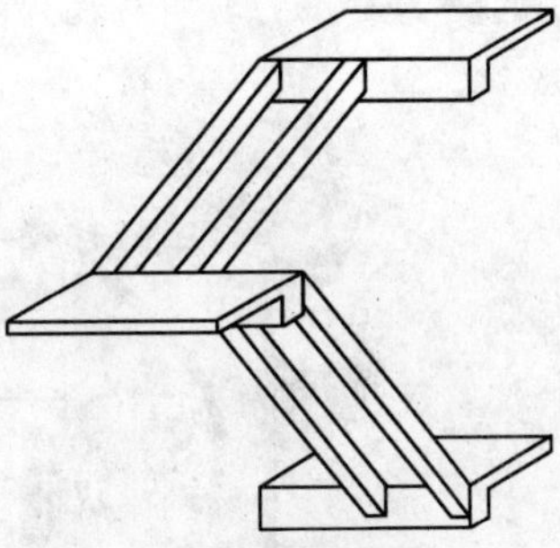

图 3－141 梁式楼梯

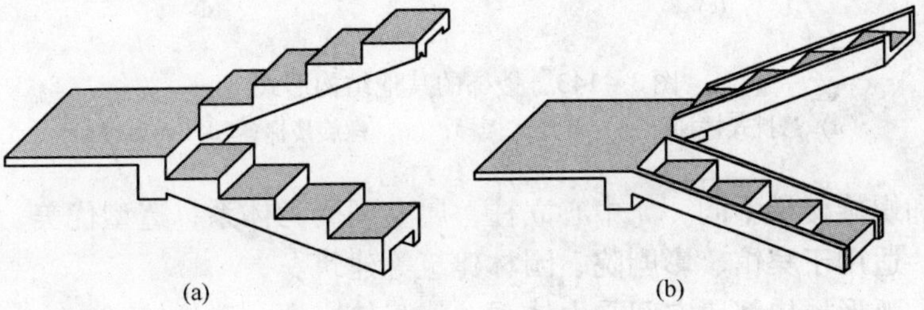

图 3－142 正、反梁式楼梯
（a）正梁式楼梯；（b）反梁式楼梯

（3）楼梯的其他结构形式。

1）折板悬挑式楼梯（见图 3－143a）。折板悬挑式楼梯具有悬臂的梯段和平台，支座仅设在上下楼层处，当建筑中不宜设置平台梁和平台板的支承时可采用。此种楼梯属空间受力体系，取消楼梯一端的平台梁及其支座，可取得较好的视觉效果。但计算较复杂，施工也较麻烦。

2）悬挂式楼梯（见图 3－143b）。利用栏杆，或者另设拉杆，把整个梯段或者踏步板逐块吊挂在上方的梁或者其他的受力构件上，形成悬挂楼梯。

3）螺旋式楼梯（见图 3－143c）、弧形楼梯（见图 3－143d）。螺旋楼梯是在中心的立柱上安放踏步块，然后调整角度并加以固定。螺旋楼梯的装饰性较强，但螺旋楼梯的踏步近中心处较窄，不能用于有大量人流的公共空间，尤其不能用作消防疏散楼梯。只能用于居住户内、小型办公、储藏空间等的楼梯。

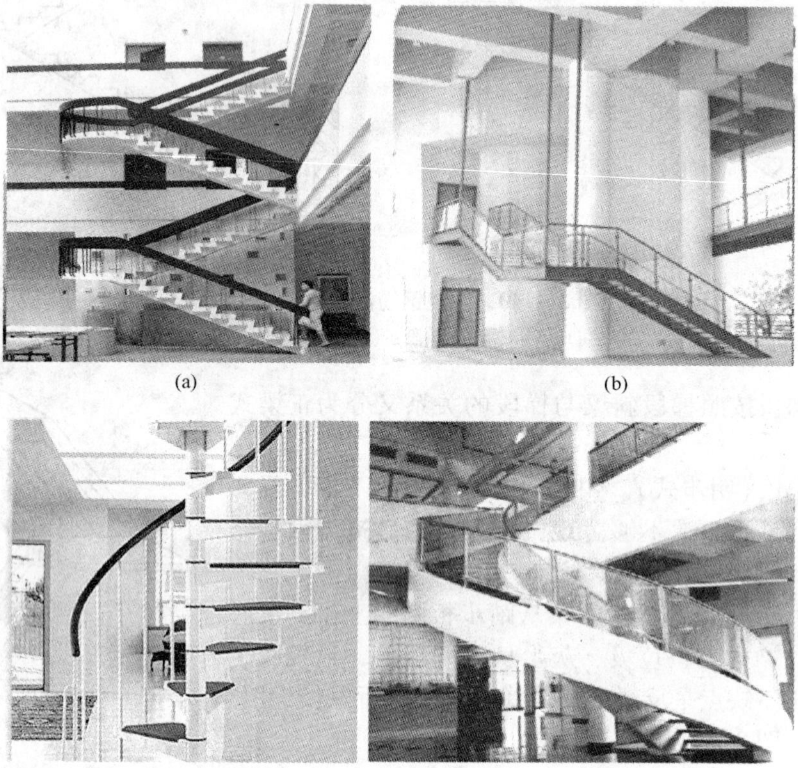

图 3-143 楼梯的其他结构形式

(a) 悬挑式楼梯；(b) 悬挂式楼梯；(c) 螺旋楼梯；(d) 弧形楼梯

弧形楼梯和螺旋楼梯不同，无中心立柱，属空间受力体系，造型优美、流畅，可起丰富空间的效果，适用于宾馆、影剧院、园林建筑等建筑。

螺旋楼梯、弧形楼梯都属空间受力体系，施工较麻烦，造价较高。

B 预制装配式钢筋混凝土楼梯

预制装配式钢筋混凝土楼梯是将楼梯分成休息板、楼梯梁、楼梯段三个组成部分，这些构件是在加工厂或施工现场进行预制，施工时将预制构件进行装配、焊接。

预制装配式钢筋混凝土楼梯按其构造方式可分为梁承式、墙承式和墙悬臂式等类型。

(1) 预制装配梁承式钢筋混凝土楼梯。指梯段由平台梁支承的楼梯的构造方式。预制构件可按梯段（板式或梁板式）、平台梁、平台板三部分进行划分。

梁板式梯段由两端的楼梯斜梁和支承在楼梯斜梁上的踏步板组成。由于构件小型化，不需大型起重设备即可安装，施工简便。板式梯段为整块或数块带踏步条板组成。

踏步板断面形式有三角形、L 形、一字形等。为了便于支承梯斜梁或梯段板，平衡梯段水平分力并减少平台梁所占结构空间，一般将平台梁做成 L 形断面。平台板可根据需要采用钢筋混凝土空心板、槽板或平板。预制装配梁承式楼梯构造，如图 3-144 所示。

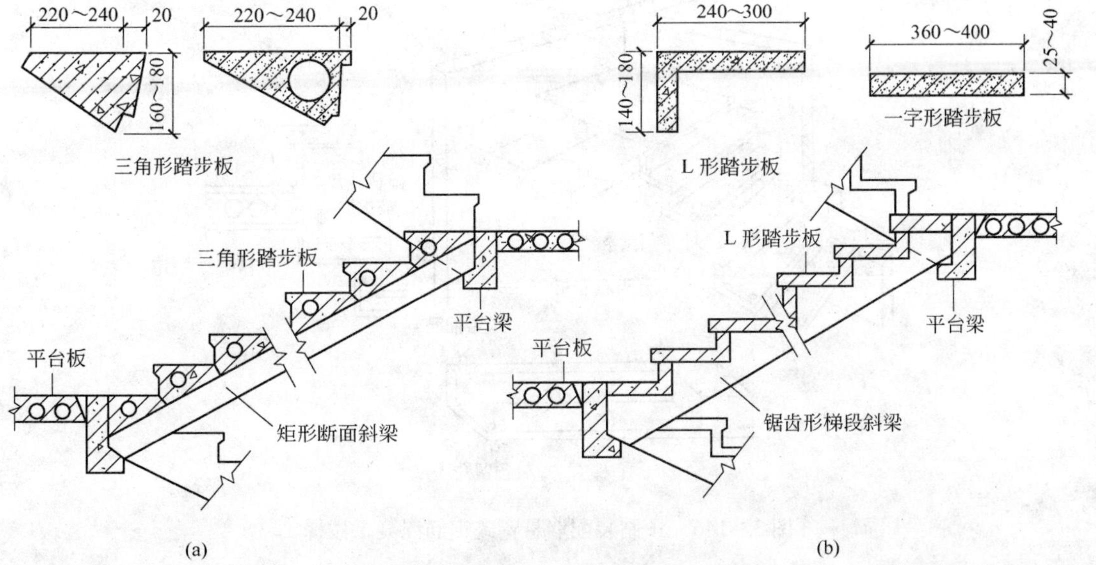

图 3－144　预制装配梁承式楼梯构造

(a) 三角形踏步板、矩形断面斜梁；(b) L 形踏步板、锯齿形梯段斜梁

(2) 预制装配墙承式钢筋混凝土楼梯（见图 3－145）。指预制钢筋混凝土踏步板直接搁置在墙上的一种楼梯形式，其踏步板一般采用一字形、L 形断面。这种楼梯由于在梯段之间有墙，搬运家具不方便，也阻挡视线，上下人流易相撞。通常在中间墙上开设观察口，以使上下人流视线流通，也可将中间墙两端靠平台部分局部收进，以使空间通透，有利于改善视线和搬运家具物品。但这种方式对抗震不利，施工也较麻烦。

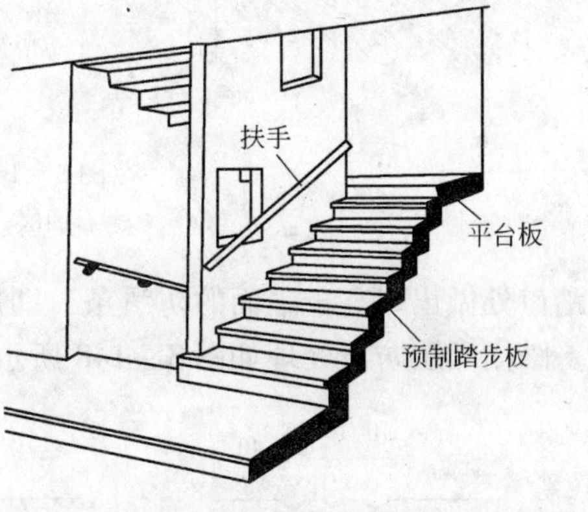

图 3－145　预制装配墙承式钢筋混凝土楼梯

(3) 预制装配墙悬臂式钢筋混凝土楼梯（见图 3－146）。预制装配墙悬臂式钢筋混凝土楼梯系指预制钢筋混凝土踏步板一端嵌固于楼梯间侧墙上，另一端凌空悬挑的楼梯形式。

预制装配墙悬臂式钢筋混凝土楼梯用于嵌固踏步板的墙体厚度不应小于 240mm，踏步板悬挑长度一般不大于 1800mm。踏步板一般采用 L 形带肋断面形式，其入墙嵌固端一般做成矩形断面，嵌入深度 240mm。

3.6.1.4　楼梯的细部构造

A　踏步构造

(1) 踏步面层构造。踏步由踏面和踢面所构成。楼梯踏步的踏面应光洁、耐磨，易于清扫。面层常采用水泥砂浆、水磨石等，亦可采用铺缸砖、地砖，铺各种石材（花岗岩、大理石、人造石）等，如图 3－147 所示。

(2) 踏步防滑构造。为防止行人在上下楼梯时由于踏面面层光滑而滑跌，常在踏步

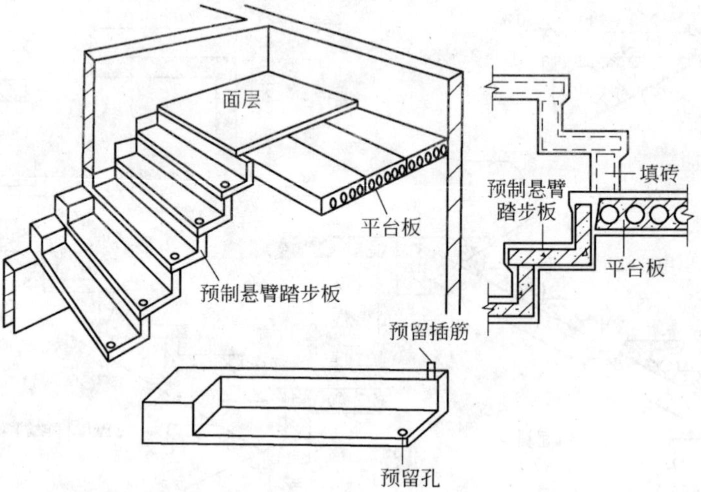

图 3-146 预制装配墙悬臂式钢筋混凝土楼梯

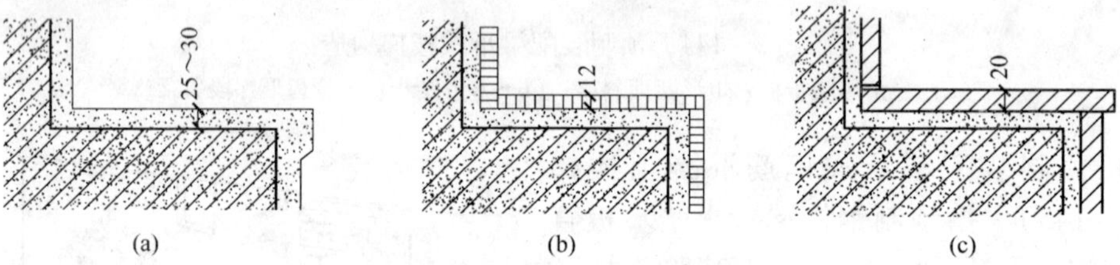

图 3-147 踏面面层的类型

（a）水磨石面层；（b）缸砖面层；（c）石材面层

近踏口处做出略高于踏面的防滑条，即用带有槽口的金属板、橡胶条等包住踏口做防滑处理。踏面面层防滑处理如图 3-148 所示。

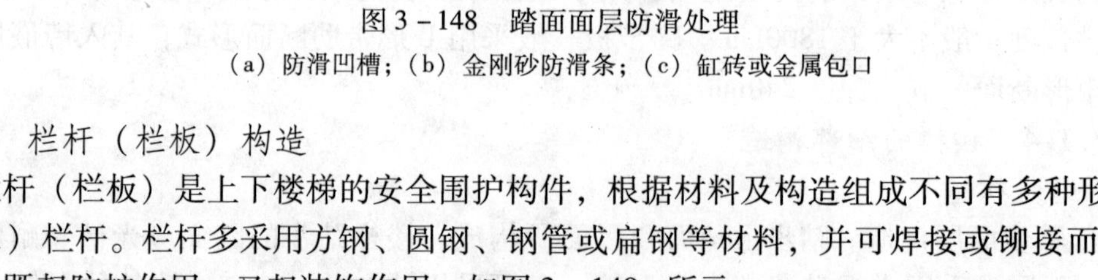

图 3-148 踏面面层防滑处理

（a）防滑凹槽；（b）金刚砂防滑条；（c）缸砖或金属包口

B 栏杆（栏板）构造

栏杆（栏板）是上下楼梯的安全围护构件，根据材料及构造组成不同有多种形式。

（1）栏杆。栏杆多采用方钢、圆钢、钢管或扁钢等材料，并可焊接或铆接而成各种图案，既起防护作用，又起装饰作用，如图 3-149a 所示。

（2）栏板。栏板用钢筋混凝土或加筋砖砌体制作，也有用钢丝网水泥板的，多用于室外。钢筋混凝土栏板有预制和现浇两种。在现浇钢筋混凝土楼梯中，栏板可以与踏步同时浇注，厚度一般不小于 80 ~ 100mm，如图 3 - 149b 所示。

（3）混合式栏杆。混合式是指空花式和栏板式两种栏杆形式的组合（见图 3 - 149c），栏杆竖杆作为主要抗侧力构件，栏板则作为防护和美观装饰构件，其栏杆竖杆常采用钢材或不锈钢等材料，其栏板部分常采用轻质美观材料制作，如塑料贴面板、铝板、有机玻璃板和钢化玻璃板等。

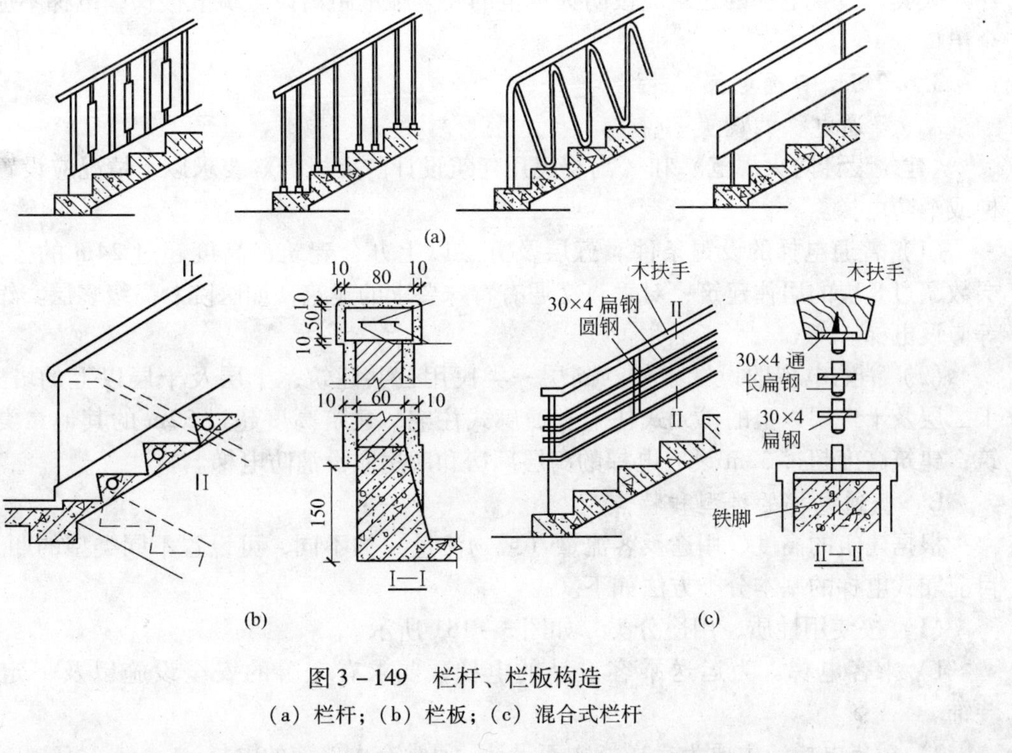

图 3 - 149 栏杆、栏板构造
（a）栏杆；（b）栏板；（c）混合式栏杆

C 扶手构造

楼梯扶手按材料分有木质、金属、塑料等，如图 3 - 150 所示。以构造分有镂空栏杆扶手、栏板扶手和靠墙扶手等。扶手的断面应考虑人的手掌尺寸，并注意断面的美观。其

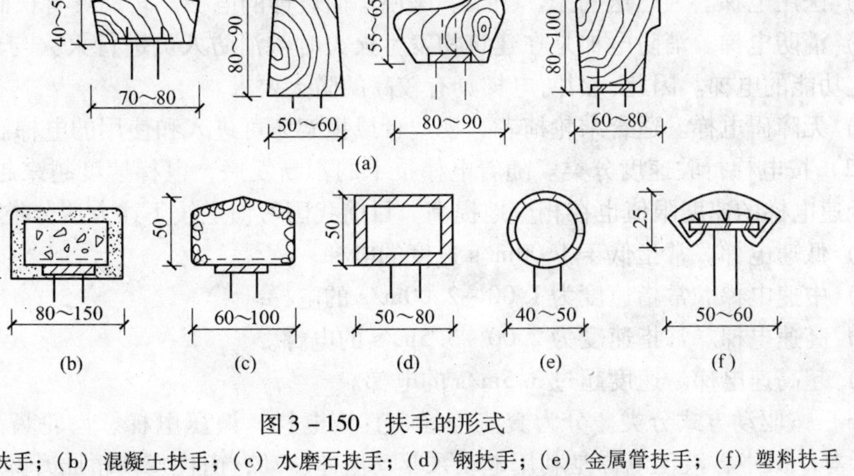

图 3 - 150 扶手的形式
（a）木扶手；（b）混凝土扶手；（c）水磨石扶手；（d）钢扶手；（e）金属管扶手；（f）塑料扶手

宽度应在60~80mm之间，高度应在80~120mm之间。扶手在休息平台转弯处的做法与踏步的位置关系很密切。

3.6.2 普通电梯及自动扶梯

电梯是建筑物内垂直交通运输工具的总称。常见有普通电梯（厢式电梯）和自动扶梯两大类。设置电梯的建筑应按防火规范的安全疏散距离设置疏散楼梯，电梯不应作为安全出口。

3.6.2.1 普通电梯

A 普通电梯的设置条件

《建筑设计防火规范》和《高层民用建筑设计防火规范》要求以下情况应设置普通电梯或消防电梯。

（1）普通电梯的设置条件。五层及五层以上办公建筑；高度超过24m的公共建筑；层数超过8层的居住建筑；对垂直交通有特殊要求的建筑，如医院、高级多层宾馆、别墅等应设电梯。

（2）消防电梯的设置条件。高层一类民用公共建筑；十层及十层以上的塔式住宅；十二层及十二层以上的单元式住宅和通廊式住宅；建筑高度超过32m的其他二类公共建筑；建筑高度超过32m设有电梯的高层厂房和库房应设消防电梯。

B 普通电梯的类型和特点

根据建筑的高度、用途及客流量（或物流量）的不同，可设置不同类型的厢式电梯。目前厢式电梯的基本分类方法如下。

（1）按使用性质、用途分类，如图3-151所示。

1）乘客电梯。为运送乘客设计的电梯，要求有完善的安全设施以及一定的轿内装饰。

2）载货电梯。主要为运送货物而设计，通常有人伴随的电梯。

3）客货两用电梯。可运送乘客也可运送货物的电梯。

4）杂物电梯。供图书馆、办公楼、饭店运送图书、文件、食品等设计的电梯。

5）观光电梯。轿厢壁透明，无井道或有透明井道，供乘客观光用的电梯。

6）医用电梯。为运送病床、担架、医用车而设计的电梯，轿厢具有长而窄的特点。

7）消防电梯。消防电梯是在建筑物发生火灾时供消防人员进行灭火与救援使用且具有一定功能的电梯。因此，消防电梯具有较高的防火要求。

8）无障碍电梯。适合乘轮椅者、视残者或担架床可进入和使用的电梯。

（2）按电梯行驶速度分类。随着电梯技术的不断发展，电梯速度越来越高，区别高、中、低速电梯的速度限值也在相应地提高。目前我国习惯上按下述方法分类：

1）低速电梯。常指低于1.00m/s速度的电梯。

2）中速电梯。常指速度为1.00~2.00m/s的电梯。

3）高速电梯。常指速度为2.00~3.5m/s的电梯。

4）超高速电梯。速度超过3.5m/s的电梯。

（3）按驱动方式分类。分为交流电梯、直流电梯、液压电梯、齿轮齿条电梯、螺杆式电梯等。其中，液压电梯是利用电动泵驱动液体流动，由柱塞使轿厢升降的。适用于提

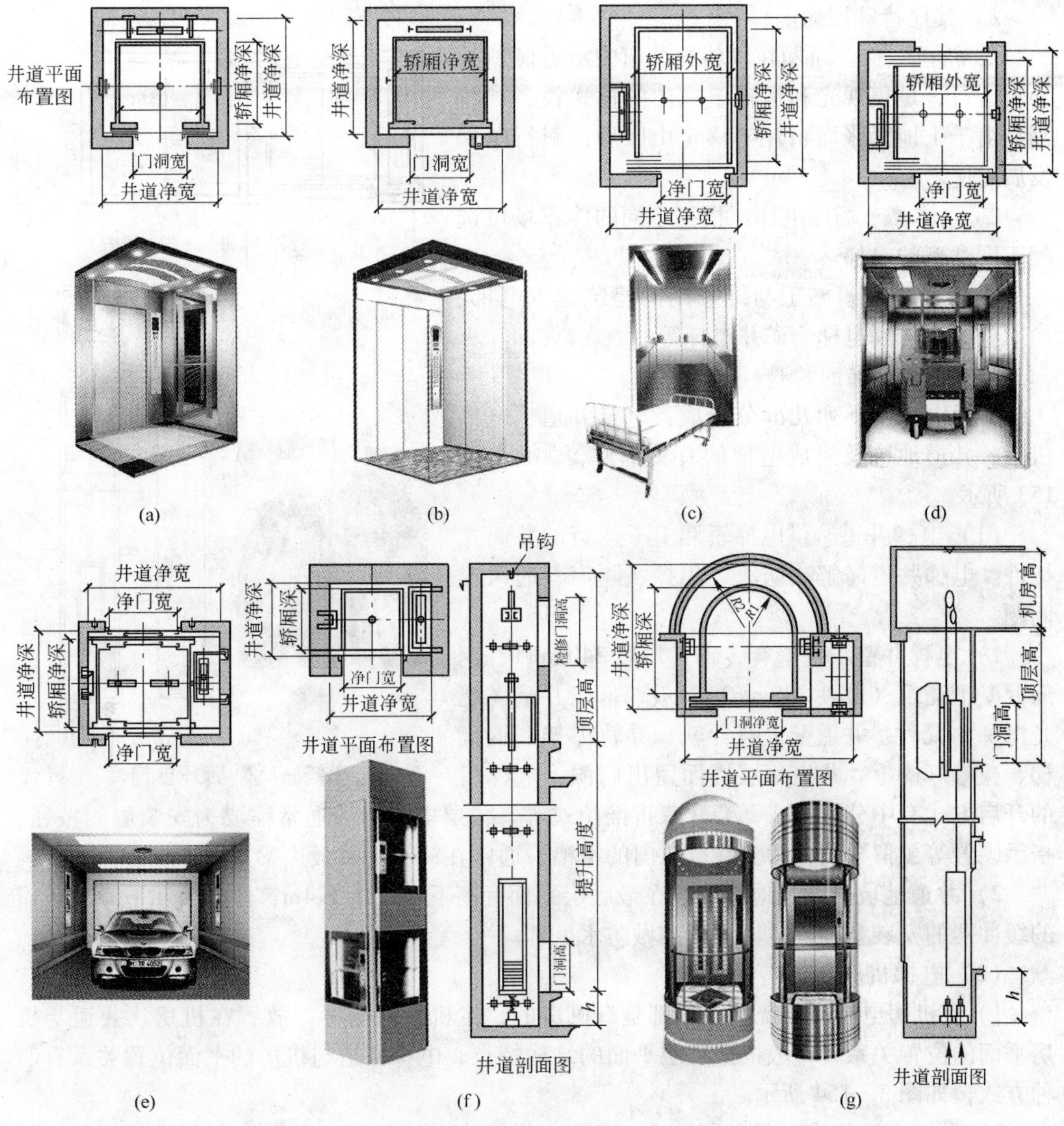

图 3－151 普通电梯的分类

（a）乘客电梯；（b）住宅电梯；（c）医用病床电梯；（d）载货电梯；（e）汽车电梯；（f）杂物电梯；（g）观光电梯

升高度小，载重量大，速度小的场合。液压电梯具有运行平稳、舒适、低噪声、井道利用率高等优点，近几年在商场、办公楼、停车场、车站与机场等公共场合广泛使用。液压电梯如图 3－152 所示。

（4）其他分类。

1）按机房位置分类：

① 上机房电梯。机房在井道顶部。

② 下机房电梯。机房在井道底部旁侧。

③ 无（小）机房电梯。机房在井道内部。

2）其他特殊用途电梯：

① 斜行电梯。轿厢在倾斜的井道中沿着倾斜的导轨运行，是集观光和运输于一体的输送设备。特别是由于土地紧张而将住宅移至山区后，斜行电梯发展迅速。

② 立体停车场用电梯。根据不同的停车场可选配不同类型的电梯。

③ 其他。建筑施工与维修用的建筑施工电梯、冷库电梯、防爆电梯、矿井电梯等。

C　普通电梯的构造

普通电梯由下列几部分组成：电梯井道、电梯机房、井道地坑及组成电梯的有关部件，如图 3－153 所示。

（1）电梯井道。供电梯轿厢上下运行的井筒式构件。电梯井道需解决防火、隔振、隔声、通风等问题。

1）电梯井壁。井壁有砖砌（厚度 240mm）、钢筋混凝土浇筑（厚度 200mm）及玻璃幕墙井壁（观光电梯）几种。井道壁上有导轨、导轨撑架、钢爬梯、检修灯槽等。井道每层楼面留出门洞，电梯门的开启方式有中分推拉式、旁开双折推拉式等。楼层电梯门边通常需要为安装层间按钮、指示装置等预留孔洞，为安装推拉门的滑槽，通常在门套下楼板边梁上做牛腿。

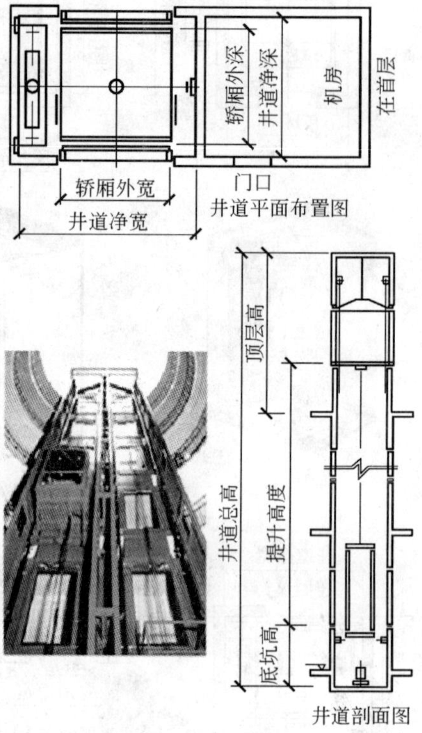

图 3－152　液压电梯

2）井道地坑。井道地坑一般在最底层平面标高下不小于 1.4m，作为轿厢下降时所需的缓冲器的安装空间。地坑地面需做防水处理。

（2）电梯机房。

1）有机房电梯。传统的电梯都是有机房的，主机、控制屏等放置在机房。井道与机房平面的位置关系，一般根据顶层平面的结构特点，电梯井道与机房的平面位置关系有四种方式，如图 3－154 所示。

2）无（小）机房电梯（见图 3－155）。无机房电梯是相对于有机房电梯而言的，随着技术的进步，曳引机和电器元件的小型化，可缩小机房空间或省去机房，将原机房内的控制屏、曳引机、限速器等移往井道等处，或用其他技术取代。

（3）电梯轿厢。乘客电梯轿厢尺寸根据载客量，分小型、中型、大型、超大型等，此外，还有双层轿厢电梯等。

（4）组成电梯的其他有关部件。井壁导轨和导轨支架；牵引轮及其钢支架、钢丝绳、平衡锤、轿厢开关门、检修起重吊钩及有关电器部件等。

3.6.2.2　自动扶梯

自动扶梯，亦称自动行人电梯，是一种以运输带方式运送行人的运输工具，分为台阶式和坡道式两种。自动扶梯由电动机驱动，踏步与扶手同步运行，可以是正向或反向运行。

自动坡道（自动人行道）不仅能满足客流巨大的运输问题，也能满足长距离步行和

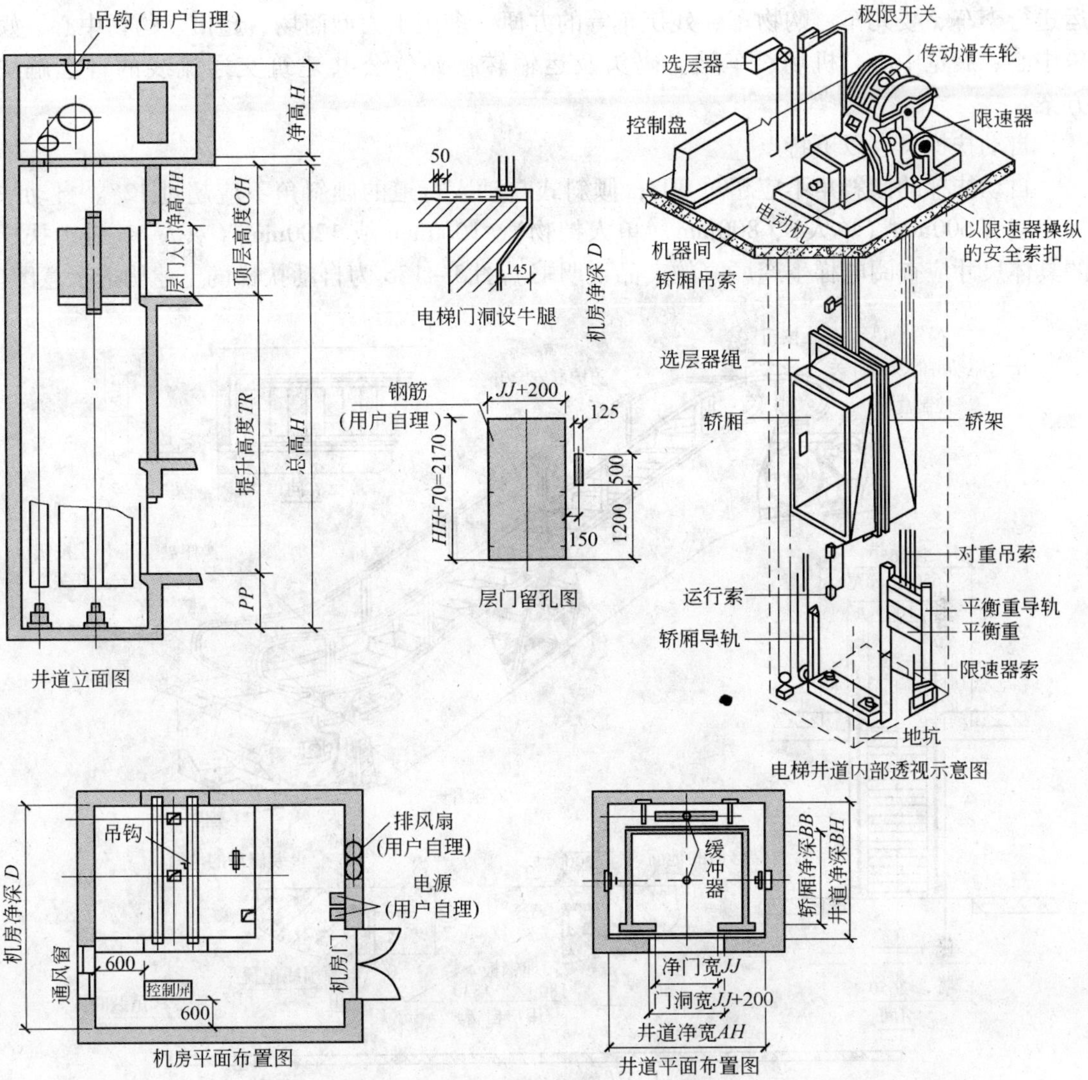

图 3－153　普通厢式电梯构造

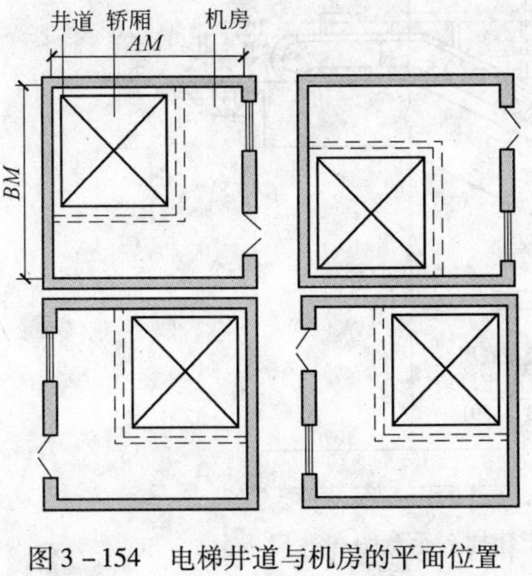

图 3－154　电梯井道与机房的平面位置

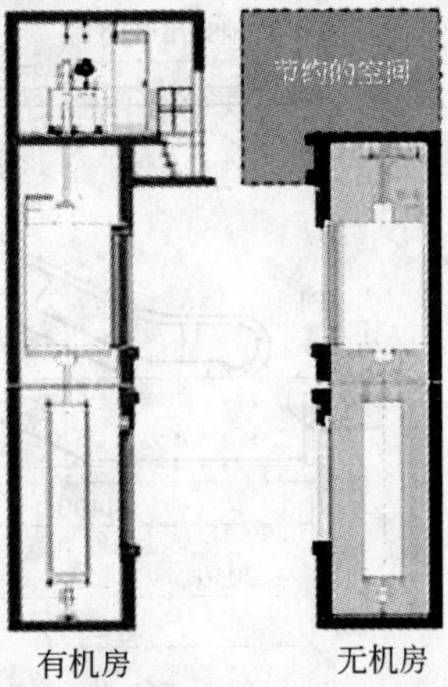

图 3－155　有机房与无机房电梯井道对比

运送行李车、婴儿车、购物车、残疾车等的方便。多用于大型商场、超市、购物中心、娱乐中心、展览中心、机场、车站、码头及运输转换站等公共建筑交通流线的首选解决方案。

自动扶梯具有以下特点：

自动扶梯的倾斜角不应超过30°；倾斜式自动人行道的倾斜角不应超过12°。自动扶梯宽度有600mm（单人）、800mm（单人携物）、1000mm或1200mm（双人）。自动扶梯的具体尺寸应查阅电梯生产厂家的产品说明书。图3－156为自动扶梯的土建构造示意图。

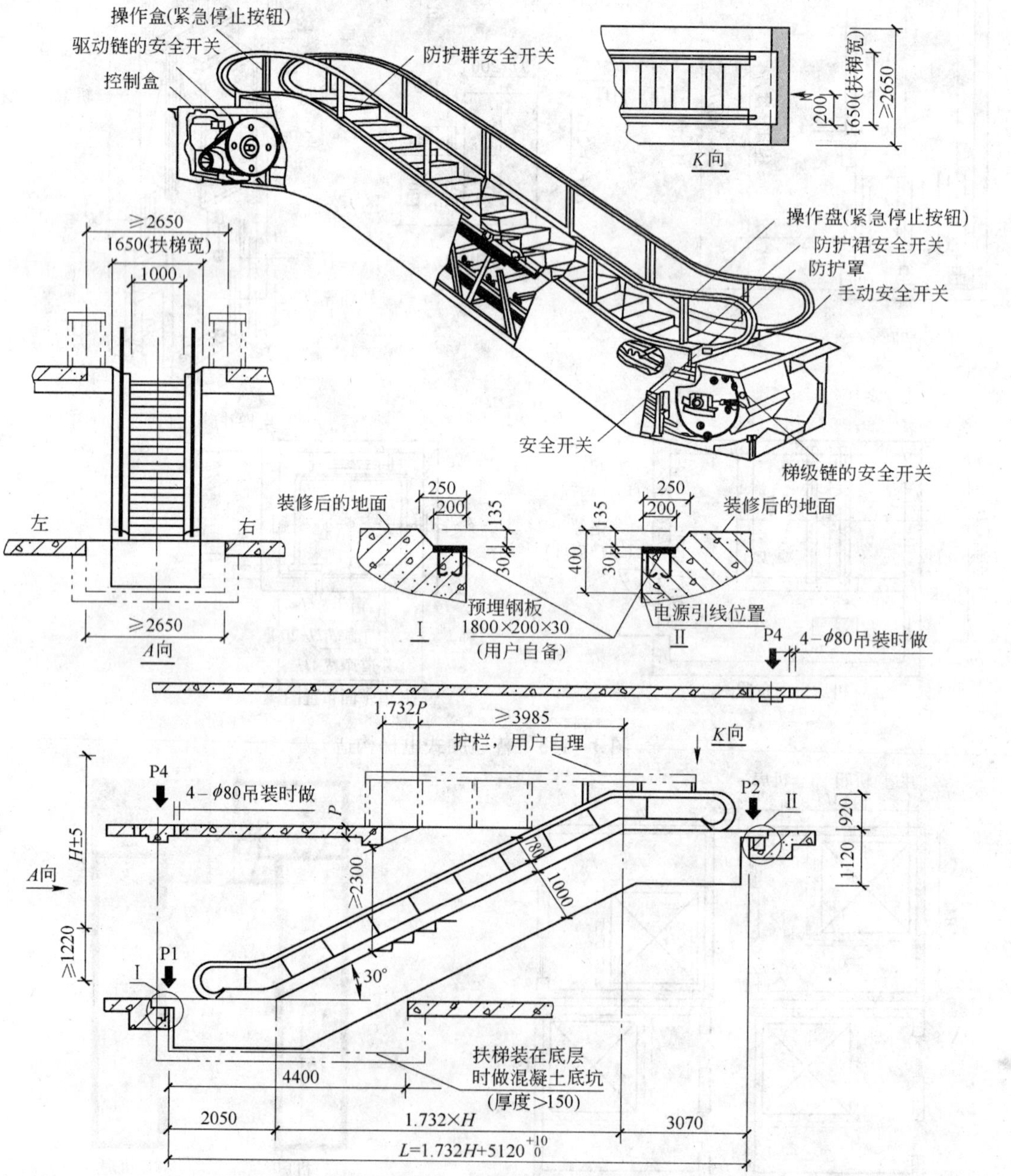

图3－156 自动扶梯的土建构造示意图

3.6.3 台阶与坡道构造

3.6.3.1 台阶构造

台阶是联系室内外地坪或楼层不同标高处的常用做法，台阶一般由踏步和平台两部分组成。台阶的坡度比楼梯小，通常不超过20°。设计时，底层台阶要考虑防水、防冻，楼层台阶要注意与楼层结构的连接。

A 台阶、平台的构造尺寸

（1）台阶。

1）室内台阶。踏步宽不宜小于300mm，踏步高不宜大于150mm，踏步数不宜少于2级；

2）室外台阶。室外台阶应注意室内外高差，其踏步可略宽于楼梯踏步尺寸，踏步高度常取100~150mm，宽度常取300~400mm，高宽比不宜大于1∶2.5。室外台阶应坚固耐磨，具有较好的耐久性、抗冻性和抗水性。

（2）平台。平台位于出入口与踏步之间，起缓冲作用。平台深度一般按照单扇门宽加500mm考虑，同时不小于900mm。为防止雨水积聚或溢水，平台表面宜比室内地面低20~60mm，并向外找坡1%~3%，以利排水。

B 台阶的构造做法

（1）室外台阶的构造层次。分为垫层、结构层、面层。

1）台阶垫层。台阶垫层可采用灰土、三合土或碎石等。台阶也可采用毛石或条石砌筑，条石台阶不需另做面层。

2）台阶结构层。按材料不同，分为混凝土台阶、石台阶和砖台阶，其中混凝土台阶应用最普遍。

3）台阶面层。台阶面层可用水泥砂浆、水磨石或缸砖、马赛克、天然石及人造石等块材饰面。

（2）台阶的基础。台阶与坡道一般不需要特别的基础，实铺的只要回填土至相应标高，用道砟或三合土压实，再浇上一层素混凝土即可，如图3-157a所示。如有大体量平台或行车需要，也可以视情况配筋；架空的方式则多为将预制板搁置在梁上，坡度由梁形成，如图3-157b所示。

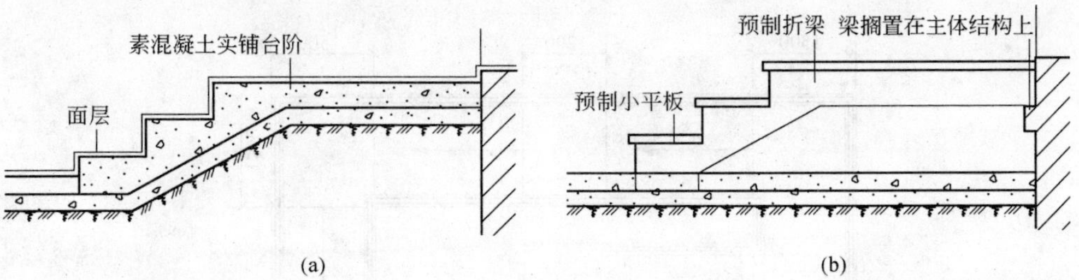

图3-157 台阶构造

（a）实铺；（b）架空

台阶在构造上要注意房屋主体沉降、热胀冷缩、冰冻等变形因素的影响，常见的是平台向主体倾斜，造成平台的倒返水或某些部位开裂等。解决这一问题的方法有两种：一是加强房屋主体与台阶之间的联系，以形成整体沉降（将台阶与主体结构相连，见图3－157）；二是将台阶和主体完全断开，加强缝隙节点处理。

3.6.3.2　坡道构造

一般坡道多为单面形式，坡道的坡度与使用要求、面层材料和做法有关。

（1）坡道的坡度。坡道的坡度一般为1/2～1/6，面层光滑的坡道，坡度不宜大于1/10。坡度为1/10的坡道较为舒适。粗糙材料和设防滑条的坡道，坡度可稍大，但不应大于1/6；锯齿形坡道的坡度可加大至1/4。无障碍坡道的坡度不应大于1/12。

（2）坡道的设计要求。坡道与台阶类似，也应采用耐久、耐磨和抗冻性好的材料，一般多采用混凝土坡道，也可采用天然石坡道等。坡道的构造要求和做法与台阶类似，也要注意变形的处理，但由于坡道平缓，故对防滑要求较高，大于1/8的坡道需做防滑设施，可设防滑条或做成锯齿形；天然石坡道则可对其表面做粗糙处理，如图3－158所示。

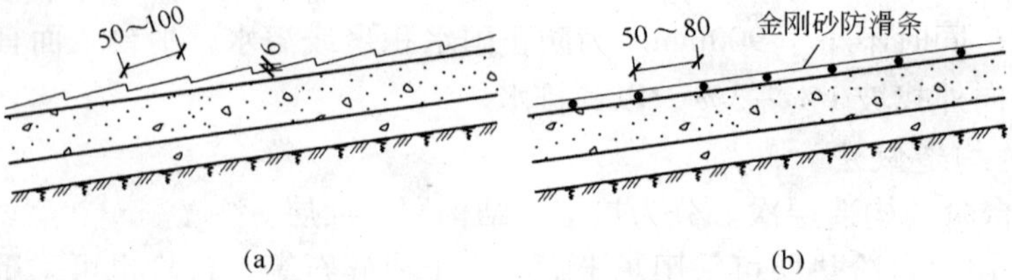

图3－158　坡道表面的防滑处理

（a）表面为锯齿形；（b）表面为防滑条

3.6.3.3　无障碍设计

A　无障碍坡道设计

（1）无障碍坡道的坡度和尺寸。我国规定便于残疾人通行的坡道坡度不应大于1/12，与之匹配的每段坡道的最大高度为750mm，最大坡段水平长度为9000mm。

（2）无障碍坡道的宽度和平台的深度。为便于轮椅通过，室内坡道的宽度应不小于900mm。室外坡道的宽度应不小于1500mm，如图3－159所示。

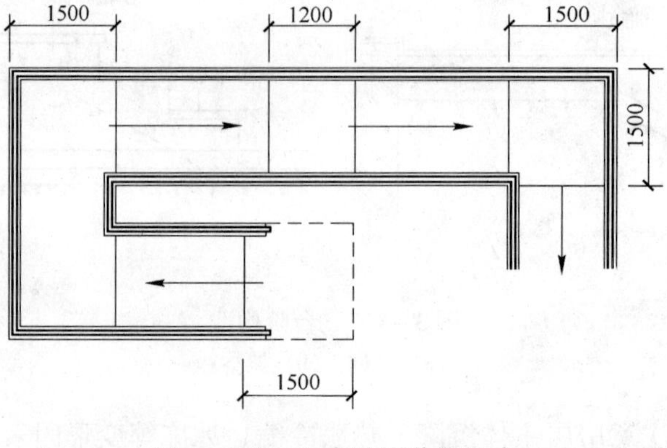

图3－159　无障碍坡道的尺寸

B 盲道设计

导盲块（地面提示块）利用其表面的特殊构造形式向视力残疾者提供触摸信息，提示应该停步或改变行进方向等，一般设置在有障碍物、需要转折或存在高差的场所。

常用的导盲块有行进提示块和停步提示块两种形式，它们既适用于楼梯又适用于坡道，如图3－160所示。

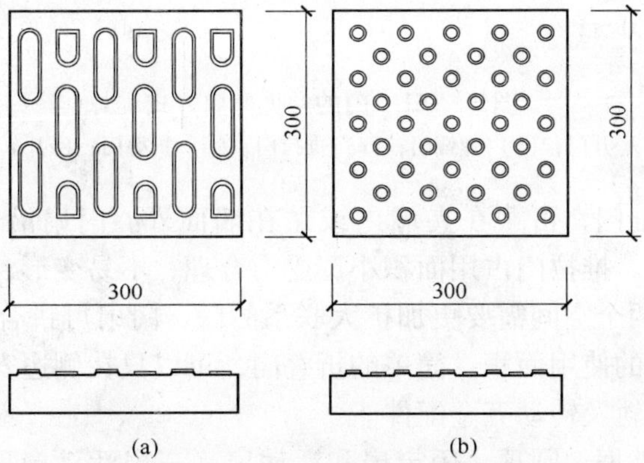

图3－160 地面提示块示意图

（a）地面提示行进块材；（b）地面提示停止块材

3.7 门 和 窗

3.7.1 门窗的种类、构造组成与尺度

3.7.1.1 门窗的种类

A 门窗按材料分类

常见的门有木门、铝合金门、钢质门、塑料门、全玻璃门、不锈钢门、玻璃钢门等，常见的窗有钢窗、铝合金窗、塑料窗等类型。

此外，标准较高的公共建筑的主要入口常用全玻璃门，它具有简洁、美观、视线无阻挡及构造简单等特点，分为全玻璃无框门和全玻璃有框门两种。

B 门窗按形式和制造工艺分类

门可分为镶板门、拼板门、夹板门、纱门、实拼门、百叶门等；窗可分为玻璃窗、百叶窗和纱窗等。玻璃窗应用广泛，有固定扇和开启扇之分。

C 门窗按其开启方式的不同分类

（1）门的开启方式，常见的有以下几种方式（见图3－161）：

1）平开门。平开门具有构造简单，开启灵活，制作安装和维修方便等特点。分单扇、双扇和多扇，内开和外开等形式，是一般建筑中使用最广泛的门。

2）弹簧门。其形式区别于平开门在于侧边用弹簧铰链或下边用地弹簧代替普通铰链，开启后能自动关闭。单向弹簧门常用于有自关要求的房门，如卫生间的门、纱门等。双向弹簧门多用于人流出入频繁或有自动关闭要求的公共场所，如公共建筑门厅的门等。双向弹簧门扇上一般要安装玻璃，供出入的人相互观察，以免碰撞。

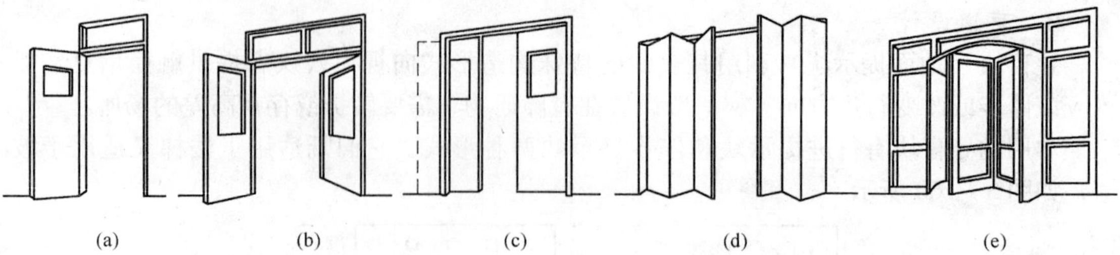

图3-161 门的常见开启方式

(a) 平开门；(b) 弹簧门；(c) 推拉门；(d) 折叠门；(e) 转门

3）推拉门。亦称扯门，可藏在夹墙内或贴在墙面外。门扇沿上下设置轨道左右滑行，有单扇和双扇两种。推拉门占用面积小，受力合理，不易变形，但构造较复杂。

4）折叠门。用于两个空间需要更加扩大联系的门。门扇可拼合、折叠推移到洞口的一侧或两侧，少占房间的使用面积。简单的折叠门，可以只在侧边安装铰链，复杂的还要在门的上边或下边装导轨及转动五金配件。

5）转门。转门由外框、圆顶、固定扇和活动扇（三扇活动扇呈Y状/四扇活动扇呈十字状）四部分组成，是在弧形门套内水平旋转的门，对防止内外空气对流有一定的作用。

转门主要用在宾馆、酒店、银行等中高级建筑装饰工程中，作为人员进出频繁且有采暖或空调设备的公共建筑的外门。转门的构造复杂，造价较高，一般情况下不宜采用。

转门不能作为疏散门，不应计入疏散宽度，通常在转门的两旁另设平开门或弹簧门，以作为不需要空气调节的季节或大量人员的疏散之用。

6）卷帘门。由金属片或金属条组成，放在两侧滑槽内，门上部的滚轴将门扇页片卷起。卷帘门按材质不同有铝合金面板、钢质面板、钢筋网格和钢直管网四种。按开启方式分为手动卷帘门和电动卷帘门两种类型。它适用于开启不频繁的、洞口较大的场所，具有防火、防盗、坚固等优点。

7）上翻门、升降门。一般适用于门洞口较大，有特殊要求的房间，如车库的自动开启门等。

（2）窗的开启方式，常见的有以下几种方式（见图3-162）：

1）平开窗。平开窗有内开和外开之分。它构造简单，制作、安装、维修、开启都比较方便，在一般建筑中应用最广泛。

2）悬窗。按旋转轴的位置不同，分为上悬窗、中悬窗和下悬窗三种。上悬窗和中悬窗向外开，防雨效果好，且有利于通风，尤其用于高窗，开启较为方便；下悬窗不能防雨，且开启时占用较多的室内空间，多与上悬窗组成双层窗用于有特殊要求的房间。

3）立转窗。立转窗为窗扇可以沿竖轴转动的窗。竖轴可设在窗扇中心，也可以略偏于窗扇一侧。立转窗的通风效果好，但由于密闭性较差，一般不用于外窗。

4）推拉窗。推拉窗分水平推拉和垂直推拉两种。水平推拉窗需要在窗扇上下设轨槽，垂直推拉窗要有滑轮及平衡措施。推拉窗开启时不占据室内外空间，窗扇和玻璃的尺寸可以较大，但它不能全部开启，通风效果受到影响。推拉窗对铝合金窗和塑料窗比较适用。

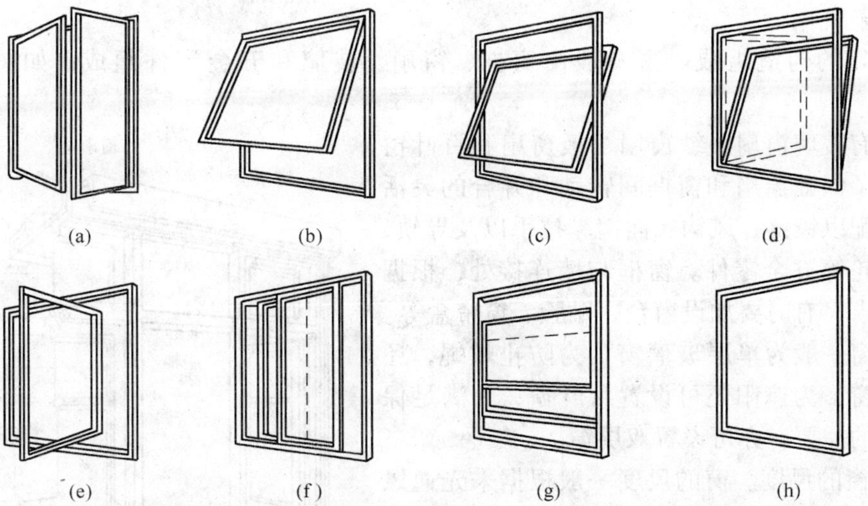

图 3 - 162　窗的常见开启方式

（a）平开窗；（b）上悬窗；（c）中悬窗；（d）下悬平开窗；（e）立转窗；
（f）水平推拉窗；（g）垂直推拉窗；（h）固定窗

5）固定窗。固定窗为不能开启的窗，仅作采光和通视用，玻璃尺寸可以较大。

D　按门的特殊电子装置分类

门按特殊电子装置可分为微波感应自动门、防盗自动门及智能感应门等，智能感应门多用于智能化建筑，如刷卡、指纹、眼纹等入门感应装置。

E　按特殊功能分类

门按特殊功能可分为防火门、保温门、隔声门、防射线门等。

3.7.1.2　门窗的构造组成与尺度

A　门

（1）门的构造组成。门一般是由门框、门扇、亮子和五金配件等部分组成，如图 3 - 163 所示。

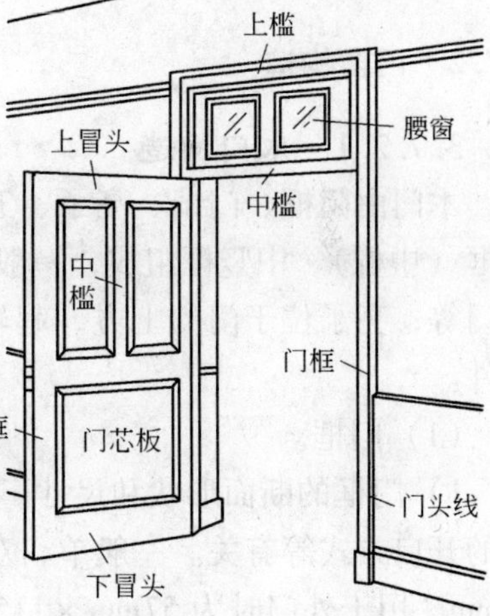

图 3 - 163　木门的组成

门框是门扇及亮子与墙洞的联系构件，有时还有贴脸和筒子板等装修构件。门扇通常有玻璃门、镶板门、夹板门、百叶门和纱门等。亮子又称腰头窗，在门的上方，供通风和辅助采光用，有固定、平开及上、中、下悬等方式。五金零件形式多样，通常有铰链、门锁、插销、风钩、拉手、门吸等。

（2）门的尺度。门的尺度应根据交通需要、家具规格及安全疏散要求等综合考虑。常用的平开木门的洞口宽一般在 700 ~ 3300mm 之间，高度则保持在 2100 ~ 3300mm 之间。单扇门的宽度一般不超过 1000mm，门扇高度不低于 2100mm，带亮子的门的亮子高度一般为 300 ~ 600mm。公共建筑和工业建筑的门可按需要适当提高，具体尺寸可查阅当地标准图集。

B　窗

（1）窗的构造组成。窗一般由窗框、窗扇、玻璃和五金配件组成，如图 3 – 164 所示。

窗扇有玻璃窗扇、纱窗扇、板窗扇和百叶窗扇等，为了保证窗扇和窗框间转动和开合的灵活性，其间配以铰链、风钩、插销、拉手以及导轨、转轴、滑轮等五金零件。窗框与墙连接处，根据不同的要求，有时要加设窗台、贴脸、窗帘盒等。

平开窗一般为单层玻璃窗，为防止蚊蝇，还可加设纱窗，为遮阳还可设置百叶窗；为满足保温或隔声的需要，亦可设置双层窗。

（2）窗的尺度。窗的尺度一般根据采光通风要求、结构构造要求和建筑造型等因素决定，同时应符合模数制要求。

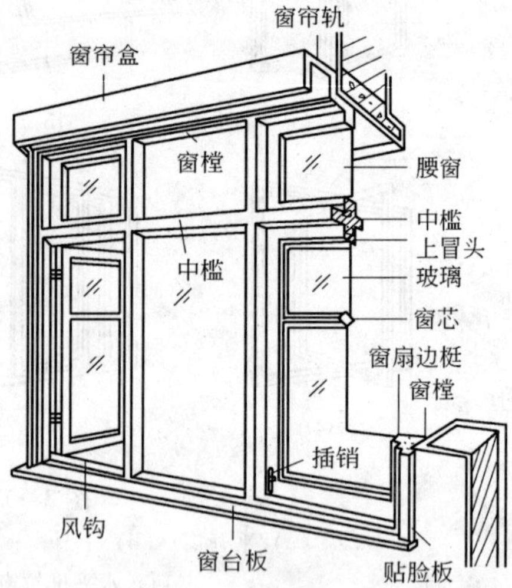

图 3 – 164　木窗的组成

从构造上讲，一般平开窗的窗扇宽度为400 ~ 600mm，高度为 800 ~ 1500mm，亮子高约为300 ~ 600mm。固定窗和推拉窗窗扇尺度可适当大些。窗洞口常用宽度为 600 ~ 2400mm，高度则为 900 ~ 2100mm，基本尺度以 300mm 为扩大模数。选用时可查阅标准图集。

3.7.2　门窗构造

3.7.2.1　木门构造

木门由门框、门扇、亮子、五金零件及附件组成。木门框由上框（上槛）、边框、中横框（中槛）、中竖框组成，一般不设下框；门扇有镶板门、夹板门、拼板门、百叶门和纱门等；亮子位于门的上方，起辅助采光与通风的作用；有时还设有贴脸板和筒子板等附件。

（1）门框。

1）门框的断面形状和尺寸。门框断面尺寸与门的总宽度、门窗类型、厚度、重量及门的开启方式等有关。一般单、双扇平开门，用于内门时其门框断面尺寸可采用 57mm × 85mm，用于外门时为 57mm × 115mm；四扇门边框为 57mm ×（125 ~ 145）mm，中竖框加厚 75mm；采用自由门时，门框应加厚，一般为 67mm ×（125 ~ 145）mm，中竖框则为 85mm ×（125 ~ 145）mm。图 3 – 165 列出了平开门门框断面形式和常用尺寸。

2）门框与墙的位置关系。门框在墙洞中的位置同窗框一样，有门框内平、门框居中和门框外平三种方式，如图 3 – 166 所示。一般情况下，门框多做在开门方向一边，与抹灰面平齐，使门的开启角度最大。但对于较大尺寸的门，为安装牢固，多居中设置。

3）门框的安装。门框的安装有“立口法”和“塞口法”两种方法。门的两边框的下端应埋入地面。门框的连接方法根据门的材料不同，常用预埋木砖（木门框用）、预埋螺栓或膨胀螺栓（金属门框用）。

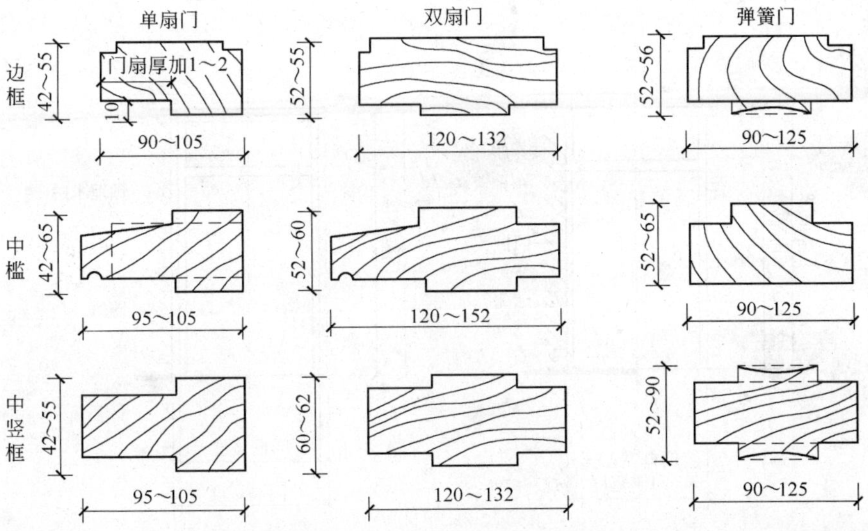

图 3－165 平开门门框断面形式和尺寸

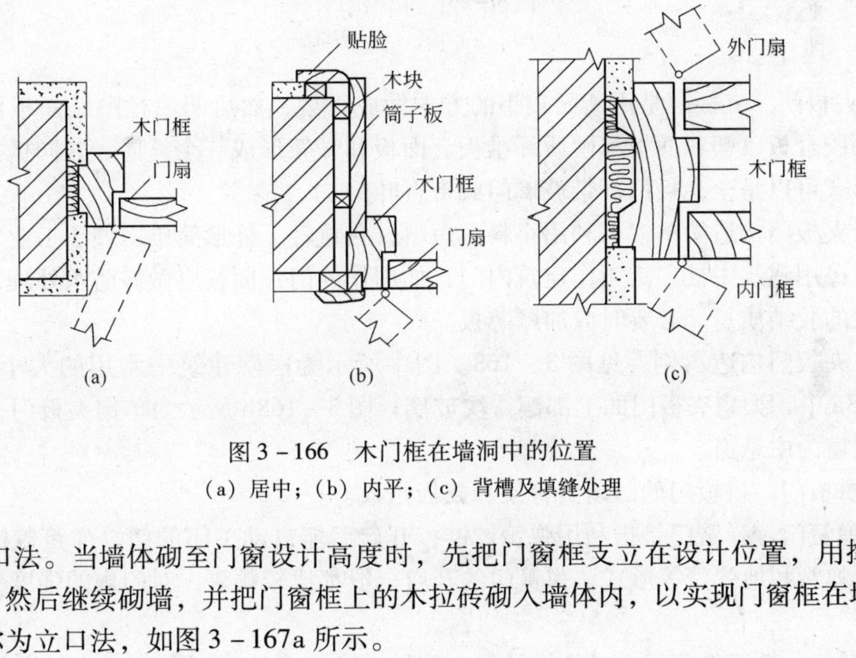

图 3－166 木门框在墙洞中的位置

（a）居中；（b）内平；（c）背槽及填缝处理

① 立口法。当墙体砌至门窗设计高度时，先把门窗框支立在设计位置，用撑杆加以临时固定，然后继续砌墙，并把门窗框上的木拉砖砌入墙体内，以实现门窗框在墙体上固定的方法称为立口法，如图 3－167a 所示。

② 塞口法。在砌墙时按设计门窗洞口尺寸留好洞口，并按要求事先砌入木砖（一般间距为 650～750mm），安装门窗框时，把门窗框塞入洞口，先用木楔、铁钉初步固定，然后用水泥砂浆嵌实以实现门框在墙体固定的方法称为塞口法，如图 3－167b 所示。门框尺寸应比洞口每边小 10～20mm，用泡沫塑料、沥青麻丝塞缝。

（2）门扇。门扇的种类主要有以下几种：

1）镶板门。镶板门构造简单，加工制作方便，适用于一般民用建筑的内门和外门。镶板门门扇是由骨架和门芯板组成的。骨架一般由边梃、上冒头、下冒头组成，有时中间还有一道或几道中冒头或一条竖向中梃。在骨架内镶门芯板，门芯板可为木板、胶合板、硬质纤维板、玻璃、百叶等。

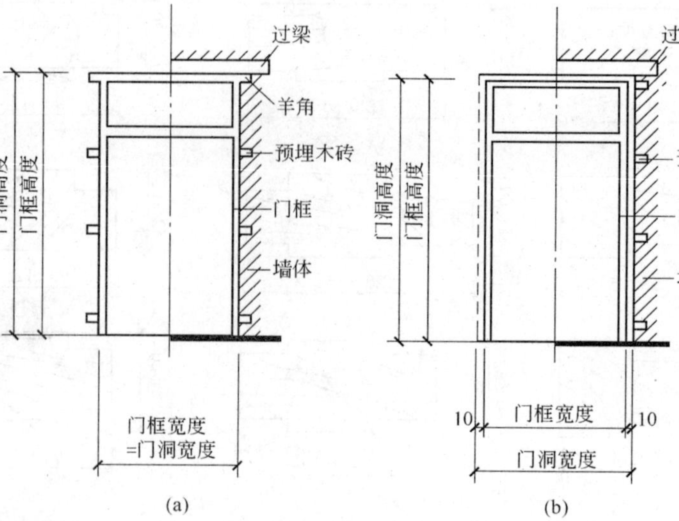

图 3－167 门框的安装

（a）立口法；（b）塞口法

2）夹板门。夹板门是用断面较小的方木做成骨架，然后两面粘贴贴面板而成。门扇面板可用胶合板、塑料面板和硬质纤维板。面板和骨架形成一个整体，共同抵抗变形。夹板门的形式可以是全夹板门、带玻璃门或带百叶门。

由于夹板门构造简单，可利用小料、短料，自重轻，外形简单，便于工业化生产，因而在一般民用建筑中被广泛用作建筑内门，如用作外门，面板应做好防水处理，并提高面板和骨架的胶结质量，必要时应加厚芯板。

常见夹板门构造示例，见图 3－168。图中所示为医院建筑中常用的大小扇夹板门，图 3－168a 中，大扇夹板门的上部镶一块玻璃；图 3－168b 所示为单扇夹板门，下部装有百叶，腰窗为中悬窗。

3）拼板门。拼板门的门扇由骨架和条板组成。

4）弹簧门。弹簧门是指利用弹簧铰链，开启后能自动关闭的门。弹簧铰链有单面弹簧、双面弹簧和地弹簧等形式。弹簧门的开启一般都比较频繁，对门扇的强度和刚度要求比较高。

5）转门。普通转门为手动旋转结构，旋转方向通常为逆时针，门扇的惯性转速可通过阻尼调节装置按需要进行调整。普通转门构造如图 3－169 所示。

自动旋转门属高级豪华门，又称圆弧自动旋转门，采用红外传感装置和电脑控制系统，传动机构为弧线旋转往复运动，旋转自动门有铝合金和钢质两种。圆弧自动旋转门如图 3－170 所示。

6）卷帘门。卷帘门的叶板形式有帘板式和网格式，开启方式分为手动卷帘和电动卷帘两种。

3.7.2.2 金属门窗构造

金属门窗主要有钢门窗（普通碳素钢、彩色钢板）、铝合金门窗及不锈钢门窗等。

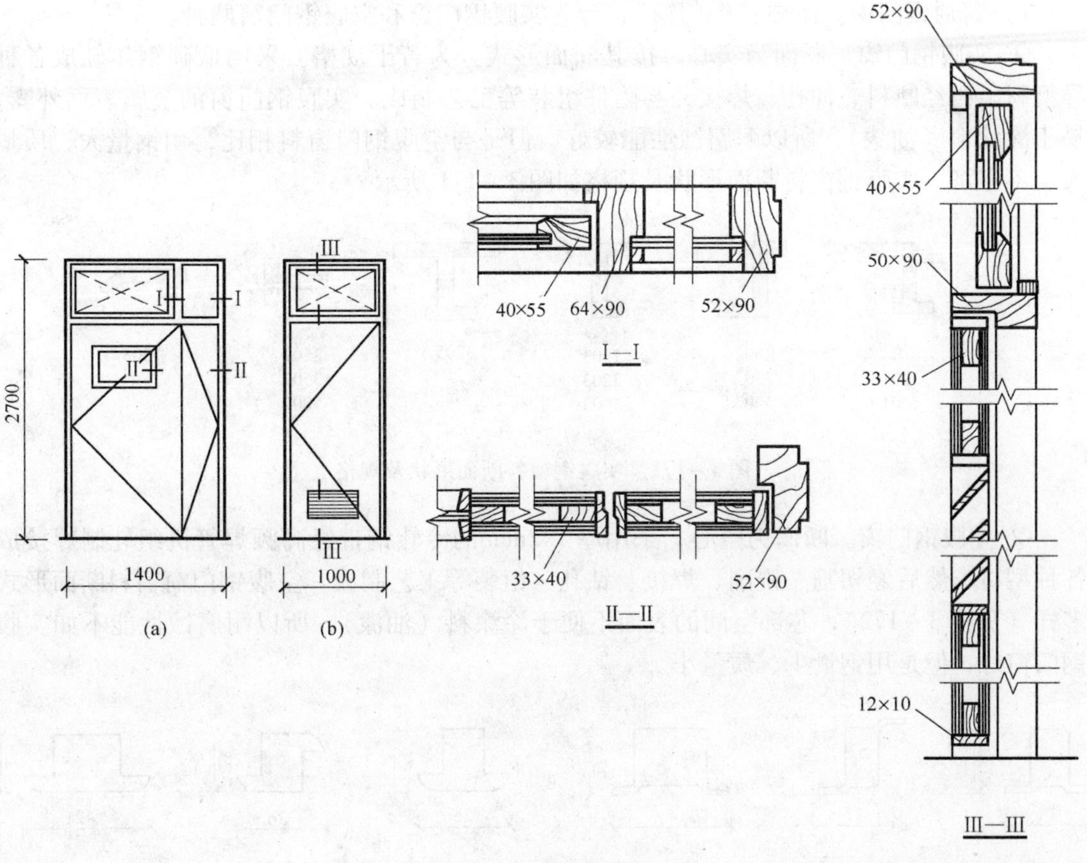

图 3－168　夹板门构造

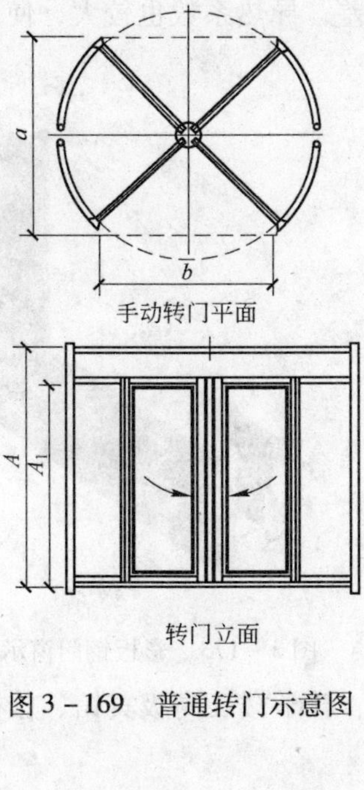

图 3－169　普通转门示意图

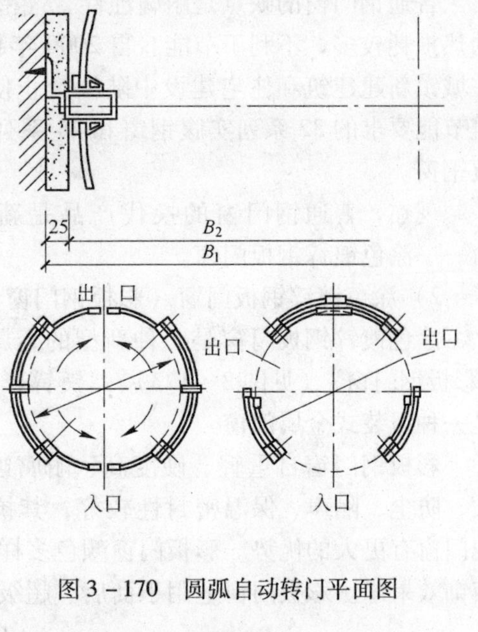

图 3－170　圆弧自动转门平面图

（1）钢门窗。钢门窗又分为普通钢门窗和涂色镀锌钢板门窗（彩板门窗）两大类。

1）普通钢门窗。简称“钢门窗”，分为实腹钢门窗和空腹钢门窗两种。

① 实腹钢门窗。断面为实心，按其断面形式分为若干规格。采用低碳钢热轧成各种异型材，再经断料、冲孔、焊接并与附件组装等工艺制成。实腹钢门窗的金属表面外露，易于涂涂料（油漆），所以耐腐蚀性能较好，但是与空腹钢门窗料相比，用钢量大、质量大、不经济。实腹钢窗料断面形状及规格如图 3－171 所示。

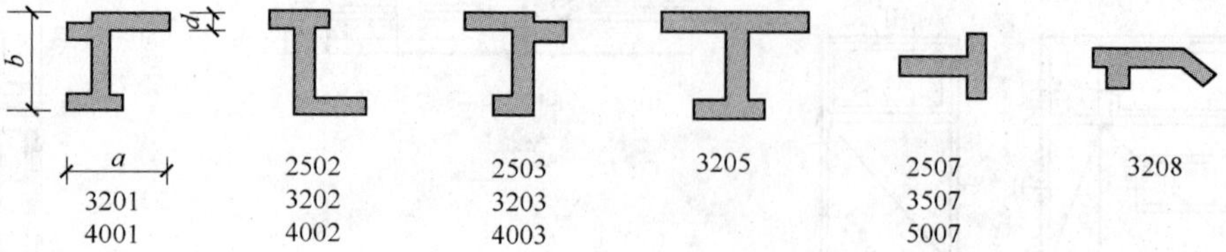

图 3－171　实腹钢窗料断面形状及规格

② 空腹钢门窗。断面为空心，采用厚 1. 2mm 的冷轧钢带经高频焊管机组轧制焊接成各种型材，然后经切割、铣削、焊接、钻孔、组装等工艺制成。空腹钢门窗窗料断面形式多样（见图 3－172），芯部空间的表面不便于涂涂料（油漆），所以耐腐蚀性能不如实腹钢门窗好，但是用钢量少、质量小。

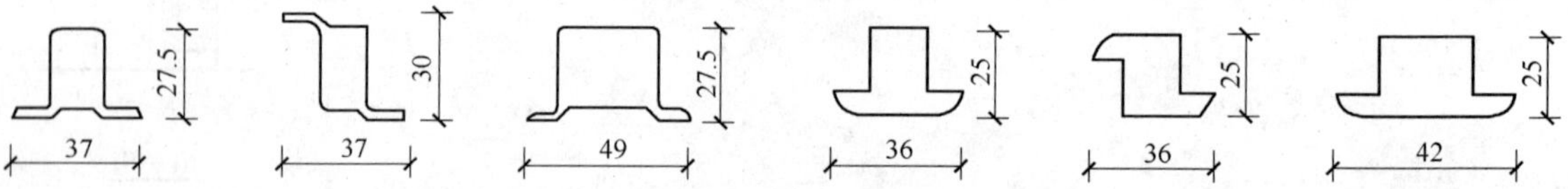

图 3－172　空腹钢窗料断面形状及规格

普通钢门窗的缺点是耐腐蚀性、气密性、水密性较差，导热系数也较大，使用过程中的热损耗较多，不利于节能。自 2000 年起，国内各地在城镇新建建筑和住宅建设中陆续禁止使用不符合建筑节能要求的 32 系列实腹钢窗和 25 系列、35 系列空腹钢窗。

现在，普通钢门窗的换代产品是新型节能型门窗——涂色镀锌钢板门窗。

2）涂色镀锌钢板门窗（彩板钢门窗）。

涂色镀锌钢板门窗是一种新型的金属门窗。又称“彩板钢门窗”（见图 3－173）、“镀锌彩板门窗”。它是一种组装式金属门窗。

图 3－173　彩板钢门窗示意图

彩板钢门窗自重轻、硬度高、耐腐蚀、采光面积大、防尘、隔声、保温密封性较好，其抗风强度比其他门窗有更大的优势。彩板门窗颜色多样、造型美观、装饰效果好。彩板门窗适用于商店、超级市场、试验室、教学楼、高级宾馆、旅社、各种剧场影院及民用住宅高级建筑的门窗工程。

彩板钢门窗型材的断面都是由开口或咬口的管材挤压成型的。型材分为框料、扇料、中梃、横梃、门芯板等类型，各类型材又按系列进行组合。彩板钢门窗的开启形式有平开、固定、中悬、推拉及组合门窗等。色彩有红色、绿色、乳白、棕、蓝等。

彩板钢门窗构造做法如图 3－174、图 3－175所示。

（2）铝合金门窗。铝合金门窗是表面处理过的铝材经下料、打孔、铣槽、攻丝等加工，利用转角件、插接件、紧固件组装成门窗框料的构件，然后与连接件、密封件、开闭五金件一起组合装配成门窗。

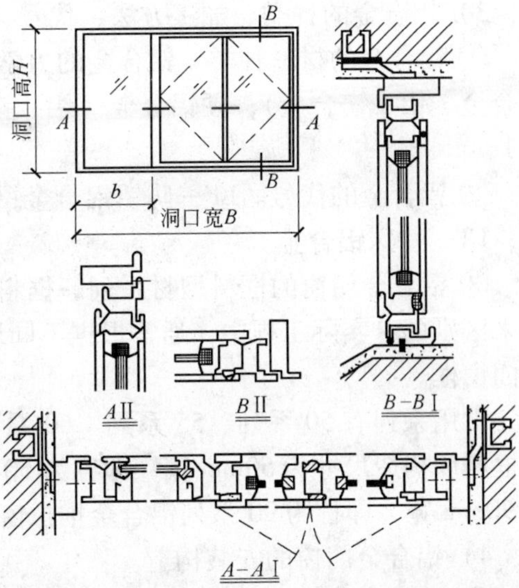

图 3－174 彩板钢窗（平开）构造节点

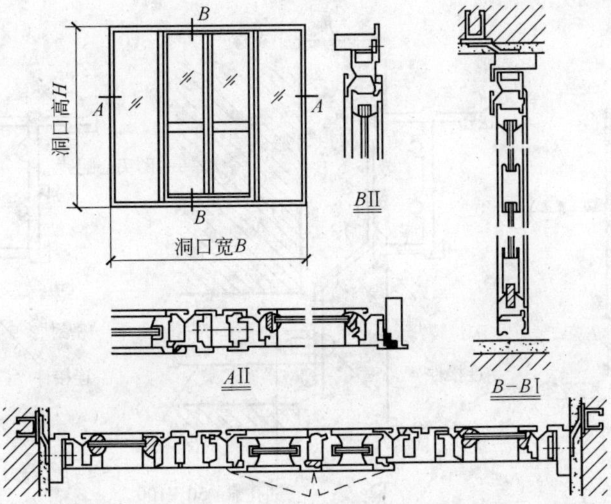

图 3－175 彩板钢门（平开、固定组合门）构造节点

1）铝合金门窗的特点。

① 铝合金门窗用料省、自重轻，较钢门窗轻 50% 左右。

② 密封性好，气密性、水密性、隔声性、隔热性都较钢、木门窗有显著的提高。

③ 铝合金门窗强度高，刚性好，坚固耐用，开闭轻便灵活，无噪声，安装速度快。

④ 铝合金门窗框料型材表面经过氧化着色处理后，既可保持铝材的银白色，又可以制成各种柔和的颜色或带色的花纹，如古铜色、暗红色、黑色等。

2）铝合金门窗常见开启形式。

① 铝合金门。推拉门、平开门、弹簧门、卷帘门等。

② 铝合金窗。推拉窗、平开窗、固定窗、悬挂窗、百叶窗等。

3）铝合金的种类、加工方法、代号、框料型材系列。

① 铝合金的材料种类。铝合金的力学性能要优于纯铝，常见的有一般铝合金（铝－锰合金、铝－镁合金）；硬铝合金（铝－铜－镁合金）；超硬铝合金（铝－锌－镁－铜合金）。

② 铝合金的代号。LF—防锈铝合金；LY—硬铝合金；LC—超静铝合金；LD—锻铝合金；LT—特殊铝合金。

③ 铝合金门窗的框料型材系列。框料型材系列名称是以铝合金门窗框的厚度构造尺寸来区别的，实际工程中，通常根据不同地区、不同性质的建筑物的使用要求选用相适应的门窗框。

常用系列有50系列、55系列、60系列、70系列、90系列、100系列等。如平开门门框厚度构造尺寸为50mm宽，即称为50系列铝合金平开门；推拉窗窗框厚度构造尺寸为90mm宽，即称为90系列铝合金推拉窗等。

4）铝合金门窗的安装构造。

① 铝合金门窗框与洞口的连接构造。铝合金门窗框与洞口的连接采用塞口做法、柔性连接，如图3－176所示。

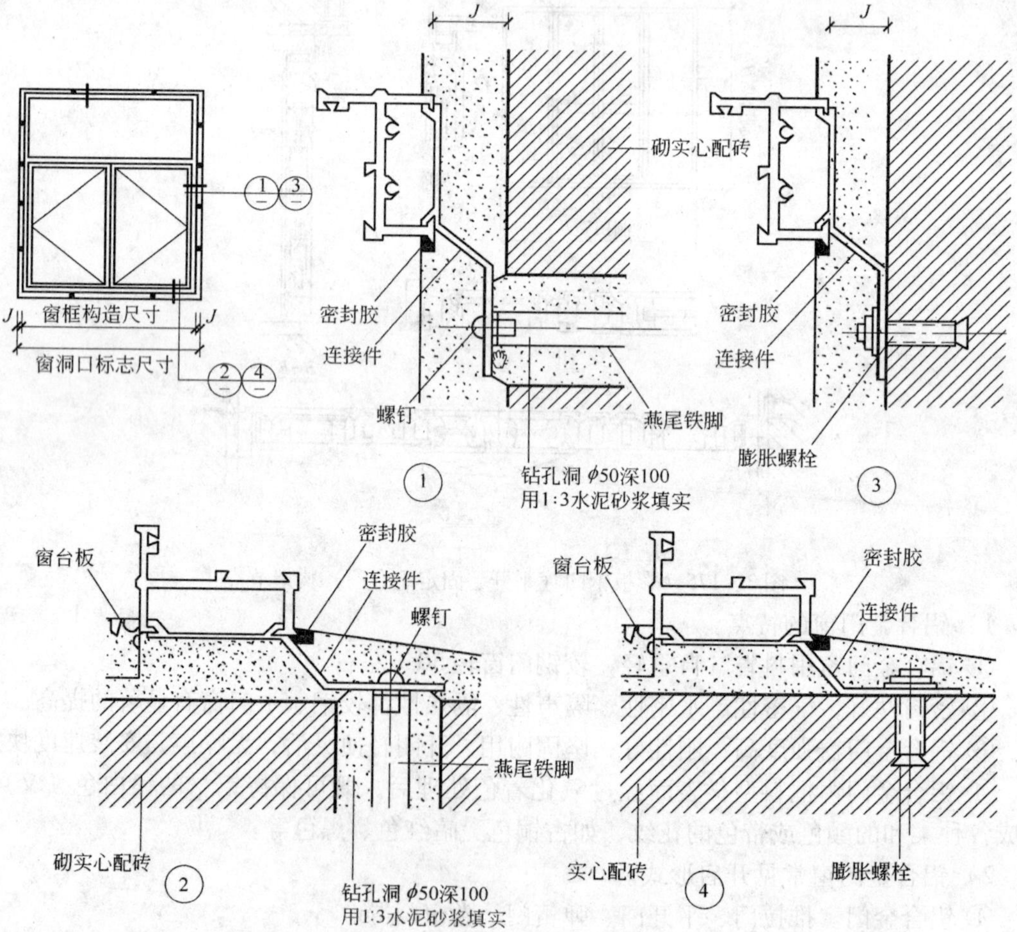

图3－176 铝合金门窗框与墙体的连接

② 铝合金推拉窗、推拉门构造。铝合金推拉窗有沿水平方向左右推拉和沿垂直方向上下推拉的窗，常采用水平推拉窗。推拉窗常用的铝合金型材有60系列、66系列、70系列、90系列等，其中70系列是目前广泛采用的窗用型材。铝合金推拉窗构造如图3－177所示。

铝合金推拉窗的构造特点是，框料型材由四种不同断面型材组合而成。上框为槽形断面，下框为带导轨的凸形断面，两侧竖框为另一种槽形断面。窗扇采用两组带轴承的工程塑料滑轮，可减轻噪声，使窗扇受力均匀，开关灵活。

铝合金推拉门多用于内门，构造如图3－178所示。

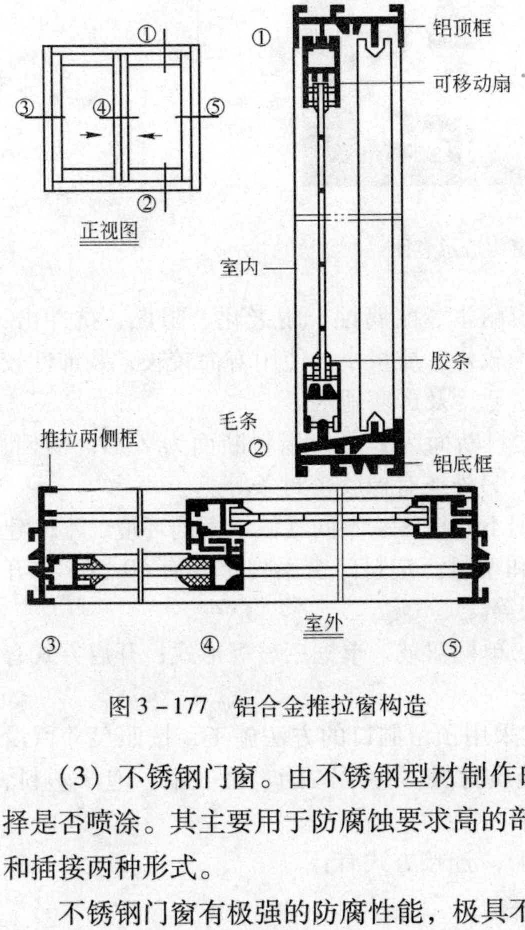

图3－177 铝合金推拉窗构造

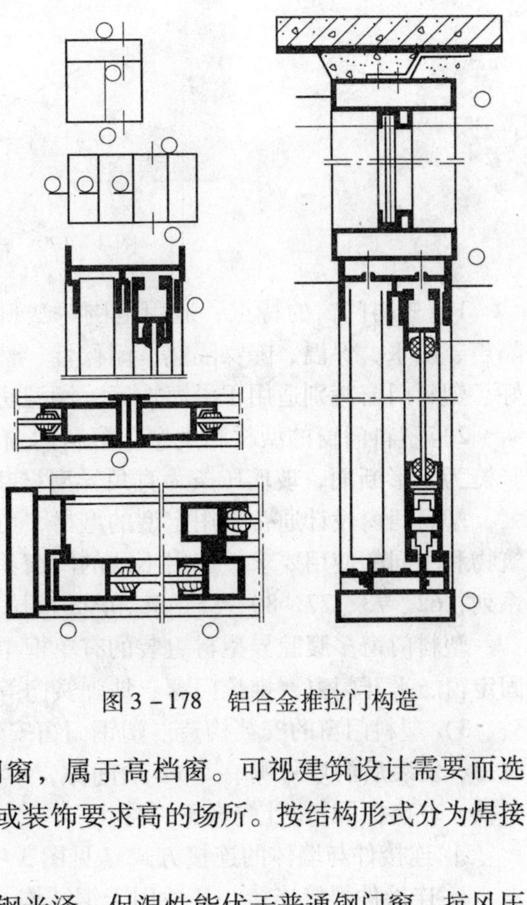

图3－178 铝合金推拉门构造

(3) 不锈钢门窗。由不锈钢型材制作的门窗，属于高档窗。可视建筑设计需要而选择是否喷涂。其主要用于防腐蚀要求高的部位或装饰要求高的场所。按结构形式分为焊接和插接两种形式。

不锈钢门窗有极强的防腐性能，极具不锈钢光泽，保温性能优于普通钢门窗。抗风压强度应按建筑重要性、所在地区基础风压、周围环境、高度等计算确定，并符合当地要求。保温性能应符合当地建筑设计节能要求。型材厚度应满足抗风压强度计算及工艺要求。

(4) 塑料门窗。塑料门窗是由聚氯乙烯（PVC）、改性聚氯乙烯或其他树脂为主要原料，添加适量助剂和改性剂，经挤压机挤出各种截面的空腹异型材。为增强型材的刚性，型材空腔内需要填加钢衬或铝衬（加强筋），故又称为塑钢门窗。塑钢窗构造如图3－179所示。

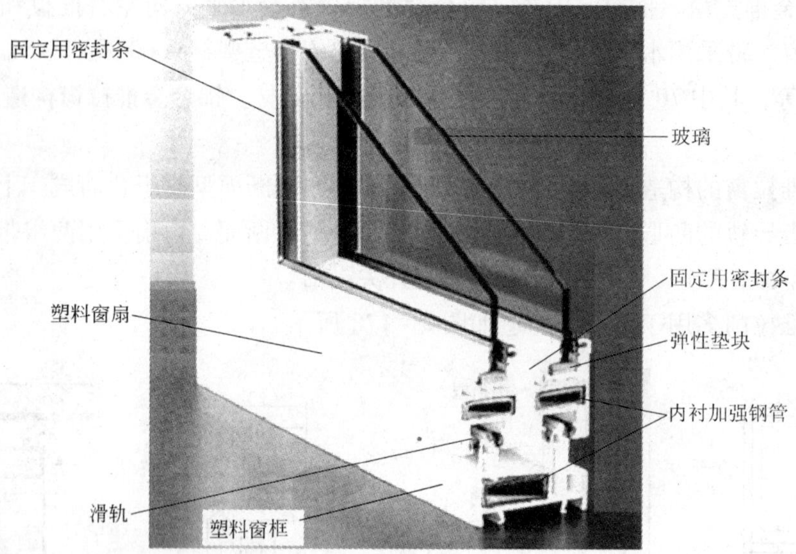

图 3－179 塑钢窗构造示意图

1）塑料门窗的特点、适用范围。塑料门窗耐水、耐腐蚀、耐老化、阻燃、抗冲击；隔声、防水、保温、降噪隔热、耐候性、性能均较好；质量小，使用寿命较长；装饰性较好。塑料门窗特别适用于沿海地区、潮湿房间、寒冷及严寒地区。

2）塑料门窗的型材和类型。塑料门窗的框料断面为 L 形，扇料断面为 Z 形，横档、竖梃为 T 形断面，玻璃压条为直角异型材断面，另外还有橡胶密封条等。

塑料门窗设计通常采用定型的型材，可根据不同地区、不同气候、不同环境、不同建筑物和不同的使用要求，选用不同的门窗系列和型材。塑料门窗系列主要有 60、66 平开系列；62、73、77、80、85、88 和 95 推拉系列等。

塑料门窗多腹腔异型材组装的有单框单玻、单框双玻、单框三玻等形式；开启方式有固定窗、平开门窗、推拉门窗、地弹簧门等。

3）塑料门窗的安装构造。塑钢门窗安装应采用预留洞口的方法施工，按照尺寸留设洞口，安装后洞口每侧有 5mm 的间隙，填入轻质材料（丙烯酸酯、聚氨酯、泡沫塑料、矿棉、玻璃棉等），外侧嵌密封膏。

① 连接件与墙体的连接方式（见图 3－180）。连接方式有：

a. 连接件焊接连接。其适用于钢结构。

b. 预埋件连接。其适用于钢筋混凝土结构。

c. 燕尾铁连接。其适用于砖墙结构。

d. 膨胀螺栓连接。其适用于钢筋混凝土结构、砖墙结构。

② 塑钢门窗的密封材料。可选用硅酮胶、聚硫胶酯胶、聚氨酯胶、丙烯酸等；密封条可选用橡胶条、橡塑条等。塑钢门窗的密封条如图 3－181 所示。

③ 塑钢门窗的安装要点。窗框应横平竖直，高低一致；固定联结件（节点）处的间距要小于600mm。要在距窗框的四个角 150mm 处两个方向设联结件。每个联结件不得少于两个螺钉；嵌注密封胶前要清理干净框底浮灰；安装门窗后，应注意保护门窗框及玻璃。

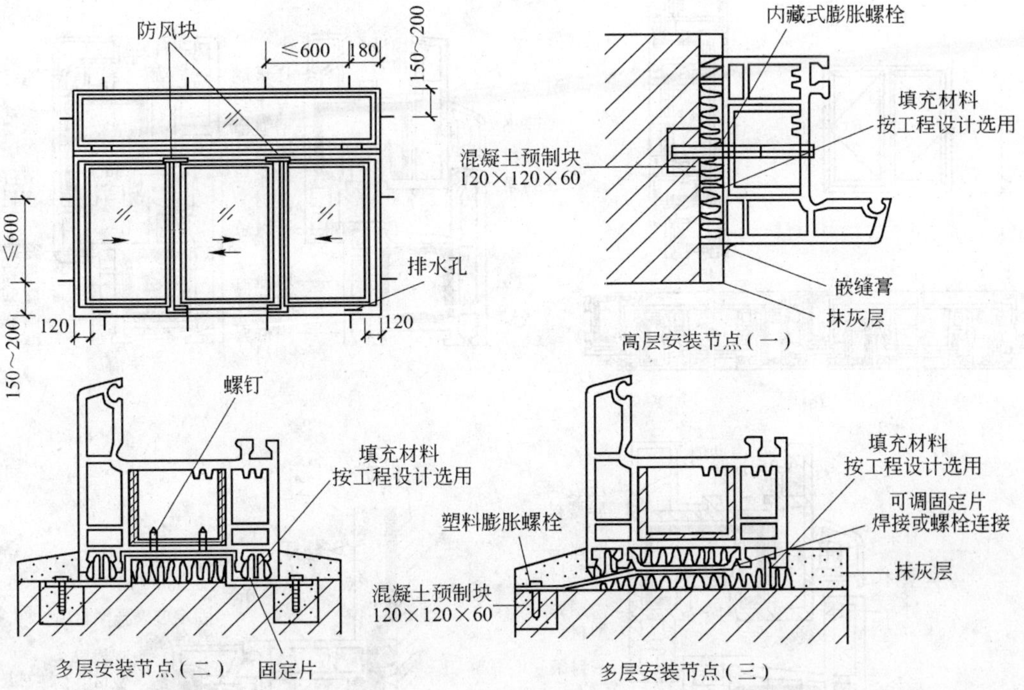

图 3－180 塑料门窗的安装方式

塑钢平开窗，其节点构造如图 3－182 所示。

（5）节能门窗。节能型建筑门窗不是特指某类材料的门窗，而是指能达到现行节能建筑设计标准的门窗，即门窗的保温隔热性能（传热系数）和空气渗透性能（气密性）两项物理性能指标达到或高于所在地区《民用建筑节能设计标准（采暖居住建筑部分）》及其各省、市、区实施细则技术要求的建筑门窗统称为节能门窗。

图 3－181 塑料门窗的密封条

目前，新型节能门窗有木塑、铝塑复合门窗和钢塑复合共挤节能保温窗及隔热保温型喷塑铝合金门窗等。

1）节能门窗的材料。节能门窗主要体现在节能型框材设计、节能玻璃的选择及节能窗户的层数设计、密封材料的选择等方面。

① 节能门窗的框材。目前有铝合金断热型材、铝木复合型材、钢塑整体挤出型材以及 UPVC 塑料型材等，其中使用较广的是 UPVC 塑料型材，它所使用的原料是高分子材料——硬质聚氯乙烯。

② 节能门窗的玻璃。为了解决大面积玻璃造成能量损失过大的问题，将普通玻璃加工成中空玻璃、镀膜玻璃、高强度 LOW－E 防火玻璃等。

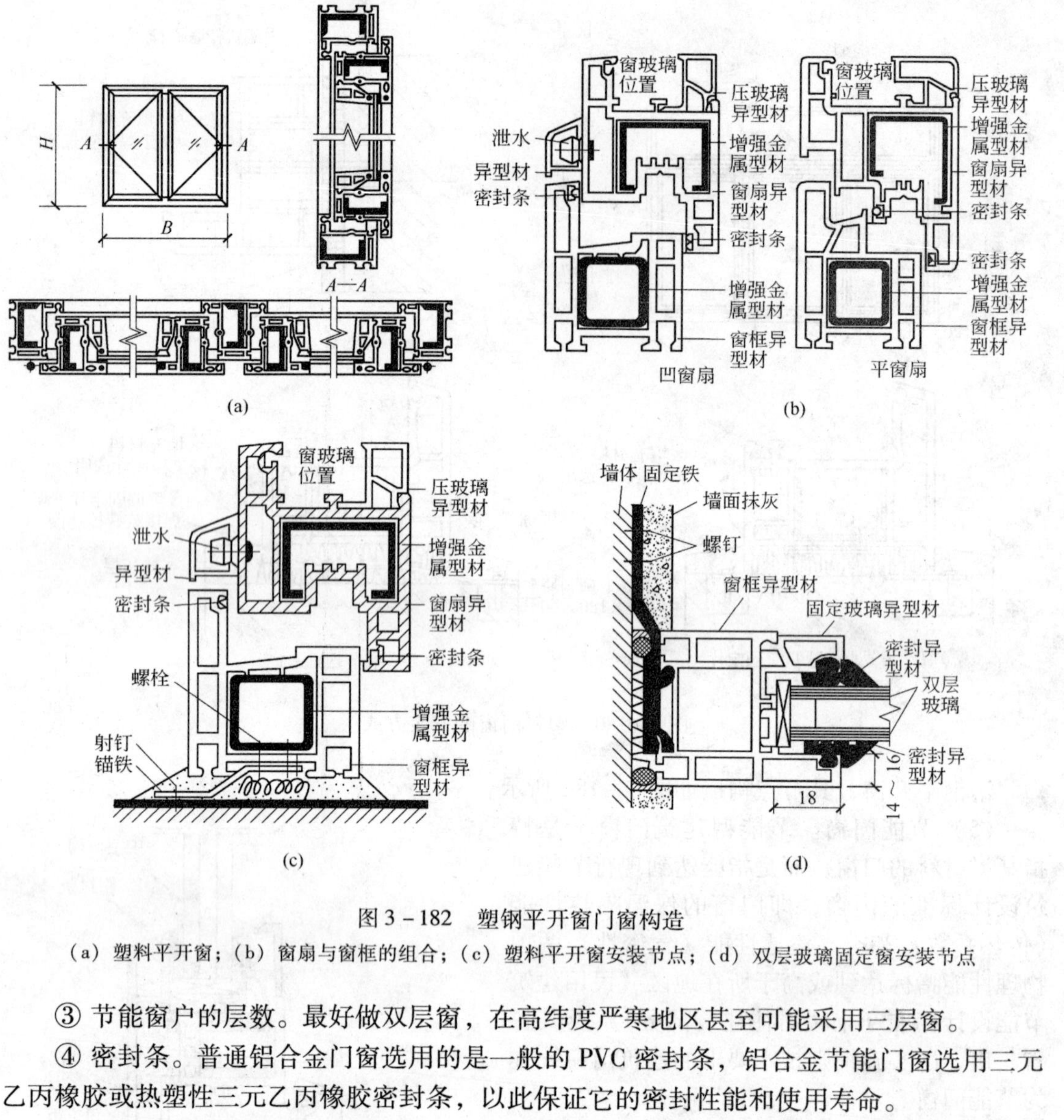

图 3－182 塑钢平开窗门窗构造

（a）塑料平开窗；（b）窗扇与窗框的组合；（c）塑料平开窗安装节点；（d）双层玻璃固定窗安装节点

③ 节能窗户的层数。最好做双层窗，在高纬度严寒地区甚至可能采用三层窗。

④ 密封条。普通铝合金门窗选用的是一般的 PVC 密封条，铝合金节能门窗选用三元乙丙橡胶或热塑性三元乙丙橡胶密封条，以此保证它的密封性能和使用寿命。

2）常见节能门窗类型。

① 塑钢共挤门窗（型材断面见图 3－183）。塑钢共挤门窗，具有良好的保温隔热节能性能，传热系数仅为钢材的 1/357，铝材的 1/1250，门窗的隔热、保温效果显著，对具有暖气、空调设备的现代建筑物更加适用。

② 铝合金节能门窗（断桥隔热铝合金门窗）。新一代铝合金节能门窗，是在铝型材中间穿入隔热条，将铝型材室内外两面隔开形成断桥，所以又称其为“断桥隔热铝合金”门窗。其型材表面的内外两侧可做成不同颜色，装饰色彩丰富，适用范围广泛。断桥铝合金框料断面如图 3－184 所示。

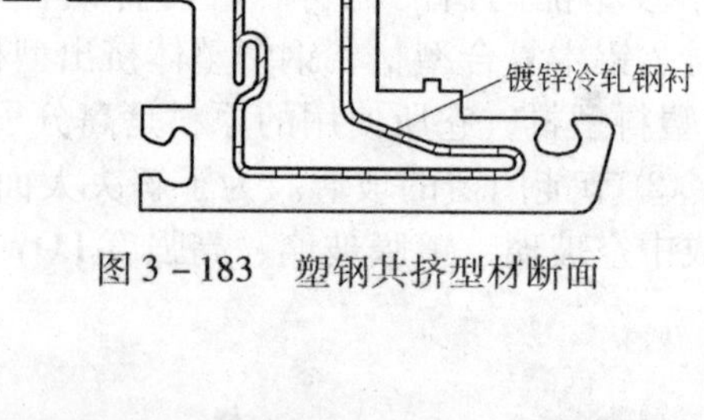

图 3－183 塑钢共挤型材断面

③ 铝木复合门窗（见图3-185）。铝木复合门窗是在保留纯实木门窗特性和功能的前提下，将经过精心设计的隔热（断桥）铝合金型材和实木通过特殊工艺、机械方法复合而成的框体。两种材料通过高分子尼龙件连接，充分照顾了木材和金属收缩系数不同的属性。铝木复合门窗具有强度高、色彩丰富、装饰效果好、耐候性好的优点，适合各种天气条件件和不同的建筑风格。

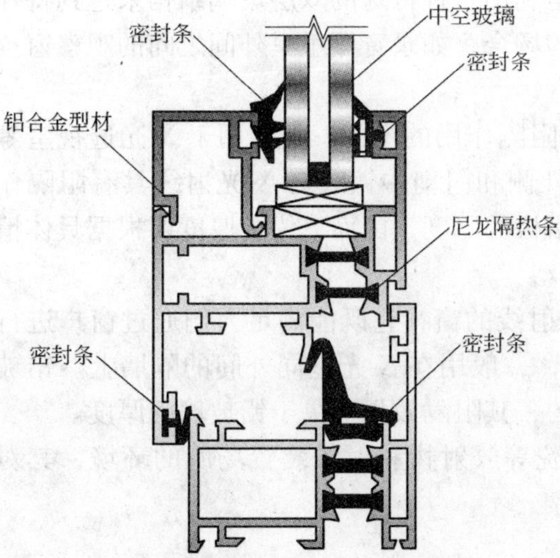

图3-184 断桥铝合金框料断面

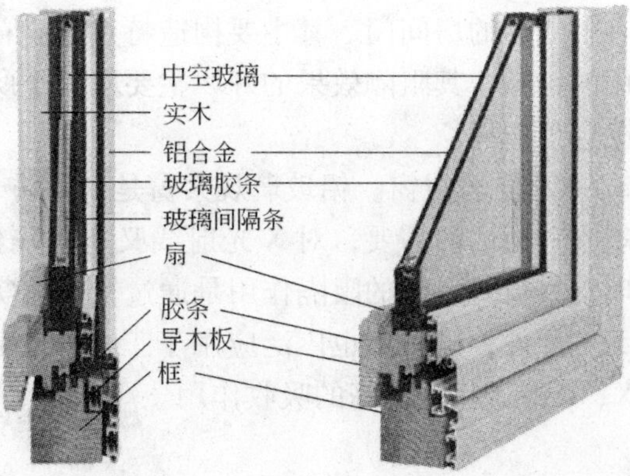

图3-185 铝木复合节能门窗构造示意图

（6）特殊门窗。

1）防火门窗。

① 防火门。防火门是应用在防火通道等有特殊防火要求的场合的门，一般是平开门，并具有自行关闭的功能，主要是保证其开启方便和隔离作用。大型防火门也常采用自重下滑关闭门。

防火门按材料不同分木质防火门、钢木质防火门和金属防火门。根据对耐火等级的要求，防火门的等级有三级，甲级（1.2h）、乙级（0.9h）、丙级（0.6h）。

防火卷帘门有手动和电动两种类型，帘板采用重型钢卷帘，具有防火、隔烟、阻止火势蔓延的作用，又有良好的抗风压和气密性能。此外，电动卷帘门与烟感、报警系统配合使用，更能发挥自动、及时等特殊作用。当发生火灾时，可自动关闭或由监控室遥控卷帘。

② 防火窗。防火窗必须采用钢窗或塑钢窗，镶嵌铅丝玻璃，以免玻璃在燃烧受热破裂后掉下，以防止火焰窜入室内或窗外。

2）保温、隔声门窗。

① 保温门、隔声门。保温门要求门扇具有一定热阻值和门缝密闭处理，故常在门扇两层面板间填以轻质、疏松的材料（如玻璃棉、毛毡、矿棉等）。

隔声门常采用多层复合结构，即在两层面板之间的门芯中填具有特殊隔声效果的隔声材料，如玻璃棉、甘蔗板、玻璃纤维板等。另外，在门扇同门框等的接合缝处还镶有橡胶密封条。

② 保温窗、隔声窗。保温窗常采用双层窗及双层玻璃的单层窗两种。双层窗应采用不同厚度的玻璃，以减少吻合效应的影响。厚玻璃应位于声源一侧，玻璃间的距离一般为 80～100mm。双层中空玻璃窗，双层玻璃之间的距离为 3～5mm，窗扇的上下冒头应设透气孔。

隔声窗是具有特殊隔声效果的窗。它主要是利用一种特殊的双层玻璃结构来达到特殊的隔声效果。隔声窗主要用于有特殊隔声要求的场合，如录音棚里里外间之间的观察窗。

3）防射线门窗。

① 防射线门。防射线门即对 X 光射线具有阻隔作用的木门。主要用于 X 光透视室等有射线源的房间门。其主要构造特点是在门框外侧和门扇中镶装对 X 光射线具有阻隔作用的铅板，其阻隔效果的好坏主要取决于所用铅板的厚度，因而，铅板厚度要根据具体情况合理选择。

② 防射线窗。铅玻璃观察窗是一种防 X 光射线的窗，它既能满足人们通过窗户进行观察和通话的需要，对 X 光射线又有阻隔作用，一般用在 X 光室同外间的隔墙上。铅玻璃观察窗对射线的阻隔作用是通过铅玻璃实现的，其阻隔效果取决于铅玻璃的厚度。

此外，硫酸钡也广泛应用于工业探伤、医院等放射物和射线装置场所的环境，其对 X、γ 射线起到良好的吸收作用。

3.8 变形缝

3.8.1 变形缝的概念和种类

3.8.1.1 变形缝的概念

变形缝是建筑物在因昼夜温差、不均匀沉降以及地震荷载而可能引起结构破坏的变形敏感部位或其他必要部位预先设的缝，它将整个建筑物沿全高断开，使建筑物的各部分成为独立单元，并令各段之间的缝达到一定的宽度，以能够适应变形的需要。

3.8.1.2 变形缝的种类

变形缝的种类主要有三种，即伸缩缝、沉降缝和抗震缝。为避免大型、复杂平面的建筑因满足不同的设缝要求而设置过多的变形缝，应该尽量简化缝的数量和位置，尽可能将抗震缝与伸缩缝、沉降缝结合布置，即所谓的“三缝合一”。

3.8.2 变形缝的构造做法

3.8.2.1 伸缩缝（温度缝）

A 伸缩缝的概念

伸缩缝是指为了防止由于气候、温度变化（热胀冷缩）在建筑物构件内部产生的附加应力使结构产生胀缩变形进而产生裂缝或破坏，而沿房屋长度方向设置的一条垂直构造缝。伸缩缝是将基础以上的建筑构件如墙体、楼板、屋顶（木屋顶除外）等分成几个独立部分，每段长度均不超过允许的限值，使建筑物沿长度方向可做水平伸缩。

B 伸缩缝的设置

(1) 伸缩缝的设置要求。设置伸缩缝时，沿建筑物长度方向每隔一定距离预留缝隙，要求把建筑物的墙体、楼板层、屋顶等地面以上部分全部断开，基础部分因受温度变化影响较小，不需断开。伸缩缝的宽度一般为 20 ~ 30mm。缝内填保温材料。

(2) 设置伸缩缝需考虑的因素。设置伸缩缝应根据建筑物的长度、结构类型和屋盖刚度以及屋面是否设保温或隔热层来考虑。

(3) 伸缩缝的设置位置。设置伸缩缝的最大间距，即建筑应该设伸缩缝的最大长度，应根据建筑、结构规范，针对不同材料的结构体系而定，见表 3 – 3、表 3 – 4。

表 3 – 3 砌体结构伸缩缝的最大间距（m）

屋盖或楼盖类别		间距
整体式或装配整体式钢筋混凝土结构	有保温层或隔热层的屋盖	50
	无保温层或隔热层的屋盖	40
装配式无檩体系钢筋混凝土结构	有保温层或隔热层的屋盖	60
	无保温层或隔热层的屋盖	50
装配式有檩体系钢筋混凝土结构	有保温层或隔热层的屋盖	75
	无保温层或隔热层的屋盖	60
瓦材屋盖、木屋盖或轻钢屋盖		100

表 3 – 4 钢筋混凝土结构伸缩缝的最大间距（m）

结构类别		室内或土中	露天
排架结构	装配式	100	70
框架结构	装配式	75	50
	现浇式	55	35
剪刀墙结构	装配式	65	40
	现浇式	45	30
挡土墙、地下室墙壁等类结构	装配式	40	30
	现浇式	30	20

(4) 伸缩缝的宽度。伸缩缝的宽度见表 3 – 5。

表 3 – 5 伸缩缝的宽度 （mm）

序号	结构形式	伸缩缝宽度
1	一般工业、民用建筑砖墙承重梁板结构	20 ~ 30
2	一般民用建筑框架结构	20 ~ 30

注：按内容及设备，易发生火灾者宽度为（1/1200）。

C 伸缩缝的构造做法

变形缝构造按位置分为墙体变形缝（又分外墙和内墙构造）、楼地层及顶棚变形缝、屋面变形缝几个部位。伸缩缝、沉降缝和抗震缝在除了缝宽设置要求不同及外墙缝构造不同以外，楼地层及顶棚缝构造及屋面缝基本相同。

(1) 墙体伸缩缝构造。

1) 墙体伸缩缝的截面形式。砖墙伸缩缝截面有平缝、错口缝或凹凸缝（企口缝）。平缝构造简单，但不利于防水、保温隔热，适用于厚度不超过 240mm 的墙体，当墙体厚度较大时应采用错口缝或凹凸缝，如图 3 – 186 所示。

2) 墙体伸缩缝的构造做法。

① 填缝材料。外墙外侧缝内常用防水、防腐蚀的弹性材料填缝，如沥青麻丝、沥青木丝板、泡沫塑料条、橡胶条、油膏等与金属调节片。

② 盖缝材料。外墙封口可用镀锌铁皮、铝皮做盖缝处理。内墙可用金属板或木板作为

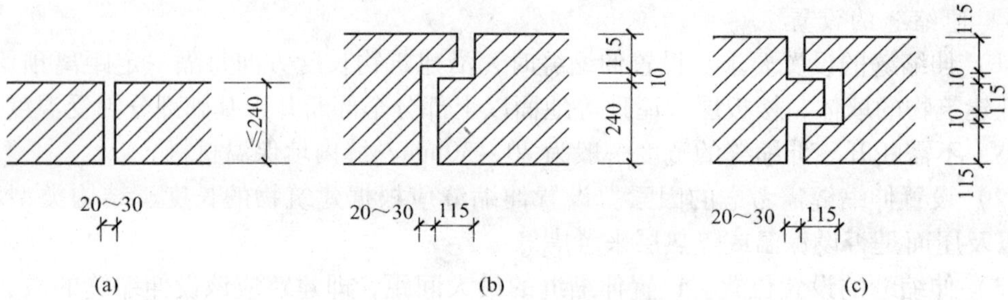

图 3－186　砖墙伸缩缝的截面形式

（a）平缝；（b）错口缝；（c）凹凸缝

盖缝。所有填缝与盖缝材料的构造应保证结构在水平方向变形时，自由伸缩不破坏。

外墙伸缩缝构造，如图 3－187 所示。内墙伸缩缝构造，如图 3－188 所示。

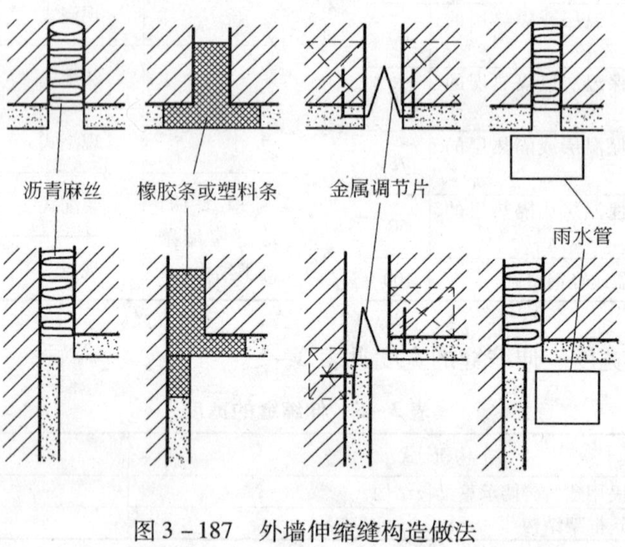

图 3－187　外墙伸缩缝构造做法

3）伸缩缝的结构处理。

① 砖混结构。墙和楼板及屋顶结构布置可采用单墙也可采用双墙承重方案，最好设置在平面图形有变化处，以利隐藏处理，如图 3－189 所示。

② 框架结构。一般采用悬臂梁方案，也可采用双梁双柱方式，但施工较复杂，如图 3－190 所示。

（2）楼地层及顶棚伸缩缝构造。楼地层及顶棚伸缩缝位置应与墙体、屋面变形缝设缝位置一致，且应贯通楼板层和地坪层。对于采用

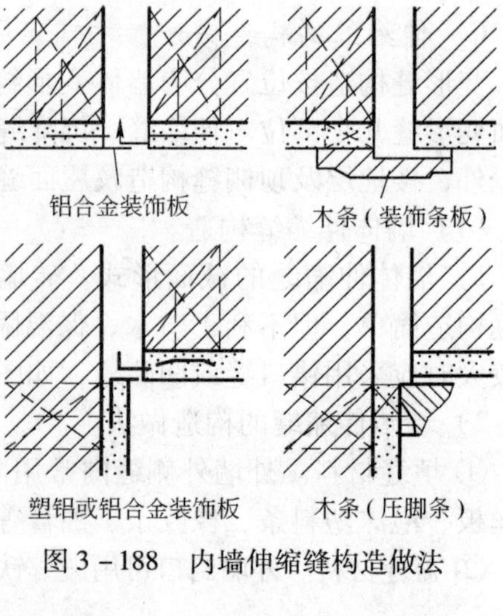

图 3－188　内墙伸缩缝构造做法

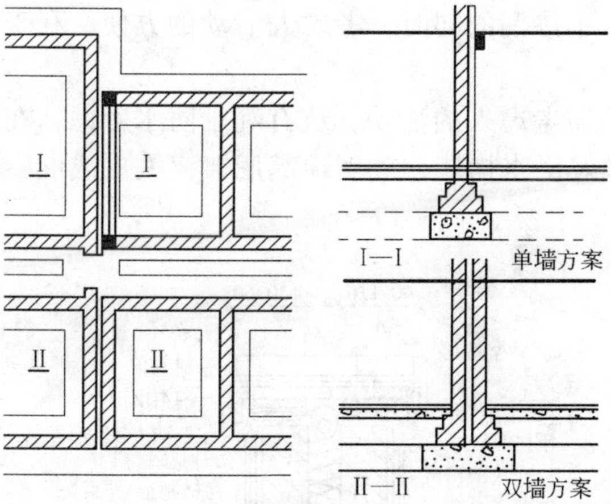

图 3－189 砖混结构伸缩缝结构处理

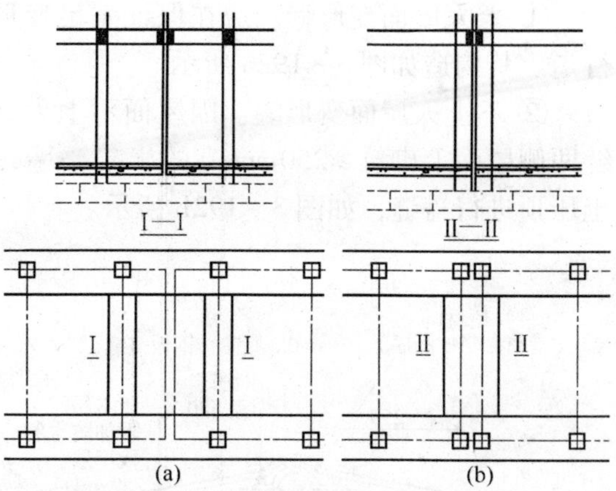

图 3－190 框架结构伸缩缝结构处理

（a）框架悬臂梁方案；（b）框架双柱方案

沥青类材料的整体楼地面和铺在砂、沥青胶体结合层上的板块楼地面，可只在楼板层、顶棚层或混凝土垫层设变形缝。

楼地层变形缝内可以填塞沥青麻丝、压缩油膏、金属或塑料调节片等，上铺活动盖板或橡皮条等以防灰尘、杂物下落，地面面层也可用沥青胶嵌缝。顶棚处的盖缝条一般用木板、金属调节片盖缝，只能固定于一端，以保证缝两端构件自由伸缩。

楼地层、顶棚变形缝构造如图 3－191 所示。

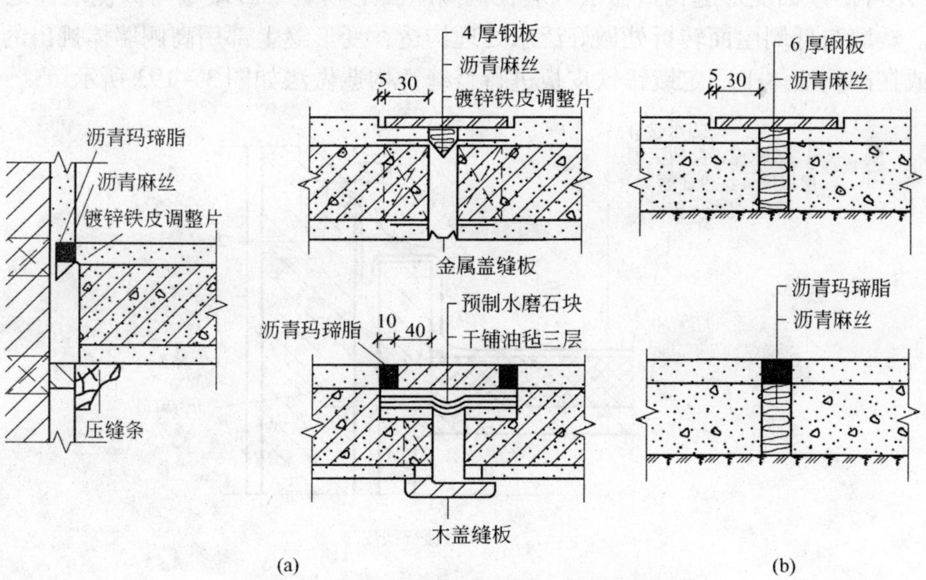

图 3－191 楼面及顶棚、地面变形缝构造

（a）楼面及顶棚变形缝；（b）地面变形缝

（3）屋面伸缩缝构造。屋面在变形缝处的构造分为等高屋面变形缝和不等高屋面变形缝两种。寒冷地区屋面变形缝内应填塞泡沫塑料、岩棉等保温材料。

1）等高屋面变形缝构造做法。

① 上人屋面变形缝。应在保证满足变形、不渗漏的同时，考虑人活动的方便、利于行走。其构造如图 3－192a 所示。

② 不上人屋面变形缝。因屋面不上人，不需考虑人的活动，从有利于防水考虑，在缝两侧屋面上砌筑≥250mm 高的半砖矮墙，做好泛水构造，矮墙顶部用镀锌铁皮或混凝土压顶进行盖缝，如图 3－192b 所示。

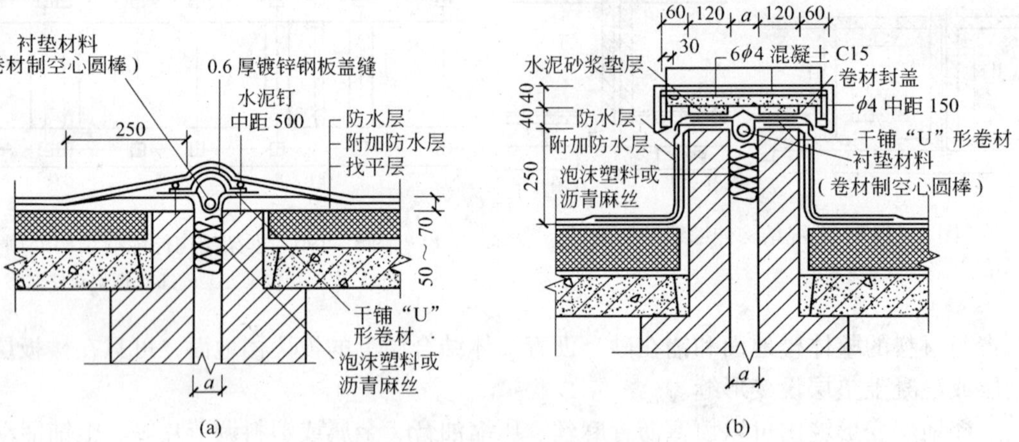

图 3－192 等高屋面变形缝构造

2）不等高屋面变形缝构造做法。应在低侧屋面上砌筑半砖矮墙与高侧墙体之间留出变形缝。矮墙与低侧屋面转折处做好泛水处理构造，变形缝上部用高侧墙体挑出的钢筋混凝土板或在高侧墙体上固定镀锌铁皮板进行盖缝，构造做法如图 3－193 所示。

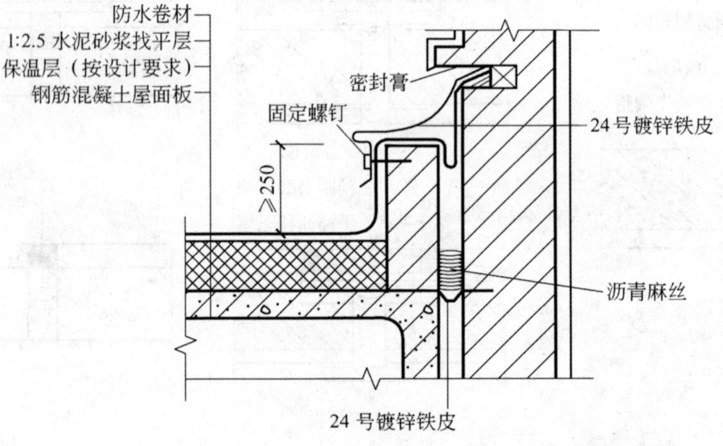

图 3－193 不等高屋面变形缝构造

3.8.2.2 沉降缝

A 沉降缝的概念

沉降缝是为了避免由于地基不均匀沉降引起的建筑物墙体或其他结构部位开裂破坏而设置的变形缝。上部结构相邻部分的高度、层数差异较大，或上部使用荷载分布不均匀，或因结构形式差别很大而地基又较弱时，房屋均有可能产生不均匀沉降，致使某些薄弱部位开裂。

B 沉降缝的设置

（1）设置要求。伸缩缝、抗震缝在地面以下可不设缝，沉降缝由于要考虑缝两侧结构非均匀沉降倾斜和地面高差的影响，保证建筑物在垂直方向能自由变形且上下变形移动时结构不破坏，所以沉降缝应从建筑物基础到屋顶全部贯通，即基础也应断开。

（2）沉降缝的宽度。沉降缝宽度与地基性质和建筑高度有关，详见表3－6。

表3－6 沉降缝的宽度

地基性质	房屋高度/m	沉降缝宽度/mm
一般地基	$H<5$m	30
	$H=5\sim10$m	50
	$H=10\sim15$m	70
软弱地基	2～3层	50～80
	4～5层	80～120
	6层及6层以上	>120
湿陷性黄土地基		30～70

（3）沉降缝的设置位置。

1）当建筑物建造在不同的地基土壤上或荷载差异较大时，两部分之间应设置沉降缝。

2）当同一建筑物的相邻部分高度相差两层以上或部分高度差超过10m时。

3）当同一建筑相邻基础的结构体系、宽度和埋置深度相差悬殊时。

4）原有建筑物和新建建筑物紧相毗连或建筑分期建设相连处。

5）建筑平面形状复杂或有转折，高度变化较多时，应将建筑物划分为几个简单的体型，在各部分之间应设置沉降缝。

C 沉降缝的构造做法

沉降缝一般同时起着伸缩缝的作用，在同一个建筑物内，两者可合并设置，但伸缩缝不能代替沉降缝。沉降缝构造与伸缩缝基本相同，但盖缝条及调节片构造必须注意能保证在水平方向和垂直方向均能自由变形。外墙沉降缝构造如图3－194所示。

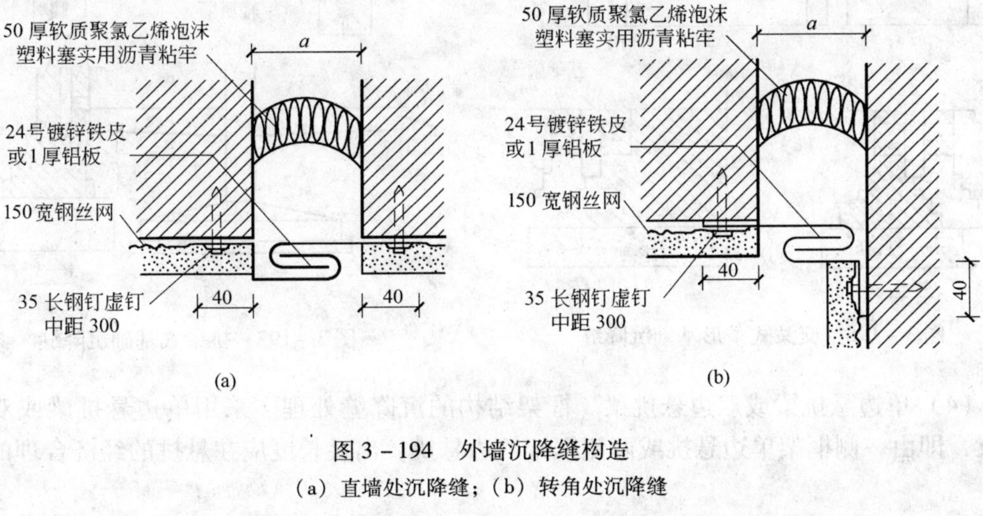

图3－194 外墙沉降缝构造
（a）直墙处沉降缝；（b）转角处沉降缝

D 沉降缝处的基础处理方式

沉降缝处建筑物两侧的基础处理方式的选择与两侧建筑的结构形式有关。主要方式有：

（1）双墙式基础沉降缝。即在沉降缝两侧都设承重墙，以保证每个独立单元都有纵横墙封闭联结，结构整体性好。

做法一：将条形基础平行设置，沉降缝两侧的墙体均位于基础的中心，满足轴心受压。但两墙之间有较大的距离，如图 3－195a 所示。

做法二：两承重墙较小间距布置，但这时条形基础偏心受力，适用于荷载较小的建筑，如图 3－195b 所示。

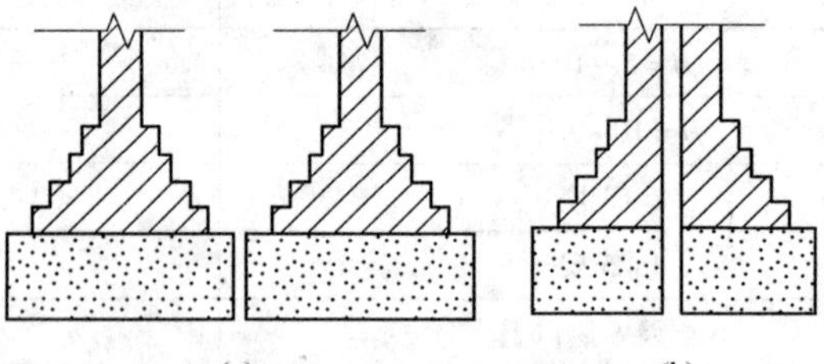

图 3－195 双墙式基础沉降缝

（2）交叉式基础沉降缝。为避免墙体偏心受压或墙体间距较大，可将沉降缝两侧的基础交叉设置，在各自的基础上支承基础梁，墙砌筑在梁上。此种方式适用于荷载较大，沉降缝两侧墙体间距较小的建筑。砖混结构之间的条形基础交叉式沉降缝如图 3－196 所示。

（3）挑梁式基础沉降缝。即在沉降缝一侧墙的基础按正常设置，另一侧悬挑的挑梁承担基础梁，梁端尽量采用轻质隔墙。砖混结构与框架结构之间的挑梁式基础沉降缝，如图 3－197 所示。

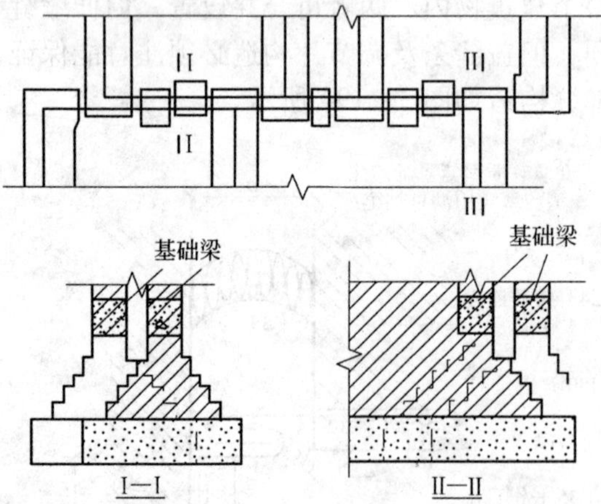

图 3－196 交叉式条形基础沉降缝

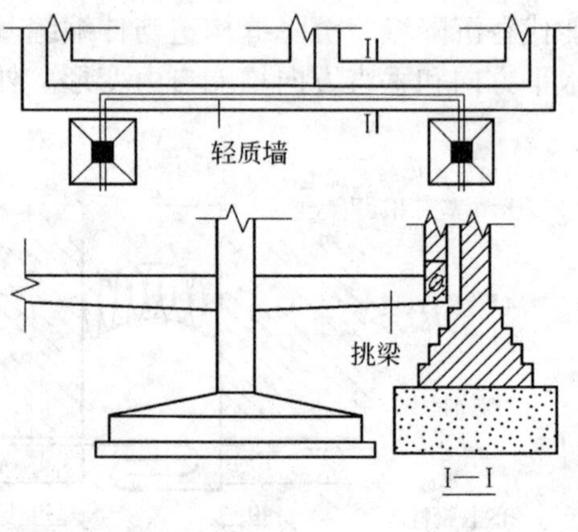

图 3－197 挑梁式基础沉降缝

（4）单边悬挑梁或双边悬挑梁。框架结构的沉降缝处理多采用单边悬挑梁或双边悬挑梁，即由一侧框架单边悬挑或两侧框架双边悬挑，出挑长度应在悬挑的经济合理的范围内，既能保证悬挑也能保证双柱下部基础底座的处理不相干扰，如图 3-198 所示。

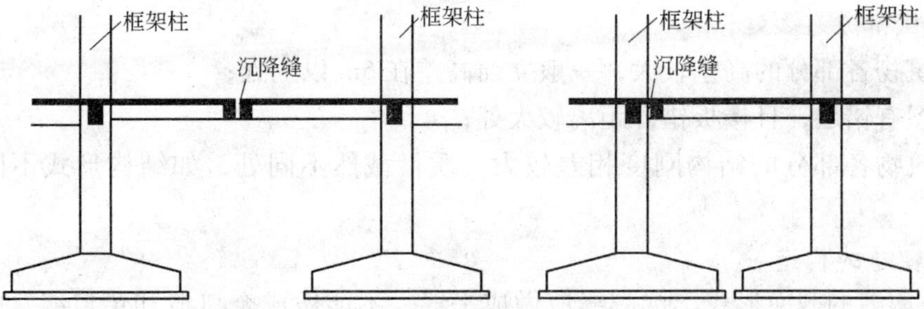

图 3-198 单柱悬挑梁或双柱悬挑梁沉降缝

3.8.2.3 抗震缝（防震缝）

A 抗震缝的概念

在地震区建造房屋，应力求体型简单，重量及刚度对称并均匀分布，建筑物的形心和重心尽可能接近，避免在平面和立面上的突然变化，如图 3-199 所示。同时在地震区最好不设变形缝，以保证结构的整体性，加强整体刚度。

但地震设防烈度 7~9 度地区，建筑体型复杂或各部分刚度、高度、重量相差较大时，则需要设置抗震缝，设置目的是将大型建筑物分隔为若干体型简单、结构刚度均匀、相对独立的抗震单元，避免因在地震荷载下各部分刚度不同造成建筑物整体震动不协调而产生破坏。

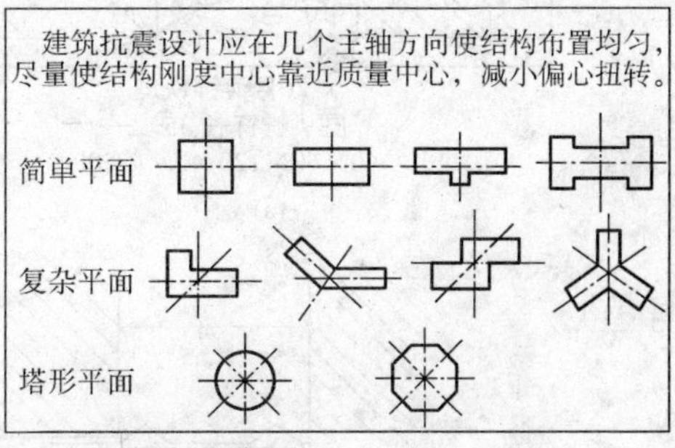

图 3-199 建筑平面体型分析

B 抗震缝的设置

（1）抗震缝的设置要求。单独设置的抗震缝，从基础顶面至屋顶的构件全部断开，缝的两侧均应设置墙体。当建筑平面较复杂时，抗震缝应与伸缩缝、沉降缝结合设置，做到一缝多用或多缝合一，这时缝宽必须满足最高的设置要求，如与沉降缝结合，基础也应断开。

（2）抗震缝的宽度。抗震缝的最小宽度与地震设计烈度、房屋高度有关，见表 3-7。

表 3-7 抗震缝的宽度

房屋高度 H	设计烈度	防震缝宽度/mm
$H \leqslant 15$m	7	70
	8	70
	9	79
$H > 15$m	7	高度每增加 4m 缝宽增加 20mm
	8	高度每增加 3m 缝宽增加 20mm
	9	高度每增加 2m 缝宽增加 20mm

（3）抗震缝的设置位置。

1）在地震烈度为7～9度的地震区；

2）建筑物的平面形状、立面体型变化处，如平面L形、T形、工字形等转折处；凹角长度或凸出部分过多处；

3）建筑物各部分的高差较大，一般立面高差在6m以上处；

4）房屋有错层，且楼板错开距离较大处；

5）建筑物各部分的结构刚度相差较大、质量截然不同处，如结构形式不同的部分之间。

C 抗震缝的构造

（1）抗震缝的截面形式。抗震缝应做成平缝，不能做成企口缝和错口缝，因为地震引起的建筑物变形既有水平方向的位移，也有垂直方向的位移。

（2）抗震缝的构造做法。抗震缝的构造做法与沉降缝基本相同，但由于抗震缝的尺寸较宽，构造上应注意做好盖缝防护处理。如在楼地层处用混凝土盖板或金属盖板，在外墙体抗震缝内应做保温隔热设计。墙体抗震缝构造如图3－200所示。

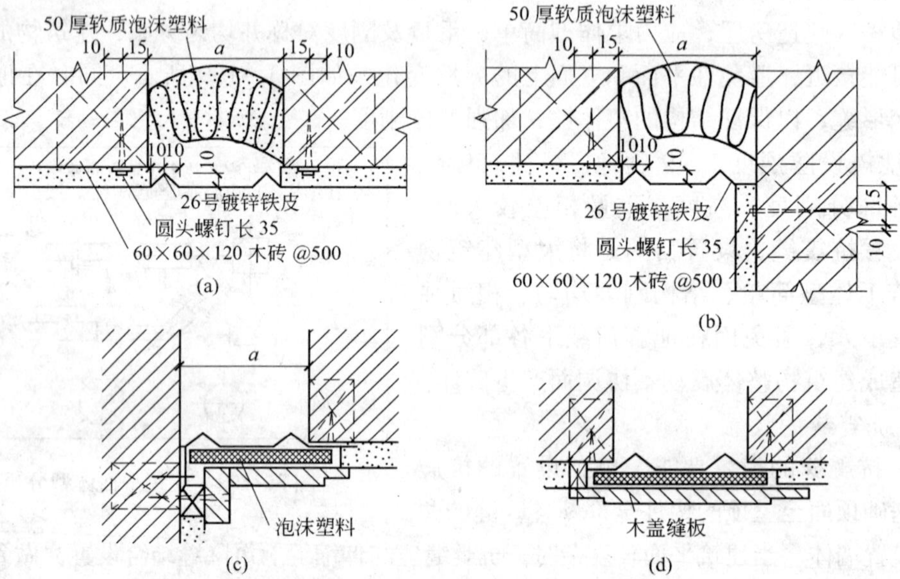

图3－200 墙体抗震缝构造

（a）外墙平缝处；（b）外墙转角处；（c）内墙转角处；（d）内墙平缝处

3.8.2.4 变形缝装置的构造做法

以上变形缝的传统构造做法，以采用填缝、盖缝等材料现场施工为主，造价较低，构造简单，但不够美观且寿命较短。现在，为满足现代化建筑的发展需要，一种由专业化工厂生产的工业化定型产品“变形缝装置”，集实用性和装饰性于一体，具有做工精致、外形美观、产品标准化、使用寿命长等特点，至今已成为较成熟的建筑产品，并广泛在机场、会展中心、体育中心、医疗中心、商场、办公楼、联合工业厂房等标准较高的大型工程中。

A 变形缝装置的材料

建筑变形缝装置由铝合金型材、铝合金板（或不锈钢板）、橡胶嵌条及各种专用胶条等组成。如果在建筑变形缝装置里配置止水带、阻火带和保温带，还可以使变形缝装置满足防水、防火、保温等设计要求。

B 变形缝装置的分类

（1）按构造位置分。分为楼地面变形缝、外墙变形缝、内墙变形缝、顶棚及天花变形缝、屋面变形缝。

（2）按使用部位的特点分。分为平面型和转角型。

（3）按构造特征分。分为金属盖板型、金属卡锁型、单列嵌平型、双列嵌平型、橡胶嵌平型。

（4）按使用功能的特殊要求分。分为承重型和抗震型。

C 变形缝装置的构造

变形缝装置的构造如图 3－201、图 3－202 所示。

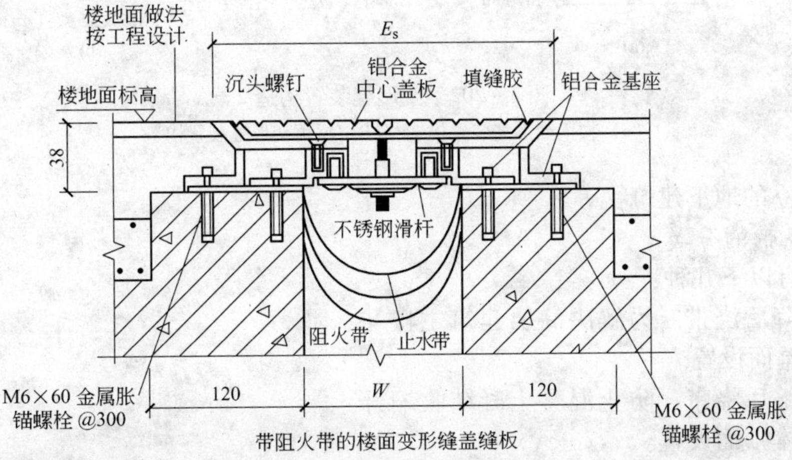

图 3－201 变形缝装置构造 1

3.8.3 施工后浇带

3.8.3.1 后浇带（施工后浇带的简称）的概念、适用范围、分类

所谓后浇带，即为了功能需要和解决高层与裙房间的地基自然沉降差异、钢筋混凝土的收缩变形（薄壁板、墙）以及混凝土的温度应力（大体积混凝土）等问题，按照设计或施工规范要求，在基础底板、墙、梁相应位置留设的临时施工缝（“缝”很宽，故称为“带”），是一种混凝土刚性接缝。将结构暂时划分为若干部分分别施工，待若干时间后各部分变形基本结束后，再浇筑该施工缝的混凝土，将结构连成整体。图 3－203 为后浇带示意图。

A 后浇带的适用范围

后浇带主要适用于功能要求不宜设置柔性变形缝处以及后期变形趋于稳定的结构，如钢筋混凝土结构中。主要适用于：

（1）高层带裙房结构的高层住宅、公共建筑；

（2）长度较长、面积较大且带地下室的高层板式现浇整体钢筋混凝土结构；

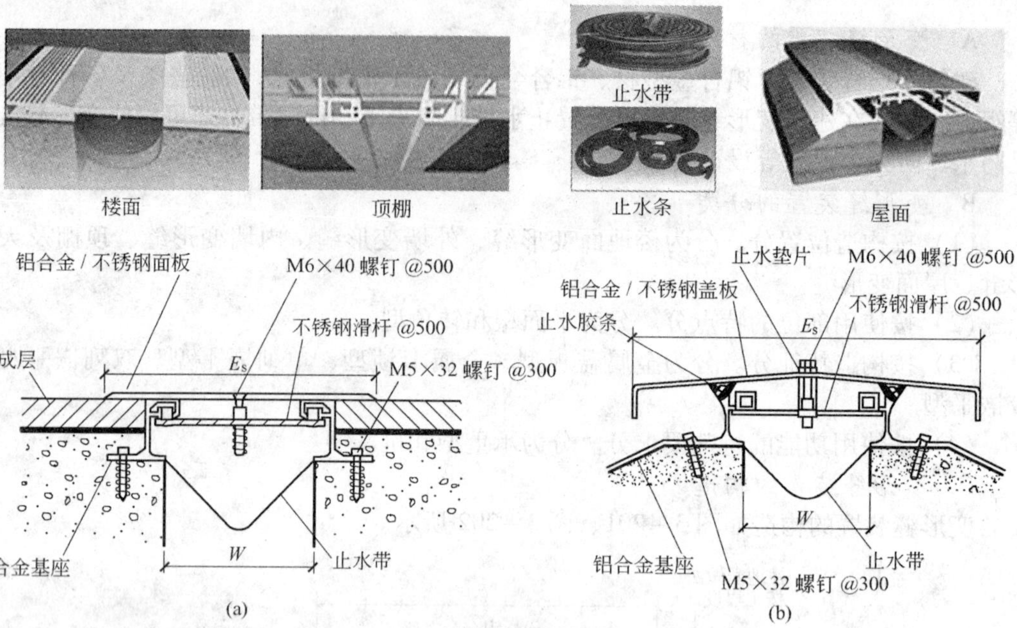

图 3－202 变形缝装置构造 2

（a）楼面变形缝装置构造；（b）屋顶变形缝装置构造

（3）独立的地下建筑物等。

B 后浇带的分类

后浇带有以下几种：

（1）沉降后浇带。为解决高层建筑主楼与裙房的沉降差而设置。

（2）收缩后浇带。防止混凝土凝结收缩开裂（多见墙体）而设置。

（3）温度后浇带。防止混凝土因温度变化拉裂（大体积混凝土基础）而设置。

（4）伸缩后浇带。防止结构因温度变化和混凝土收缩开裂而设置。

图 3－203 后浇带示意图

后浇带的设置应遵循“抗防兼备，以防为主”的设计原则。后浇带一般具有多种变形缝的功能，设计时应考虑以一种功能为主，其他功能为辅。沉降后浇带和伸缩后浇带最为常见。

3.8.3.2 后浇带的构造做法

A 后浇带的留设位置和间距

（1）后浇带的位置。施工后浇带的位置宜选在结构受力较小处，一般可选在板（包括基础底板）、墙、梁的中部弯矩不大，剪力也不大处；也可选在梁、板的中部弯矩虽大，但剪力很小处。一般情况下，带裙房的高层建筑，后浇带设置在裙房靠主楼的一侧，因裙房的基础通常比主楼基础埋置浅，便于后浇带基础部位的施工。

（2）后浇带的间距。后浇带的间距应合理，矩形构筑物后浇带间距一般可设为 30～40m。

B 后浇带的宽度

后浇带的宽度应考虑便于施工操作，并按结构构造要求而定，通常为800~1000mm。后浇带的缝宽也与墙、板的厚度密切相关。

C 后浇带接缝处的断面形式

施工后浇带的断面形式应考虑浇筑混凝土后连接牢固，一般应避免留直缝。后浇带接缝处的断面形式应根据结构构件的厚度进行区别处理。对于板可留斜缝；对于梁及基础，可留企口缝，而企口缝又有多种形式，可根据结构断面情况确定。

(1) 直缝断面。其适用于厚度小于300mm的结构构件，易渗漏，尽量避免使用，如图3-204a所示。

(2) 阶梯形或上下对称坡口形缝断面。其适用于厚度大于300mm（但不超过600mm）的结构构件，施工较简便，抗渗漏较好，如图3-204b所示。

(3) 企口缝断面（或称垂直/斜面凹形）。其适用于厚度大于600mm的结构构件，施工较复杂，抗渗漏好，如图3-204c、d所示。

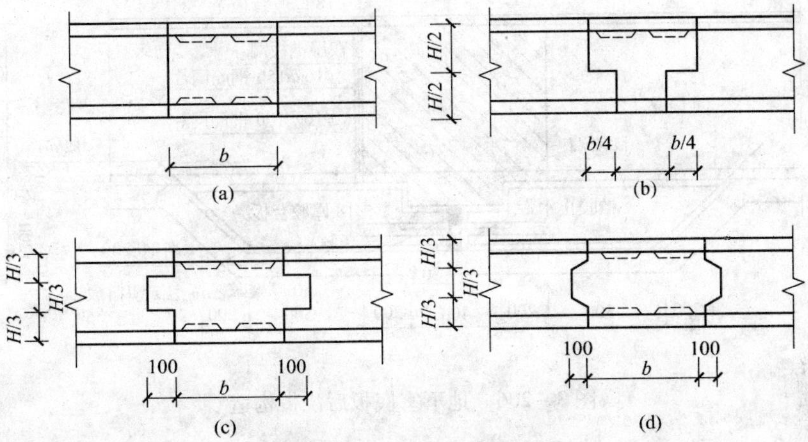

图3-204 后浇带的截面形式

D 后浇带接缝处的钢筋处理

后浇带的钢筋是保持原状还是断开，这要由后浇带的类型、不同位置的构件来决定。此外，不同断面上的后浇带应曲折连通。一般沉降后浇带钢筋应贯通；伸缩后浇带钢筋应断开，钢筋应在二次浇筑混凝土前按要求焊接好，以保证结构的整体性；后浇带处梁板结构，梁板受力钢筋须贯通，不断开。如果梁、板跨度不大，可一次配足钢筋；如果跨度较大，可按规定断开，在补齐混凝土前焊接好。

E 后浇带的防水做法

为提高后浇带处的防水能力，后浇带防水措施有：

(1) 后浇带缝隙的防水处理。二次浇筑的后浇带采用无收缩的混凝土，浇筑新混凝土时充分振捣；考虑施工缝的形状（凹缝、凸缝、阶梯缝）；施工缝表面进行凿毛处理、空压机吹洗，施工缝表面涂刷一定厚度的界面处理剂；在缝内设置止水带（钢板止水带、橡胶止水条），在迎水面需做外贴式柔性防水加强带等。后浇带缝隙防水构造如图3-205所示。

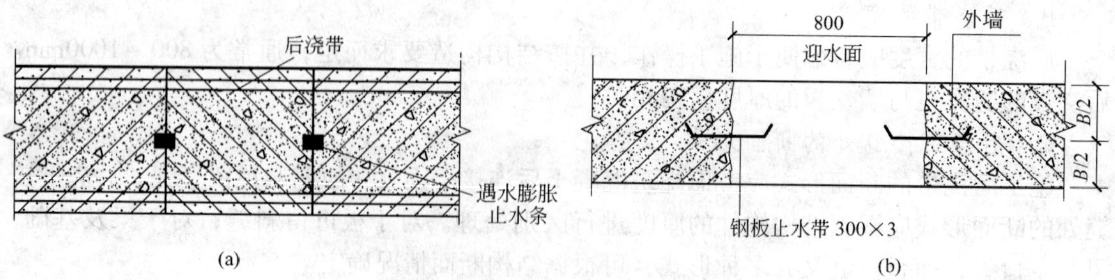

图 3-205 后浇带缝隙防水构造
（a）楼板后浇带防水构造；（b）外墙后浇带防水构造

（2）地下室底板的防水处理。具体做法与地下水位、设计防水等级有关，底板与后浇带必须按设计要求用防水混凝土，构造做法如图 3-206 所示。

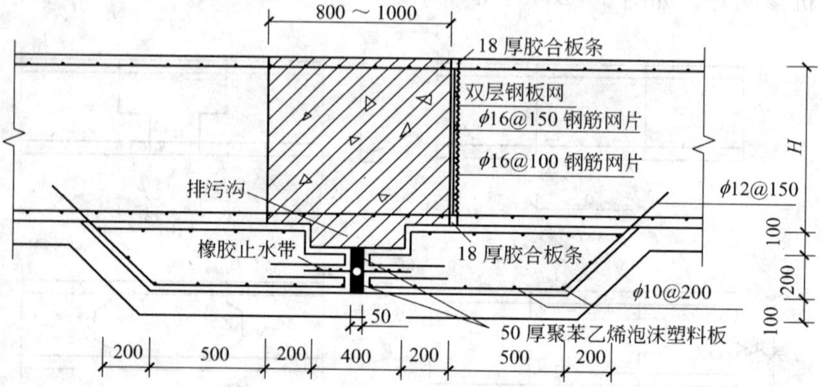

图 3-206 地下室底板后浇带构造

4 建筑工业化

4.1 建筑工业化与建筑设备工程工业化

4.1.1 建筑工业化

4.1.1.1 建筑工业化的含义和基本特征

A 建筑工业化的含义

建筑工业化的含义是指用现代工业生产方式来建造房屋，即像其他工业那样用机械化手段生产定型产品。

建筑工业化的定型产品指房屋、房屋的构配件和建筑制品等，如定型房屋，定型的墙体、楼板、楼梯门窗等。在工厂成批生产制造某些定型产品，生产的各个环节分工更细，生产中出现的矛盾通过组织管理来协调。

B 建筑工业化的基本特征

建筑工业化的基本特征即标准化、机械化、工厂化、组织管理科学化。

(1) 标准化。设计标准化是建筑工业化的前提条件。

(2) 机械化。机械化的生产与施工是建筑工业化的核心。

(3) 工厂化。工厂化是建筑工业化的手段。

(4) 组织管理科学化。组织管理科学化是实现建筑工业化的保证。

4.1.1.2 建筑工业化的发展概况

A 国外的发展概况

建筑工业化起源于欧洲，在第二次世界大战以后进入初期阶段。50～60 年代，由于欧洲各国经济的恢复，为大规模发展建筑工业化提供了物质技术条件，如钢材、水泥、施工机械等，因而进入大规模发展时期。发展较快的国家有前苏联、法国、英国和日本等。

B 中国的发展概况

建筑工业化在我国的发展开始于 20 世纪 50 年代。上世纪 50 年代，一些地方采用砌块建筑；1958 年后开始大型板材建筑的试点工作；上世纪 60 年代开始升板建筑和滑模建筑；70 年代开始大模板建筑和框架板材建筑；80 年代开始盒子建筑的试点。

但我国建筑工业化发展的速度仍然很慢，与发达国家相比差距较大，各地区发展程度很不平衡，还有许多城市仍处于试点和初级阶段。

4.1.1.3 标准化与多样化

A 标准化和多样化含义

(1) 标准化。即为了促进最佳的全面经济管理，为有秩序地推行建筑工业化而制订的一套统一措施和统一规定。包含以下内容：

1）制定统一模数和统一建筑参数；

2）确定构配件、制品和模具的统一规格和型号；

3）设计统一的节点构造做法；

4）拟定产品的生产工艺、施工工艺、产品质量标准和与之配套的生产施工设备等。

（2）多样化。多样化是指在推行标准化的同时，要解决好工业化建筑的适应性和艺术性。即要适应不同地形、不同地区、不同气候的变化，还要适应不同的建筑标准，建筑物的内部空间要灵活，以适应功能上的多样化要求，建筑物的外观造型要丰富多彩，具有建筑艺术性。

B　工业化建筑体系

建筑工业化的发展方向是从一般的标准设计向工业化建筑体系方向发展。工业化建筑体系是指某类或某几类建筑，从设计、生产工艺、施工方法到组织管理等各个环节配套，形成工业化生产的完整过程。工业化建筑体系分为专用体系和通用体系。

（1）专用体系（又称封闭体系）。目标为建成的建筑物。该体系是指以定型房屋为基础进行构配件配套的一种体系，其产品是定型房屋。主要优点是构配件规格少，有利于标准化、设备投资较少、投产快。缺点是建成的房屋比较单调。

（2）通用体系（又称开放体系）。目标为通用的构配件。该体系是以通用构配件为基础，进行多样化房屋组合的一种体系，其产品是定型构配件。主要优点是构配件可互换通用，设计多样化，且构配件的使用量大，便于组织专业化大批量生产。

各国推行建筑工业化已有将近40年的历史，20世纪50～70年代，主要发展工业化“专用体系”，从70年代起，一些工业发达的国家才开始探索工业化“通用体系”。所以近年来，许多国家都在向通用体系方向发展。

专用体系和通用体系的特征，如图4－1所示。

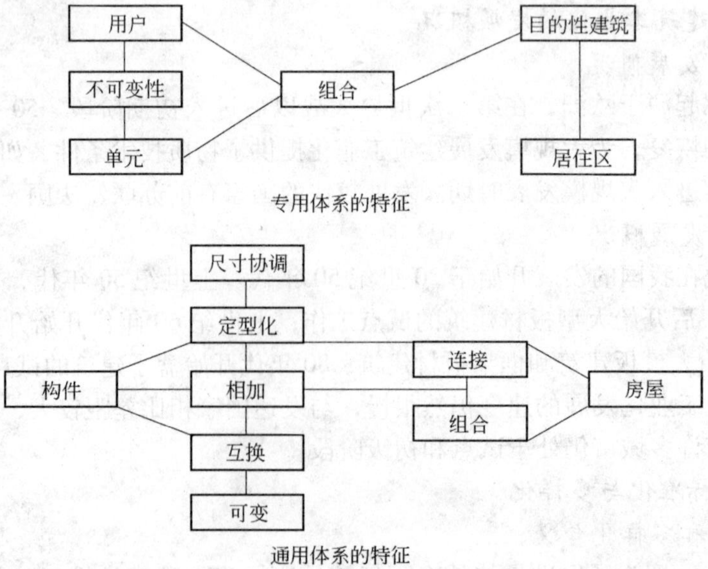

图4－1　专用体系和通用体系的特征

4.1.2 建筑设备工程工业化

在建筑工业化的发展过程中，建筑设备工程（包括给水排水工程、卫生设备工程和采暖工程）的工业化水平也随之发展，其主要途径是发展工厂预制的组合设备元件。建筑设备工程的工业化，开始由工地现场预制装配，逐渐发展成加工厂预制设备单元。现在逐渐出现专门生产这种设备单元的工厂，以商品的形式供应市场。

给水排水工程和卫生设备工程的工业化，开始发展的是预制管井，即将在工厂加工好的一组管道排列、固定在金属框内，在现场组装后，框外再装墙板。以后又出现了把各种卫生设备管道预制装配在一起的预制设备墙板、预制卫生间，以及预制的包括浴室、厕所、厨房在内的综合间（见图4－2）。由于这种综合间多放在建筑物的中央，故亦称为“心脏”单元。预制卫生间的结构材料，有钢筋混凝土、钢丝网水泥板、金属板、石膏板、塑料板、泰柏板等。

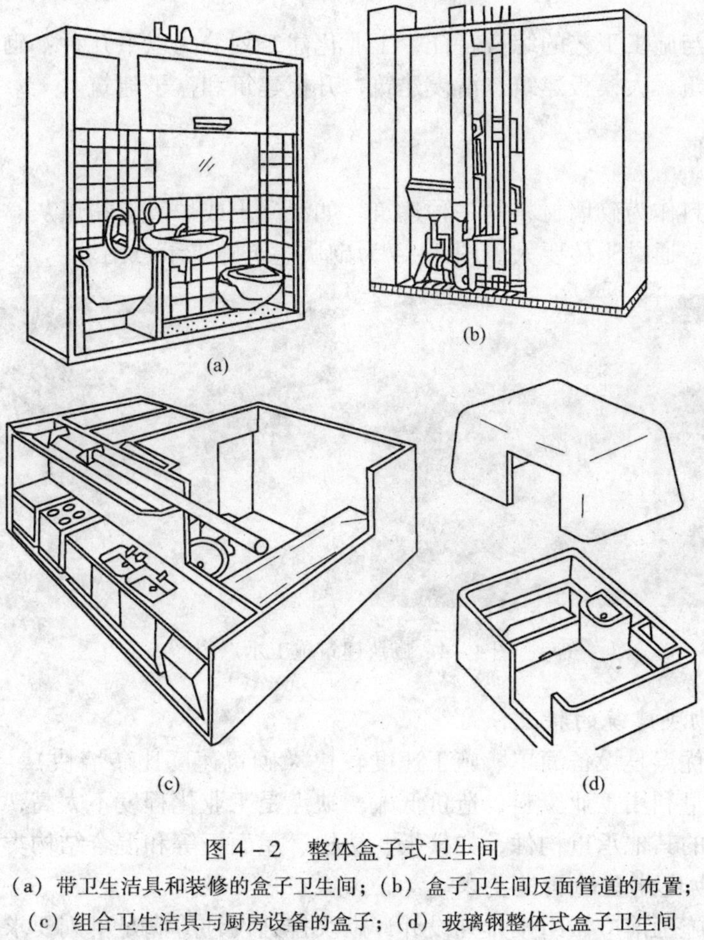

图4－2　整体盒子式卫生间

（a）带卫生洁具和装修的盒子卫生间；（b）盒子卫生间反面管道的布置；
（c）组合卫生洁具与厨房设备的盒子；（d）玻璃钢整体式盒子卫生间

4.1.2.1 建筑设备的工业化的配套设备

配套设备主要有电气设备、采暖设备、厨房、卫生设备和空调设备等。

4.1.2.2 配套设备与主体结构的配套方式

配套设备与主体结构的配套方式如下：

（1）与主体结构交叉的设备、管线，在主体结构施工时预留设备套管、孔洞或设备井，如图4－3所示。

（2）与主体结构不交叉的设备、管线，在主体结构完成后结合面装修等另行布置。

（3）将设备管道、通风管道、烟道以及卫生间、厨房的整个设备系统或部分设备，做成特殊的预制构件，表面留有接插口，在现场组装后连通。

图4－3 施工预留设备孔洞

4.2 建筑工业化的常见建筑类型

按结构类型与施工工艺的综合特征，工业化建筑划分为以下几种：砌块建筑、大板建筑、框架板材建筑、大模板建筑、滑模建筑、升板建筑和盒子建筑。

4.2.1 砌块建筑

指用砌块材料作为砌墙材料的一种建筑。如混凝土或炉渣、粉煤灰、石膏等实心或空心砌块，尺寸比普通黏土砖要大。图4－4为砌块建筑施工示意图。

图4－4 砌块建筑施工示意图

4.2.1.1 砌块建筑的特点

砌块建筑的优点是设备简单、施工速度较快（砌筑速度比砖墙快）、节省人工、便于就地取材、能大量利用工业废料、造价低廉。缺点是工业化程度不太高，为工业化建筑的初级形式。房屋的其他承重构件，如楼板、楼梯、屋面板等和混合结构类似。

4.2.1.2 砌块建筑的构造要求

砌块建筑在施工前应做组砌排列设计，砌块排列设计应满足下列要求：

（1）上下皮砌块错缝搭接，排列整齐规律，减少通缝，使砌块墙具有足够的整体性和稳定性；内外墙交接处和转角处，砌块应彼此搭接；用混凝土空心砌块时，上下皮砌块应孔对孔、肋对肋、使上下皮砌块之间有足够的接触以扩大受压面积。砌体中允许用极少量的普通砖来镶砌填缝。

（2）减少砌块规格，优先采用大砌块，使主砌块总数量在70%以上。如图4－5所示，其中的主砌块是第8号与第12号砌块。

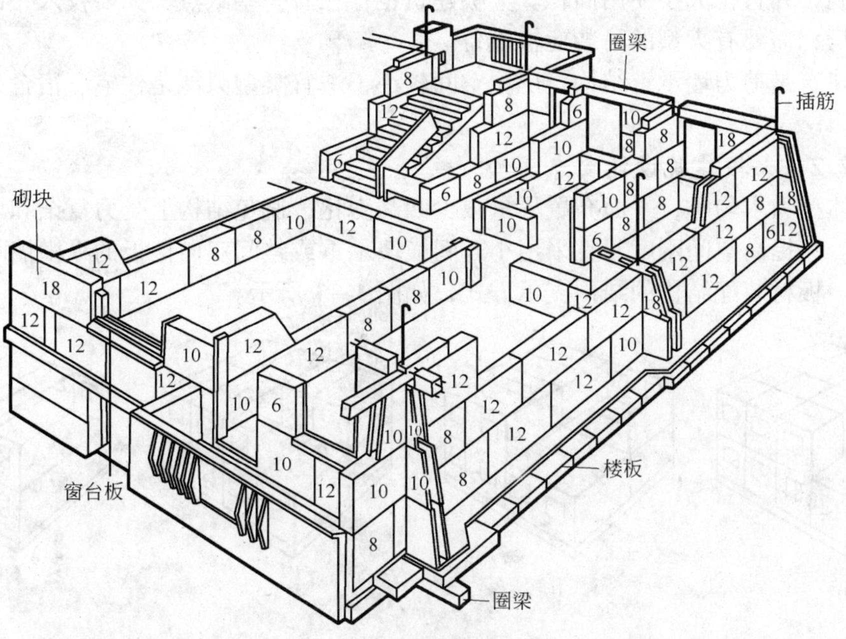

图4－5　用中型砌块建造房屋的砌块排列情况

4.2.2　大板建筑

大板建筑（壁板建筑）指大墙板、大楼板、大屋面板的简称。板材在专门大板厂制作，或者在现场预制，是一种全装配式建筑，见图4－6。

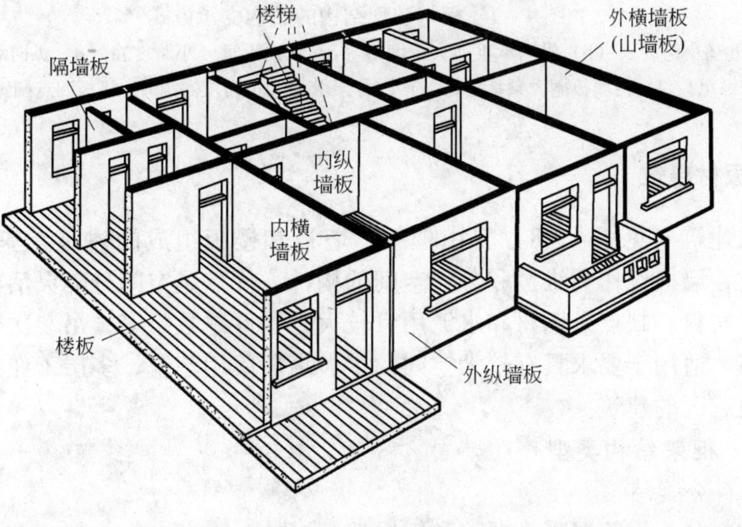

图4－6　大板建筑

4.2.2.1 大板建筑的特点

大板建筑的主要优点是装配化程度高，建设速度快；施工现场湿作业非常少，所以施工不受天气和季节的影响；板材的承载能力比砖混结构高，因而可减少墙厚和结构自重，对抗震有利，并且扩大了使用面积。大板建筑也存在着一些缺点，如要投入一部分资金修建大板工厂；需要有大型的吊装运输设备。

大板建筑是剪力墙承重结构，房屋空间较小，适宜类型只能是住宅、宿舍、旅馆等小开间建筑。

4.2.2.2 大板建筑设计要点

建筑体型力求匀称，平面布置尽量减少凹凸变化，避免结构上受力复杂和增加构件品种和规格。为提高空间刚度，宜采用小开间横墙承重或整间双向楼板的纵横墙承重，少用纵墙承重。板材装配结构的结构支承方式，如图 4－7 所示。

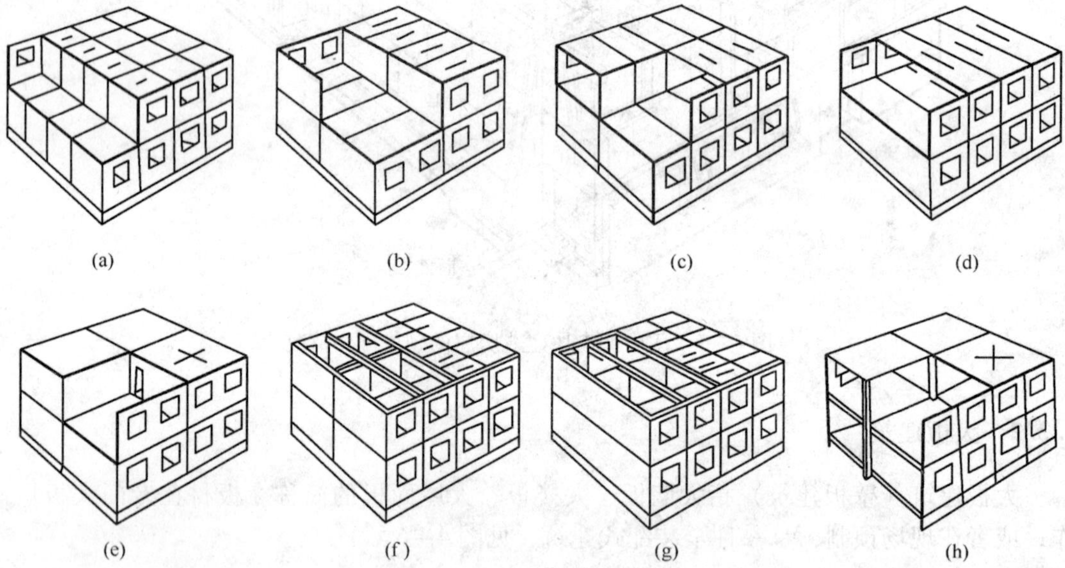

图 4－7 板材装配结构的结构支承方式

（a）横向承重（小跨度）；（b）横向承重（大跨度）；（c）纵向承重（小跨度）；（d）纵向承重（大跨度）；（e）双向承重；（f）内墙板搁大梁承重；（g）内骨架承重（小跨度）；（h）楼板四点搁置，内柱承重

4.2.3 框架板材建筑

框架板材建筑（见图 4－8）是由框架、墙板和楼板组成的建筑。基本特征是由柱、梁和楼板承重，墙板仅作为维护和分隔空间的构件。优点是空间分隔灵活，自重轻，有利于抗震、节省材料。缺点是钢材和水泥用量较大，构件总数量多，吊装次数多、接头工作量大、工序多。适用于要求具有较大空间的多、高层民用建筑，多层工业建筑、地基较软弱的建筑和地震区的建筑。

4.2.3.1 框架结构类型

A 按材料分类

框架按材料分为钢筋混凝土框架和钢框架：

图4-8　框架板材建筑

（1）钢筋混凝土框架。从材料来源、建筑造价和防火性能等方面考虑，采用钢筋混凝土框架比较适合我国国情。一般30层以下的建筑可采用钢筋混凝土框架。我国目前主要采用钢筋混凝土框架。钢筋混凝土框架按施工方法分为：

1）全现浇框架。现场湿作业多，寒冷地区冬期施工要采取保温措施；

2）全装配和装配整体式。这种施工方法更为有利。

（2）钢框架。从减轻结构自重、加快施工速度方面考虑，采用钢框架则较有利。更高的建筑才采用钢框架。

B　框架按构件组成情况分为三种类型：

（1）板柱框架。楼板和柱组成的框架，楼板可以是梁和板合一的肋形楼板，也可以是实心大楼板，如图4-9所示，图4-10所示为某装配式板柱体系办公楼建筑方案。

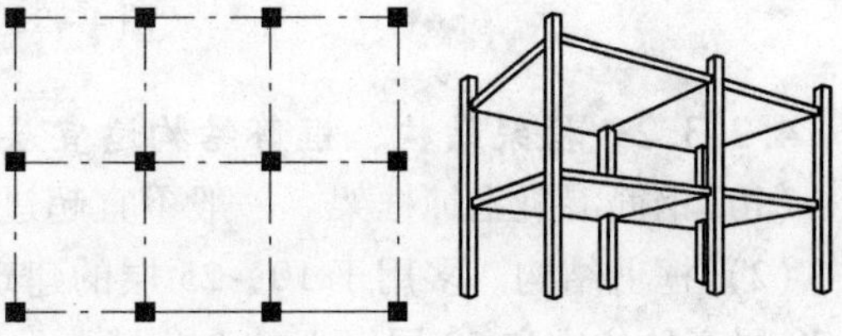

图4-9　板柱框架示意图

板柱框架板底平整，可降低层高，且内部空间分隔不受梁的影响。适用于使用荷载合适的商场、图书馆、仓储、多层轻型厂房等。

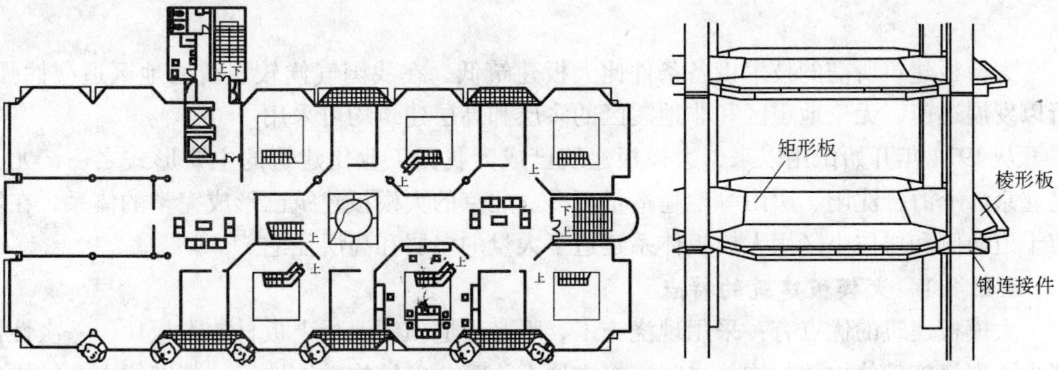

图4-10　某装配式板柱体系办公楼建筑方案

（2）梁板柱框架。即由梁、楼板、柱组成的框架，如图4－11所示。

（3）框剪结构。即在以上两种框架中增设一些剪力墙，简称为框剪结构。加设剪力墙后，刚度比原框架增大若干倍，剪力墙主要承担水平荷载，故大大简化了框架的节点构造，所以框剪结构在高层建筑中较普遍，见图4－12。

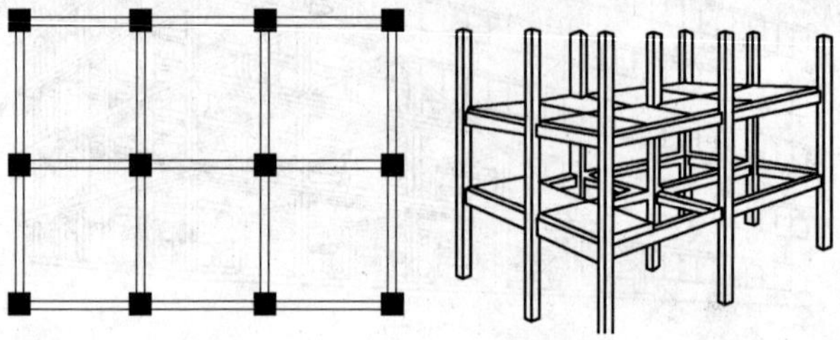

图4－11　梁板柱框架示意图

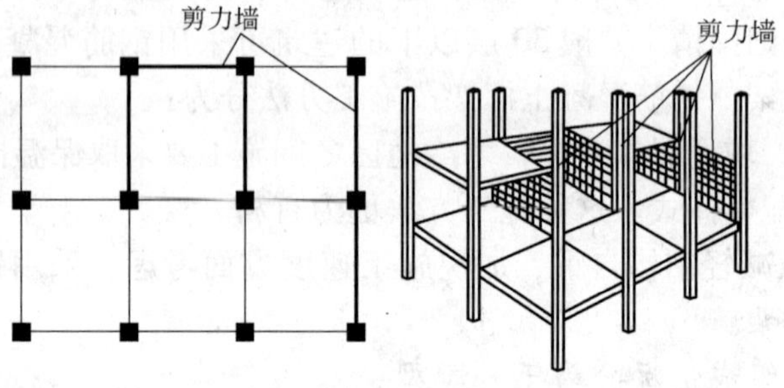

图4－12　框剪结构

4.2.3.2　框架结构、框剪结构适宜层数

（1）钢筋混凝土纯框架。一般不宜超过10层；

（2）框剪结构。多用于10～25层的建筑，但是国外最高的钢筋混凝土框剪结构已建成70层高的住宅和50层以上的办公楼。

4.2.4　大模板建筑

大模板建筑指用工具式大模板来现浇混凝土楼板和墙体的一种建筑，如图4－13所示。

大模板建筑所需的技术设备条件比大板建筑低，在我国气候较温暖的地区适应性强，所以发展迅速，无论地震区和非地震区的多层和高层建筑均可采用。

从1974年开始试用以来，大模板建筑已成为我国工业化建筑的主要形式之一，尤其是北京、上海、沈阳、唐山等地建造量更多。北京的大模板建筑已形成完整的体系，在城市干道两侧和居住小区用大模板体系建造了大量的多层和高层住宅。

4.2.4.1　大模板建筑的特点

大模板建筑的优点有：采用现浇施工，不必建造预制混凝土板材的大板厂，一次性投资少；现浇施工使构件与构件之间连接方法大为简化，结构整体性好，刚度增大，结构的抗震能力与抗风能力大大提高；现场施工可以减少建筑材料的多次转运，建筑造价比大板

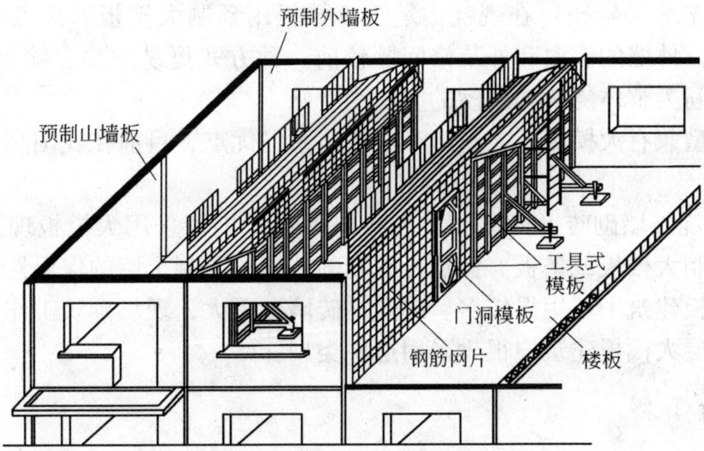

图4－13　大模板建筑

建筑低。大模板建筑的缺点是：现场工作量大；在寒冷地区，冬期施工需要采用电热模板升温，增加了能耗；水泥用量也偏高。

4.2.4.2　大模板建筑的设计要点

大模板建筑与大板建筑一样都是剪力墙结构，设计要点有以下几点：

（1）最好采用横墙承重，体型力求简单，避免结构刚度突变，以利于抗震和抗风；

（2）纵横墙对齐拉通，简化节点构造，可增强空间刚度；

（3）大模板一般用钢制作，需提高周转次数以充分发挥经济效益，故房屋的开间、进深等参数不宜过多，以减少模板规格，提高模板的周转次数；

（4）应注意加强内外墙之间、纵横墙之间、楼板与墙体之间的连接，保证结构整体性；

（5）墙体厚度从下至上采用同一厚度、以简化构造和施工，现浇内墙厚度一般为140～160mm。

4.2.4.3　大模板建筑的类型

大模板建筑主要有两种类型，即全现浇式大模板建筑和现浇与预制装配相结合的大模板建筑。

A　全现浇式大模板建筑

墙体和楼板均采用现浇方式，一般用台模和隧道模进行施工，技术装备条件较高，生产周期较长，但其整体性好，在地震区采用这种类型特别有利。

B　现浇与预制装配相结合的大模板建筑

该类型是将大模板建筑与大板建筑综合运用。例如，楼板采用预制整间大楼板、墙体采用大模板现浇，或者只是内墙现浇，外墙仍用预制大墙板。现浇与预制相结合的方式运用灵活，各地应用较多，又分为以下三种类型：

（1）内外墙全现浇。内外墙全部为现浇混凝土，楼板采用预制大楼板。优点是内外墙之间为整体连接，房屋空间刚度增强。缺点是外墙的支模较复杂，装修工作量也较大，影响房屋的竣工时间。一般多用于多层建筑，较少用于高层建筑。

（2）内墙现浇外墙挂板（简称为“内浇外挂”）。内墙用大模板现浇混凝土墙体，外墙用预制大墙板支承（悬挂）在现浇内墙上，楼板用预制大楼板。优点是外墙板在工厂可预制成复合板，外墙的保温和外装修问题较前一种方式更易解决；缩短了现场施工期，并且整个内墙之间为整体浇筑，房屋的空间刚度好。

因此，该类型兼有大模板与大板两种建筑体系的优点，目前在我国高层大模板建筑中应用最普遍。

（3）内墙现浇外墙砌砖（简称为“内浇外砌”）。内墙采用大模板现浇，外墙用砖砌筑，楼板则用预制大楼板或条板。优点是砖砌的外墙比混凝土墙的保温性能好且便宜，故曾经在多层大模板建筑中运用得较多。缺点是砖墙自重大，现场砌筑工作量大，延长施工周期，所以在高层大模板建筑中很少采用这种类型。

4.2.5 滑模建筑

滑模建筑是指用滑升模板来现浇墙体的一种建筑。工作原理是利用墙体内的钢筋作支承杆，将模板系统支承在钢筋上，并用油压千斤顶带动模板系统沿着支承杆慢慢向上滑移，边升边浇筑混凝土墙体，直至墙体浇到顶层才将滑模系统卸下来。图 4－14 为滑模示意图。

滑模建筑适宜用于外形简单整齐、上下壁厚相同的建筑物和构筑物，如多层和高层建筑、水塔、烟囱、筒仓等。我国深圳国际贸易中心大厦高 50 层的主楼部分便是采用滑模施工的。

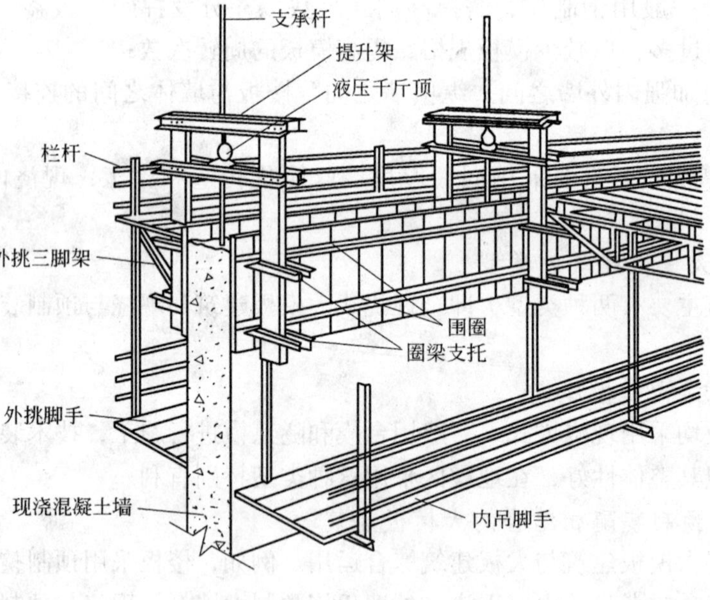

图 4－14 滑模示意图

4.2.5.1 滑模建筑的特点

滑模建筑的主要优点是结构整体性好，提高了结构的抗震能力，机械化程度高，施工速度快，模板的数量少且利用率高，施工时所需的场地小。

但用这种方式建造房屋，操作精度要求高，墙体垂直度不能有偏差，否则将酿成事故。

4.2.5.2 滑模建筑的三种布置类型

（1）外墙全用滑模现浇混凝土。外墙宜考虑用轻质混凝土来解决保温问题。

（2）内墙用滑模现浇混凝土，外墙用预制墙板。这样有利于解决外墙的保温和装修。

（3）用滑模浇筑楼梯间、电梯间等组成的核心筒体结构，其余部分用框架或大板结构。这种类型多用于高层建筑，核心筒体主要承受水平荷载，框架则主要承受垂直荷载。

4.2.6 升板建筑

升板建筑是指利用房屋自身的柱子作导杆，将预制楼板和屋面板提升就位的一种建筑。图4－15为升板建筑示意图。

升板建筑适用于隔墙少、楼面荷载大的多层建筑，如商场、书库、车库和其他仓储建筑，特别适用于施工场地狭小的地段建造房屋。

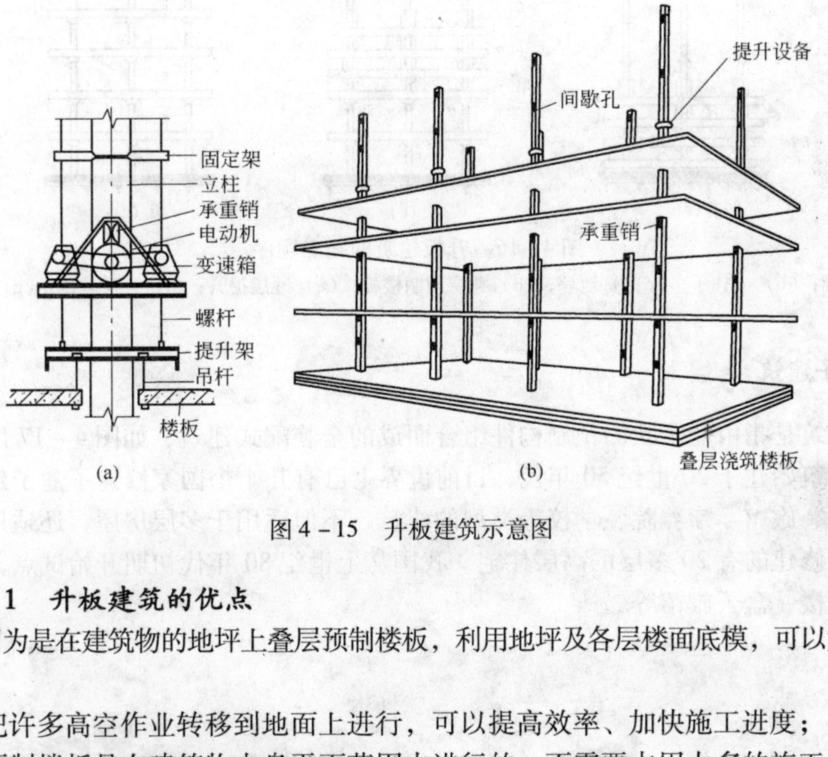

图4－15 升板建筑示意图

4.2.6.1 升板建筑的优点

（1）因为是在建筑物的地坪上叠层预制楼板，利用地坪及各层楼面底模，可以大大节约模板；

（2）把许多高空作业转移到地面上进行，可以提高效率、加快施工进度；

（3）预制楼板是在建筑物本身平面范围内进行的，不需要占用太多的施工场地。

4.2.6.2 升板建筑的施工顺序

升板建筑的施工顺序如下：

（1）做基础（见图4－16a），即在平整好的场地开挖基槽，浇筑柱基础。

（2）在基础上立柱子（见图4－16b），大多采用预制柱。

（3）打地坪（见图4－16c），先作地坪的目的是为了在上面叠层预制楼板。

（4）叠层预制楼板和屋面板（见图4－16d），板与板之间用隔离剂分开，注意柱子是套在楼面和屋面板中的，楼板与柱交界处需留必要的缝隙。

（5）逐层提升（见图4－16e），即将预制好的楼板和屋面板由上而下逐层提升。为避免在提升过程中柱子失去稳定性而使房屋倒塌，楼屋面板不能一次就提升到设计位置，而是分若干次进行，要防止上重下轻。

（6）逐层就位（见图4－16f），即从底层到顶层逐层将楼板和屋面板分别固定在各自的设计位置。

（7）全部就位，见图4－16g。

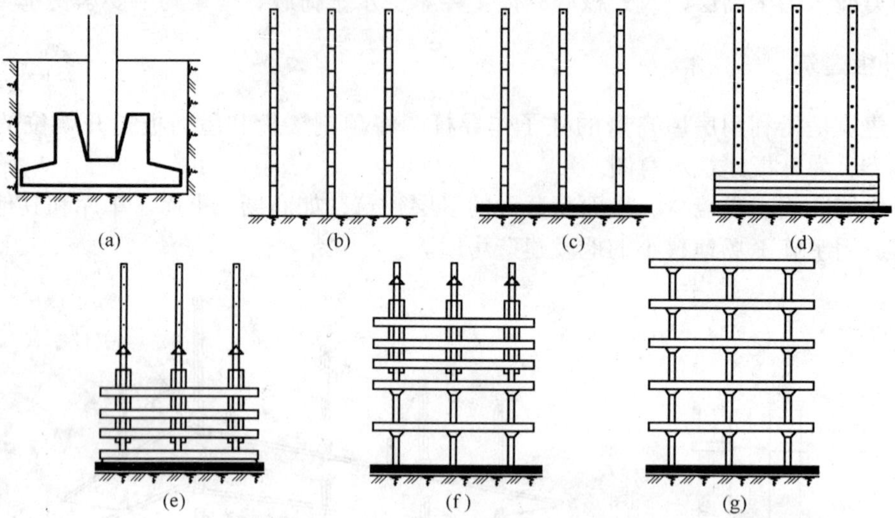

图4－16 升板建筑的施工顺序

（a）做基础；（b）立柱子；（c）打地坪；（d）叠层预制楼板；（e）逐层提升；（f）逐层就位；（g）全部就位

4.2.7 盒子建筑

盒子建筑是指由盒子状的预制构件组合而成的全装配式建筑，如图4－17所示。

盒子建筑始建于20世纪50年代，目前世界上已有几十个国家修建了盒子建筑。主要适用于住宅、旅馆、疗养院、学校等类型的建筑，不但适用于多层房屋，还适用于高层建筑。目前已修建的有20多层的高层住宅。我国从上世纪80年代初期开始试点，现已建起了盒子住宅楼、盒子旅馆等。

图4－17 盒子建筑

4.2.7.1 盒子建筑的主要优点

（1）施工速度快。比大板建筑缩短工期50%～70%，国外有的20多层旅馆，一个月左右就能建成；

（2）装配化程度高。水、暖、电、卫等设备安装和房屋装修都在工厂完成，施工现场只余下构件吊装、节点处理，接通管线就能使用，现场用工量仅占总用工量的20%左右，总用工量比大板建筑减少10%～50%，比砖混建筑减少30%～50%；

（3）自重较轻。混凝土盒子构件是一种空间薄壁结构，与砖混建筑相比，可减轻结构自重一半以上。目前影响盒子建筑推广的主要原因是建造盒子构件的预制工厂投资太大，运输、安装需要大型设备，建筑的单方造价也较高（与大板建筑差不多）。

4.2.7.2 盒子建筑的类型

A 按有无骨架分类

（1）有骨架的盒子构件。用钢、铝、木材、钢筋混凝土作骨架，以轻型板材围合形成盒子。这种盒子构件的质量很小，每平方米仅重100～140kg，如图4－18a所示。

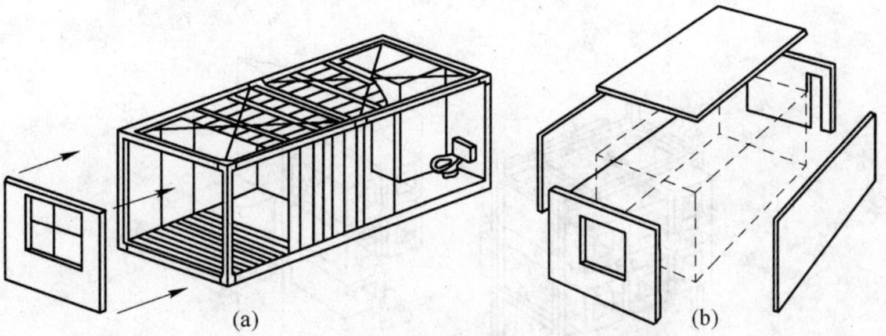

图4－18 盒子建筑的类型
（a）有骨架的盒子构件；（b）板材拼装的盒子构件

（2）无骨架的盒子构件（板材拼装）。无骨架的盒子构件一般用钢筋混凝土制作，每个盒子可以分别由六块平板拼成，如图4－18b所示。

B 按形式分类

目前最常用的盒子构件采取整浇成型的办法，其刚度特别大。整浇盒子时必须留1～2个面不浇筑，作为脱模之用。盒子构件按形式分为：

（1）杯形盒子（见图4－19a）。即在盒子上面开口，顶板单独预制成一块板。

（2）钟罩形盒子（见图4－19b）。即在盒子的下面开口，底板单独制作，使用最广泛。

（3）卧环形盒子（见图4－19c、d）。即在盒子的两端或一端开口，端墙板（带窗洞或不带窗洞）单独加工。

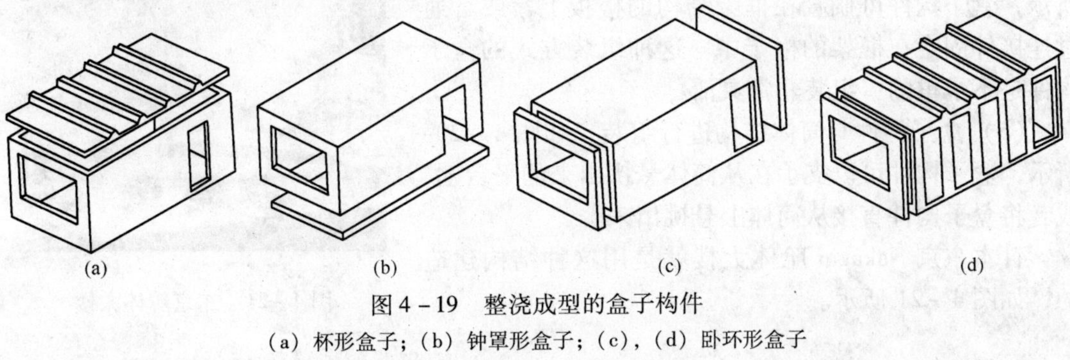

图4－19 整浇成型的盒子构件
（a）杯形盒子；（b）钟罩形盒子；（c），（d）卧环形盒子

4.2.7.3　盒子建筑的组装方式与构造

（1）上下盒子重叠组装。如图4－20a所示，该方式构造简单，应用最为广泛。

（2）盒子构件相互交错叠置。如图4－20b所示，该方式的特点是可避免盒子相邻侧面的重复，比较经济。

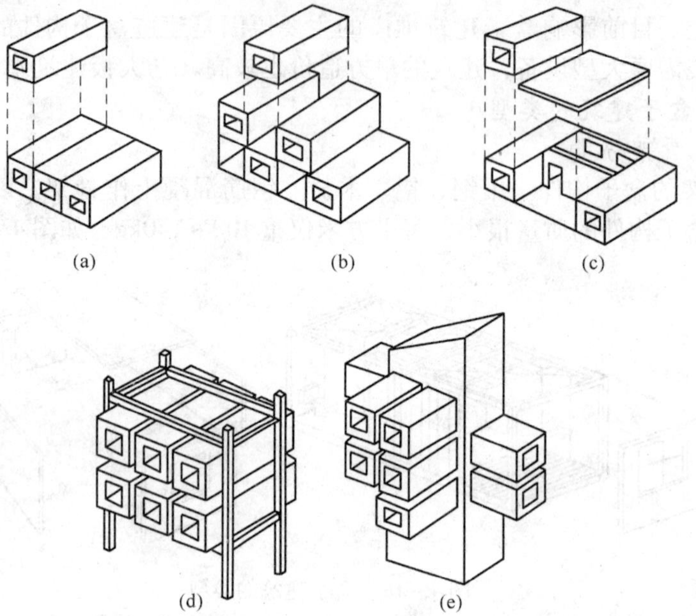

图4－20　盒子建筑的组装方式与构造

（a）重叠组装；（b）交错组装；（c）盒子板材组装

（d）盒子框架组装；（e）盒子筒体组装

（3）盒子构件与预制板材进行组装。如图4－20c所示，该方式的优点是节省材料，设计布置比较灵活。设备管线多和装修量大的房间采用盒子构件，以减少工作量，而大空间和设备管线少的房间采用大板结构。

以上（1）、（2）、（3）种方式适用于建造12层以下的建筑。

（4）盒子构件与框架结构进行组装。如图4－20d所示，盒子构件可搁置在框架结构的楼板上，或者通过连接件固定在框架的格子中。这种组装方式的盒子构件是不承重的，组装非常灵活。

（5）盒子构件与筒体结构进行组装。如图4－20e所示，盒子构件可以支承在从筒体悬挑出来的平台上，或者将盒子构件直接从筒体上悬挑出来。

日本东京Nakagin舱体大楼就是用这种结构建造的，如图4－21所示。

图4－21　东京舱体大楼

5 工业建筑设计

5.1 工业建筑的组成、分类及设计要求

工业建筑是指从事各类工业生产及直接为生产服务的建筑物和构筑物。工业建筑既为生产服务，也要满足广大工人的生活要求。随着科学技术及生产力的发展，工业建筑的类型越来越多，生产工艺对工业建筑提出的一些技术要求更加复杂，为此，工业建筑设计要符合安全适用、技术先进、经济合理的原则。

5.1.1 工业建筑的组成及生产厂房的分类

5.1.1.1 工业建筑的组成

（1）主要生产厂房。指从原材料至半成品、成品的整个备料、加工、装配的生产厂房。一般可分为通用工业厂房和特殊工业厂房。以机械制造工厂为例，包括铸造车间、锻造车间、冲压车间、铆焊车间、电镀车间、热处理车间、机械加工车间和机械装配车间等。

（2）辅助生产厂房。为生产厂房服务的厂房，如机械制造厂的机械修理车间、电机修理车间、工具车间等。

（3）动力站。为生产提供能源的厂房，如发电站、变电站、锅炉房、氧气站，煤气站和压缩空气站等

（4）仓库建筑或露天堆场。指储存原材料、半成品与成品的房屋（一般称仓库）。如机械厂包括金属料库、炉料库、木材库、燃料库、油料库、易燃易爆材料库、辅助材料库、半成品库及成品库。

（5）全厂性行政生活建筑。如厂部办公楼、食堂以及为生产服务的生活间等。

（6）运输用建筑。指管理、储存及检修交通工具用的房屋，包括机车库、汽车库、电瓶车库、起重车库、消防车库和站场用房等。

（7）其他建筑。如水泵房、污水处理建筑等。

5.1.1.2 生产厂房的分类

A 按工业类别分类

生产厂房按工业类别可分为钢铁厂建筑、机械制造厂建筑、精密仪表厂建筑、航空工厂建筑、造船厂建筑、水泥厂建筑、化工厂建筑、纺织厂建筑、火力发电厂建筑、水电站建筑和核电站建筑等。

B 按层数分类

生产厂房按层数分为单层厂房、多层厂房及混合层次的厂房。

（1）单层厂房（见图5－1）。单层厂房广泛运用于各种工业生产活动，约占工业建筑总量的75%。它对具有大型生产设备、振动设备、地沟、地坑或重型起重运输设备的

生产活动有较大的适应性，如冶金、机械制造等工业生产。单层厂房便于沿地面水平方向组织生产工艺流程，布置相应的生产设备，生产设备和重型加工件荷载直接传给地基。

单层厂房有单跨和多跨之分。大面积多跨厂房在实践中采用较多。单跨厂房占地面积大，维护结构面积大，工程技术管道较长，维护管理费高。但有的生产车间，如飞机装配车间和飞机库常采用跨度很大（36～100m）的单跨厂房。

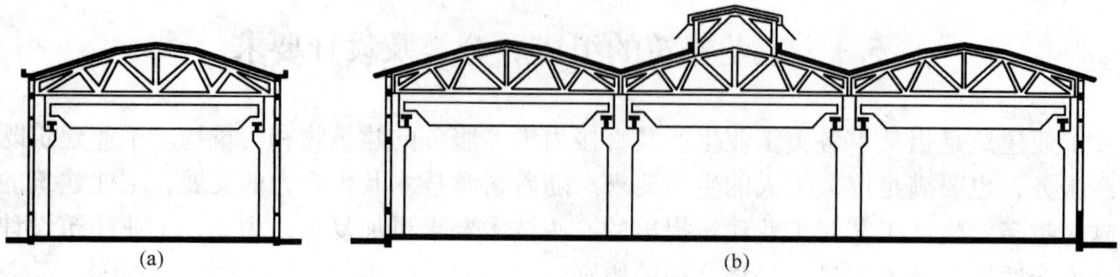

图5－1　单层厂房

（a）单跨厂房；（b）多跨厂房

（2）多层厂房（见图5－2）。多层厂房对于垂直方向组织生产工艺流程的企业和设备产品较轻的企业具有很大的适应性，多用于食品、电子、精密仪器工业等。因它占地面积少，更适合于在用地紧张的地区建厂及老厂改建。在城市中修建多层厂房，还易于适应城市规划和整体建筑布局的要求。

（3）混合层次的厂房（见图5－3）。如某些化学工业、热电站的主厂房等。例如热电厂的主厂房，汽轮发电机一般设在单层跨内，其他部分为多层。而化工车间中，高大的生产设备位于中间的单层跨内，两个边跨则为多层。

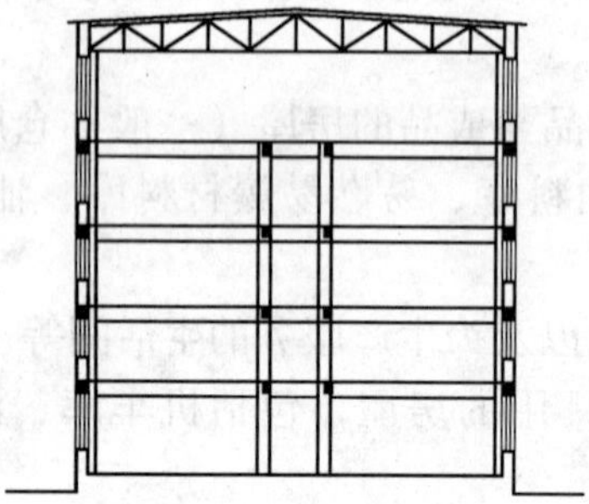

图5－2　多层厂房

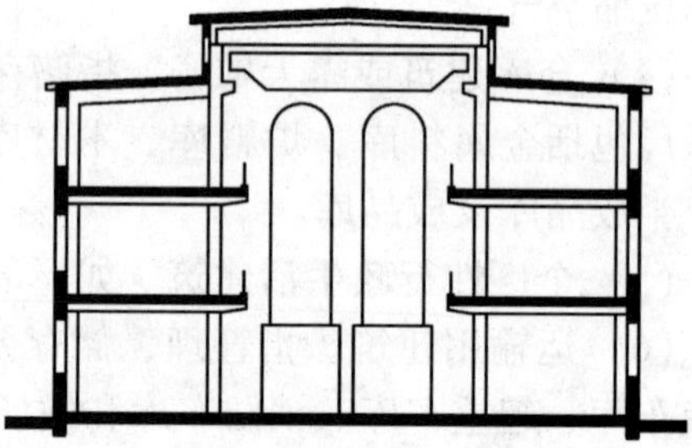

图5－3　混合层次厂房

C　按生产状况分类

生产状况是确定厂房平、立、剖面设计以及围护结构形式的主要考虑因素之一。

（1）冷加工车间。生产操作是在正常温度、湿度条件下进行的，如机械加工、机械装配、工具、机修等车间。

（2）热加工车间。生产中散发大量余热，有时伴随产生烟雾、灰尘和有害气体，有时在红热状态下加工，如铸造、热锻、冶炼、热轧、锅炉房等，应考虑通风及散热问题。

（3）恒温恒湿车间。为保证产品质量，厂房内要求稳定的温、湿度条件，如紧密机械、防止、酿造等车间。

（4）洁净车间。为保证产品质量，防止大气中灰尘及细菌污染，要求厂房内保持高度洁净，如集成电路车间、精密仪器加工及装配车间、医药工业中的粉针剂车间等。

（5）其他特种状况的车间。如有爆炸可能性、有大量腐蚀性物质、有放射性物质、防微振、高度隔声、防电磁波干扰车间等。

5.1.2 工业建筑的设计要求

建筑设计人员根据设计任务书和工艺设计人员提出的生产工艺资料，设计厂房的平面形状、柱网尺寸、剖面形式、建筑体型；合理选择结构方案和围护结构的类型，进行细部构造设计，协调建筑、结构、水、电、气、暖、通风等各工种；正确贯彻“坚固适用、经济合理、技术先进”的原则。

5.2 工业建筑总平面设计

工厂的厂区建筑，多由若干建筑物和构筑物组成。在进行各单体建筑设计之前，首先应着手厂区建筑总平面设计，重点应考虑以下几方面内容。

5.2.1 厂区的功能分区

厂区的功能分区，就是把性质相同或相近的建筑物或构筑物就近布置，组成各区段。各区段布置的合理与否，将直接影响工厂的生产效率、产品质量和工人的健康。因此功能分区在总平面的设计中，占有很重要的地位。

较为典型的厂区，是由行政办公和生活福利区、生产区、动力区、仓库区及构筑物等组成的，如图 5－4 所示。

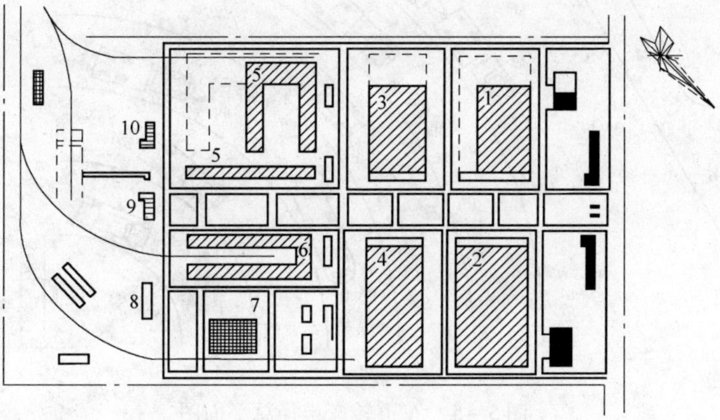

行政管理区　生产区　仓库区　动力区

图 5－4　厂区的功能分区

1—辅助车间；2—装配车间；3—机械加工车间；4—冲压车间；5—铸工车间；6—锻工车间；7—总仓库；8—木工车间；9—锅炉房；10—煤气发生站

行政办公和生活福利区（又称厂前区），通常布置在工厂的主要出入口处，以方便工人上下班和对外工作联系。同时应处在主导风向的上风位，以免受生产车间排出的烟尘和其他有害气体的危害。

生产区是工厂的主要建筑群，它由主要生产车间或主要生产构筑物所组成。本区应靠近厂前区布置，同时将有污染的车间布置在主导风向的下风位。

动力区是工业生产的能源心脏，应将其布置在厂区的能耗负荷中心，或靠近能耗较大的车间布置，以减少能量的损耗，但需考虑对环境的影响问题。

仓库区宜布置在货流运输方便处，如靠近厂区主要公路、铁路交通线路附近。

构筑物在布置时应注意厂区的总体空间的美观。

5.2.2　合理组织厂区的交通

厂区内的交通运输一般货流较繁忙，加上较大的进出厂人流，应合理组织，避免造成交通阻塞和伤亡事故。因此在总平面设计时，需考虑道路系统的合理安排，将人流、货流尽量分开，使其井然有序、避免交叉迂回。人货流干扰较大的厂区，最好将主车道设计成环状或在运输频繁的厂房、仓库前设置回车场。

5.2.3　厂区道路设计

（1）车道宽度。厂区车道一般单车道宽 3.5 ~ 4.0m，双车道宽 6 ~ 7m 为宜。

（2）车道转弯半径。车道的转弯半径由车辆的型号和是否挂有拖车决定，见图5 – 5。

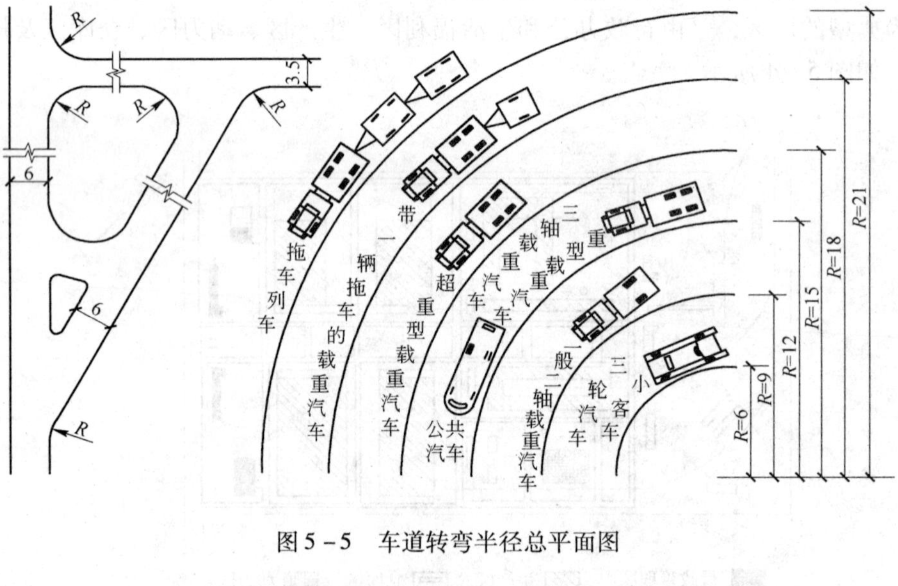

图 5 – 5　车道转弯半径总平面图

5.3　工业建筑生产、起重运输设备

5.3.1　起重运输设备

为减轻工人的劳动强度和提高劳动生产率，工业厂房常使用各种起重运输设备，吊车

是其中常用的一种。吊车的形式和种类主要有以下几种：

（1）单轨悬吊式吊车（见图5-6）。由带绞车的起重行车及轨道组成。轨道为工字钢，通常固定在屋顶承重结构的下表面处（如梁的下皮）。建筑设计时的结构选型，应充分考虑这一因素。常用的起重量为1~2t。

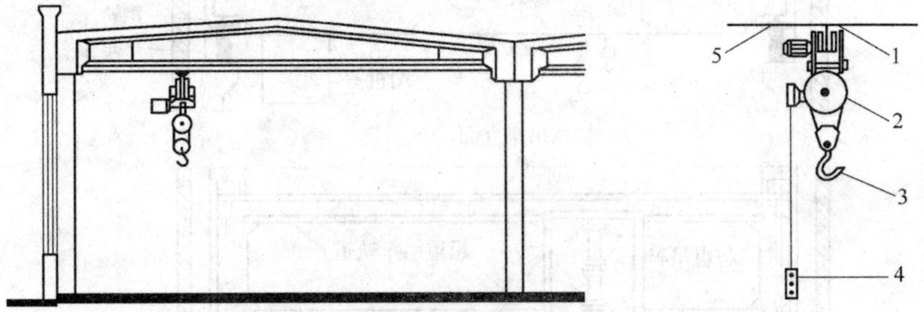

图5-6 单轨悬吊式吊车

1—钢轨；2—电动葫芦；3—吊钩；4—操纵开关；5—屋架或屋面大梁下表面

（2）梁式吊车。由带绞车的起重行车及上承行车的横梁组成。横梁为工字钢，它的两端有行走轮，沿吊车轨行驶。其起重量一般不超过10t。吊车可在地面或在吊车上的司机室内操作。

1）悬挂式梁式吊车（见图5-7a）。由单梁（固定在屋架下弦上、沿双轨翼缘移动）和起重小车组成，可在地面上操作。

2）支承式梁式吊车（见图5-7b）。运行轨道架设在排架柱牛腿的吊车梁上，设有可供操作人员使用的操作室。

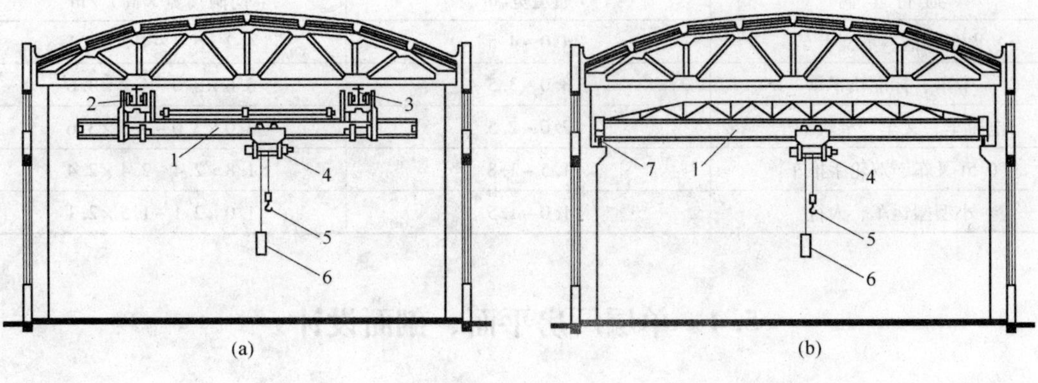

图5-7 梁式吊车

（a）悬挂梁式吊车；（b）支承在梁上的梁式吊车

1—钢梁；2—运行装置；3—轨道；4—提升装置；5—吊钩；6—操纵开关；7—吊车梁

3）桥式吊车（见图5-8）。由起重行车和支承行车的桥架组成。桥架两端装有行走轮，支承在吊车梁的轨道上，同时沿厂房跨度纵向移动。起重行车支承在桥架上弦所铺设的钢轨上，同时沿厂房跨度横向移动。在吊车下部装有操纵吊车的司机室。吊车的起重量为5t~250/30t。

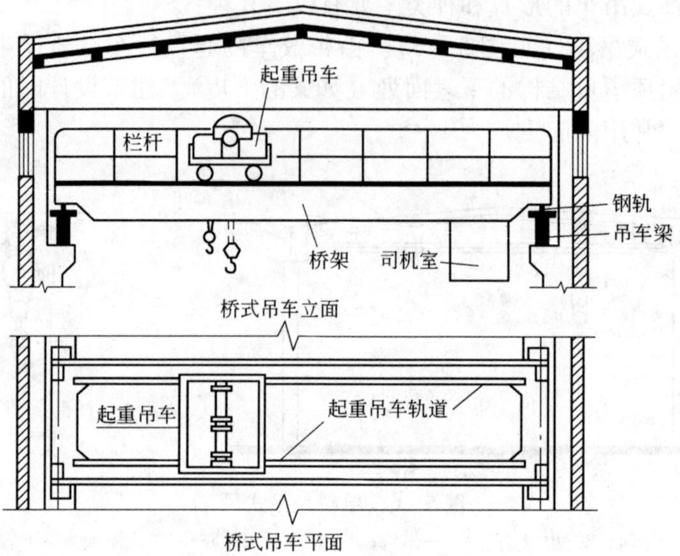

图5－8 桥式吊车

5.3.2 地面运输设备

厂房地面运输设备及车辆主要有移动式带式输送机、电动平板车、电瓶车、叉车、载重汽车、火车等，见表5－1。

表5－1 车辆种类及行驶所需宽度

通行车辆	通道宽/m	门洞（宽×高）/m
火车车辆、重型卡车	4.0～4.5	4.2×5.1～4.5×5.1
卡车、标准轨平车	3.0～3.5	3.6×3.0～4.2×3.6
电瓶车、叉车、窄轨平车	2.0～2.5	3.0×3.0～3.3×3.6
0.5t叉车、双轮手推车	1.5～1.8	1.8×2.4～2.4×2.4
小型搬运车、人行	1.0～1.5	1.0×2.1～1.5×2.1

5.4 单层厂房平面、剖面设计

5.4.1 生产工艺流程对厂房平面、剖面设计的影响

由原材料进入生产车间，经过一系列加工、装配程序，制成半成品、成品，直到运出生产车间的全部过程即为生产工艺流程。不同产品的生产车间，有不同的工艺流程。生产技术工艺设计人员据此对建筑设计提出相应的工艺设计要求图，建筑专业再根据此图的要求进行建筑设计。

常见的生产工艺流程有：水平式、垂直式、水平和垂直混合式、阶梯式等。为适应各类工艺流程的需要，就出现了多种平面和剖面形式的工业厂房。其中，水平式工艺流程的

厂房应尽量避免分离式布置，而做联合式布置，既节省用地，也利于厂房内部设备布置及流程的连续性。图5-9为厂房工艺流程示意图。

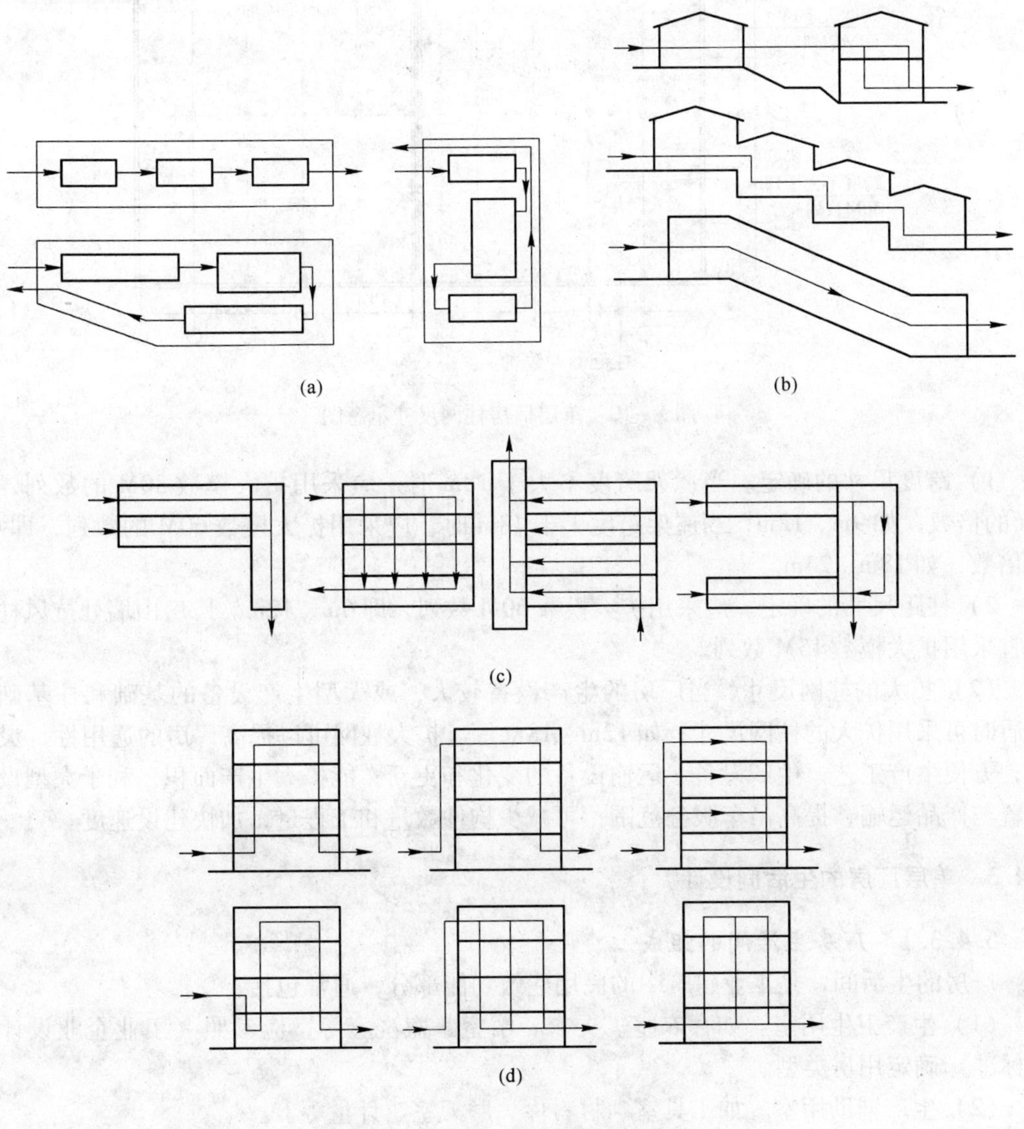

图5-9 厂房工艺流程示意图

(a) 单层分离式工艺流程；(b) 阶梯式工艺流程；(c) 单层联合式工艺流程；(d) 垂直式工艺流程

5.4.2 单层厂房的平面柱网确定

5.4.2.1 柱距和跨度

柱距即柱子横向定位轴线之间的距离；跨度即柱子纵向定位轴线之间的距离。

5.4.2.2 厂房柱网尺寸的选择

厂房柱网尺寸的影响因素有生产工艺流程、生产设备的外形尺寸及布置方式；起重设备起重量；结构形式、施工技术水平；厅房内部通道的宽度等。

（1）跨度和柱距的尺寸（见图5－10）。

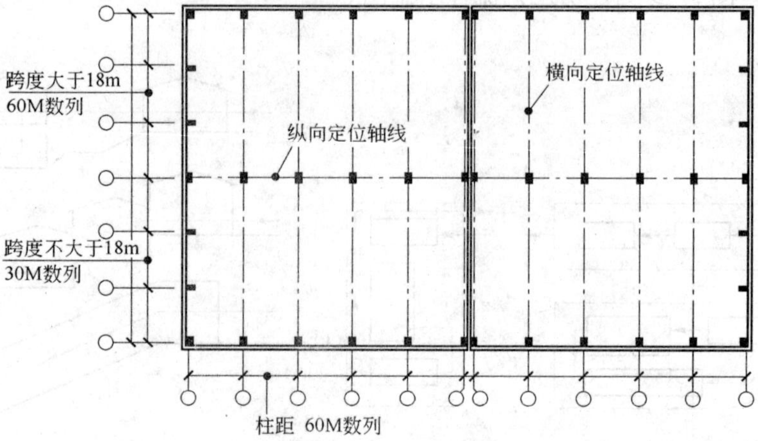

图5－10　单层厂房柱网尺寸示意图

1）跨度尺寸的确定。当屋架跨度不大于18m时，应采用扩大模数30M的数列，即3m的倍数，如9m、12m；当屋架跨度大于18m时，应采用扩大模数60M的数列，即6m的倍数，如18m、24m。

2）柱距尺寸的确定。应采用扩大模数60M数列，即6m、12m。厂房山墙处抗风柱柱距宜采用扩大模数15M数列。

（2）扩大的柱网尺寸。当厂房的生产设备较大，或大型生产设备的基础和柱基础有矛盾时可采用扩大的柱网尺寸，如12m、18m等。扩大柱网可以提高厂房的通用性、灵活性，方便生产工艺、生产设备、运输设备的变化和更新；能扩大生产面积，利于大型设备布置与产品运输，提高吊车服务范围；可减少构件数量和工程量，加快建设速度。

5.4.3　单层厂房的生活间设计

5.4.3.1　厂房生活间的组成

厂房的生活间，是工业建筑中的民用建筑功能部分，通常包括：

（1）生产卫生用室。如存衣室、更衣、浴室、盥洗室等，应参照《工业企业设计卫生标准》确定用房类型。

（2）生产辅助用室。如工具室、材料库、磨刀室、计量等。

（3）生活卫生、生活福利用室。如休息室、厕所、妇女卫生室、卫生站、婴儿哺育室等。

（4）行政办公用室。如党政工团办公室、计划调度、技术、财务、检验、会议室等。

（5）厂房生活间设计的原则：

5.4.3.2　厂房生活间的布置方式

A　毗连式生活间

该布置方式是指毗邻山墙或沿侧面外纵墙设置生活间（见图5－11）。毗连式生活间的优点是联系方便、有利于生产流程、节省用地及一道外墙、利于行政管理及生产厂房的布置。缺点是沿侧面外纵墙布置时，影响采光、通风，所以宜分段布置。当生活间建筑与厂房车间的结构不同时，应设置沉降缝。

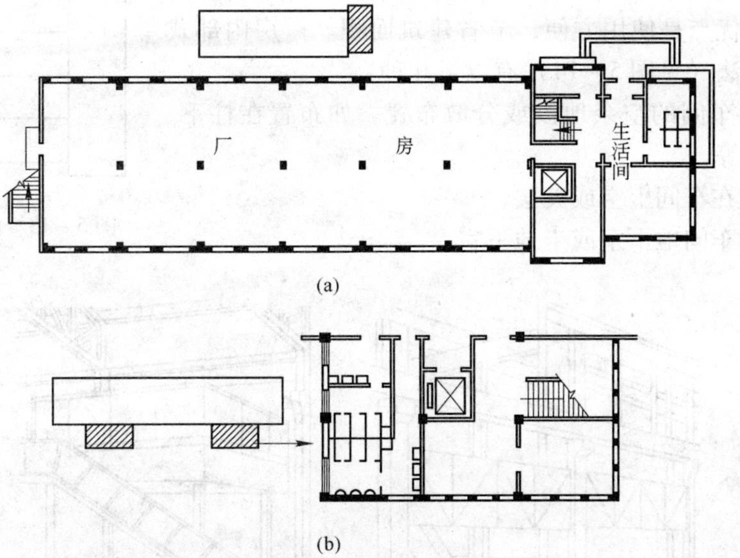

图 5－11　厂房毗连式生活间

（a）车间端头的毗连式生活间；（b）车间侧面的毗连式生活间

B　独立式生活间

独立式生活间适用于露天生产、热加工、振动大、运输多的车间。优点是采光、通风好，结构独立，布置灵活；缺点是占地较多、造价高、使用不便。独立式生活间与车间的连接方式有以下几种：

（1）以走廊连接（见图 5－12a）。该连接方式构造简单，使用方便。

（2）以天桥、地道连接（见图 5－12b、c）。该连接方式适用于厂房与生活间连接处有大量公路、铁路运输车辆通过时。优点是人流、货流不交叉，利于车辆正常运行与行人安全。地道连接因地下工程造价较高，应尽量少用。

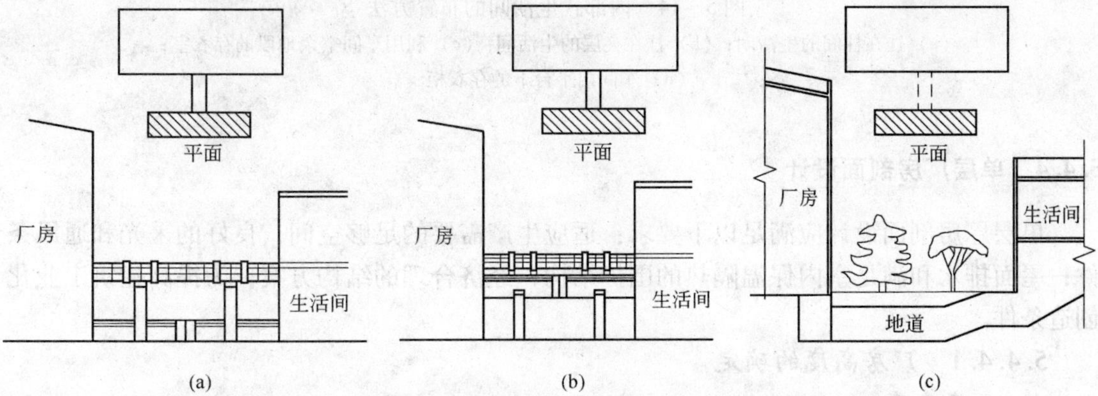

图 5－12　独立式生活间与车间的连接方式

（a）以走廊连接；（b）以天桥连接；（c）以地道连接

C 厂房内部式生活间

车间内部式生活间（见图5－13）布置在厂房建筑之中的一定位置，优点是使用方便，节省建筑面积。厂房内部式生活间布置方法（见图5－14）有以下几种：

（1）嵌入车间的空余地段或分散布置。如布置在柱下、门边、平台下等。

（2）悬挂在车间上空或夹层。

（3）利用车间地下室或半地下室。

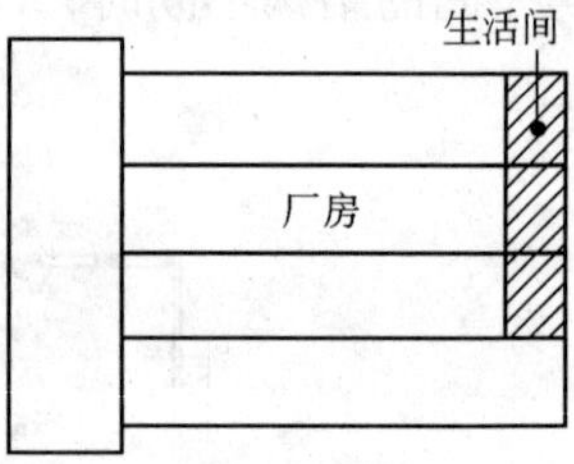

图5－13 内部式生活间

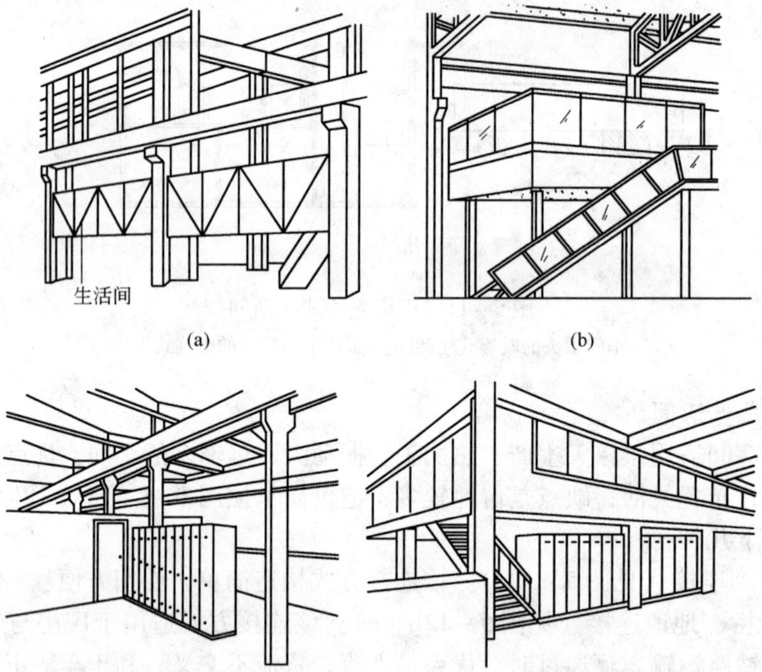

图5－14 内部式生活间的布置方法

（a）挂在柱间的生活间；（b）挂在夹层的生活间；（c）利用车间空余地段的存衣室；（d）车间内平台下的存衣柜

5.4.4 单层厂房剖面设计

单层厂房剖面设计应满足以下要求：适应生产需要的足够空间；良好的采光和通风条件；屋面排水和满足室内保温隔热的围护结构；经济合理的结构方案；为提高建筑工业化创造条件。

5.4.4.1 厂房高度的确定

A 厂房高度

厂房高度通常指室内地面（相对标高定为±0.000）至柱顶（或倾斜屋盖最低点、或下沉式屋架下弦底面）的距离。标高不注在屋架下弦，而注写于柱的顶部。有吊车梁时，还应注明吊车梁上的轨顶标高。确定厂房的高度必须根据生产使用要求以及建筑统一化的要求，同时，还应考虑到空间的合理利用。

B 柱顶标高的确定

（1）无吊车厂房。柱顶标高一般是按最高的生产设备的安装、操作和检修时所需要的净空高度而定，同时还需考虑通风和采光的需要，一般不低于4m。根据《厂房建筑模数协调标准》的规定，应符合300mm的倍数。

（2）有吊车厂房。有吊车厂房的吊车轨顶标高的确定，需考虑生产设备的高度、被吊物件的高度、被吊物与生产设备之间的距离以及吊车安全运行所需的空间高度。柱顶标高的确定，还需考虑吊车上端和屋架下弦之间保持一定的距离，如图5－15所示。高大的设备应布置在车间的端部，避免影响吊车的运行。

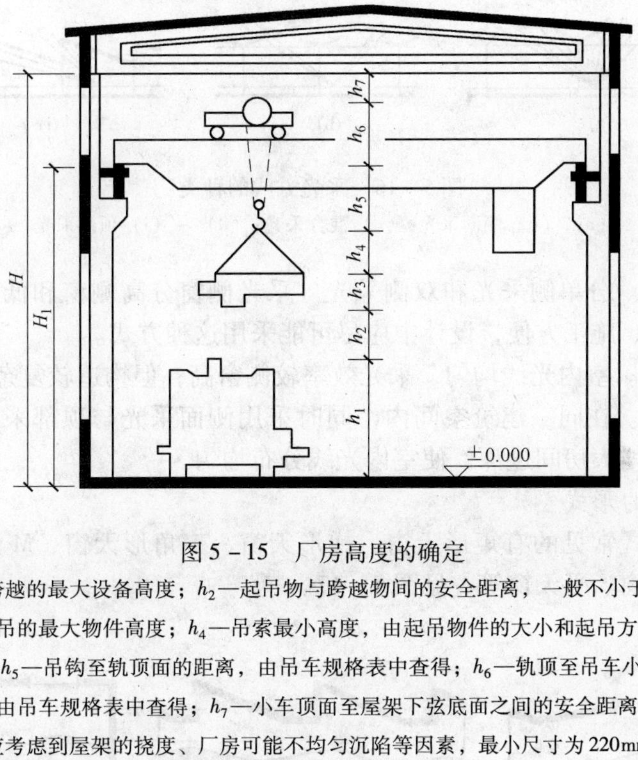

图5－15 厂房高度的确定

h_1—需跨越的最大设备高度；h_2—起吊物与跨越物间的安全距离，一般不小于500mm；h_3—起吊的最大物件高度；h_4—吊索最小高度，由起吊物件的大小和起吊方式决定，一般大于1m；h_5—吊钩至轨顶面的距离，由吊车规格表中查得；h_6—轨顶至吊车小车顶面的距离，由吊车规格表中查得；h_7—小车顶面至屋架下弦底面之间的安全距离，应考虑到屋架的挠度、厂房可能不均匀沉陷等因素，最小尺寸为220mm，湿陷黄土地区一般不小于300mm

在有吊车的厂房中，不同的吊车对厂房高度的影响各不相同。根据《厂房建筑模数协调标准》的规定，柱顶标高 H 应为300 mm的倍数。对于采用梁式或桥式吊车的厂房来说：

柱顶标高 $H = H_1 + H_2$

轨顶标高 $H_1 = h_1 + h_2 + h_3 + h_4 + h_5$

轨顶至柱顶高度 $H_2 = h_6 + h_7$

C 室内地坪标高的确定

厂房室内地坪的绝对标高是在总平面设计时确定的。室内外高差取150～200mm，常用坡道连接。在山地建厂时，应结合地形，因地制宜。

5.4.4.2 采光方式的确定

A 采光方式的种类

采光方式分为侧面采光、顶部采光和混合采光三种方式，如图 5－16 所示。

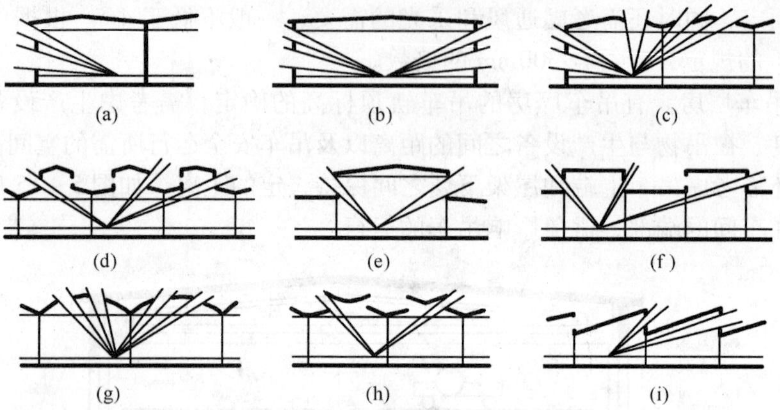

图 5－16 采光方式的种类

(a)，(b) 侧面采光；(c) 混合采光；(d) ～ (i) 顶部采光

(1) 侧面采光。分单侧采光和双侧采光。采光侧窗分高侧窗和低侧窗。侧面采光经济适用、构造简单、施工方便，设计中应尽可能采用这种方式。

(2) 顶部采光。室内光线均匀，采光效率较侧窗高；但构造较复杂，造价也较高。

(3) 混合采光。在同一建筑空间内，同时采用侧面采光与顶部采光的采光方式，兼有二者的优点，可增大房间进深，使室内光线分布均匀。

B 采光天窗的形式

采光天窗的形式常见的有矩形天窗、梯形天窗、三角形天窗、M 形天窗、锯齿形天窗、横向下沉式天窗、平天窗等，见图 5－17。

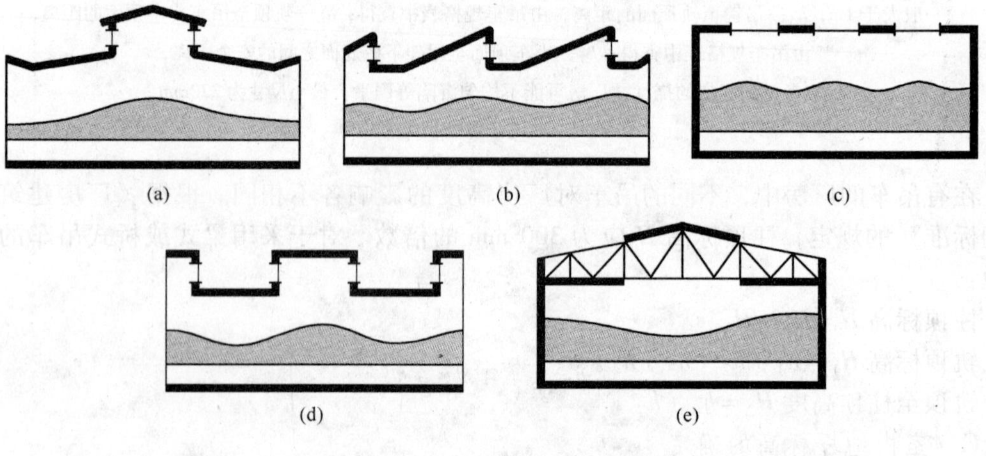

图 5－17 不同形式采光天窗与照度的关系

(a) 矩形天窗；(b) 锯齿形天窗；(c) 平天窗；(d) 横向天窗；(e) 井式天窗

(1) 矩形天窗。矩形天窗是沿跨间纵向升起局部屋面、在高低屋面的垂直面上开设采光窗而形成的，是我国广泛采用的一种采光天窗。优点是当厂房为南北向时，室内光线均匀；由于窗面垂直，积灰少，且易于防水；窗扇可开启，能兼起通风作用。缺点是组成构件类型多、结构复杂，自重大，造价高，增加了厂房高度，抗震性能不好。

(2) 锯齿形天窗。其是将厂房屋盖做成锯齿形，窗设于垂直面上（有时也做成稍倾斜面）。这种天窗能利用天棚倾斜面反射光线。因此，采光效率较矩形天窗高。窗扇可开启兼起通风作用，窗口一般朝北或接近北向，无直射阳光进入室内。对于要求光线稳定，要调节温湿度的厂房（如纺织厂），多采用这种天窗形式。

(3) 平天窗。平天窗是在屋盖上直接设置采光口，直接在屋盖的洞口装设透光材料而成。它可以分为采光板、采光罩和采光带三种。平天窗的采光效率高，具有布置灵活、构造简单、施工方便、造价低等优点，故在冷加工车间的设计中应用较广泛。但对于太阳光直射车间易产生眩光、采暖地区玻璃易结露，造成水滴下落、玻璃表面易积尘或积雪、玻璃破碎落下伤人以及平天窗一般不起通风作用等问题。

(4) 横向下沉式天窗。其是将相邻柱距的整跨屋面板上下交替布置在屋架的上下弦上，利用屋面板位置的高差（即屋架上下弦的高差）作采光口而形成的。这种天窗布置灵活，造价较矩形天窗低。多用于朝向为东西向的冷加工车间。同时，可开设较大面积的通风口，通风量大。它还适用于对采光、通风都有要求的热加工车间。其缺点是窗扇形式受屋架限制、不标准且构造复杂，厂房纵向刚度较差。

(5) 井式天窗。井式天窗是将屋面拟设天窗位置的屋面板下沉铺在屋架下弦上，而形成的井状天窗。它是下沉式天窗的一种类型。井式天窗的布置形式可分为：

1) 边井式天窗。分为单侧布置和双侧布置（两侧对称布置、两侧错开布置和跨中布置等），通风、排水效果较好。

2) 中井式天窗。跨中布置，布置灵活，采光较好，但通风效果较前者差。

5.4.4.3 自然通风设计

A 空气的热压原理

由于室内外温度不同，空气密度也不同。温度低处密度大，温度高处密度小，因而产生压力差，使温度低处的空气流向温度高处，即形成热压作用下的自然通风。热空气上升从高窗和天窗排出，室外冷空气从低侧窗、门洞口进入室内，从而形成空气流动，达到通风的目的。图 5-18 为热压通风原理示意图。

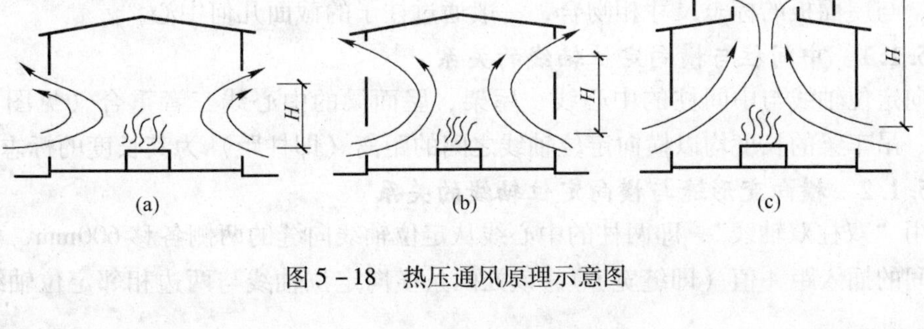

图 5-18 热压通风原理示意图

B 空气的风压原理

风吹向建筑物时，建筑物迎风面空气压力增加，形成正压区，用“+”表示；风越过建筑物迎风面时，风速加大，压力变小，使建筑物顶面、背面、侧面均形成负压区，用“-”表示。

空气流从正压区开口处（进风口）流入，由负压区开口处（排风口）排出，产生压力差，使温度低处空气流向温度高处，即形成风压作用下的自然通风。图5－19为风压通风原理示意图。

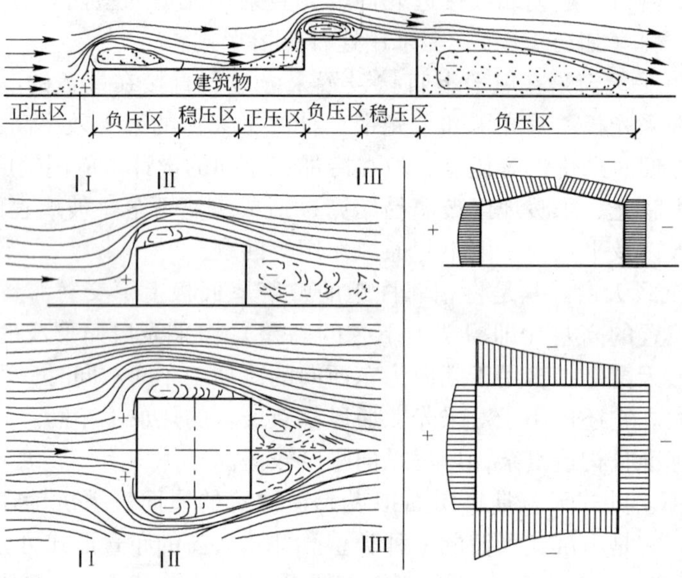

图5－19 风压通风原理示意图

5.5 单层厂房的定位轴线

单层厂房的结构平面的主要尺寸由定位轴线表示。柱距方向的轴线称为横向定位轴线，以①、②、③……表示；跨度方向的轴线称为纵向定位轴线，以 Ⓐ、Ⓑ、Ⓒ ……表示。

5.5.1 横向定位轴线

横向定位轴线即标注厂房纵向承重构件（如屋面板、吊车梁、连系梁、基础梁）等的长度，与屋面板的标志尺寸相吻合，一般通过柱子的截面几何中心。

5.5.1.1 中间柱与横向定位轴线的关系

横向定位轴线与中间柱的中心线、屋架、屋面梁的中心线三者重合（见图5－20）；屋面板、吊车梁的长度均以横向定位轴线之间的距离（即柱距）为其长度的标志尺寸。

5.5.1.2 横向变形缝与横向定位轴线的关系

采用“双柱双轴线”，即两柱的中心线从定位轴线向缝的两侧各移600mm，两条定位轴线之间的插入距A值（即缝宽C），该处两条横向定位轴线与两边相邻定位轴线之间的距离，仍与其他柱距一致，如图5-21所示。

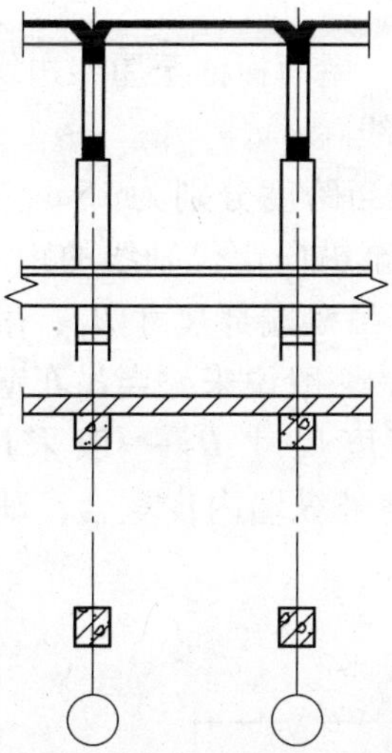

图5-20 中间柱与横向定位轴线的关系

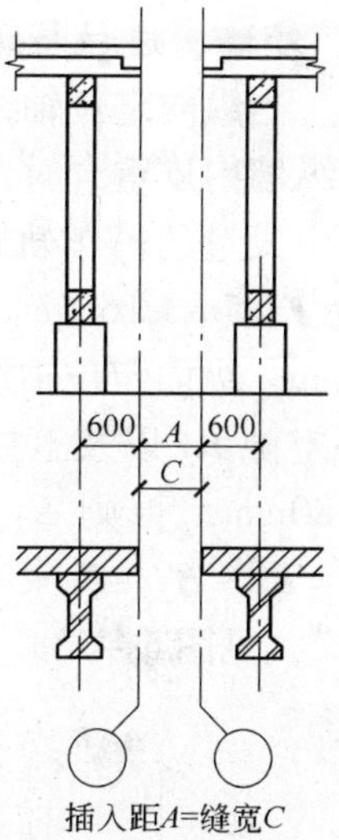

图5-21 横向变形缝处柱与横向定位轴线的关系

5.5.1.3 山墙与横向定位轴线的关系

(1) 山墙为非承重墙时。在厂房尽端，横向定位轴线与山墙内缘重合，将山墙内侧第一排端部柱的中心线从横向定位轴线内移600mm，并将端部屋面板做成一端伸臂板，形成封闭式横向定位轴线，如图5-22a所示。

(2) 山墙为砌体承重墙时。山墙内缘与横向定位轴线之间的距离为墙厚的一半，或块材的半块，或半块的倍数，如图5-22b所示。

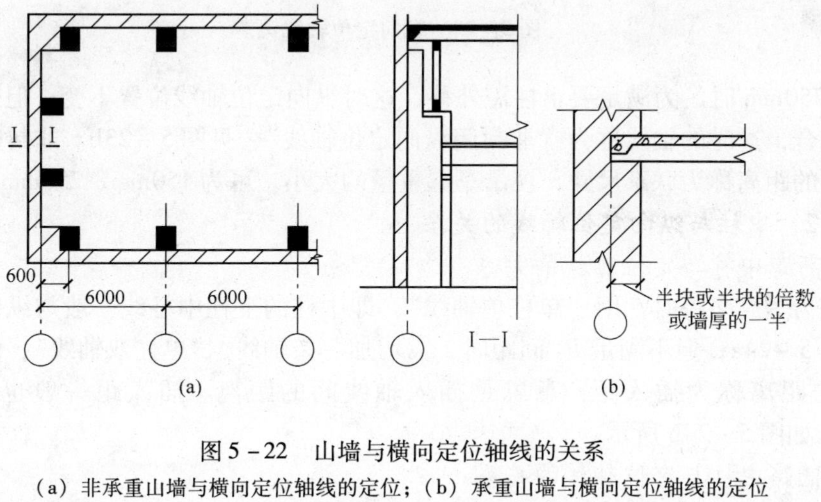

图5-22 山墙与横向定位轴线的关系

(a) 非承重山墙与横向定位轴线的定位；(b) 承重山墙与横向定位轴线的定位

5.5.2 纵向定位轴线

单层厂房的纵向定位轴线主要用来标注厂房横向构件，如屋架或屋面梁长度的标志尺寸。纵向定位轴线应使厂房结构和吊车规格协调，保证吊车与柱之间留有足够的安全距离。

5.5.2.1 外墙、边柱与纵向定位轴线的关系

一般来说，当纵向定位轴线和屋架的标志尺寸相应时，屋面板铺至屋架边缘。当屋架的标志尺寸与纵墙内皮重合时，称为“封闭式纵向定位轴线”。

实际工程中大量的吊车轨距是：$L_K = L - 1.5$m，例如当跨度分别为15m、18m、24m时，L_K分别为13.5m、16.5m、22.5m等，吊车轨道中心至纵向定位轴线的距离为$(L - L_K)/2 = 750$mm。纵向定位轴线能否与纵墙内皮重合，与吊车端部尺寸B_1、吊车端部和上柱间的最小空隙B_2以及上柱截面高度B_3三个值有关。一般说来，当吊车起重量$Q \leqslant$ 50t时，$B_2 \geqslant 80$mm，否则$B_2 \geqslant 100$mm。排架柱截面高度尺寸B_3一般采用400mm、500mm。当$A = B_1 + B_2 + B_3 \leqslant 750$mm时，纵向定位轴线与外纵墙内皮重合，即“封闭式纵向定位轴线”，见图5－23a。

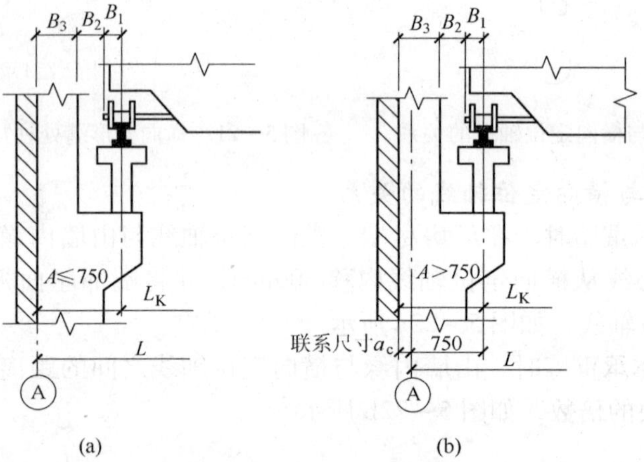

图5－23 纵向定位轴线

当$A > 750$mm时，为满足要求柱需外移，这时纵向定位轴线位置不变，但外纵墙内皮不能和它重合，这时的轴线称为“非封闭纵向定位轴线”，见图5－23b。非封闭轴线与外纵墙内皮间的距离称为联系尺寸，视吊车起重量的大小，可为150mm、250mm或500mm。

5.5.2.2 中柱与纵向定位轴线的关系

A 等高跨中柱与定位轴线的关系

当厂房为等高多跨时，用“单柱单轴线”，即中柱的上柱中心线一般与纵向定位轴线重合，见图5－24a；但不满足B_2间距时，需增加一条轴线，“单柱双轴线”，两条纵向定位轴线间的距离称为插入距，意思是插入轴线间的距离。插入距一般也取150mm、250mm等，如图5－24b所示。

B 高低跨中柱与定位轴线的关系

（1）设一条定位轴线。当高低跨处采用单柱时，如果高跨吊车起重量Q小于等于20/5t，则高跨上柱外缘和封墙内缘与定位轴线相重合，单轴线封闭结合，如图5－25a所示。

（2）两条定位轴线。当该柱的$A > 750$mm时，必需增设一条纵向定位轴线，如图5－25b所示。

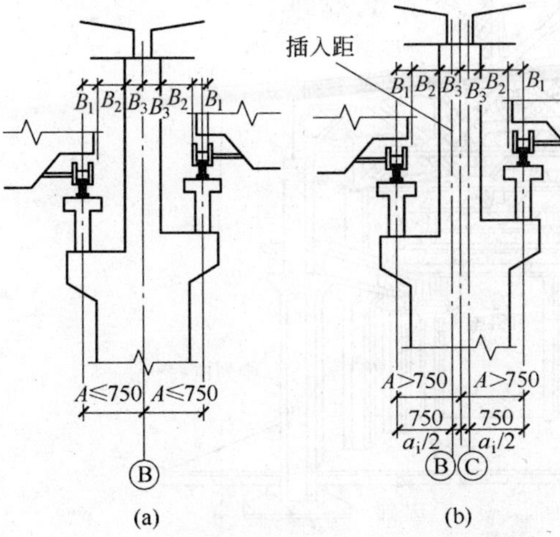

图 5-24 等高跨中柱与纵向定位轴线的关系
（a）单柱单轴线；（b）单柱双轴线

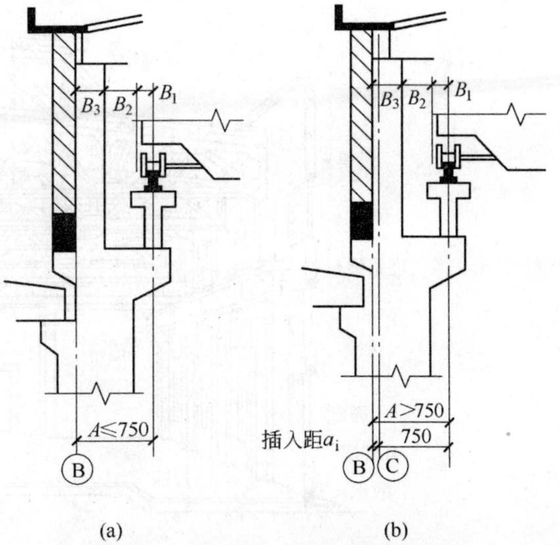

图 5-25 高低跨中柱与纵向定位轴线
（a）单柱单轴线；（b）单柱双轴线

5.6 单层厂房的结构类型和构造

5.6.1 单层厂房的结构类型

单层厂房的结构类型从支承方式上基本可分为承重墙结构与骨架结构两大类。随着技术的发展，还出现了T形板结构体系、V形折板屋盖、折板结构体系、门式刚架和钢筋混凝土管结构等新型结构体系。

5.6.1.1 承重墙结构

承重墙结构仅适用于厂房的跨度、高度、吊车荷载较小及地震烈度较低等情况，现已较少采用。

5.6.1.2 骨架结构

我国单层厂房承重结构主要采用骨架结构，这类厂房多数跨度大、高度较高，吊车吨位大。骨架结构受力合理，建筑设计灵活，施工方便，工业化程度较高。

骨架结构由柱基础、柱子、梁、屋架等构件承受各种荷载，这时墙体在厂房中只是起到围护及分隔作用。图5-26所示为典型装配式钢筋混凝土骨架结构的单层厂房，它包括下列几部分承重构件。

A 骨架结构的结构组成

骨架结构由屋盖体系、横向平面排架、纵向平面排架、围护结构、支撑系统组成。

（1）屋盖结构。分为有檩体系和无檩体系两种。由屋面板、屋架（屋面梁）、屋盖支撑、檩条、托架、天窗架、天沟板等组成。作用是围护和承重以及采光和通风，并将荷载传至排架柱。

（2）横向平面排架。由横梁（屋面梁或屋架）、横向柱列、基础等组成。其是厂房的主要承重构件。

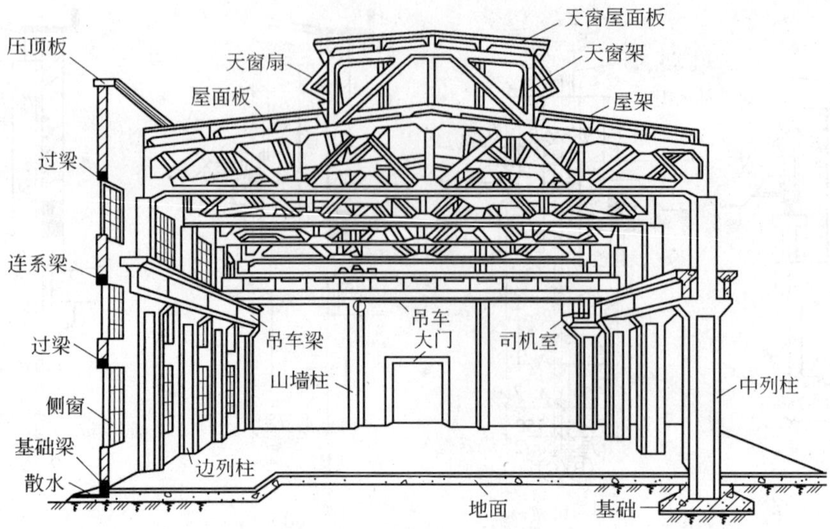

图 5－26 单层厂房装配式钢筋混凝土骨架及主要构件

（3）纵向平面排架。由纵向柱列、基础梁、连系梁、吊车梁、圈梁等组成。作用是与横向排架构成骨架，保证厂房的纵向稳定和刚度，并承受作用在山墙上的风荷载、吊车纵向制动力、纵向地震力及温度应力，并将它传递给柱子。

（4）围护结构。由屋面板、周边墙体、门窗等组成。作用是承受风荷载、墙体荷载及构件自重。

（5）支撑系统。为保证厂房的刚度，还设置屋架支撑、柱间支撑等支撑系统及抗风柱。

B 骨架结构的结构类型

骨架结构的结构类型可分为砖石混合结构、钢筋混凝土结构、钢结构等。选择时应根据厂房的用途、规模、生产工艺、起重运输设备、施工条件和材料供应情况等因素，综合分析确定。

（1）砖石混合结构。砖石混合结构由砖柱和钢筋混凝土屋架或屋面大梁组成，也有由砖柱和木屋架或轻钢或组合屋架组成的。混合结构构造简单，但承载能力、抗地震、抗振动能力较差，因此仅用于吊车起重量不超过 5t，跨度不大于 15m 的小型厂房。砖柱组合屋架厂房如图 5－27 所示。

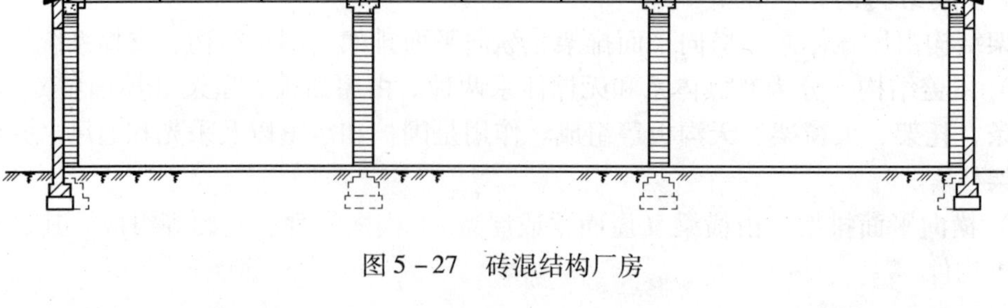

图 5－27 砖混结构厂房

(2) 装配式钢筋混凝土结构。装配式钢筋混凝土结构坚固耐久，可预制装配，与钢结构相比可节约钢材，造价较低，广泛应用在国内外的单层厂房中，但该结构类型厂房自重大，抗地震能力不如钢结构。

几种常用预制钢筋混凝土柱如下所述：

1）矩形柱。其外形简单，制作方便。两个方向受力性能较好。缺点是混凝土不能充分发挥作用，混凝土用量大，自重大。适用于中小型厂房，如图5－28a所示。

2）工字形柱。将横截面受力较小的中间部分混凝土省去，节约混凝土约30%～50%，如图5－28b所示。

3）工字形柱如柱截面高度较大，为减轻重量和便于穿越管道，还可在腹板上开孔。缺点是制作复杂，如图5－28c所示。

4）双肢柱。由两根承受轴向力的肢杆和联系两肢杆的腹杆组成。腹杆有水平和倾斜两种。水平腹杆施工方便，上方便于安装管线，但受力性能不如斜腹杆。斜腹杆基本为轴向力，弯矩小，所以节省材料，适用于厂房高，吊车吨位大的厂房，如图5－28d所示。

5）管柱。其制作是在离心制管机上成型的，质量好，便于拼装，减少现场湿作业工作量，受气候影响小。缺点是预埋件较难制作，与墙体连接也不如其他柱方便，如图5－28e所示。

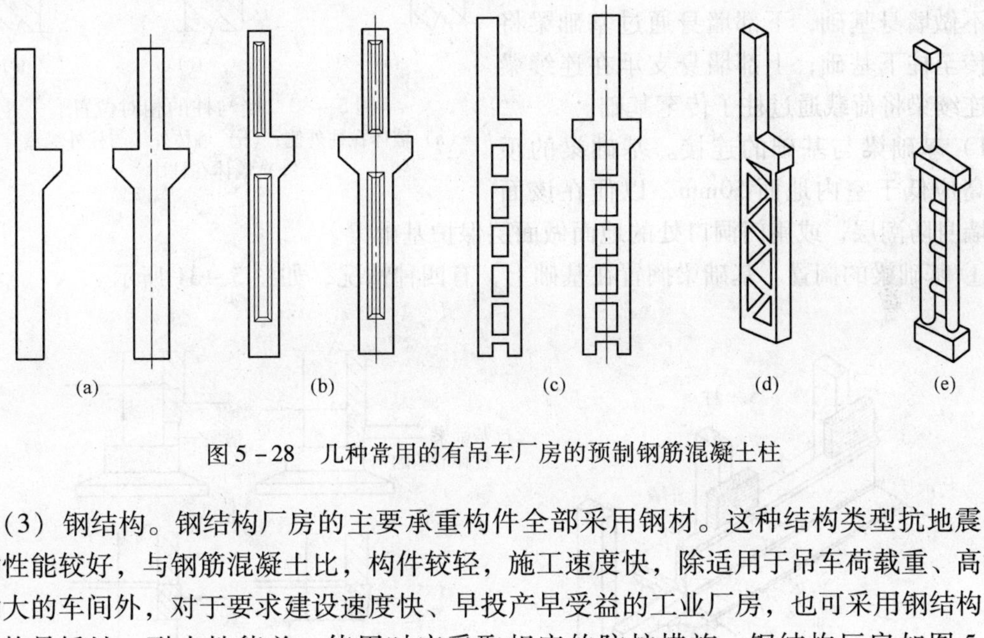

图5－28 几种常用的有吊车厂房的预制钢筋混凝土柱

(3) 钢结构。钢结构厂房的主要承重构件全部采用钢材。这种结构类型抗地震、抗振动性能较好，与钢筋混凝土比，构件较轻，施工速度快，除适用于吊车荷载重、高温及振动大的车间外，对于要求建设速度快、早投产早受益的工业厂房，也可采用钢结构。但钢结构易锈蚀，耐火性能差，使用时应采取相应的防护措施。钢结构厂房如图5－29所示。

5.6.2 单层厂房构造

5.6.2.1 单层厂房外墙构造

A 单层厂房外墙分类

(1) 按承重方式。分为承重墙、非承重墙。

(2) 按材料。分为砖墙、块材墙、板材墙、波形瓦（或压型钢板）墙、开敞式外墙。

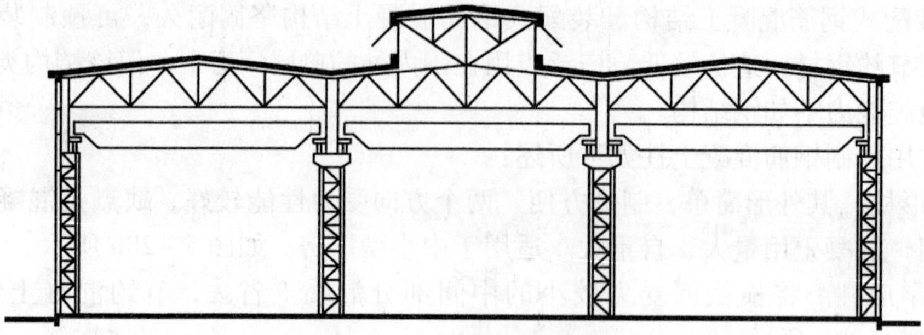

图 5－29 钢结构厂房

B 砖墙及砌块墙构造

（1）墙与柱的相对位置（见图 5－30）。

1）墙体在柱外侧。墙体在柱外侧构造简单、施工方便，可以避免产生“热桥”。

2）墙体在柱中间。墙体在柱中间可以节约土地和砖料，能省去柱间支撑。

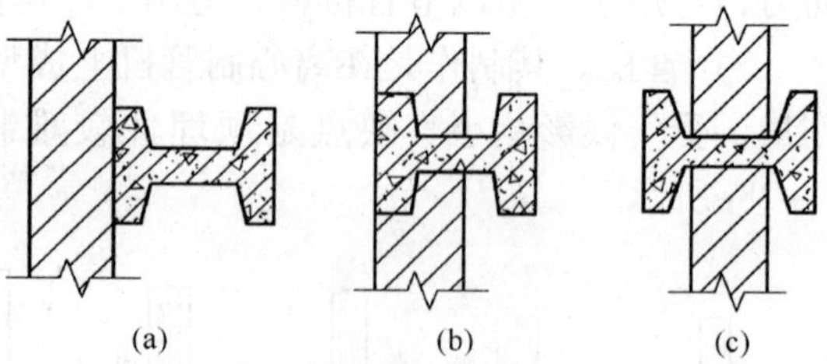

图 5－30 墙与柱的相对位置
（a）墙体在柱外侧；（b）墙体外缘与柱外缘重合；（c）墙体在柱中

（2）墙体的细部构造。非承重的围护墙通常不做墙身基础，下部墙身通过基础梁将荷载传至柱下基础；上部墙身支承在连续梁上，连续梁将荷载通过柱子传至基础。

1）基础梁与基础的连接。基础梁的顶面标高应低于室内地面 50mm，以便在该面设置墙身防潮层，或用门洞口处的地面做面层保护基础梁。

① 基础梁的搁置。基础梁搁置在基础上，有四种情况，如图 5－31 所示。

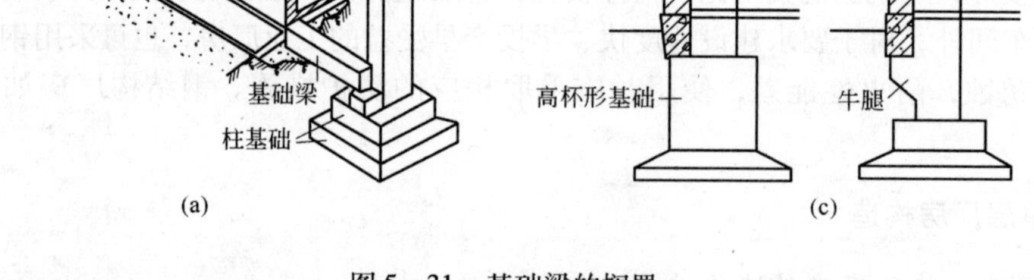

图 5－31 基础梁的搁置

② 基础梁的下部处理。为保证基础梁与柱下基础有共同的沉降，基础梁下的回填土要虚铺或留有 50～100mm 的空隙。在寒冷地区的冬季，为防止冻胀对基础及墙身产生反

拱的不利影响，可在基础梁的下部填铺炉渣等松散材料，也可在基础梁下预留空隙。

2）连系梁与柱的连接。

① 现浇非承重连系梁是将柱中的预留钢筋与连系梁整浇在一起的，如图 5－32b 所示。

② 预制非承重连系梁与柱子可用螺栓联结，如图 5－32c 所示。

③ 承重连系梁与柱的连接，是将连系梁搁置在支托连系梁的牛腿上，用螺栓或焊接的方法连接牢固，如图 5－32d 所示。

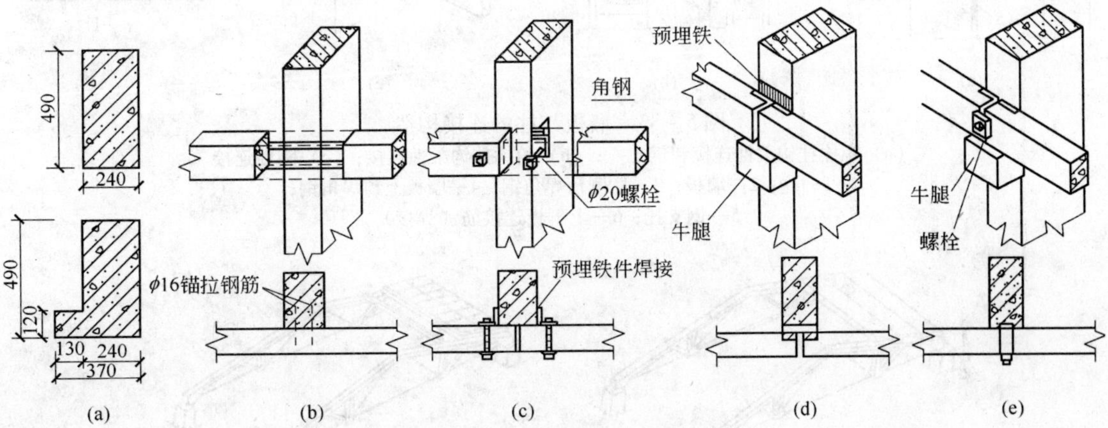

图 5－32 连系梁与柱的连接

（a）连系梁断面；（b）现浇非承重梁；（c）预制非承重连系梁；（d），（e）承重连系梁

C 大型板材墙构造

（1）大型板材墙的类型。按板材的材料和构造方式分为单一材料墙板和复合材料墙板；按受力状况分承重墙板和非承重墙板；按保温性能分为保温墙板和非保温墙板；按所用材料分为混凝土材料类墙板和复合材料类墙板。

（2）大型板材墙的墙板与柱的连接方式。

1）柔性连接。柔性连接分为螺栓连接、角钢连接、压条连接三种。如图 5－33a、b 所示。

2）刚性连接。刚性连接是利用短型钢将墙板和柱内的预埋铁件焊接在一起，使板柱固定，如图 5－33c 所示。

5.6.2.2 单层厂房屋面构造

单层厂房屋面面积大，屋面上常设置各种天窗、天沟、檐沟、雨水斗及雨水管等，构造较复杂；屋面要有足够的刚度、强度和整体性、耐久性以承受生产机械的振动、吊车的冲击荷载；有时还要考虑防爆、防腐蚀等问题。

A 单层厂房屋面的基层

（1）无檩体系。将大型屋面板直接搁置在屋架上的结构类型称为无檩体系，见图 5－34a。无檩体系的构件尺寸大，构件型号少，有利于工业化施工。

（2）有檩体系。有檩体系是由搁置在屋架上的檩条支承小型屋面板构成的，见图 5－34b。这种体系构件尺寸小、重量轻、施工方便，但构件数量较多，施工周期长。

B 单层厂房屋面的排水构造

（1）排水方式。分为无组织排水和有组织排水，有组织排水又分为内排水和外排水。

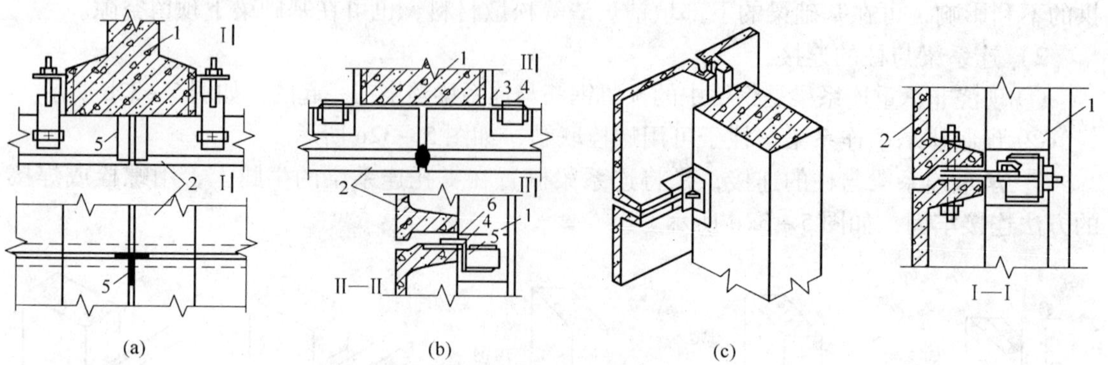

图5-33　墙板与柱的连接构造

（a）螺栓挂钩柔性连接和钢支托；（b）角钩挂钩柔性连接；（c）刚性连接

1—柱；2—墙板；3—柱侧预焊角钢；4—墙板上预焊角钢；

5—钢支托；6—上下板连接筋（焊接）

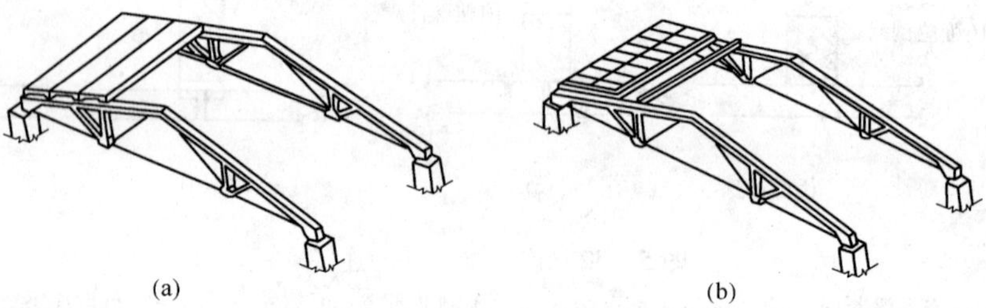

图5-34　屋面基层结构类型

（a）无檩体系；（b）有檩体系

1）无组织排水。无组织排水一般需设不小于500mm的出檐，防止下落的雨水侵蚀墙面和窗口，还应设置宽度大于出檐的散水。对屋面大量堆积粉尘或散发腐蚀性介质的车间，宜采用无组织排水方式，以防止雨水管的堵塞或锈蚀。

2）有组织排水。

① 有组织内排水。将雨水通过设置在室内的雨水管排出，雨水管较长、易堵塞，但有良好的防冻性能，如图5-35a所示。

② 有组织外排水。将雨水通过设置在室外的雨水管排出，常需较长的天沟，如图5-35b、c所示。

（2）屋面排水装置的布置。雨水管的设置是根据当地降雨量、屋面排水面积等因素确定的。雨水口的位置和间距应尽量使其排水负荷均匀，有利于雨水管的安装，不影响建筑外观。雨水管的间距不宜超过24m。

C　单层厂房屋面的防水构造

（1）屋面防水类型。卷材防水作法与民用建筑构造类似；刚性防水一般情况不使用。构件自防水施工程序简单，省材料，造价低。不宜用于振动较大的厂房，多用于南方地区；厂房瓦屋面，运用得最多的是压型钢板和波形石棉水泥瓦。

（2）屋面防水构造。

1）压型钢板瓦屋面构造。压型钢板瓦的类型有V形板、W形板及保温夹心板等，如

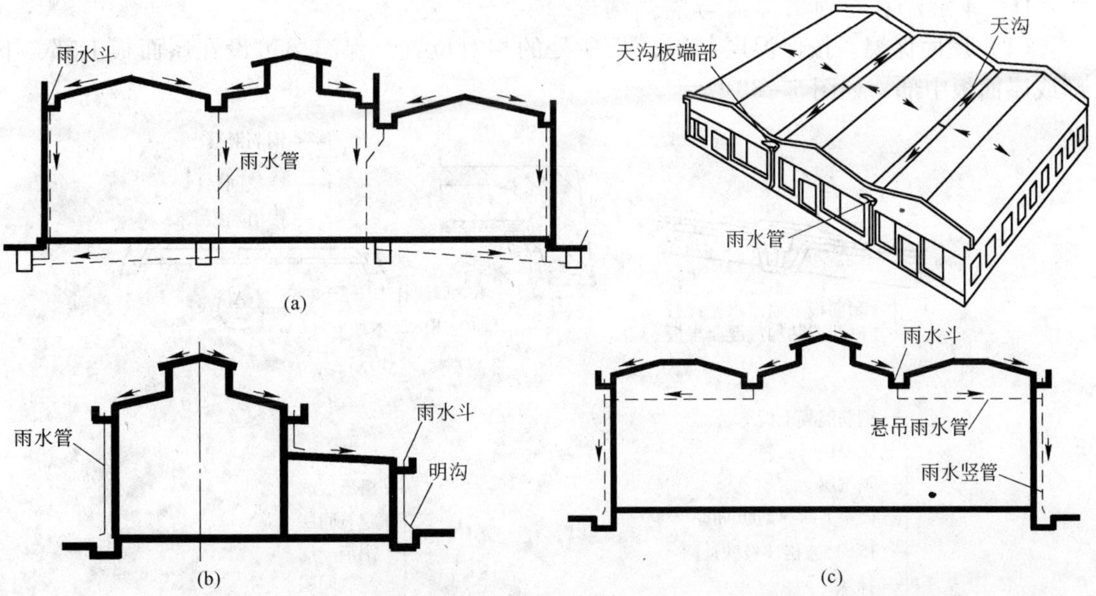

图 5－35　单层厂房屋面排水方式

（a）内天沟内排水；（b）外檐沟外排水；（c）长内天沟外排水

图 5－36 所示。

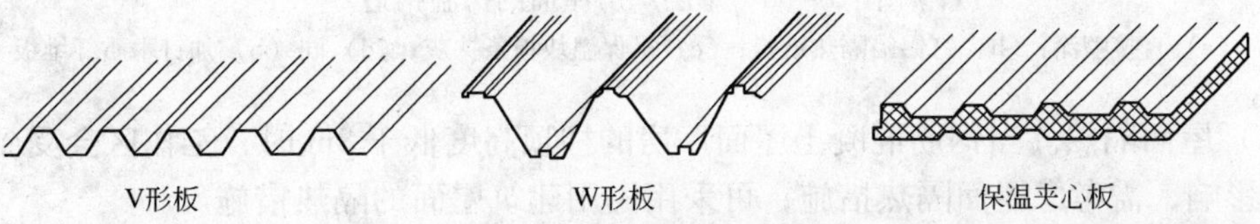

图 5－36　压型钢板瓦的类型

2）单层 W 形板瓦屋面构造。单层 W 形板瓦屋面构造如图 5－37 所示。

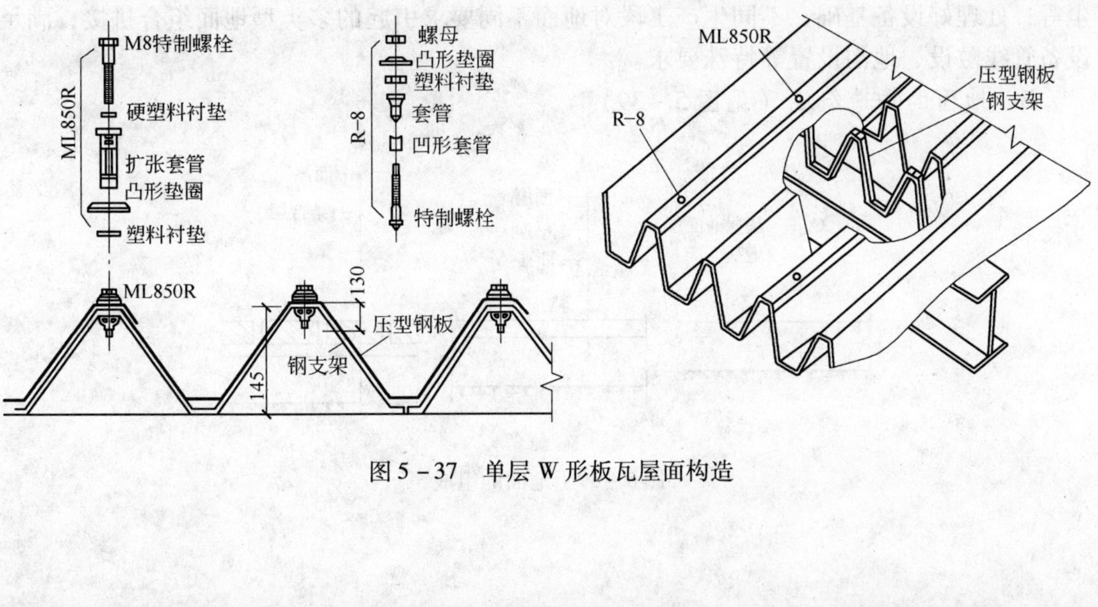

图 5－37　单层 W 形板瓦屋面构造

D 单层厂房屋面的保温与隔热构造

（1）屋面保温。按保温层与屋面板所处的相对位置，保温层可设在屋面板上部、下部或屋面板中部，如图 5－38 所示。

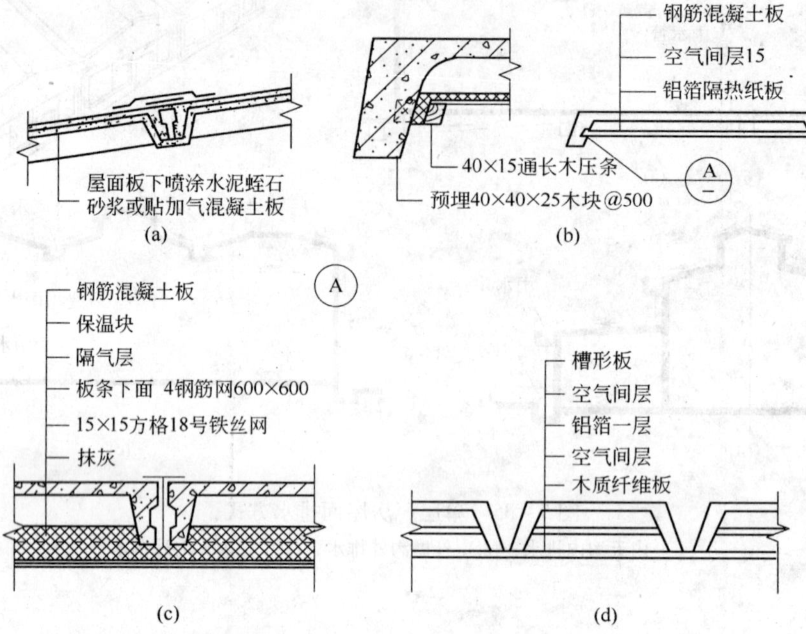

图 5－38 单层厂房屋面的保温构造

（a）直接喷涂；（b）钉铝箔隔热纸板；（c）吊保温块板条抹灰；（d）同（b）加钉木质纤维板

（2）屋面隔热。当钢筋混凝土屋面厂房的柱顶高度低于 8m 时，工作区会受到屋面的辐射热影响，需考虑屋面隔热措施，可采用民用建筑屋面的隔热措施。

5.6.2.3 单层厂房地面构造

A 地面的特点与设计要求

应具有足够的强度和刚度，满足大型生产和运输设备的使用要求，有良好的抗冲击、耐振、耐磨、耐碾压性能；满足不同生产工艺的要求，如隔热、防火、防水、防腐蚀、防尘等；处理好设备基础、不同生产工段对地面不同要求引起的多类型地面组合拼接；满足设备管线敷设、地沟设置等特殊要求。

B 地面的构造组成（见图 5－39）

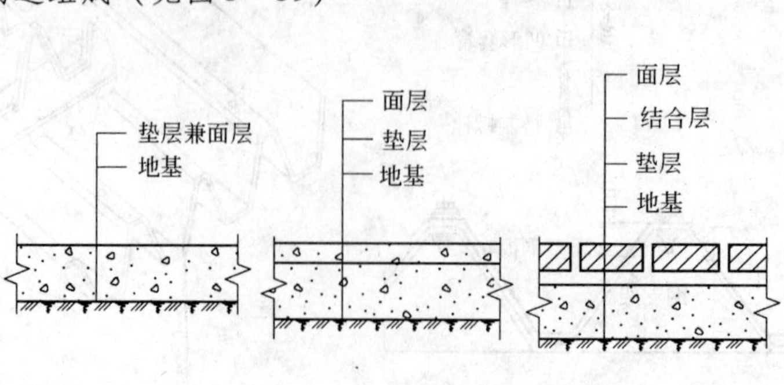

图 5－39 地面的组成

（1）面层。面层应与车间的工艺生产特点有直接关系。为便于排水，地面可设 0.5% ~1% 的坡度。

（2）垫层。垫层起传递荷载的作用，厚度需按计算确定，有刚性垫层和柔性垫层。刚性垫层有混凝土垫层、碎砖三合土垫层等；柔性垫层有夯实的砂垫层、素炉渣垫层等。

（3）基层。要有足够的承载力，有素土基层或在土中碾入碎石、碎砖等骨料的基层。

（4）附加层。包括结合层、隔离层。结合层是连接块材或卷材与垫层之间的中间层，主要起上下层的结合作用。隔离层是防止地面的水、腐蚀性液体渗漏到地面下影响建筑结构；或防止地下的水、潮气、腐蚀性介质对地面渗漏产生不利影响的构造层。

C 地面细部构造

（1）地面垫层接缝（见图 5 -40）。地面垫层为混凝土时应做接缝。作用是减少温度变化产生不规则裂缝引起地面的破坏。种类有伸缝和缩缝，若厂房内温度变化不大，一般只设缩缝。

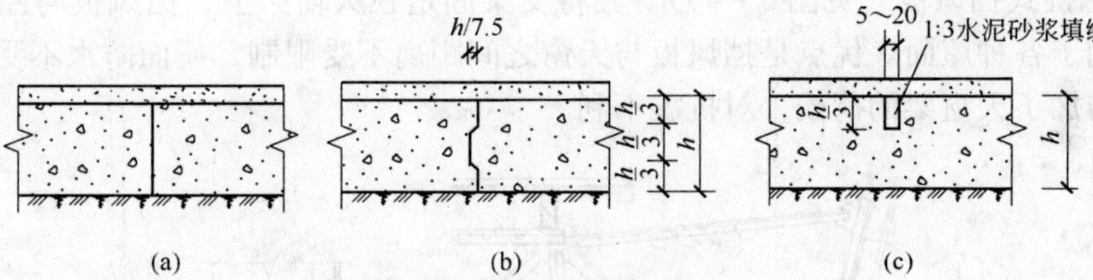

图 5 -40 垫层缩缝的形式

（a）平头缝；（b）企口缝；（c）假缝

（2）不同材料地面的接缝。不同材料地面的接缝如图 5 -41 所示。

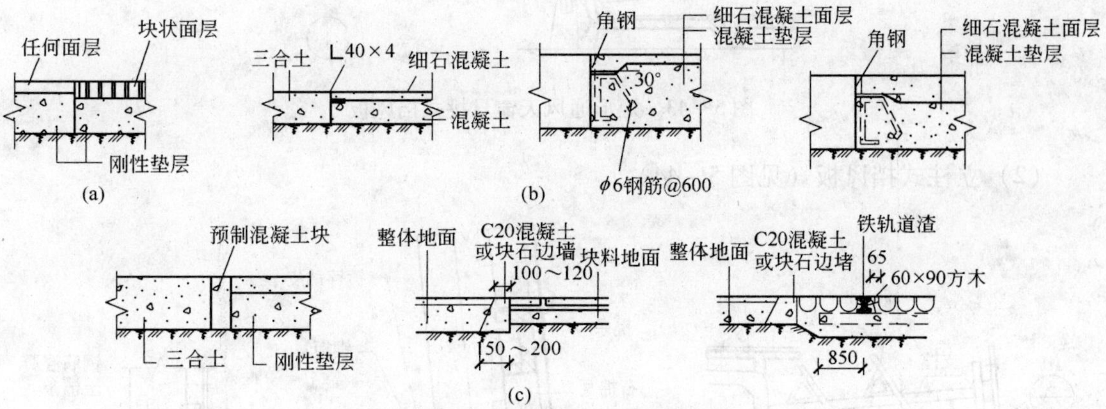

图 5 -41 不同材料地面的接缝构造

（a）平缝；（b）角钢护角；（c）混凝土块加固

5.6.2.4 单层厂房天窗构造

A 矩形天窗

矩形天窗由天窗扇、天窗屋面板、天窗侧板及天窗端壁组成，如图 5 -42 所示。

B 矩形通风天窗

矩形通风天窗即在矩形天窗的两侧设置挡风板，既采光又通风。

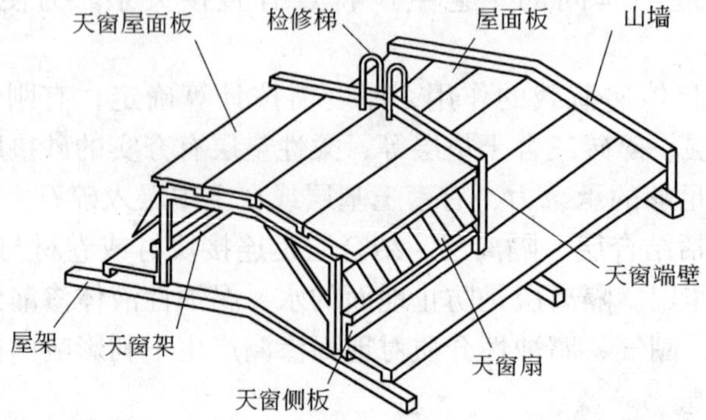

图 5－42　矩形天窗的构造组成

挡风板的类型及构造做法如下：

（1）悬挑式挡风板（见图 5－43）。其将支架固定在天窗架上，挡风板与屋面板完全脱离，适用于各种屋面。优点是挡风板与天窗之间距离不受限制，屋面防水不受影响；缺点是支架增加了天窗架的荷载，对抗震不利。

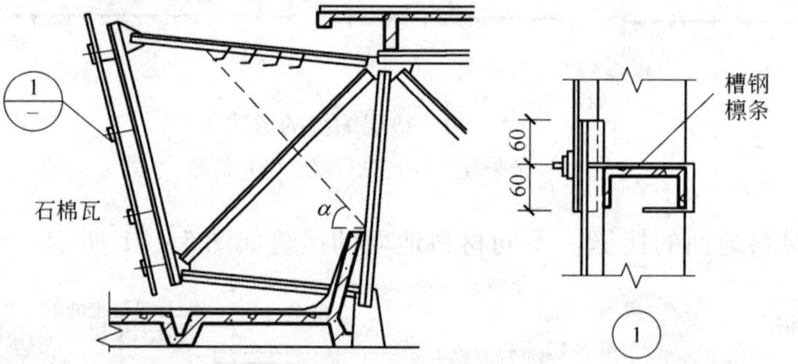

图 5－43　矩形通风天窗悬挑式挡风板

（2）立柱式挡风板（见图 5－44）：

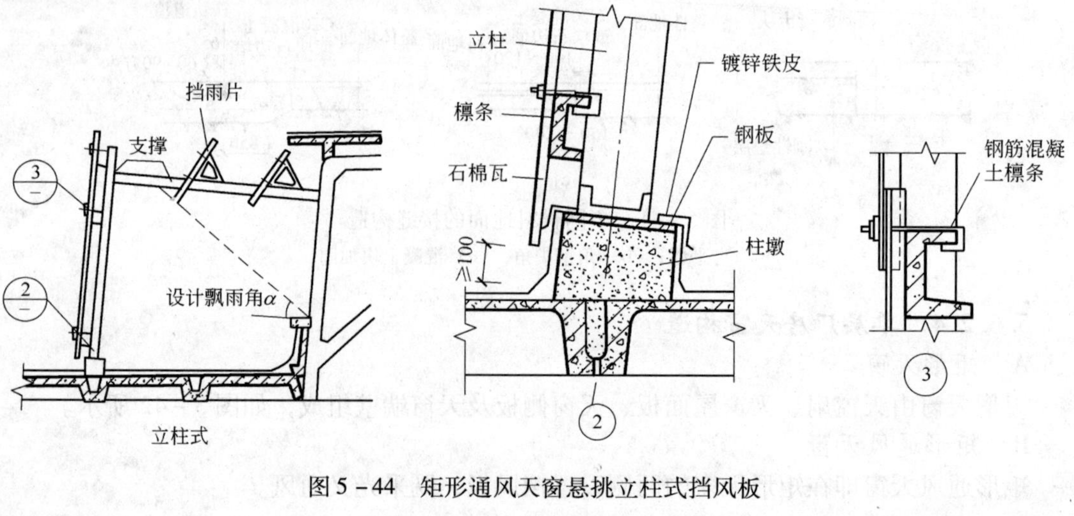

图 5－44　矩形通风天窗悬挑立柱式挡风板

将钢筋混凝土支架的立柱支承在屋架上弦的柱墩上，通过支撑与天窗架连接。优点是受力合理；缺点是立柱位于屋面板连接处，挡风板与天窗架间距受屋面板排列限制，立柱处防水处理较复杂。挡雨片的设置角度应结合设计飘雨角 α 值考虑。

C 井式天窗

井式天窗由井底板、井口檩条（或空格板）、挡风侧墙、挡雨片、天沟等组成，如图5－45所示。

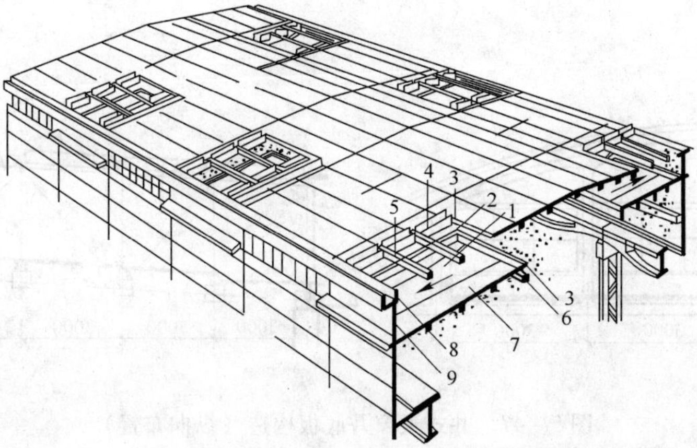

图5－45 井式天窗的构造组成
1—水平口；2—垂直口；3—泛水口；4—挡雨片；5—空格板；
6—檩条；7—井底板；8—天沟；9—挡风侧墙

（1）井式天窗的布置与屋架形式的关系。梯形屋架因端部有一定高度，能保证窗口应有的排风面积，故多采用“边井式”天窗；拱形、折线形屋架因端部较低，多采用“中井式”天窗。为有利于布置下沉式天窗，屋架采用全竖杆式，便于井底檩条、井底板的搁置及天窗的开启。

（2）井式天窗的井底板构造。

1）井底板横向布置（见图5－46）。在屋架下弦上搁置檩条，檩条上铺设井底板

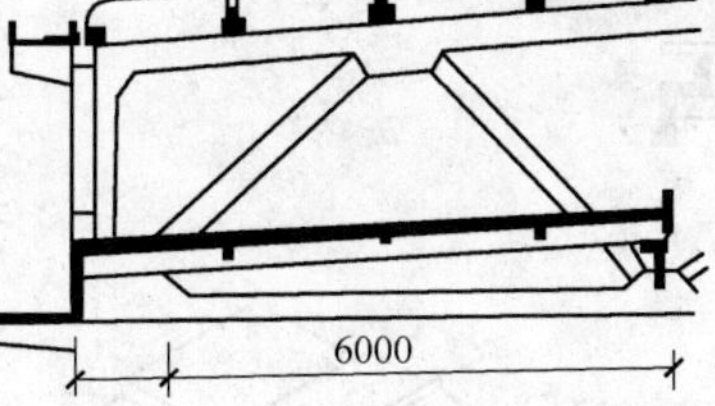

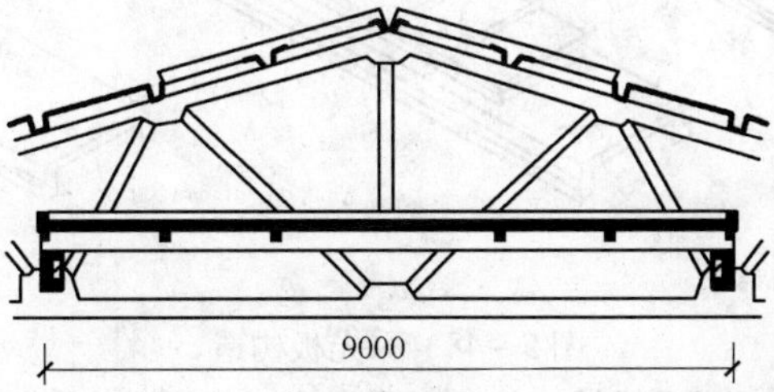

图5－46 井式天窗井底板构造（横向布置）

(井底板长边平行于屋架)。受屋架高度限制，井式天窗垂直口高度有限，屋架节点、檩条、井底板、泛水均占一定的净空高度，采用下卧式檩条，槽形、L形檩条，约减少200mm的结构高度，同时槽形、L形檩条兼作泛水。

2）井底板纵向布置（见图5-47）。井底板垂直于屋架布置，省去了檩条，板直接搁置屋架下弦上，增大了垂直口面积。纵向铺板可能与屋架腹杆及节点相碰，有些井底板必须采用异型板，如卡口板、出肋板等。纵向铺板施工复杂，板的规格多，一般适用于“中井式”天窗。

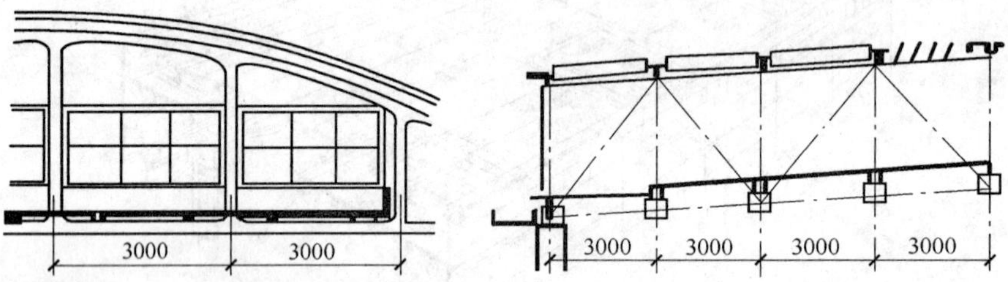

图5-47 井式天窗井底板构造（纵向布置）

D 平天窗

平天窗的优点是屋面荷载小、采光效率高（比矩形天窗高2~3倍），布置灵活，采光也较均匀，构造简单，施工方便。缺点是进入室内的直接热辐射多，易产生眩光，上表面易积灰，下表面易产生冷凝水，造价较高，易积尘。适用于一般冷加工车间。

平天窗的类型有采光板、采光罩和采光带。采光板是在屋面板预留的孔洞上安装平板透光材料，分为大孔、小孔采光板，如图5-48所示；采光罩是在屋面板预留的孔洞上安装锥形、弧形透光材料，如弧形玻璃钢罩，如图5-49所示；采光带是在部分屋面留出长带状洞口安装透光材料，采光口长度常大于6m，分为横向、纵向采光带。

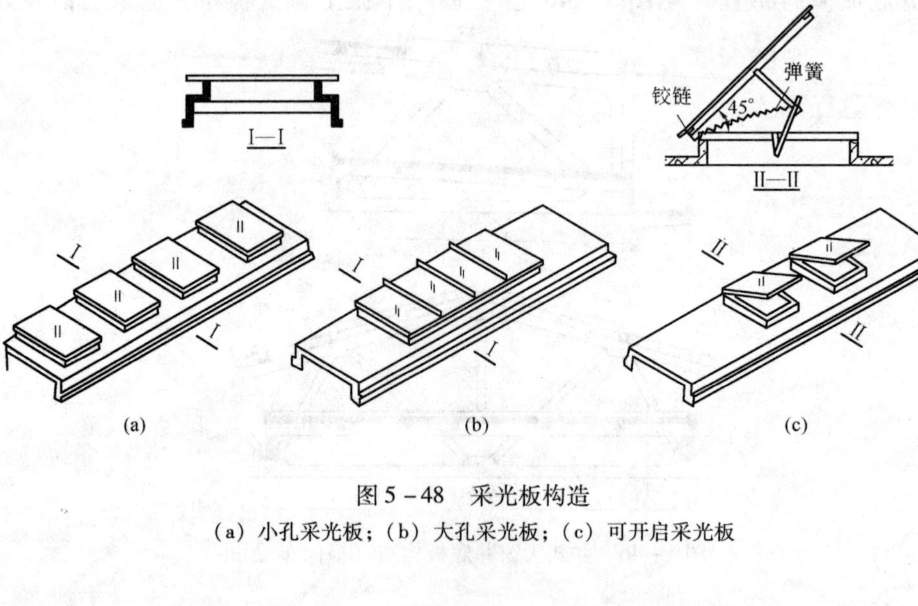

图5-48 采光板构造

(a) 小孔采光板；(b) 大孔采光板；(c) 可开启采光板

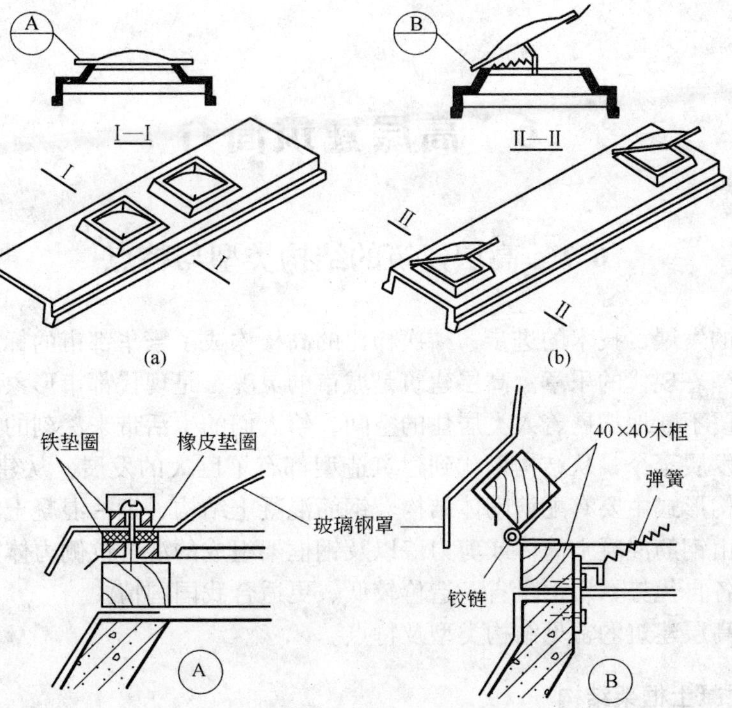

图 5 - 49 采光罩构造

（a）玻璃钢罩；（b）可开启玻璃钢罩

6 高层建筑简介

6.1 高层建筑的结构类型与特点

随着社会的发展，技术的进步，鳞次栉比的高楼构成了繁华都市的标志，那错落有致的天际线都演绎着现代的乐章。高层建筑是城市的灵魂，是现代都市形象的代表。这日渐增长的高楼大厦不断地拓展着人类居住的空间，给人们的生活带来深刻的变革。

高层建筑发展至今，从结构形式到建筑造型都有了巨大的发展，从建筑材料来划分，高层建筑的结构形式主要有配筋砌体结构、钢筋混凝土结构、钢－混凝土混合结构、钢结构等。目前，由钢筋混凝土筒体或剪力墙以及钢框架组成的混合抗侧力体系，充分发挥两种结构材料的各自优势，用钢量省、造价较低、更适合我国国情。

下面介绍高层建筑的常见结构类型及特点。

6.1.1 钢筋混凝土框架结构

钢筋混凝土框架结构体系是由楼板、梁、柱及基础四种承重构件组成，是多层及高层建筑常用的结构形式。由主梁、柱与基础构成平面框架，它是主要承重结构。各平面框架再由连系梁连系起来，即形成一个空间结构体系，墙体不起承重作用，如图 6－1 所示。

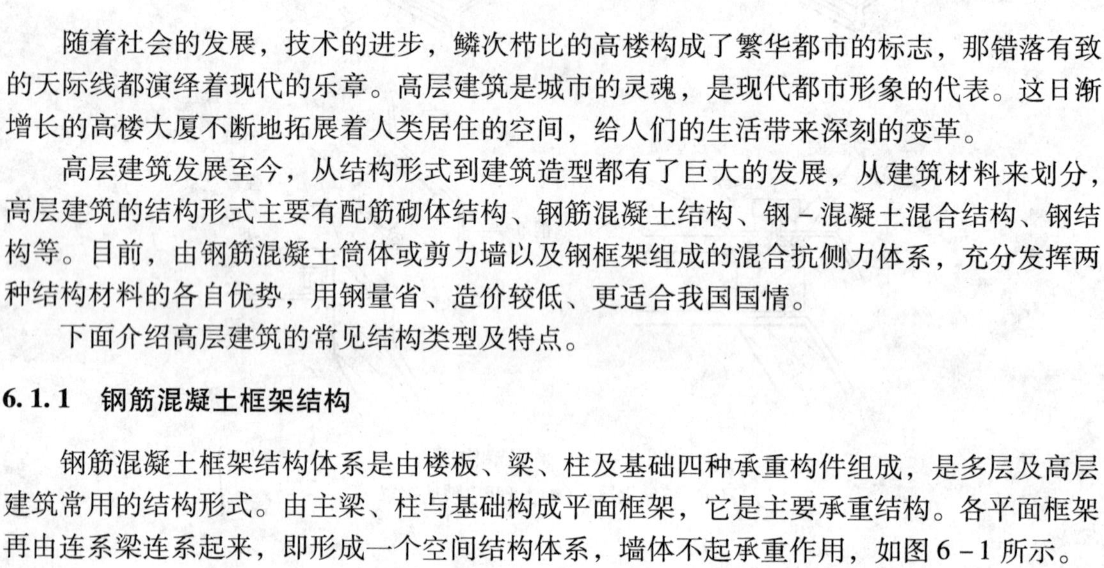

图 6－1 不同形状平面的框架柱网平面布置及剖面示意图

6.1.1.1 框架结构的特点和适用范围

建筑平面布局灵活，能形成较大的室内空间，开窗较自由；工艺布置灵活性大，便于设备布置；自重较轻，强度较高。在一定建筑高度范围内，刚度、整体性、抗震性能较好，具有较好的结构延性等优点；框架结构侧向刚度较小，水平荷载作用下侧移较大，称为柔性结构体系，所以一般建筑高度宜控制在60m以下。

钢筋混凝土框架结构在多层民用建筑和工业建筑中应用非常广泛。框架结构适用于开间、进深较大的商店、教学楼、图书馆之类的公共建筑以及多、高层住宅、旅馆等建筑。

6.1.1.2 框架结构布置

框架结构柱网布置必须满足建筑平面及使用要求，同时也须使结构受力合理。

A 民用建筑柱网布置

民用建筑柱网和层高根据建筑使用功能确定。目前的民用建筑柱网可划分为“小柱网”和“大柱网”两类。

“小柱网”指一个开间为一个柱距，如图6-2a、b所示，常用柱距为3.3m，3.6m，3.9m，4.2m等；“大柱网”指两个开间为一个柱距，如图6-2c所示，常用柱距为6.0m，6.6m，7.2m，8.4m等；常用跨度（房屋进深）为4.8~7.5m等；层高一般为3.0m，3.3m，3.6m，3.9m，4.2m，4.5m等。

宾馆建筑多采用三跨框架。有两种跨度布置方法：一种是边跨大、中跨小，可将卧室和卫生间一并设在边跨内，中间跨仅作走道用，如图6-2a所示；另一种则是边跨小、中跨大，将两边客房的卫生间与走道合并设于中跨内，边跨仅作卧室，如图6-2b、c所示。

办公楼常采用三跨内廊式、两跨不等跨或多跨等跨框架，如图6-1b、d、a、c所示。采用不等跨时，大跨内宜布置一道纵梁，以承托走道纵墙，如图6-1d所示。

框架结构建筑的柱网以矩形平面居多，近年来，由于建筑体型的多样化，出现了一些非矩形的平面形状，如图6-1e、f、h所示。这使柱网布置较复杂一些。框架结构一般柱网经济跨度在6~9m之间。

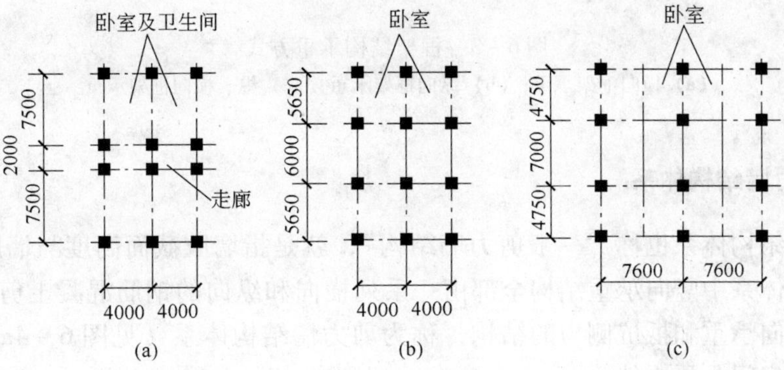

图6-2 民用建筑柱网布置
(a) 北京民族饭店；(b) 北京长城饭店；(c) 广州东方宾馆

B 框架结构的承重方式

（1）横向框架承重。主梁沿房屋横向布置，板和连系梁沿纵向布置（见图6-3a）。由于竖向荷载主要由横向框架承受，横梁截面高度较大，因而有利于增加房屋的横向刚度。实际结构中这种承重方案应用较多。

（2）纵向框架承重。主梁沿房屋纵向布置，板和连系梁沿横向布置（见图6－3b）。这种方案对于地基较差的狭长房屋较为有利，且因横向只设置截面高度较小的连系梁，有利于楼层净高的有效利用。但房屋横向刚度较差，实际结构中应用较少。

（3）纵、横向框架承重。房屋的纵、横向都布置承重框架（见图6－3c），楼盖常采用现浇双向板或井字梁楼盖。当柱网平面为正方形或接近正方形或当楼盖上有较大活荷载时，多采用这种承重方案。

框架结构同时也是抗侧力结构。在地震区，框架结构可能遭受两个方向的水平地震作用，两个方向的框架均要求具有一定的侧向刚度和水平承载力。

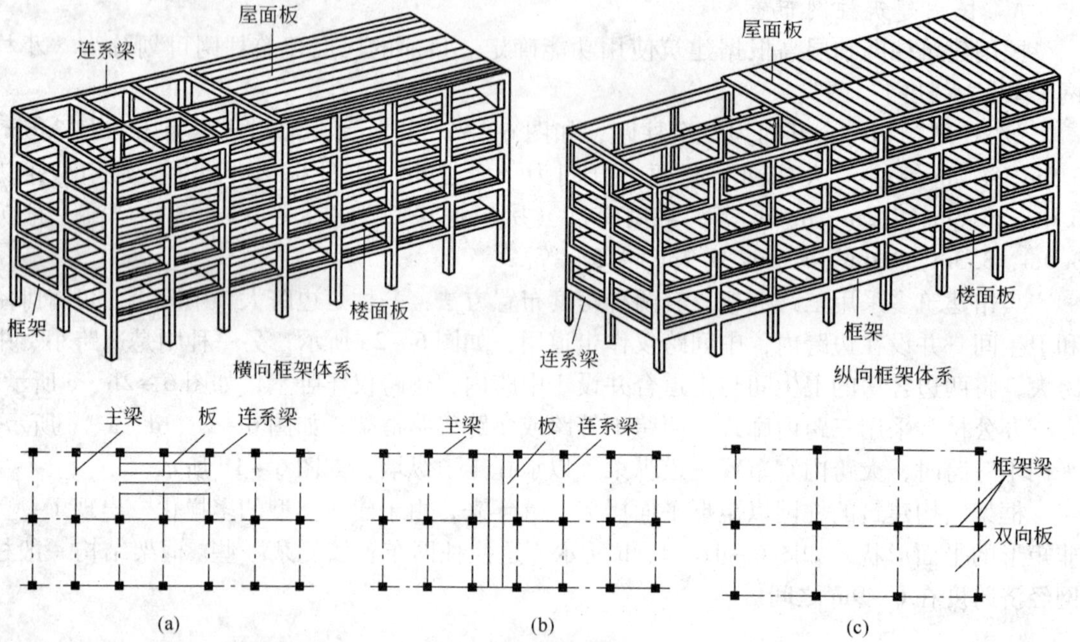

图6－3　框架结构承重方式

（a）横向框架承重；（b）纵向框架承重；（c）纵、横向框架承重

6.1.2　纯剪力墙结构体系

纯剪力墙结构体系也称“一般剪力墙结构”，就是指墙肢截面高度与墙厚之比大于8的剪力墙。该体系中竖向承重结构全部由一系列横向和纵向的钢筋混凝土剪力墙所组成，利用其作为竖向承重和抵抗侧力的结构，称为剪力墙结构体系（见图6－4a）。墙体同时也作为维护及房间分隔构件。

6.1.2.1　剪力墙结构的特点和适用范围

剪力墙结构体系侧向刚度大、侧移小，整体性好，抗震性好，称为刚性结构体系。剪力墙通常为横向布置，间距小，约为3～8m。其缺点是房间尺寸受钢筋混凝土梁板经济跨度的限制，平面布置不灵活，开窗也受到限制，不适用于建造大空间公共建筑，结构自重也较大。剪力墙结构适用于房间开间和进深尺寸较小、层数较多的高层住宅、旅馆等。

剪力墙体系从理论上讲可建造上百层的民用建筑，但从技术经济考虑，地震区的剪力

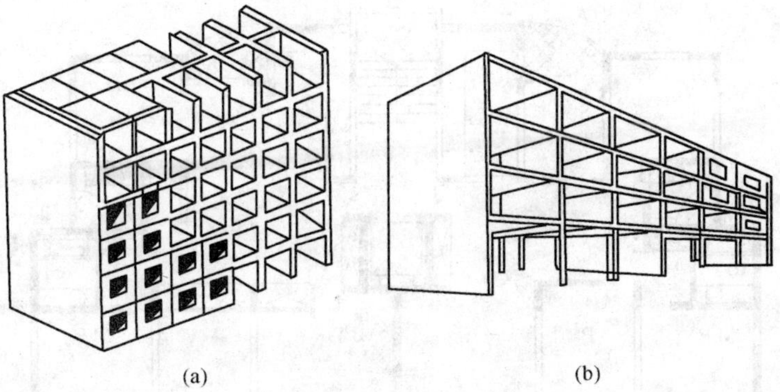

图6－4　剪力墙结构
（a）剪力墙结构；（b）框－支剪力墙结构

墙体系一般控制在35层、总高110m以内，非地震区可适当放宽。

6.1.2.2　剪力墙的结构布置

剪力墙宜双向或多向布置以保证抗震要求。剪力墙宜自下而上连续拉通布置，避免刚性突变。剪力墙上的门窗洞口宜上下对齐，成列布置，形成明确的墙肢和连梁，不宜采用错洞墙；洞与洞之间、洞到墙边的距离不能太小。剪力墙结构的平面布置方式有：

（1）横向布置剪力墙（见图6－5a）。楼板支承在横墙上，横墙间距即楼板的跨度，通常剪力墙间距为3～6.6m。特点是刚度好，但空间较小，多用于高层住宅、旅馆。

（2）纵向布置剪力墙（见图6－5b）。楼板支承在纵墙上，根据建筑物的宽度布置2～4道纵墙。特点是刚度较差，但形成的建筑空间较大。

（3）纵横墙大梁联合布置（见图6－5c）。即大梁支承在纵墙上，板支承在横墙上。适用于塔式高层建筑，建筑平面纵横向长度差别不大时，采用此种方式较合理。

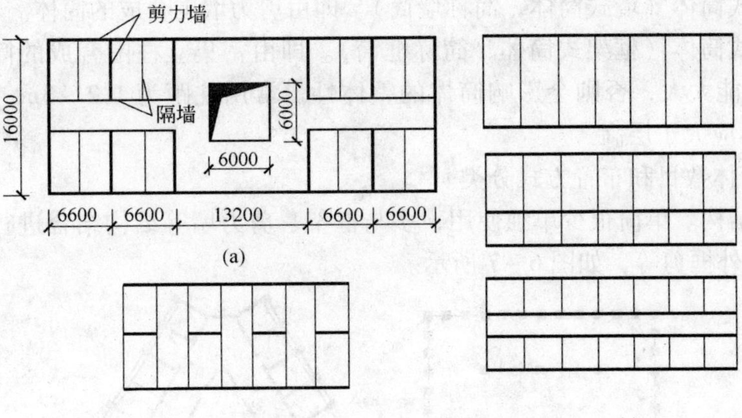

图6－5　剪力墙结构的平面布置方式
（a）横向布置剪力墙；（b）纵向布置剪力墙；（c）纵横向大梁联合布置

（4）短肢剪力墙结构体系（见图6－6）。仍属于剪力墙结构体系，是采用较短的剪力墙肢而且通常采用T形、L形、］形、＋形等。当这些墙肢截面高度与墙厚之比小于等于3时，它已接近于柱的形式，但并非是方柱，因此称之为“异形柱”。短肢剪力墙结构

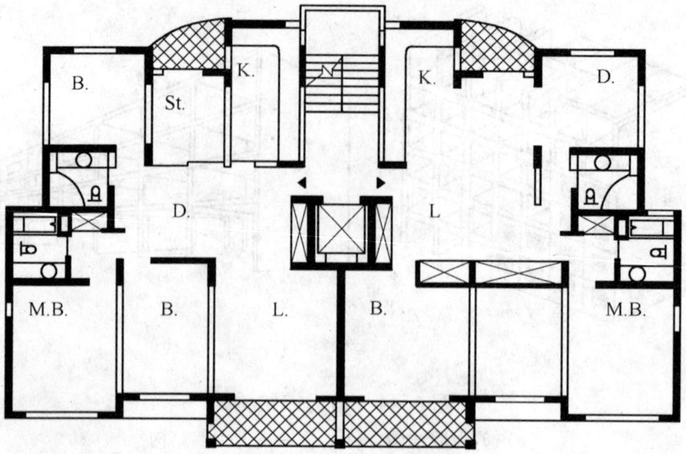

某短肢剪力墙体系高层住宅平面

图6-6 短肢剪力墙实例

体系以剪力墙为基础，并吸取框架的优点，适用于小高层住宅建筑。

6.1.3 筒体结构

筒体结构即由框架或剪力墙围合成竖向井筒，并以各层楼板将井筒四壁相互连接，形成的一个空间构架。它像一根粗壮的拔地而起的悬臂梁把水平力传至地面，不仅能承受竖向荷载，而且能承受很大的水平荷载。其优点是内部空间较大，建筑平面布局灵活。适用于超高层建筑，尤其在地震区更能显示其优越性。

筒体结构的类型如下：

（1）按筒体的结构特点分类。

1）实腹式筒体（墙式筒体，简称墙筒）。即由剪力墙围合成的筒体。

2）空腹式筒体（框架式筒体，简称框筒）。即由密集立柱围合成的筒体。空腹式筒体立柱间距不能太大，否则会影响筒体的整体性。常用柱距为1.2～3m，个别可扩大到4.5m，一般不应大于层高。

（2）按筒体数目和布置方式分类。

1）单筒结构。单筒很少单独使用，多与框架、剪力墙等结构结合进行布置，如外筒内框架，内筒外框剪等，如图6-7所示。

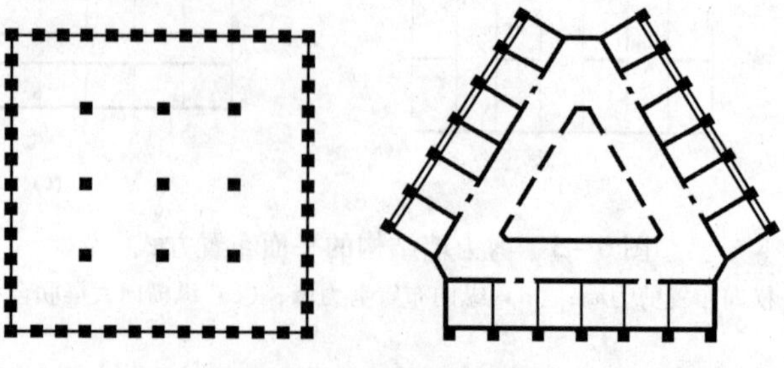

(a) (b)

图6-7 单筒结构

（a）方形外筒内框架；（b）三角形内筒外框剪

2）筒中筒结构。筒中筒结构是指由内外套置的几层筒体共同工作，内外筒之间通过楼板连成整体的一种结构体系。筒中筒比单筒承受的水平力要大得多。筒中筒结构的外筒宜用空腹筒（框筒），有利于采光通风。内筒多用实腹筒（墙筒），一般布置成辅助房间和交通空间。墙筒抗弯能力比框筒小，但抗剪能力很强。筒中筒结构的特点是内部空间较大，抗侧力好。适用于办公、旅馆等多功能的超高层建筑。图6－8所示为广东国际大厦筒中筒结构。

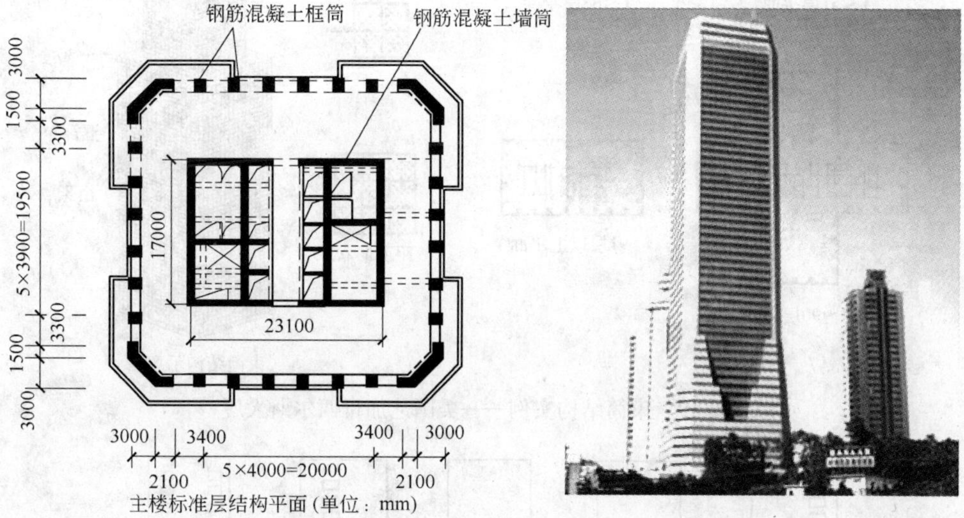

主楼标准层结构平面（单位：mm）

图6－8 筒中筒结构实例——广东国际大厦

3）束筒结构。束筒结构是由两个及两个以上框筒并列连接在一起的结构体系。束筒中的每一个框筒单元，可以是圆形、方形、矩形、三角形、梯形、弧形或其他任何形状，而且每一个单筒都可以根据实际需要，在任何高度处终止，而不影响整个结构体系的完整性。最有名的束筒结构当属美国芝加哥西尔斯大厦，如图6－9所示。

6.1.4 高层结构的体系组合

高层结构的体系组合主要有框－支剪力墙结构、框架－剪力墙结构、框架－筒体结构等。

6.1.4.1 框－支剪力墙结构

剪力墙结构体系要求剪力墙应伸至基础，避免在竖向出现结构刚度突变。但这有时会与建筑要求相矛盾。例如在沿街高层建筑中，一般要求在建筑物的底层或底部若干层布置商店等大空间，这时可将部分剪力墙落地、部分剪力墙在底部改为框架，即成为框－支剪力墙结构，也称为底部大空间剪力墙结构，见图6－4b、图6－10。

框－支剪力墙结构底层柱的刚度小，形成上下刚度突变，因此，在地震区不允许单独采用这种框－支剪力墙结构。框－支剪力墙结构多用于高层旅馆、高层综合楼等。因其上部为客房、住宅等小空间，底层为商场、门厅、地下车库等大空间，故上部采用剪力墙结构，下部采用框架结构。

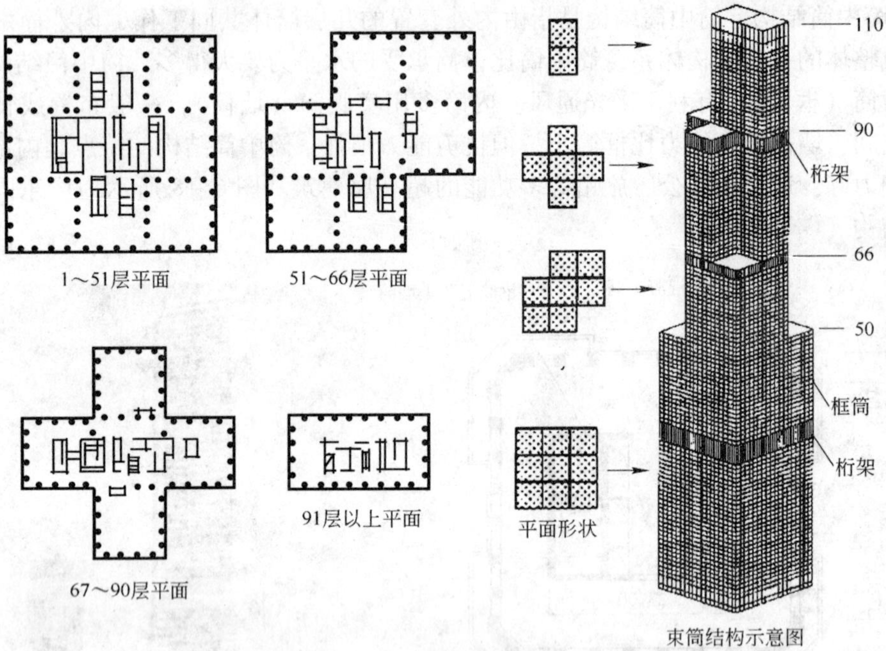

图 6－9 束筒结构实例——美国芝加哥西尔斯大厦

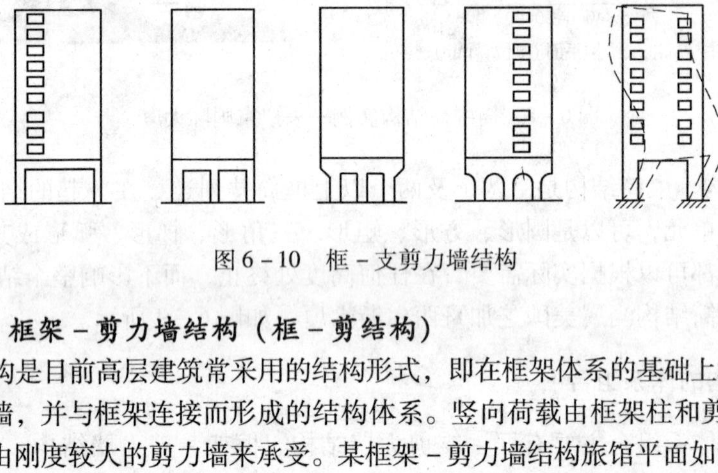

图 6－10 框－支剪力墙结构

6.1.4.2 框架－剪力墙结构（框－剪结构）

框－剪结构是目前高层建筑常采用的结构形式，即在框架体系的基础上增设一定数量的纵、横向剪力墙，并与框架连接而形成的结构体系。竖向荷载由框架柱和剪力墙共同承担，水平荷载主要由刚度较大的剪力墙来承受。某框架－剪力墙结构旅馆平面如图 6－11 所示。

图 6－11 某框架－剪力墙结构旅馆平面

框－剪结构结合了框架结构和剪力墙结构的优点，既有框架结构布置灵活的优点，又能承受水平推力。一般适用于25层以下，总高度在90m以内的建筑。

6.1.4.3　框架－筒体结构（框－筒结构）

由筒体和框架共同组成的结构体系称为框架－筒体体系。筒体是立体构件，具有很大的抗推刚度和承载力，是主要抗侧力构件，承担绝大部分的水平荷载；框架主要承担重力荷载。框－筒结构的建筑功能的平面布置通常将所有服务用房和公用设施都集中布置于筒体内，以保证框架大空间的完整性，从而有效地提高建筑平面的利用率。

（1）核心筒－框架结构体系。其是指将筒体布置在建筑的核心部位并在外围布置框架的结构体系，如图6－12所示。

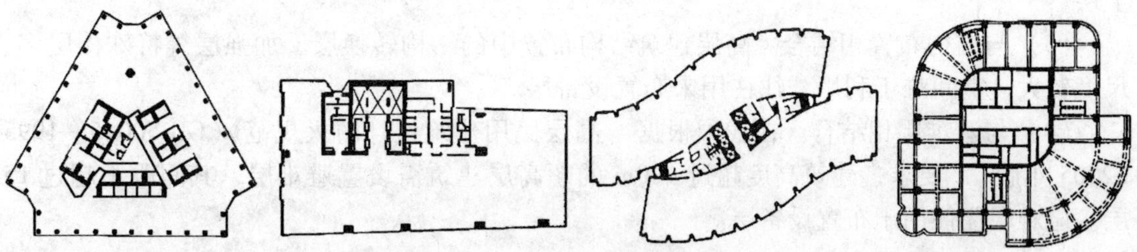

框架－筒体结构：核心筒的形状随建筑外形变化

图6－12　核心筒－框架结构体系

（2）多筒－框架结构体系。

1）两个端筒＋框架。特点是可以在建筑中部，获得开敞大空间，如图6－13a所示。

2）核心筒＋端筒＋框架。适用于平面形状比较狭长的高层建筑，如图6－13b所示。

3）核心筒＋角筒＋框架。适用于平面尺寸较大的各种多边形高层建筑，如图6－13c所示。

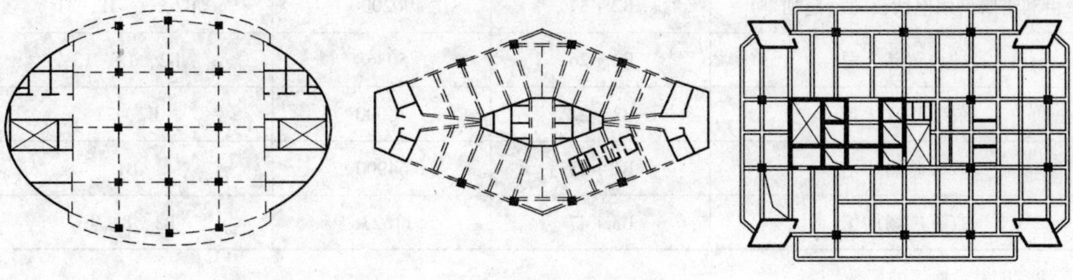

(a)　(b)　(c)

图6－13　多筒－框架结构

6.2　高层建筑的设备层

高层建筑设备层是指高层建筑的某一楼层，其有效面积全部或大部分用来作为空调、给排水、电气、电梯机房等设备的布置。设备层具体位置应配合建筑的使用功能、结构布置、电梯分区（高、低速竖向分区）、空调方式、给水方式等因素综合加以考虑。

6.2.1 高层建筑设备层布置综合考虑因素

（1）合理利用建筑空间。高层建筑由于埋深的要求，往往都要设地下室，地下室空间不能自然采光、通风，难以满足建筑功能要求，所以，一般情况下设备层通常设在地下室或顶层。

（2）满足设备布置的要求。一般将产生振动、发热量大的重型设备（如制冷机、水泵、蓄水池等），放在建筑最下部，即地下室；将竖向负荷分区用的设备（如中间水箱、水泵、空调器、热交换器等），放在中间层；将利用重力差的设备，或体积大、散热量大、需要对外换气的设备（如屋顶水箱、冷却塔、锅炉、送风机等），放在建筑的最上层。

（3）与结构布置相结合。高层建筑结构布置中的结构转换层、加强层等特殊楼层多、尺度较大，空间难于利用，往往用来布置设备层。

（4）与避难层相结合。在我国根据《高层民用建筑设计防火规范》(GB 50045—1995(2005 年版)) 要求，建筑高度超过 100m 的超高层建筑需设置避难层，其间距不超过 15 层。避难层往往用于布置设备层。

6.2.2 设备层的位置

国外典型的高层建筑设备层所在位置见表 6-1，设备层的布置位置及实例如图 6-14 所示。某高层建筑设备层的平面布置关系，如图 6-15 所示。

表 6-1 国外典型的高层建筑设备层所在位置

名 称	层 数	建筑面积/m^2	设备层位置/层
曼哈顿花旗银行（纽约）	B5 +60	208000	B5，11，31，51，61，62
伊利诺斯贝尔电话公司（芝加哥）	B2 +31	902000	B2，3，21，31
神户贸易公司	B2 +26	50368	B2，12，13
东京 IBM 大厦	B2 +22	38000	B2，21
NHK 播音中心	B1 +23	64900	B1
京王广场旅馆	B3 +47	116236	B3，8，46

注：B 表示地下的层数。

6.2.3 中间设备层

高层建筑中，由于建筑高度大、层数多，设备所承受的负荷很大，所以，各设备系统（给排水、空调等）往往需要按高度进行分区，从而达到有效利用与节约设备管道空间、合理降低设备系统造价的目的。

因此，高层建筑除了用地下层或屋顶层作为设备层外，往往还有必要在中间层设置设备层，以使空调、给水等设备的布置达到经济、合理。最早明确设置中间设备层的高层建筑，是 1950 年竣工的 20 层的纽约联合国大厦。

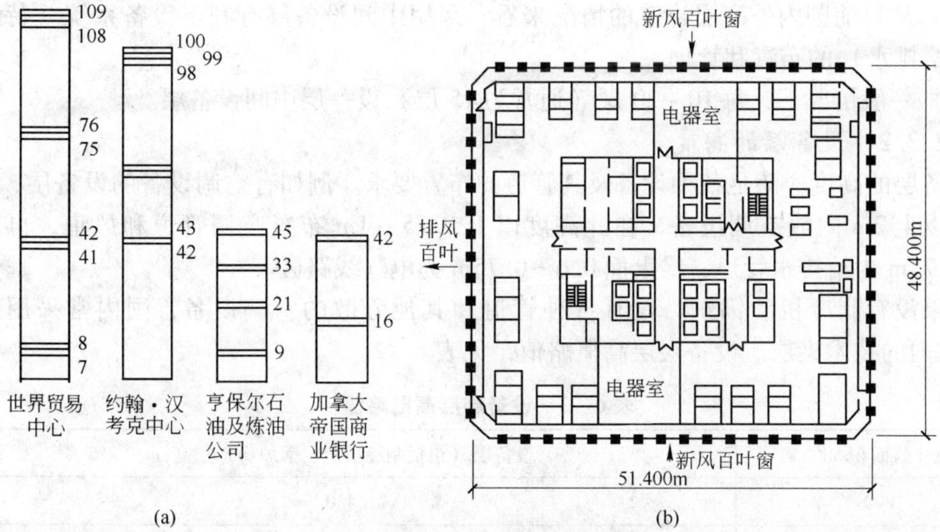

图 6-14 设备层的布置位置及实例

（a）国外高层建筑设备层布置实例；（b）日本世界贸易中心设备层的布置

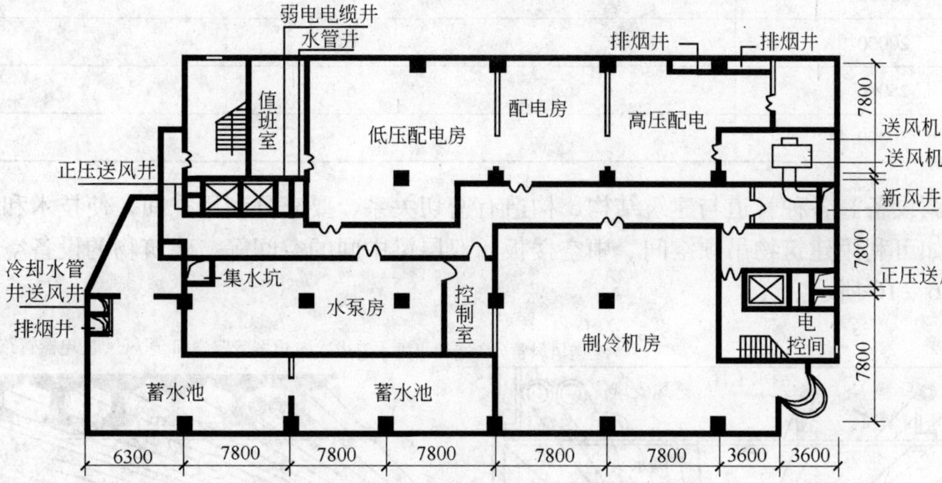

图 6-15 某高层建筑设备层的平面布置关系

6.2.3.1 设置中间设备层有以下特点

（1）为支承设备重量，要求中间设备层的地板结构承载能力比标准层大，而考虑到设备系统的布置方式不同，中间设备层的层高会低于或高于标准层。

（2）施工时，需要预埋管道附件（支架）或留孔、留洞，结构上需考虑防水、防振措施。

（3）从高层建筑的防火要求来看，设备竖井应处理层间分隔；但从设备系统自身的布置要求来看，层间分隔增加了设备系统的复杂性，需处理好相互关系。

（4）标准层中插入设备层增加了施工的复杂程度。

（5）从目前国内外高层建筑的情况来看，采用中间设备层有利于设备系统（特别是空调和给排水）的布置和管理。

（6）一般情况下，每10～20层（通常为15层）设一层中间设备层。

6.2.3.2 设备层的高度

设备层的高度应满足各种设备及其管道的布置要求。例如有空调设备的设备层，通常从地面以上2m内放空调设备，在此高度以上0.75～1m布置空调管道和风道，再上面0.6～0.75m为给排水管道，最上面0.6～0.75m为电气线路区。

如果没有制冷机和锅炉，仅有各种管道和其他分散的空调设备，国内常采用层高2.2m以内的技术夹层。设备层层高概略值，见表6－2。

表6－2 设备层层高概略值

总建筑面积/m^2	设备层（包括制冷机房、锅炉房）层高/m
1000	4.0
3000	4.5
5000	4.5
10000	5.0
15000	5.5
20000	6.0
25000	6.0
30000	6.5

空调设备、各种管道与建筑结构、构造有密切关系，要充分利用空间，使技术和美观统一，如可利用建筑物吊顶空间、中空楼板、双层梁中间的空间等。建筑物的设备空间利用如图6－16所示。

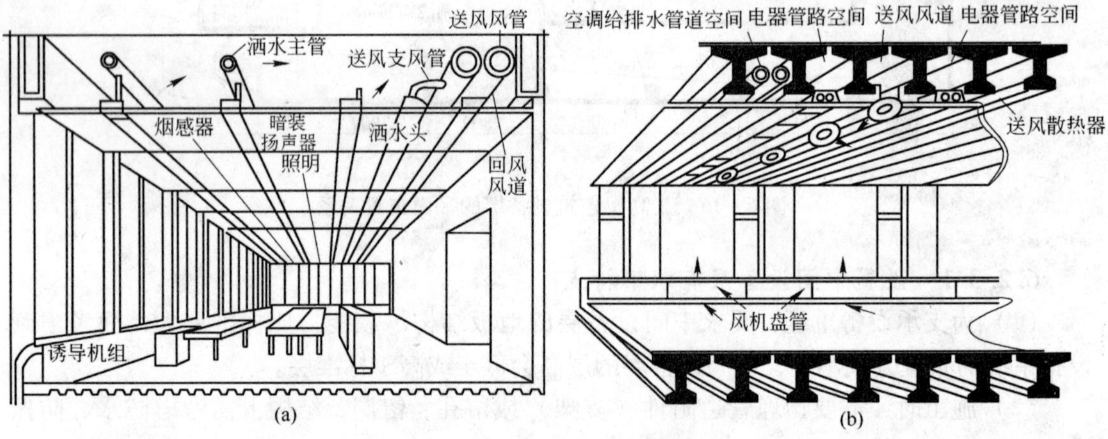

图6－16 建筑物的设备空间利用

（a）建筑物吊顶空间的利用；（b）楼板结构空间的利用

7 大跨度建筑简介

7.1 概　述

7.1.1 大跨度建筑的概念

大跨度建筑又称空间结构，通常是指跨度在30m以上的建筑。常见的大跨度民用建筑有影剧院、体育馆、展览馆、大会堂、航空港以及其他大型公共建筑。工业建筑主要用于飞机装配车间、飞机库和其他大跨度厂房等。所谓大跨度建筑，都是相对而言，随着科学技术的进步，大跨度的尺度在不断地拓展。

大跨度建筑用材经济，受力合理，并为解决大跨度的公共建筑提供了有利条件。空间结构形式如薄壳、悬索、网架、索膜等。

7.1.2 大跨度建筑的发展简史

古希腊、古罗马时期，由于群众集会、文艺表演等对建筑容纳能力的要求提高，因而出现了容纳几万人的大剧场、大角斗场。但是屋顶结构需要覆盖几百米的跨度，以当时的技术条件是无法满足的。

公元120~124年，古罗马建成的罗马万神庙，呈圆形平面，穹顶直径达43.3m，用天然混凝土浇筑而成，为抵抗圆顶自重下的外推力，周边砌筑6m厚墙体。罗马万神庙是罗马穹顶技术的光辉典范，也是大跨度建筑的早期成功例子。

大跨度建筑真正得到迅速发展还是在19世纪后半叶以后，特别是第二次世界大战后的最近几十年中。

国外近代大跨度建筑的例子较多，如1889年为巴黎世界博览会建造的机械馆，跨度达到115m，采用三铰拱钢结构；又如1912~1913年在波兰布雷斯劳建成的百年大厅，直径为65m，采用钢筋混凝土肋穹顶结构。目前世界上跨度最大的建筑是美国底特律的韦恩县体育馆，圆形平面，直径达266m，钢网壳结构。

我国古代的大跨度砖拱建筑，在明代佛教建筑中找到了发展的天地。由于《大藏经》屡次由皇家颁赐，藏经用的防火建筑成了一时的迫切需求，于是用砖拱建造的无梁殿建筑应运而生。明代无梁殿遗留至今的还有十余处，著名的有南京灵谷寺无梁殿、太原永祚寺无梁殿、峨眉山万年寺无梁殿、五台山显通寺无梁殿、句容宝华山无梁殿、苏州开元寺无梁殿等。

我国现代大跨度建筑是在新中国成立后迅速发展起来的，各类大跨度体育场、展览馆结构形式各异，发展迅速。

7.2 大跨度屋盖结构的类型与特点

7.2.1 大跨度空间结构——平面结构体系

平面结构体系，即结构所受的荷载以及由荷载而引起的内力均作用在由构件轴线所构成的平面内。使用平面结构体系，受力明确，传力简便可靠，分析理论经典而成熟，可获得较理想的大空间建筑物。但这种结构侧向刚度差，想获得最低限度的侧向刚度，必须另行设置支撑体系或连系梁，相对来说较不经济。

以下介绍常见的几种平面结构受力体系结构类型及特点。

7.2.1.1 单层刚架结构

刚架是横梁和柱以整体连接方式构成的一种门形结构。刚架结构比屋架和柱组成的排架结构轻巧，可以节省钢材和水泥。

A 刚架的受力特点、优缺点和适用范围

多数刚架的横梁是向上倾斜的，不但受力合理，且结构下部的空间增大，对某些要求跨越较大空间跨度的建筑特别有利，同时建筑外轮廓也富于变化。但刚架结构的刚度较差，当吊车起重量超过10t时不宜采用。单层刚架结构杆件较少，且是直线杆件，轻巧美观，制作方便，因而应用非常广泛。一般用于体育馆、礼堂、食堂、菜场等大空间的民用建筑，也可用于工业建筑。我国的门式刚架跨度已经做到70m以上。

B 刚架的形式

（1）按结构组成和构造方式的不同分类。刚架分为无铰刚架、两铰刚架、三铰刚架，如图7－1所示。

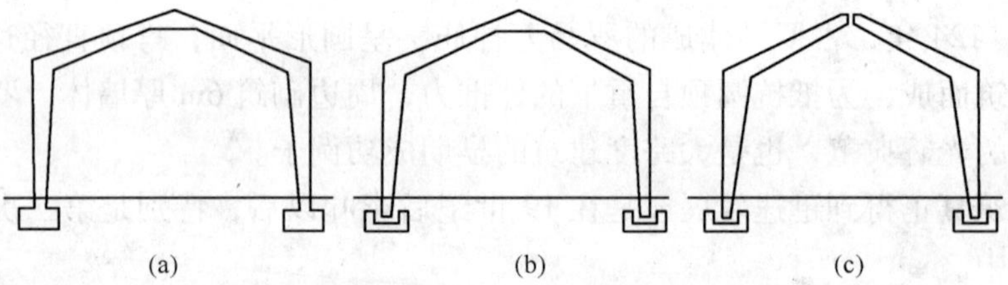

图7－1 刚架的形式
（a）无铰刚架；（b）两铰刚架；（c）三铰刚架

（2）按造型不同分类。刚架多采用预制装配，构件呈“Y”形和“┏”形，用这些构件可组成单跨、多跨、高低跨、悬挑跨等各式各样的建筑外形。屋脊一般在跨度正中间，形成对称式刚架，也可偏于一边，构成不对称式刚架，如图7－2所示。

7.2.1.2 拱结构

拱是一种较早为人类所开发的结构体系，广泛应用于房屋建筑与桥梁工程中。拱的内力主要是轴向压力，结构材料应选用抗压性能好的材料，如钢、混凝土、钢筋混凝土、木材以及石材等。古代建筑的拱主要采用砖石材料，如我国隋代著名的石拱桥“赵州桥”。近代建筑的拱多采用钢筋混凝土拱，有的采用钢桁架拱，跨度可达百米以上。

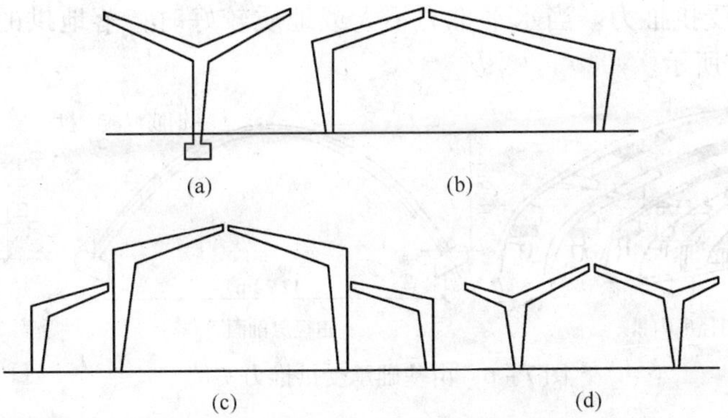

图 7-2 刚架的造型
（a）悬臂式刚架；（b）单跨不对称刚架；（c）三跨不等高刚架；（d）单跨带悬臂刚架

A 拱结构的受力特点、优缺点和适用范围

拱呈曲面形状，在外力作用下，拱内的弯矩值可以降低到最小限度，主要内力变为轴向压力，且应力分布均匀。拱结构能充分利用材料的强度，比同样跨度的梁结构断面小，故拱能跨越较大的空间。拱是一种有水平推力的结构，解决水平推力的方式不同，建筑的外形也不一样。拱结构特别适用于体育馆、展览馆、散装仓库等建筑。这种结构的跨度比较适宜的应用为 40 ~ 60m。

B 拱的形式

按组成和支座方式不同，拱分为三铰拱、两铰拱和无铰拱三种，如图 7-3 所示。

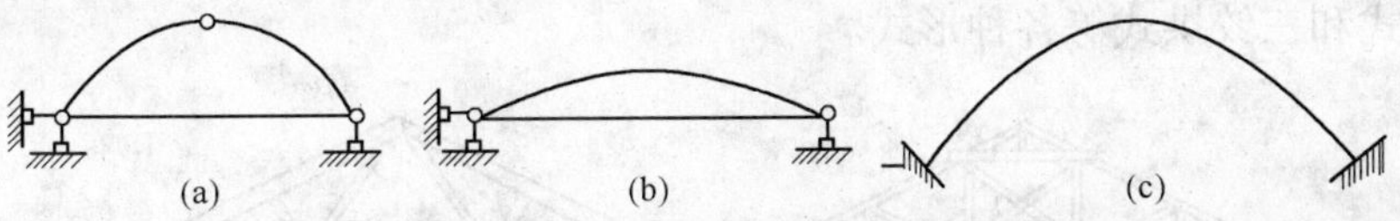

图 7-3 拱的形式
（a）三铰拱；（b）两铰拱；（c）无铰拱

C 平衡拱水平推力的方式

（1）由拉杆承受拱推力。即在拱脚支座处设置水平拉杆来抵消拱的水平推力，如图 7-4 所示。

（2）由框架结构承受拱推力。在拱的两侧设置框架来抵抗水平推力（见图 7-5），框架应具有足够的刚度，拱脚与框架连接要防止发生水平位移或倾斜。根据建筑使用功能和造型要求，在两组框架之间可以布置单跨或多跨拱。

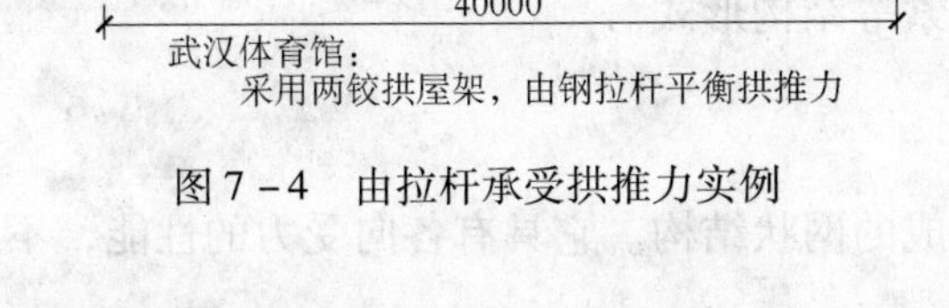

图 7-4 由拉杆承受拱推力实例

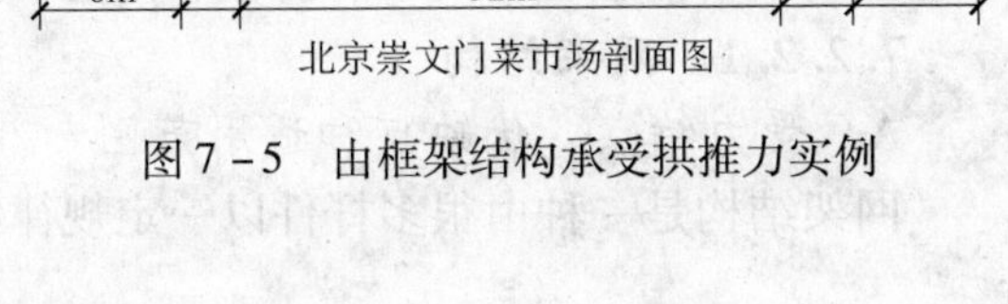

图 7-5 由框架结构承受拱推力实例

（3）由基础承受拱推力。当水平推力不大或地质较好时，落地拱的推力可由基础直接承受，如图 7－6 所示。

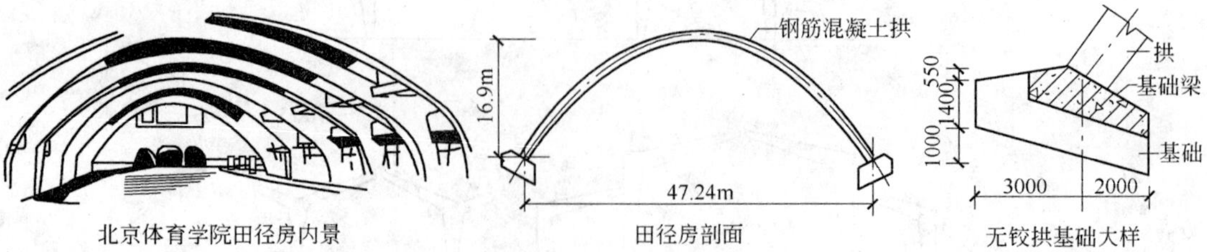

图 7－6 由基础承受拱推力实例

7.2.1.3 屋架（即排架结构的主要构件）

屋架是较大跨度工业及民用建筑中常用的屋盖结构形式，屋架由屋面板或檩条、屋架、托架和屋盖支承系统（水平支承、竖向支承）、大型屋面板等构件组成。

（1）屋架的受力特点。屋架的受力特点为节点荷载，所有杆件只受拉力和压力。因为屋架是由杆件组成的结构体系，在节点荷载作用下，杆件只产生轴向力。

（2）屋架的选型原则。一般建筑跨度在 36m 以上时，为了减轻结构自重，宜选择钢桁架；跨度在 36m 以下时，一般可选用钢筋混凝土桁架；有条件时最好选用预应力钢筋混凝土桁架。

（3）屋架的形式（见图 7－7）。

1）屋架按材料分类，主要有木屋架、钢筋混凝土屋架、钢桁架屋架等，后两种较常用。

2）钢桁架屋架按外形分类，可分为三角形、梯形、平行弦、多边形、人字形、拱形、斜腹杆式和三铰拱式等各种形式。

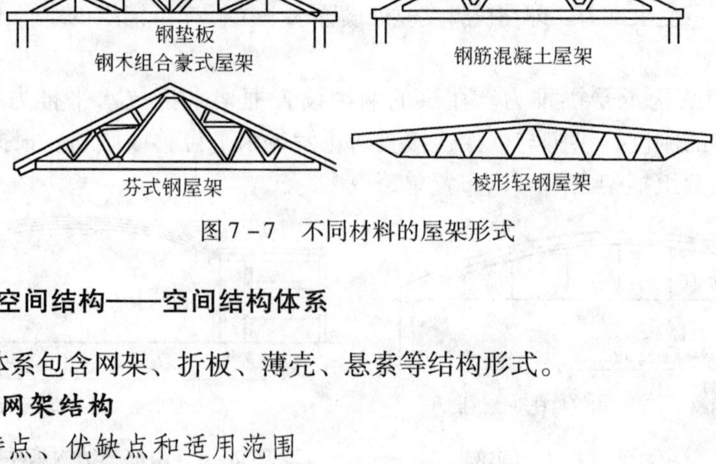

图 7－7 不同材料的屋架形式

7.2.2 大跨度空间结构——空间结构体系

空间结构体系包含网架、折板、薄壳、悬索等结构形式。

7.2.2.1 网架结构

A 受力特点、优缺点和适用范围

网架结构是一种由很多杆件以一定规律组成的网状结构。它具有各向受力的性能，不同于一般平面桁架的受力状态，是高次超静定空间结构。

网架结构的优点如下：

（1）各杆件间互相起着支撑作用，形成多向受力的空间结构，整体性强，稳定性好，空间刚度大，抗震性能好。

（2）在节点荷载作用下，网架的杆件主要承受轴力，能充分发挥材料的强度，节约材料。

（3）网架结构高度小，可以有效地利用空间。

（4）网架结构的杆件规格统一，有利于工厂化生产。其可地面拼装、整体吊装。

（5）网架形式多样，可创造丰富多彩的建筑形式。

网架结构主要用来建造大跨度公共建筑的屋顶，适用于多种平面形状，如圆形、方形、三角形、多边形等各种平面的建筑。

B　网架结构的类型

网架按外形可分为平板网架、曲面网架；按建造材料可分为钢筋混凝土网架、钢网架（常用）；按网架本身的构造可分为单层网架、双层网架（常用）等。

（1）平板网架。平板网架都为双层，多采用钢管或角钢制作的钢网架，有时也采用钢筋混凝土网架。平板网架自身不产生推力，支座为简支，构造比较简单，可以适用于各种形状的建筑平面，所以应用最广泛。平板网架按构造方式分为交叉桁架体系和角锥体系，如表 7－1 所示。

（2）曲面网架。曲面网架可以是单层或双层网架。曲面网架多数是有推力的结构，支座条件比较复杂，但外形美观，建筑造型独具特色，见表 7－1。

表 7－1　网架结构的类型

<table>
<tr><td rowspan="3">平板网架</td><td rowspan="2">交叉桁架体系平板网架</td><td colspan="3">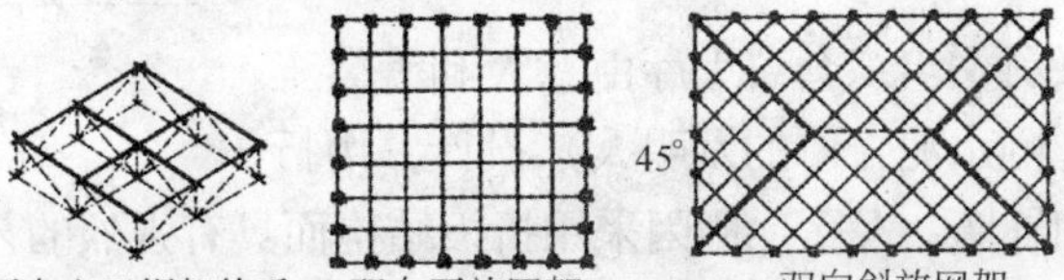
两向交叉桁架体系　双向正放网架　双向斜放网架</td></tr>
<tr><td colspan="3">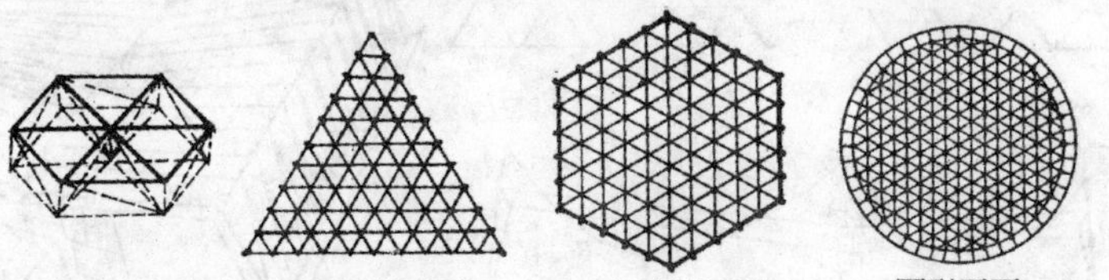
三向交叉桁架体系　三角形平面　六边形平面　圆形平面</td></tr>
<tr><td>角锥体系平板网架</td><td>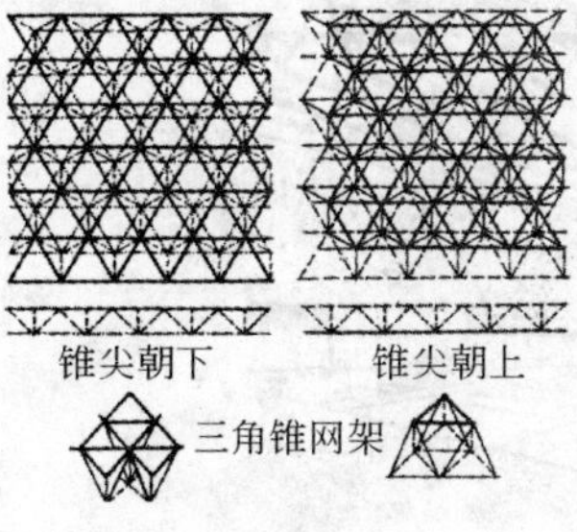</td><td>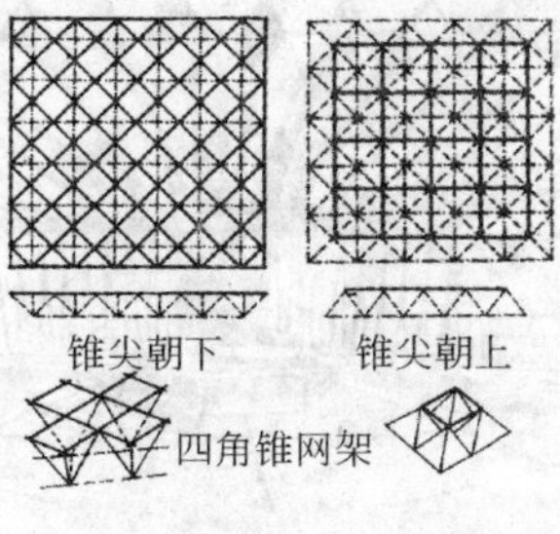</td><td>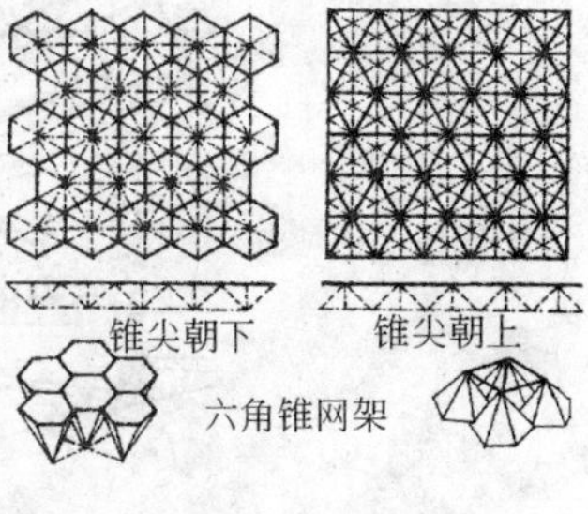</td></tr>
</table>

续表 7 – 1

曲面网架	 拱形网架	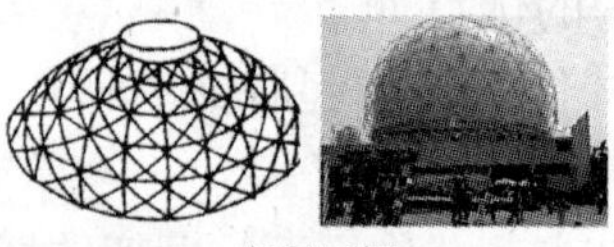 穹形网架

7.2.2.2　折板结构

折板结构是以一定倾斜角度整体相连的一种薄壁空间体系，空间工作原理也类似筒壳。通常用钢筋混凝土或钢丝网水泥建造。目前我国施工的折板跨度已达 27m。

A　折板结构的受力特点及适用范围

在波长方向，折板如一块折叠起伏的钢筋混凝土连续板，波峰和波谷处刚度大，可视为连续板的各支点。在跨度方向，折板如同一钢筋混凝土梁，其强度随折板的矢高（f）而增加。

折板结构呈空间受力状态，具有良好的力学性能，结构厚度薄省材料，可预制装配，省模板，构造简单。折板结构可用来建造大跨度屋顶或外墙。

B　折板结构的组成

折板结构由横隔构件、折板组成（见图7–8）。跨度与波长之比大于等于 1 时称为长折板，小于1 时称为短折板。横隔构件可牢固结合折板与支座，折板不易坍塌。可根据建筑造型需要来设计，如钢筋混凝土横隔板、横隔梁等。

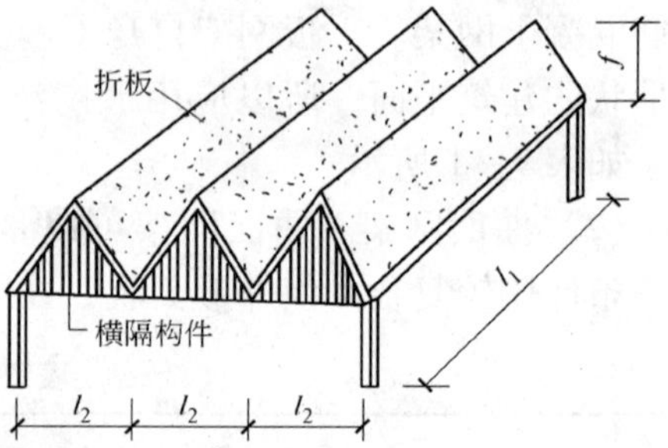

图 7 – 8　折板的组成

C　折板结构实例

巴黎联合国教科文组织会议大厅由意大利著名工程师奈尔维（钢丝网水泥壳体的发明人）设计，用折板结构建造屋顶和外墙。大厅顶棚因采用折板结构而具有强烈的艺术感染力，如图 7 – 9 所示。

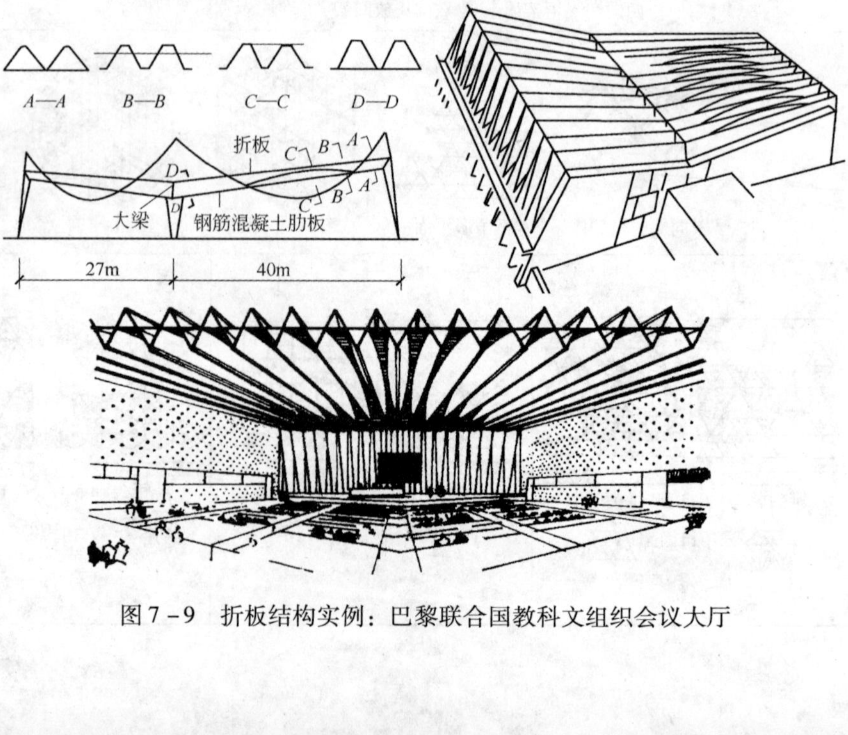

图 7 – 9　折板结构实例：巴黎联合国教科文组织会议大厅

7.2.2.3 薄壳结构

自然界某些动植物的种壳、蛋壳、贝壳是天然的薄壳结构，其外形符合力学原理，即以最少的材料获得坚硬的外壳以抵御外界的侵袭。人们从这些天然壳体中受到启发，利用混凝土的可塑性，创造出各种形式的薄壳结构。

A 薄壳结构的受力特点、优缺点及适用范围

薄壳结构是用混凝土等刚性材料以各种曲面形式构成的薄板结构，呈空间受力状态，主要承受曲面内的轴向力，强度和刚度好而弯矩和扭矩很小，故混凝土强度能得到充分利用。薄壳厚度仅为其跨度的几百分之一，而一般平板结构的厚度至少是跨度的几十分之一。

薄壳结构的优点是自重轻、省材料、跨度大、外形多样，可用来覆盖各种平面形状的建筑物屋顶。但是大多数薄壳结构的形体较复杂，多采取现浇施工，费工、费时、费模板，且结构计算较复杂，不宜承受集中荷载，这点在一定程度上影响它的推广使用。

薄壳结构常用于屋盖结构，特别适用于较大跨度的建筑物，如展览馆、俱乐部、机库、仓库等。壳体的种数又多，形式丰富多彩，适用于多种平面，这为创作多种形式的建筑物提供了良好的结构条件。

B 薄壳结构的常用形式

薄壳结构的常用形式有筒形壳、圆顶壳、双曲扁壳、双曲抛物面壳（鞍形壳、扭壳）等，如图7－10所示。

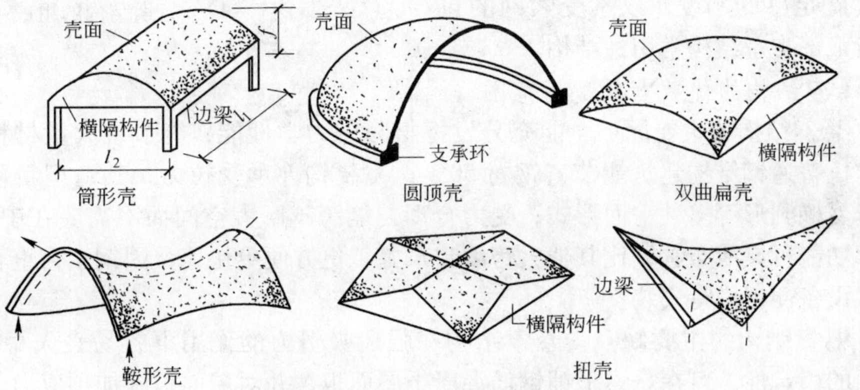

图7－10 薄壳结构的形式

C 薄壳结构实例

薄壳结构最著名的实例是澳大利亚悉尼歌剧院（见图7－11），设计师是丹麦建筑师伍重。

悉尼歌剧院八个薄壳分成两组，每组四个，分别覆盖着两个大厅。另外有两个小壳置于小餐厅上。壳下吊挂钢桁架，桁架下是天花板。两组薄壳彼此对称互靠，外面贴乳白色贴面砖，闪烁夺目。

7.2.2.4 悬索结构

悬索结构用于大跨度建筑是受悬索桥梁的启示，我国在公元五世纪就已建造了这种桥梁，跨度达104m的大渡河泸定桥就是著名的铁索桥实例。20世纪50年代以后，由于高

图 7 – 11 薄壳结构实例：悉尼歌剧院

强钢丝的出现，国外开始用悬索结构来建造大跨度建筑的屋顶。

A 悬索结构的结构组成及受力特点

悬索结构由索网、边缘构件和下部支承结构三部分组成，如图 7 – 12 所示。

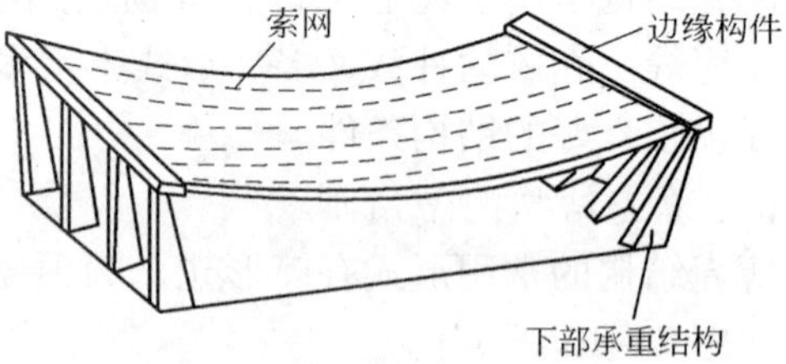

图 7 – 12 悬索结构的组成

索网很柔软，只承受轴向拉力，既无弯矩也无剪力。索网边缘构件是索网的支座，索网通过锚固件固定在边缘构件上。边缘构件可采用梁、桁架、拱等结构形式，且必须具有足够的刚度，以承受索网的拉力。悬索下部支承结构常用柱结构。

B 悬索结构的优缺点及适用范围

（1）悬索结构的主要优点。能充分发挥材料的力学性能，能节省大量材料，减轻结构重量，比普通钢结构建筑能节省钢材 50%；主要构件承受拉力，其造型新颖，适合方形、矩形、椭圆形等多种平面形式；受力合理，能跨越巨大空间而不需要在中间加支点，建筑内部功能可灵活布置；比其他大跨度建筑施工更方便更快速，因钢索自重轻，不需要大型施工设备便可进行安装。

（2）悬索结构的主要缺点。悬索结构在强风吸引力的作用下容易丧失稳定而破坏，为了屋顶的稳定性，可在悬索上铺钢筋混凝土屋面板，并对屋面板施加预应力，形成下凹的混凝土壳体，借以增强屋面刚度，提高抗风抗震能力。不过这样处理的结果，使悬索结构轻巧的形象被削弱了。

悬索结构的优点突出，在大跨度建筑中应用较广，特别是跨度在 60 ~ 150m 范围内与其他结构比较，具有明显的优越性。它主要用来覆盖体育馆、大会堂、展览馆等类建筑的屋顶。

C 悬索结构的形式

（1）单层单曲面悬索结构。适用于矩形平面，多为单跨由许多相互平行的拉索组成，像一组平行悬吊的缆索，屋面呈下凹的圆筒形曲面，如图 7 – 13a 所示。

（2）双层单曲面悬索结构（见图 7 – 13b）。由许多平行拉索组成，但与单层单曲面悬索不同，每一拉索均为曲率相反的承重索和稳定索构成。适用于矩形平面，多为单跨。

（3）双曲面轮辐式悬索结构。双曲面轮辐式悬索结构如图 7 – 13c、d、e 所示。

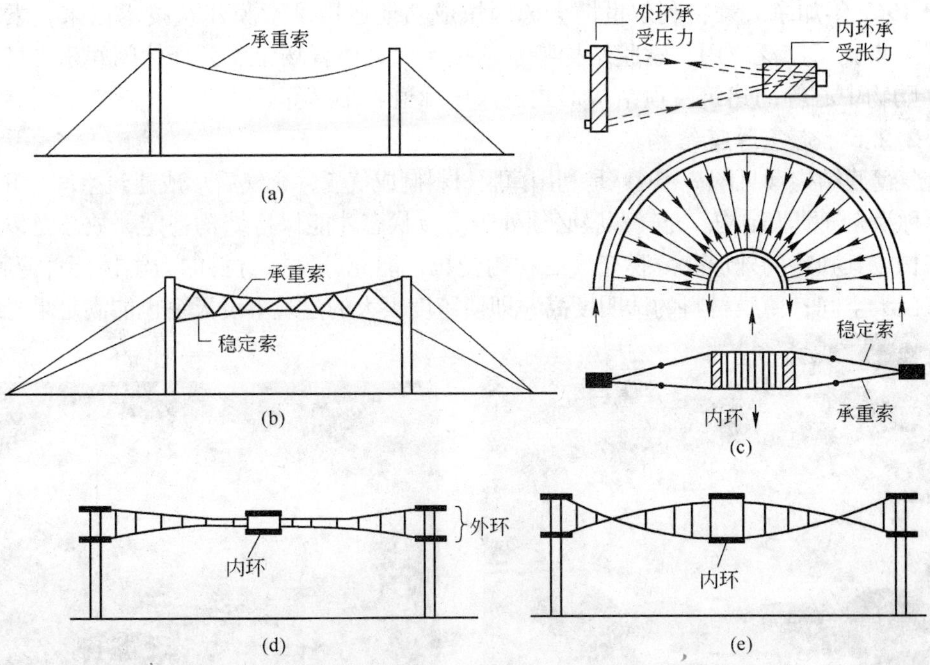

图 7-13　悬索结构的常见类型

（a）单层单曲面悬索；（b）双层单曲面悬索；（c）轮辐式悬索（一）；（d）轮辐式悬索（二）；（e）轮辐式悬索（三）

（4）双曲面鞍形悬索结构。这种悬索结构由两组曲率相反的拉索交叉组成索网，形成双曲抛物面，外形像马鞍，故称为鞍形悬索结构，如图 7-14 所示。

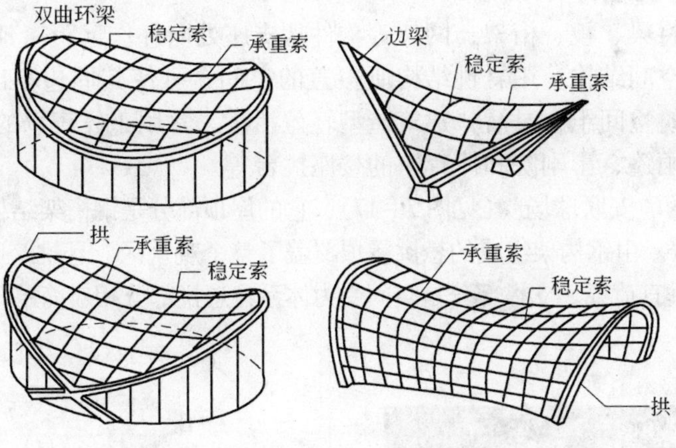

图 7-14　双曲面鞍形悬索结构

7.2.2.5　索膜结构

膜结构又称为索膜结构（见图 7-15），采用预张力结构技术与轻质膜材料，其形式具有很高的艺术感染力，是一种建筑与结构完美结合的结构体系。

它是用高强度柔性薄膜材料与支撑体系相结合形成具有一定刚度的稳定曲面，能承受一定外荷载的空间结构形式。索膜结构造型自由轻巧，具有阻燃、制作简易、安装快捷、节能、使用安全等优点。

自1967年加拿大蒙特利尔世博会德国馆成功地运用了索膜建筑技术以来，索膜建筑在世界上得到了广泛应用。索膜结构特别适用于大型体育场馆、公众休闲娱乐广场、展览会场、购物中心等的建筑屋顶结构形式及入口廊道、小品等。

7.2.2.6 充气薄膜结构

充气薄膜结构（见图7－16）是利用薄膜材料制成气囊，充气后形成建筑空间，并承受外力，故称为充气薄膜结构。充气薄膜必须处于受拉状态才能保持结构稳定，故总是以曲线和曲面来构成其独特的外形。薄膜充气后均匀受拉，能充分发挥材料的力学性能；薄膜很轻，可覆盖巨大空间；薄膜材料的透明度高，即使跨度很大的建筑不设天窗也能满足采光要求。

图7－15 索膜结构

图7－16 充气薄膜结构实例

充气薄膜结构造型美观，适用各种形状平面。适用于体育馆、展览馆、餐厅、医院等多种类型的建筑，而且特别适合于防震救灾等临时性建筑和永久性建筑。

7.2.2.7 悬挑结构

悬挑结构即将梁、板、桁架、网架等构件从支座处向外作远距离延伸，构成一种无视线阻隔的大跨度空间结构。用悬挑结构所覆盖的空间，可使其周边不出现承重墙/柱，视野辽阔开敞、建筑空间组合灵活，建筑造型轻盈活泼。常用于体育场的看台挑篷、火车站和航空港的月台雨篷、影剧院和体育馆的楼座挑台等。

例如慕尼黑的“安联球场”（见图7－17），它的屋顶部分是钢桁架结构，分为支撑结构以及悬挑结构两部分。由钢构架组成的悬挑屋顶覆盖了整个观众区，悬挑跨度为60m，每个支撑点负荷5.5kN的垂直荷载。支撑部分是空间受力体系，悬挑部分相对简单，为平面受力体系。

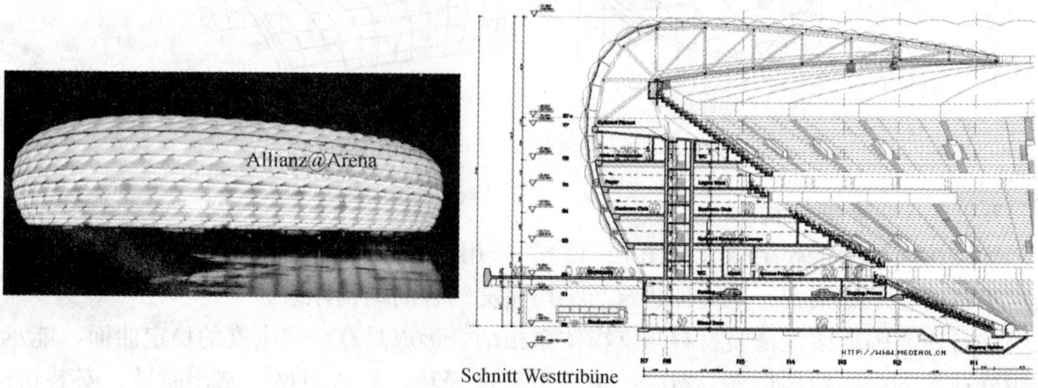

图7－17 悬挑结构实例：“安联球场”

8 城市工程管线规划的内容与城市管线工程综合

8.1 城市工程管线综合规划设计的任务与内容

城市综合管线设计是城市规划和城市建设的一部分，根据各层次城市规划设计，城市工程管线综合规划与设计分为三个层次：城市总体规划、详细规划及综合设计。

8.1.1 城市综合管线总体规划（含分区）的任务与内容

在城市总体规划（含分区规划）阶段，管线综合规划主要以各工程管线现状和专业工程规划为依据进行总体布置。其主要任务与内容为：

（1）确定各种管线的干管走向，在道路路段上大致水平排列位置。

（2）分析各种工程管线分布的合理性，避免各种管道过于集中在某一城市干道上。

（3）确定必须而有条件的关键点的工程管线具体位置。

（4）提出对各工程管线规划的修改建议。

8.1.2 城市工程管线综合详细规划的任务与内容

在城市规划的详细规划阶段，城市工程管线综合详细规划应根据各专业工程详细规划进行管线综合，其主要任务与内容有：

（1）检查规划范围内各主要工程详细规划的矛盾。

（2）确定各种工程管线的平面分布位置。

（3）确定规划范围内道路横断面和管线排列位置。

（4）初定道路交叉口等控制点工程管线的标高。

（5）提出工程管线基本深埋和覆土要求。

（6）提出对各专业工程详细规划的修正意见。

8.2 城市管线工程综合

8.2.1 城市管线工程综合的重要性与工作内容

城市管线工程综合，在城市规划、城市建设与管理方面都是很重要的。城市管线工程种类很多，各有一定的技术要求，因此一般都分别有专业单位设计或施工。如何使这些管线工程在空间安排上、在建造时间上很好地配合而不发生矛盾，不是某一个专业单位所能解决的，需要城市规划部门全面地综合解决。

工业区或一些大的工厂，有着复杂的生产设备及运输产品的管线，有的工业如石油化工工业，管线更为复杂，有时在一条道路下面要埋设上百种的管线。在生活居住区中，也有为居民生活服务的给水、排水、电力、电讯、煤气、热力等管线。

今后，随着人民物质生活水平的提高，公用管线的种类和数量还要增加。如果不很好地进行综合，必然会造成各种管线在平面和垂直方向相互矛盾和干扰，或厂内厂外管线不能衔接，或现状管线与新埋及预留管线之间的用地产生矛盾，就会影响施工的顺利进行，甚至会拖延建设的进度，浪费国家的资金。

城市管线工程综合的工作内容，简而言之，就是搜集城市规划地区各单项工程的现状资料、规划设计资料，加以综合、分析、研究，解决它们之间在规划设计中的矛盾。它并不要求城市规划部门包办所有的管线设计，而主要是负责管线工程综合工作。因为规划部门能够从城市当前建设发展要求出发，比较全面地提出符合城市总体规划的意见，解决条条之间、局部与整体之间的矛盾。

8.2.2 工程管线的种类

城市工程管线种类多而复杂，根据不同性能和用途、不同的运送方式、弯曲程度等有不同的分类。

（1）按工程管线性能和用途分类。

1）给水管道。包括工业用水、生活用水、消防给水等管道。

2）排水沟管。包括工业污水（废水）、生活污水、雨水、降低地下水等管道和明沟。

3）电力线路。包括高压输电、高低压配电、生产用电、电车用电等线路。

4）电信线路。包括市内电话、长途电话、电报、有线广播、有线电视等线路。

5）热力管道。包括蒸汽、热水等管道。

6）可燃或助燃气体管道。包括煤气、乙炔、氧气等管道。

7）空气管道。包括新鲜空气、压缩空气等管道。

8）灰渣管道。包括排泥、排灰、排渣、排尾矿等管道。

9）城市垃圾输送管道。

10）液体燃料管道。包括石油、酒精等管道。

11）工业生产专用管道。主要是工业生产上用的管道，如氯气管道、化工专用管道等。

（2）按工程管线输送方式分类。

1）压力管线。指管道内流体介质由外部施加力使其流动的工程管线，通过一定的加压设备，将流体介质由管道系统输送给终端用户。给水、煤气、灰渣管道为压力输送。

2）重力自流管线。指管道内流动着的介质由重力作用沿其设置的方向流动的工程管线。这类管线有时还需要中途提升设备将流体介质引向终端。污水、雨水管道为重力自流输送。

（3）按工程管线敷设方式分类。

1）架空线。指通过地面支撑设施在空中布线的工程管线，如架空电力线、架空电话线等。

2）地铺管线。指在地面铺设明沟或盖板明沟的工程管线，如雨水沟渠、地面各种轨道等。

3）地埋管线。指在地面以下有一定覆土深度的工程管线，根据覆土深度不同，地下管线又可分为深埋和浅埋两类。划分深埋和浅埋主要取决于：

① 有水的管道和含有水分的管道在寒冷的情况下是否怕冰冻。

② 土壤冰冻的深度。所谓深埋，是指管道的覆土深度大于1.5m，如我国北方的土壤冰冻线较深，给水、排水、煤气（煤气有湿煤气和干煤气，这里指的是含有水分的湿煤气）等管道属于深埋一类；热力管道、电信管道、电力电缆等不受冰冻的影响，可埋设较浅，属于浅埋一类。由于土壤冰冻深度随着各地气候的不同而变化（如我国南方冬季土壤不冰冻，或者冰冻深度只有十几厘米，给水管道的最小覆土深度就可小于1.5m），所以深埋和浅埋不能作为地下管线的固定的分类方法。

（4）按工程管线弯曲程度分类。

1）可弯曲管线。指通过某些加工措施易将其弯曲的工程管线。如电讯电缆、电力电缆、自来水管道等。

2）不易弯曲管线。指通过加工措施不易将其弯曲的工程管线，或强行弯曲会损坏的工程管线。如电力管道、电讯管道、污水管道等。

工程管线的分类方法很多，通常根据工程管线的不同用途和性能来划分。各种分类方法反映了管线的特性，是进行工程管线综合时，管线避让的依据之一。

8.2.3 城市工程管线综合布置的一般原则

为了便于了解工程管线的具体编制方法，先将管线工程综合布置的一般原则介绍如下：

（1）规划中，各种管线的位置都要采用统一的城市坐标系统及标高系统，厂内的管线也可以采用自己定出的坐标系统，但厂界、管线进出口则应与城市管线的坐标一致。如存在几个坐标系统和标高系统时，必须加以换算，取得统一。

（2）管线综合布置与总平面布置、竖向设计和绿化布置统一进行。应使管线之间、管线与建（构）筑物之间在平面及竖向上相互协调，紧凑合理，有利市容。

（3）管线敷设方式应根据管线内介质的性质、地形、生产安全、交通运输、施工检修等因素，经技术经济比较后择优确定。

（4）管道内的介质具有毒性或可燃、易燃、易爆性质时，严禁穿越与其无关的建筑物构筑物、生产装置及贮罐区等。

（5）管线内的布置应与道路或建筑红线平行。同一管线不宜自道路一侧转到另一侧。

（6）必须在满足生产、安全、检修的条件下节约用地。当技术经济比较合理时，应共架、共沟布置。

（7）应减少管线与铁路、道路及其他干线的交叉。当干线与铁路或道路交叉时，应为正交。在困难情况下，其交叉角不宜小于45°。

（8）在山区，管线敷设应充分利用地形，并应避免山洪、泥石流及其他不良地质的危害。

（9）当规划区分期建设时，干线布置应全面规划，近期集中，近远期结合。近期管线穿越远期用地时，不得影响远期用地的使用。

（10）管线综合布置时，干管应布置在用户较多的一侧，或管线分类布置在道路两侧。

（11）综合布置地下管线产生矛盾时，应按下列避让原则处理：

压力管让自流管；管径小的让管径大的；易弯曲的让不易弯曲的；临时性的让永久性的；工程量小的让工程量大的；新建的让现有的；检修次数少的、方便的，让检修次数多的、不方便的。

（12）充分利用现状管线。改建、扩建工程中的管线综合布置，不应妨碍管线的正常使用。当管线间距不能满足规划规定时，在采取有效措施后，可适当减小。

（13）工程管线与建筑物、构筑物之间以及工程管线之间水平距离应符合有关规范的规定。当受道路宽度、断面以及现状工程管线位置等因素限制，难以满足要求时，宜采用专项管沟敷设及规划建设某些类别工程管线统一敷设的综合管沟等。

（14）管线共沟敷设应符合下列规定：

1）热力管不应与电力、通信电缆和压力管道共沟。

2）排水管道应布置在沟底。当沟内有腐蚀性介质管道时，排水管道应位于其上面。

3）腐蚀性介质管道的标高应低于沟内其他管线。

4）火灾危险性属于甲、乙、丙类的液体，液化石油气、可燃气体、毒性气体和液体以及腐蚀性介质管道不应共沟敷设，并严禁与消防水管共沟敷设。

5）凡有困难产生相互影响的管线，不应共沟敷设。

（15）敷设主管道干线的综合管沟应在车行道下，其覆土深度必须根据道路施工和行车荷载的要求、综合管沟的结构强度以及当地的冰冻深度等确定。敷设支管的综合管沟应在人行道下，其埋设深度可较浅。

埋设大于建筑物基础的工程管线与建筑物之间最小水平距离，应按图 8－1 所示考虑。

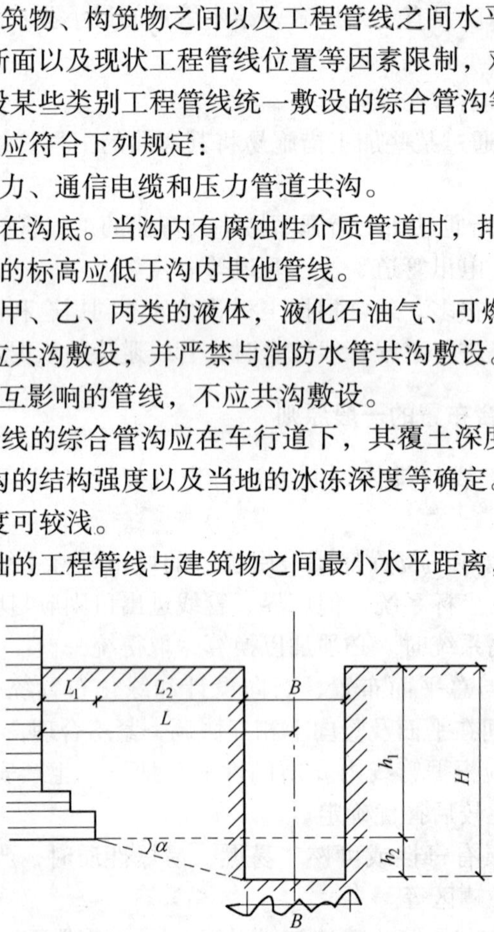

图 8－1　地下管道与建筑物的水平距离

$$L=L_1+L_2+\frac{B}{2}=L_1+h_2\times\cot\alpha+B/2=L_1+(H-h_1)\cot\alpha+\frac{B}{2}$$

式中　L——管道中心与建筑物的距离，m；

H——管道槽深，m；

h_1——建筑物基础砌置深度，m；

h_2——建筑基础到沟底深度，m；

α——土壤内摩擦角，（°）；

B——沟槽底宽，m；

L_1——建筑基础突出部分，m；

L_2——建筑物基础突出部分至热力管道沟边的距离，m。

8.2.4 管线工程综合的工作阶段

在城市规划的不同阶段，对管线工程综合有不同的要求，一般可分为规划综合、初步设计综合、施工样图检查，各阶段是相互联系的，内容逐步具体化。

（1）规划综合。在城市总体规划阶段，主要以各项管线工程的规划资料为依据，进行总体布置。主要任务是解决各项工程干线在系统布置上的问题，如确定干管的走向，找出它们之间有无矛盾，各种管线是否过分集中在某一城市干道上。对管线的具体位置，除有条件的及必须定出的个别控制点外，一般不作肯定。经过规划综合，可以对各单项工程的规划提出修改的建议。

（2）初步设计综合。相当于城市规划的详细规划阶段，它根据各单项管线工程的初步设计进行综合。设计综合不但确定各种管线的平面位置，而且还确定其控制标高。将它们综合在规划图上，可以检查它们之间的水平间距和垂直间距是否合适，在交叉处有无矛盾。经过初步设计综合，对各单项工程的初步设计提出修改意见，有时亦可以对城市道路的横断面提出修改的建议。

（3）施工详图的检查。经过初步设计的综合，一般的矛盾已解决，但是各单项工程的技术设计和施工详图中，由于设计工作进一步深入，或由于客观情况变化，也可能对原来的初步设计有修改，需要进一步将施工详图加以综合核对。在一些复杂的交叉口，各管线之间在垂直标高上的矛盾及解决的工程技术措施，需要加以校核综合。这一阶段的工作，一般是在城市规划的实施过程中，即城市规划的管理工作中加以解决。

这几个阶段亦不是截然划分的，有时在编制全市性的规划综合阶段，修建地区就要进行初步设计综合。在这种情况下，就必须双管齐下，甚至先编制地区的初步设计综合。

8.2.5 管线工程综合的编制内容

在规划综合、初步设计综合阶段有不同的内容。

8.2.5.1 规划综合阶段

一般要编制管线工程综合规划示意图及道路横断面示意图。

（1）管线工程综合规划示意图。图纸的比例尺应与城市总体规划图的比例尺相同，一般1/5000～1/10000。可以用透明纸打上坐标方格网蒙在总体规划图上，将道路网、工厂等位置描上，并用坐标标明。根据现状资料，将各种管线绘入图中，然后将规划设计的管线平面布置分别用铅笔按坐标位置标在图上，这样就可以从图上的各种现有的、规划的管线位置，研究发现矛盾和问题，按照前述的管网布置的原则，提出调整意见，并建议改变某些管线的线路，以免各种管线在某条路上过于集中。将这些问题解决后，可以上墨绘制正图。

（2）道路横断面示意图。图纸比例尺可采用1/200，应标明道路横断面上各组成部分的尺寸、现状及规划的各种管线在横断面上的位置，参照前述的管网布置原则、各种管线平面距离及垂直间距的规范和指标，进行检查核对及调整。

道路横断面应画上行道树，检查树冠与架空线间的间距及树根与地下管线有无矛盾。

管线工程综合规划示意图与道路横断面图是同时进行的，要互相修订。由于管线过分集中于某一条道路，在横断面上安排不下，可以对管线平面布置提出修改的意见。由于某一条道路管线布置的需要，也可以对道路的宽度及原来拟定的横断面组成提出修改意见。

道路横断面要编号，并在综合规划示意图上注明每条道路的编号。

8.2.5.2　初步设计综合阶段

由于城市的大小、图纸比例尺、内容深度上有所差别，该阶段一般编制管线工程初步设计综合图、交叉点的管线标高图及修订道路断面图。

（1）管线工程初步设计综合图。基本内容与管线工程规划综合示意图内容相同，在内容的深度上有差别。管线在平面上的位置要具体；并在道路中心交叉点、管线起讫点、转折点、变化坡度点与工厂管线进出口位置均应标明坐标数据。

（2）进出点管线标高图。此图的作用是检查和控制交叉点管线的标高，将管线工程初步设计综合图上的交叉口标注编号，注明每个交叉口的各种管线的地面标高、管底标高、净距等（见图8－2）。

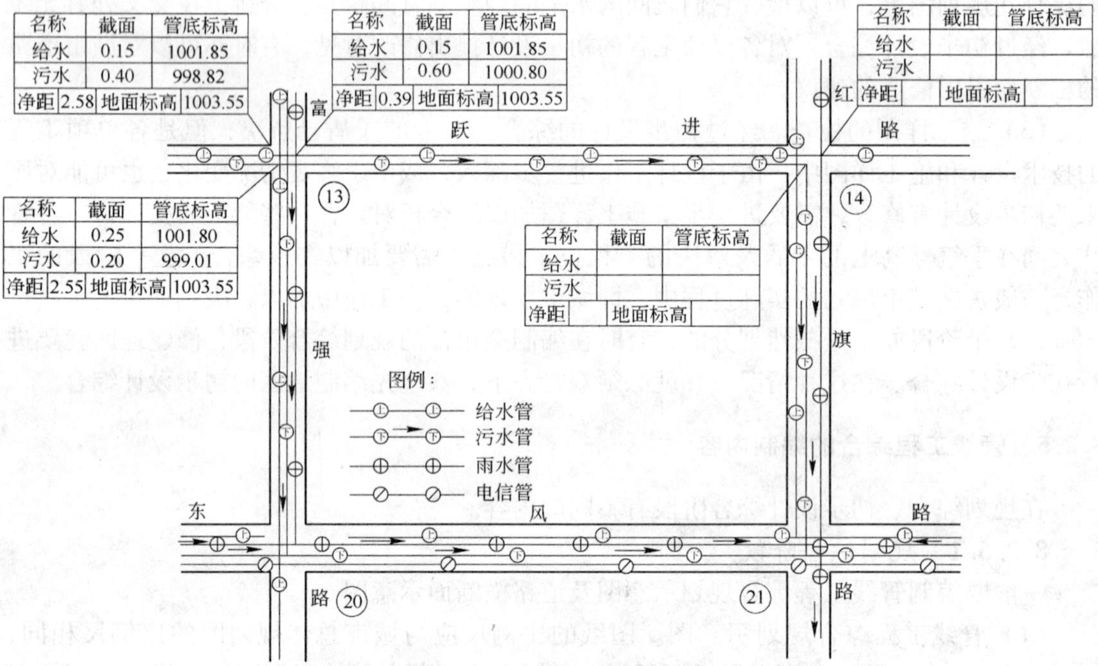

图8－2　管线交叉点标高图

有些管线种类多、比较复杂的交叉点，应将比例尺放大（一般为1/500）。将管道直径、地面控制高程直接注在平面上，然后将管线交叉点上两相邻管的外壁标高引出，注明于图上空白处。这样可以清楚地看到管线的全面情况（见图8－3）。

（3）修订道路横断面图。编制管线工程初步设计综合图时，有时由于调整规划综合所作的布置，需根据初步设计综合图，对规划综合阶段道路横断面图进行补充修订（见图8－4）。

在现状道路下配置管线时，可以将拟建的管线用不同的图例或颜色标明在同一张图画

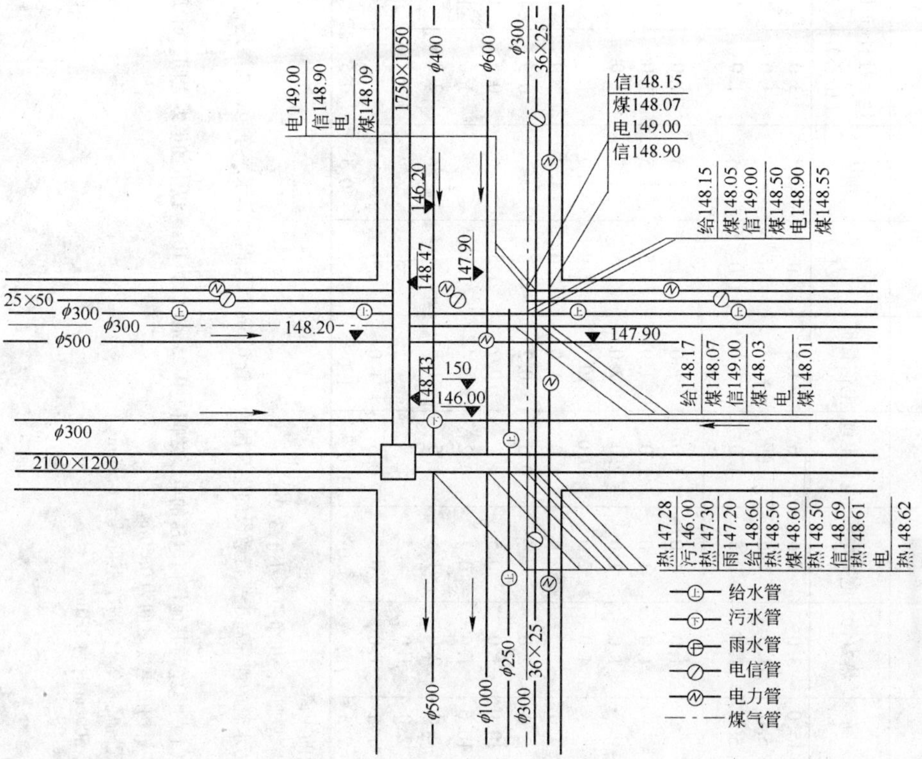

图 8-3 交叉点管线标高图

（路面高程：电信在上面，外底高程为 42.5m；煤气在下面，上顶高程为 42.4m。热力管道简称热；给水管道简称给；污水管道简称污；雨水管道简称雨；电力管道简称电；电信管道简称信；煤气管道简称煤。）

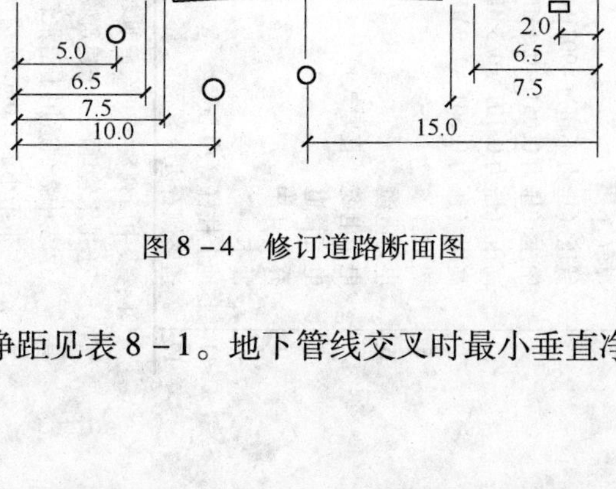

图 8-4 修订道路断面图

上。各种管线最小水平净距见表 8-1。地下管线交叉时最小垂直净距见表 8-2。

表 8－1　各种管线最小水平净距表

（m）

顺序	管线名称	1	2	3	4				5	6	7	8	9	10	11	12
					煤气管											
		建筑物	给水管	排水管	低	中	高	高	热力管	电力电缆	电信电缆	电信管道	乔木（中心）	灌木	地上柱杆（中心）	道路侧石（边缘）
1	建筑物		3.0	3.0①	2.0	3.0	4.0	15.0	3.0	0.6	0.6	1.5	3.0⑤	1.5	3.0	—
2	给水管	3.0		1.5②	1.0	1.0	1.0	5.0	1.5	0.5	1.0④	1.0④	1.5	—⑦	1.0	1.5③
3	排水管	3.0①	1.5②	1.0	1.0	1.0	1.0	5.0	1.5	0.5	1.0	1.0	1.0⑥	—⑦	1.0	1.5③
4	煤气管															
	低压（压力不超过 4903Pa）	2.0	1.0	1.0					1.0	1.0	1.0	1.0	1.5	1.5	1.0	1.0
	中压（压力 0.051～0.1MPa）	3.0	1.0	1.0					1.0	1.0	1.0	1.0	1.5	1.5	1.0	1.0
	高压（压力 0.101～0.3MPa）	4.0	1.0	1.0					1.0	1.0	2.0	2.0	1.5	1.5	1.0	1.0
	高压（压力 0.301～1.2MPa）	15.0	5.0	5.0					4.0	2.0	10.0	10.0	2.0	2.0	1.5	2.5
5	热力管	3.0	1.0	1.0	1.0	1.0	1.0	4.0		2.0	1.0	1.0	2.0	1.0	1.0	1.5⑧
6	电力电缆	0.6	0.5	0.5	1.0	1.0	1.0	2.0	2.0	—③	0.5	0.2	1.5		0.5	1.0⑧
7	电信电缆（直埋式）	0.6	1.0④	1.0	1.0	1.0	2.0	10.0	1.0	0.5		0.2	1.5		0.5	1.0⑧
8	电信管道	1.5	1.0④	1.0	1.0	1.0	2.0	10.0	1.0	0.2	0.2		1.5		1.0	1.0⑧
9	乔木（中心）	3.0⑤	1.5	1.0⑥	1.5	1.5	1.5	2.0	2.0	1.5	1.5	1.5		—	2.0	1.0
10	灌木	1.5	—⑦	—⑦	1.5	1.5	1.5	2.0	1.0				—		—⑦	0.5
11	地上柱杆（中心）	3.0	1.0	1.0	1.0	1.0	1.0	1.5	1.0	0.5	0.5	1.0	2.0	—⑦		0.5
12	道路侧石边缘		1.5⑧	1.0⑧	1.0	1.0	1.0	2.5	1.5⑨	1.0⑨	1.0⑨	1.0⑨	1.0	0.5	0.5	

注：表中所列数字，除指明者外，均系管线与管线之间净距，即管线与管线外壁间的距离。

①排水管埋深浅于建筑物基础时，其净距不小于 2.5m。排水管埋深深于建筑物基础时，其净距不小于 3.0m。

②表中数值适用于给水管管径 $d \leq 200$cm。如 $d > 200$cm 时应不小于 3.0m。当污水管的埋深高于平行敷设的生活用给水管 0.5m 以上时，其水平净距，在渗透性土壤地带不小于 5.0m，如不可能时，可采用表中数值，但给水管须用金属管。

③并列敷设的电力电缆互相间的净距不应小于下列数值：（1）10kV 及 10kV 以上的电缆与其他任何电压的电缆之间为 0.25m；（2）10kV 以下的电缆之间，和 10kV 以下电缆与控制电缆之间为 0.10m；（3）控制电缆之间为 0.05m；（4）非同一机构的电缆之间为 0.50m。

在上述（1）、（4）两项中，如将电缆加以可靠的保护（敷设在套管内，装置隔离板等），则净距可减至 0.10m。

④表中数值适用于给水管 $d \leq 200$cm。如 $d = 250 \sim 500$cm 时，净距为 1.5m；$d > 500$cm 时为 2.0m。

⑤尽可能大于 3.0m。

⑥与现状大树距离为 2.0m。

⑦不需间距。

⑧距道路边沟的边缘或路基边坡底均应不小于 1.0m。

⑨有关铁路与各种管线的最小水平净距可参考铁路部门有关规定。

表 8－2 地下管线交叉时最小垂直净距表 （m）

净距 安设在上面的管线名称 / 埋设在下面的管线名称	给水管	排水管	热力管	煤气管	电信		电力电缆		明沟（沟底）	涵洞（基础底）	电车（轨底）	铁路（轨底）
					铠装电缆	管道	高压	低压				
给水管	0.10	0.10	0.10	0.10	0.20	0.10	0.20	0.20	0.50	0.15	1.0	
排水管	0.10	0.10	0.10	0.10	0.20	0.10	0.20	0.20	0.50	0.15	1.0	1.0
热力管	0.10	0.10	—	0.10	0.20	0.10	0.20	0.20	0.50	0.15	1.0	1.0
煤气管	0.10	0.10	0.10	0.10	0.20	0.10	0.20	0.20	0.50	0.15	1.0	1.0
电信 铠装电缆	0.20	0.20	0.20	0.20	0.10	0.15	0.20	0.20	0.50	0.20	1.0	1.0
电信 管道	0.10	0.10	0.10	0.10	0.10	0.10	0.15	0.15	0.50	0.25	1.0	1.0
电力电缆	0.20	0.20	0.20	0.20	0.20	0.15	0.50	0.50	0.50	0.50	1.0	1.0

注：1. 表中所列为净距数字，如管线敷设在套管或地道中，或者管道有基础时，其净距自管套、地道的外边或基础的底边（如果有基础的管道在其他管线上面超过时）算起。

2. 电信电缆或电信管道一般在其他管线上面通过。

3. 电力电缆一般在热力管道和电信管缆下面，但在其他管线上面越过。低压电缆应在高压电缆上面越过。如高压电缆用砖、混凝土块或把电缆装入管中加以保护时，则低压电缆和高压电缆之间的最小净距可减至 0.25m。

4. 煤气管应尽可能在给水、排水、煤气管道上面越过。

5. 热力管一般在电缆、给水、排水、煤气管道上面越过。

6. 排水管通常在其他管下面越过。

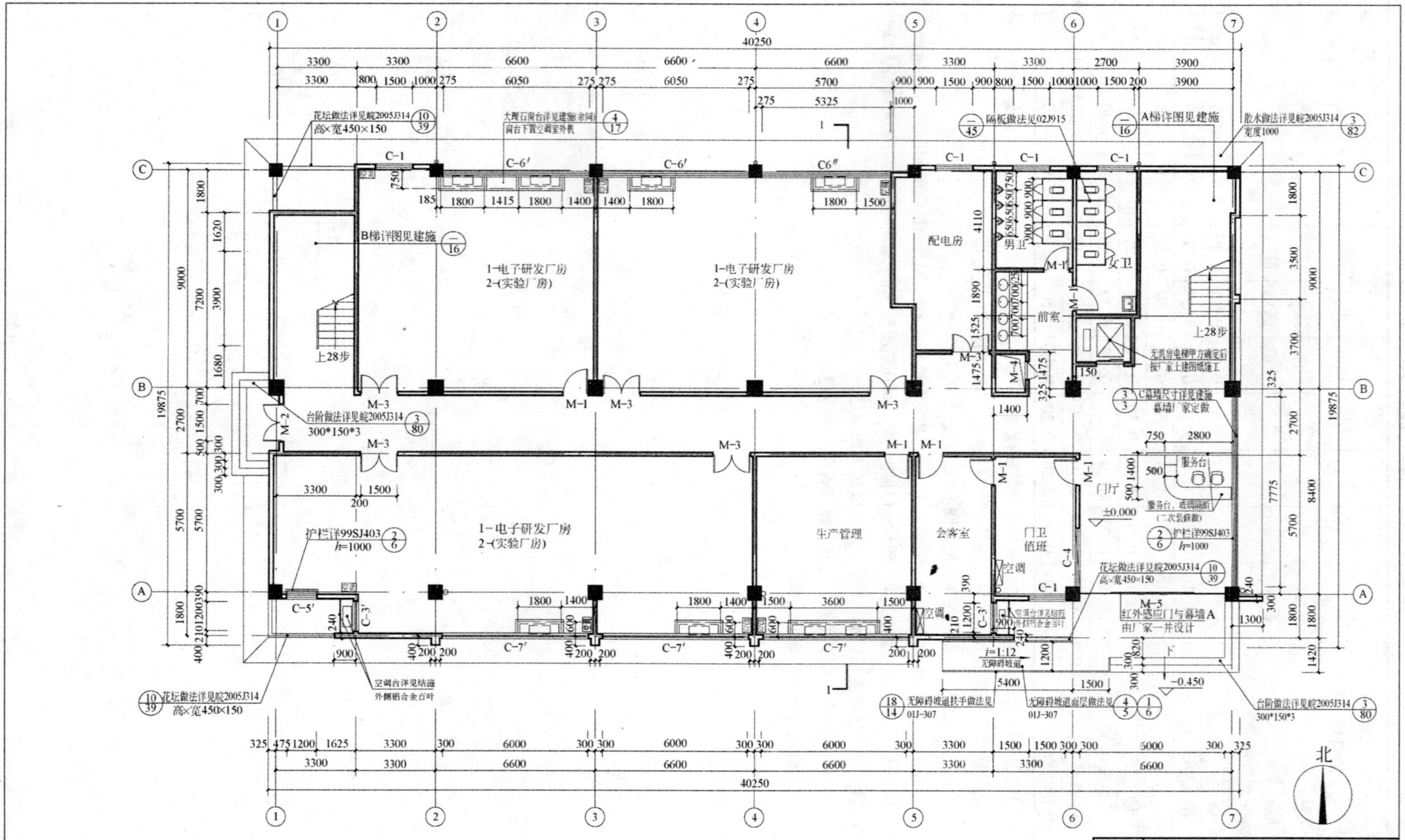

底层平面　1：100

1	研发综合楼底层平面图

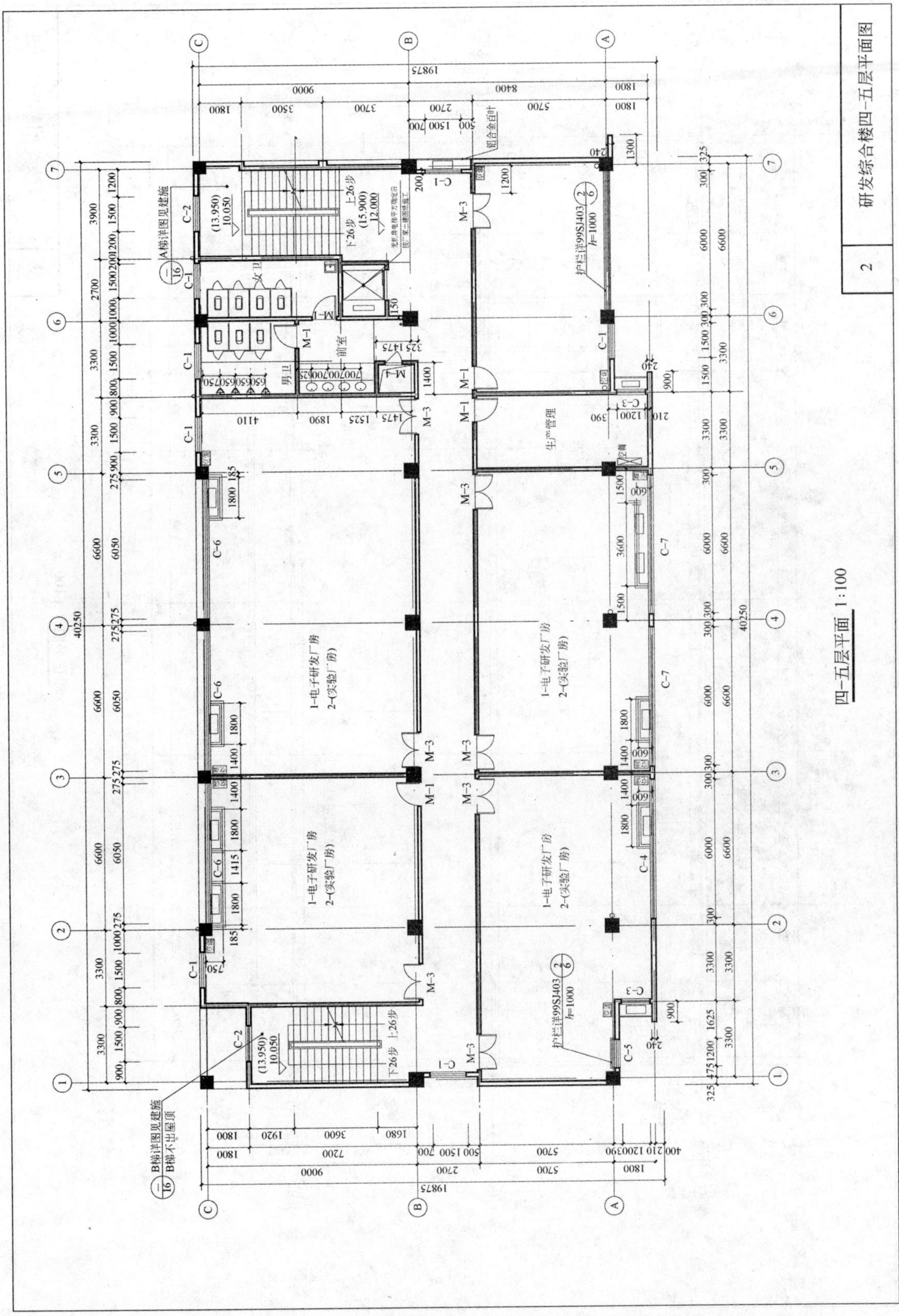
研发综合楼四-五层平面图
2
四-五层平面 1:100
1-电子研发厂房
2-(实验厂房)
生产管理
男卫
女卫
前室
A梯详图见建施
B梯详图见建施
B梯不出屋顶

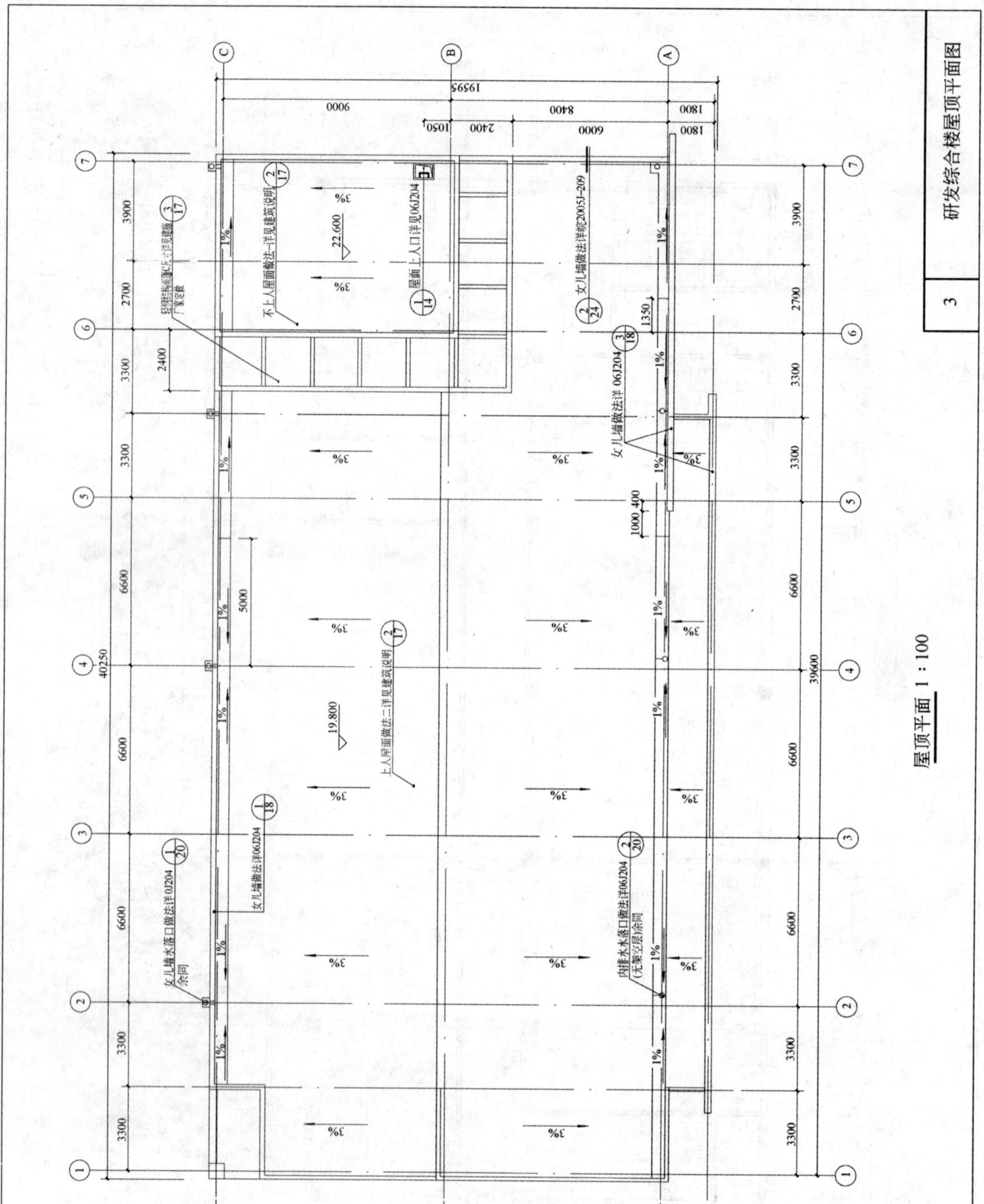
3
研发综合楼屋顶平面图
屋顶平面 1:100
上人屋面做法二详见建筑说明
不上人屋面做法一详见建筑说明
屋面上人口详见06J204
女儿墙做法详06J204
女儿墙做法详皖2005J-209
内排水水落口做法详06J204 (无架空层)余同
19.800
22.600
40250
39600
19595

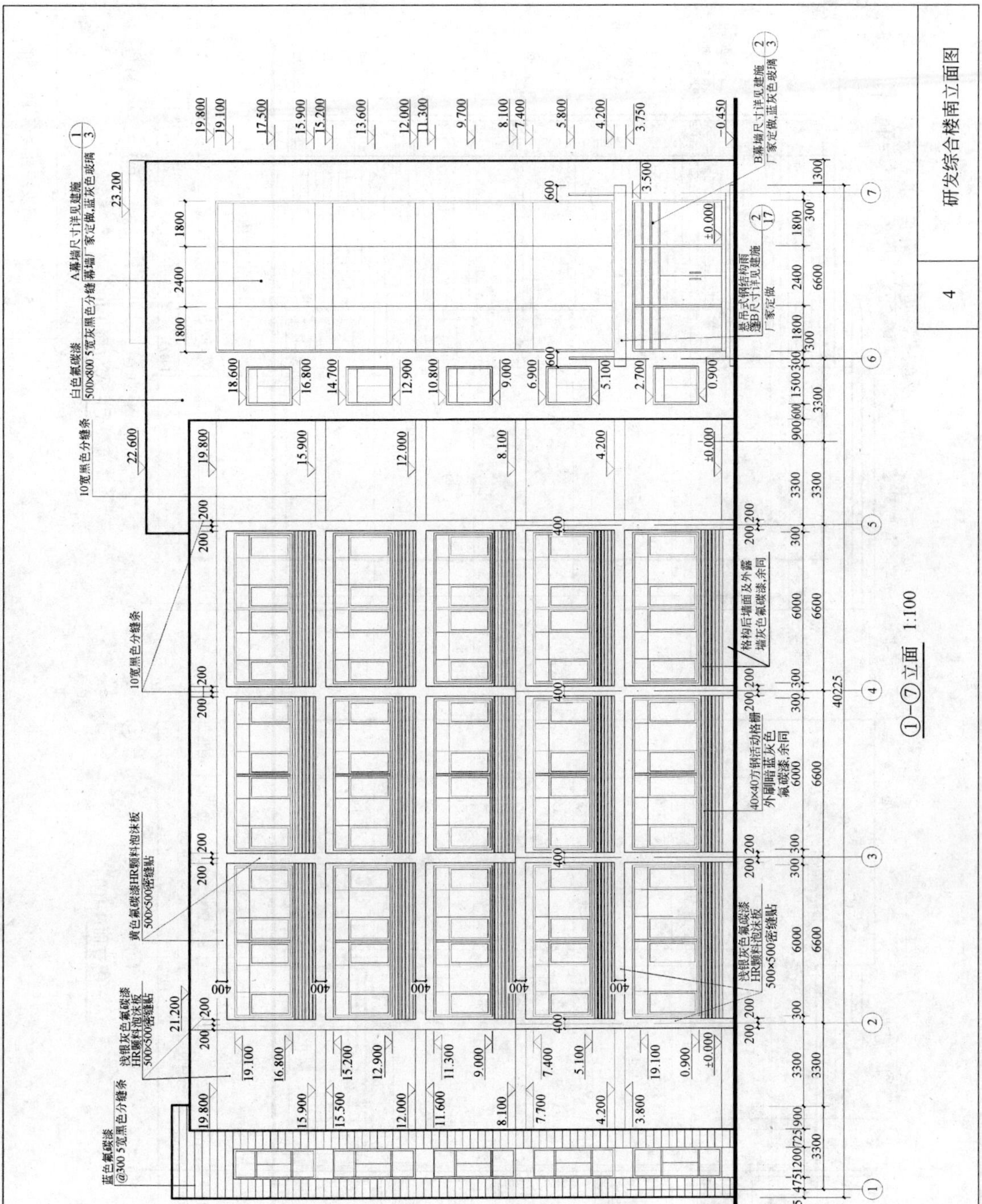
研发综合楼南立面图
4
①—⑦立面 1:100
A幕墙尺寸详见建施
白色氟碳漆
500×800 5宽灰黑色分缝幕墙厂家定做,蓝灰色玻璃
10宽黑色分缝条
B幕墙尺寸详见建施
厂家定做,蓝灰色玻璃
悬吊式钢结构雨篷B尺寸详见建施
厂家定做
格构后墙面及外露
墙灰色氟碳漆,余同
40×40方钢活动格栅
外刷暗蓝灰色
氟碳漆,余同
浅银灰色氟碳漆
HR颗料泡沫板
500×500密缝贴
黄色氟碳漆HR颗料泡沫板
500×500密缝贴
蓝色氟碳漆
@300 5宽黑色分缝条
40225

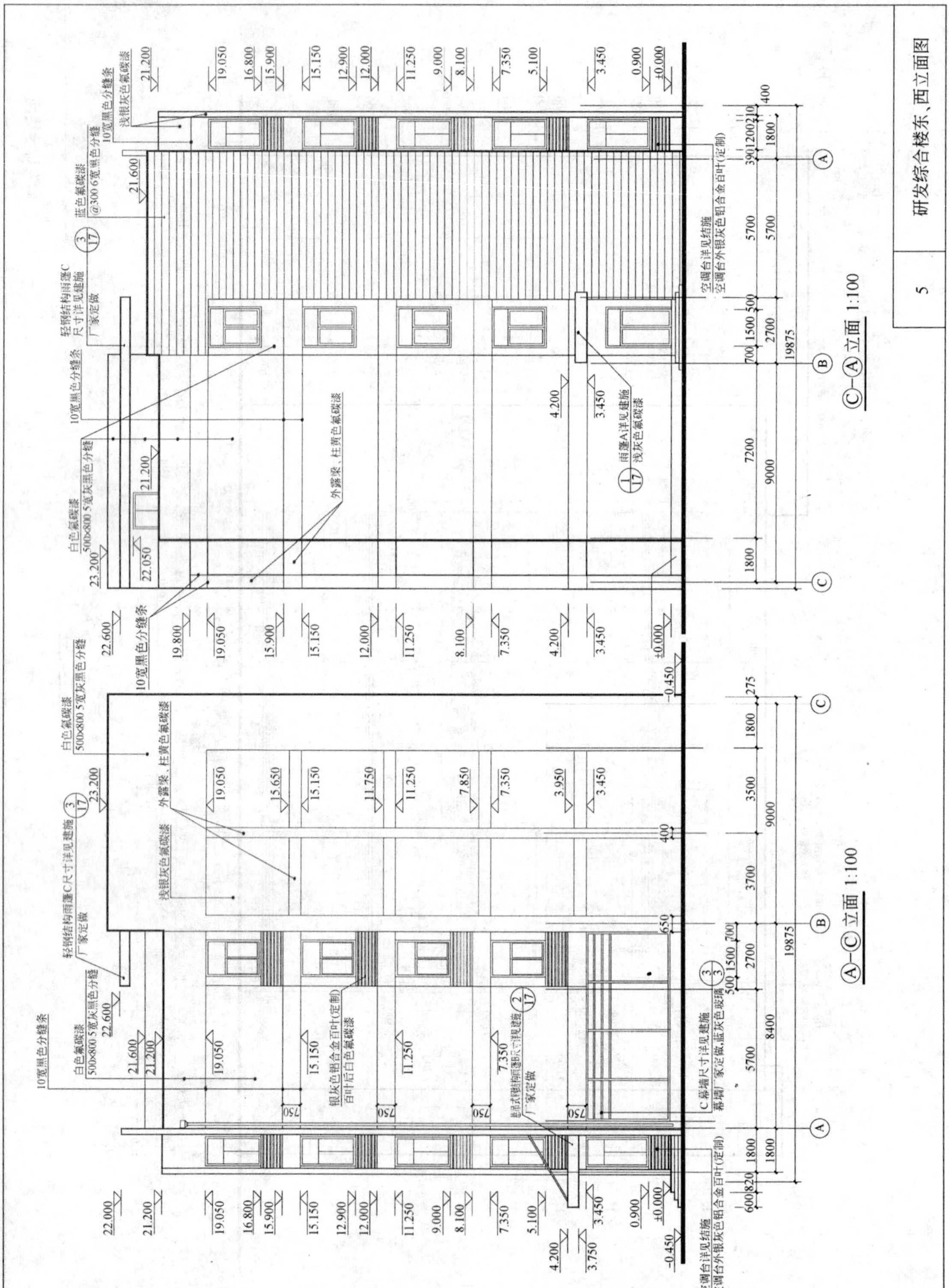
研发综合楼东、西立面图
5
Ⓐ-Ⓒ立面 1:100
Ⓒ-Ⓐ立面 1:100
10宽黑色分缝条
白色氟碳漆
500×800 5宽灰黑色分缝
轻钢结构雨篷C尺寸详见建施
厂家定做
浅银灰色氟碳漆
外露梁、柱黄色氟碳漆
银灰色铝合金百叶(定制)
百叶后白色氟碳漆
C幕墙尺寸详见建施
幕墙厂家定做,蓝灰色玻璃
空调台详见结施
空调台外银灰色铝合金百叶(定制)
蓝色氟碳漆
@300 6宽黑色分缝
雨篷A详见建施
浅灰色氟碳漆
19875

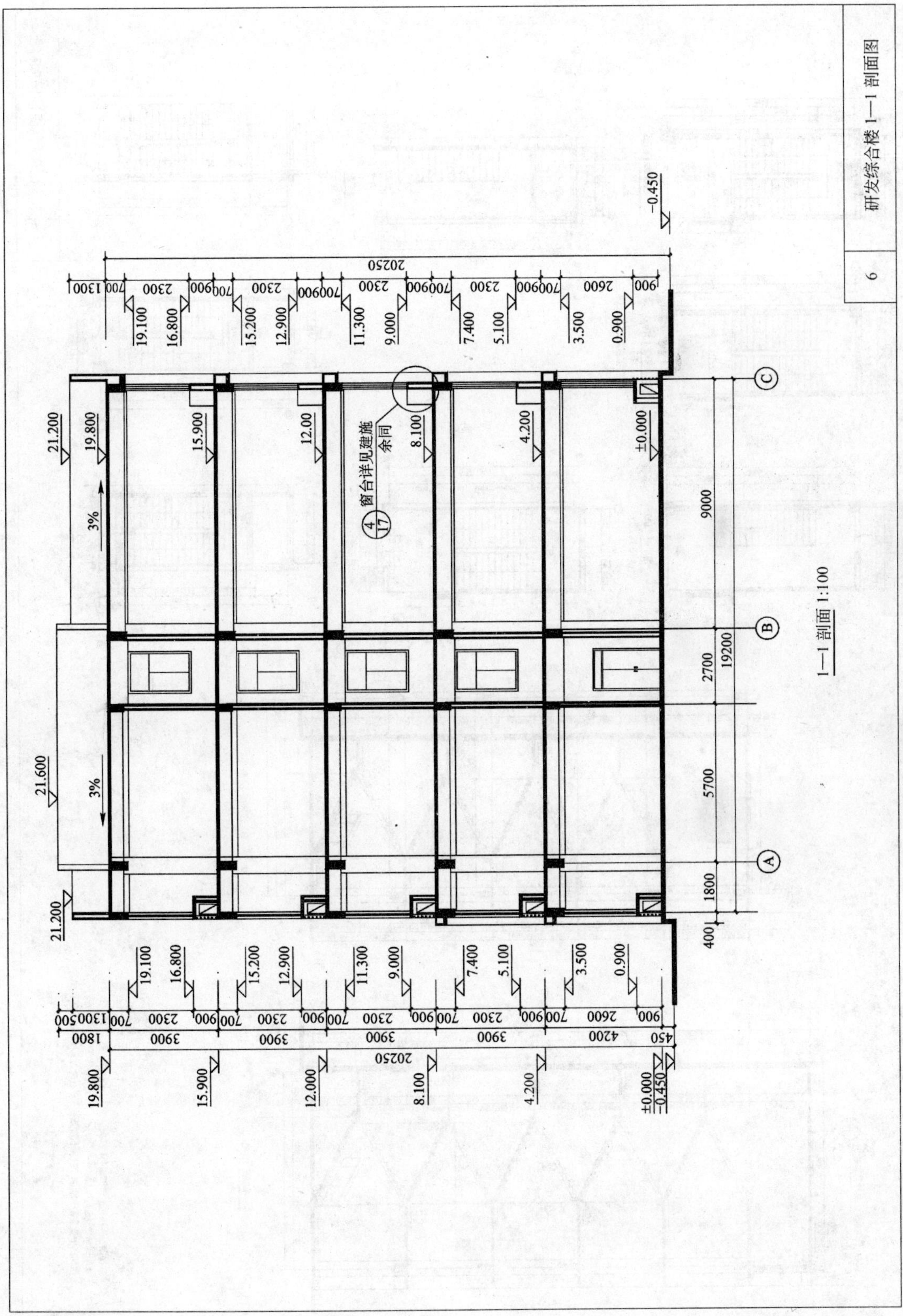
研发综合楼 1—1 剖面图
6
1—1 剖面 1:100
窗台详见建施 4/17 余同
21.600
21.200
19.800
15.900
12.000
8.100
4.200
±0.000
-0.450
3%
9000
2700
5700
1800
400
19200
20250
A
B
C

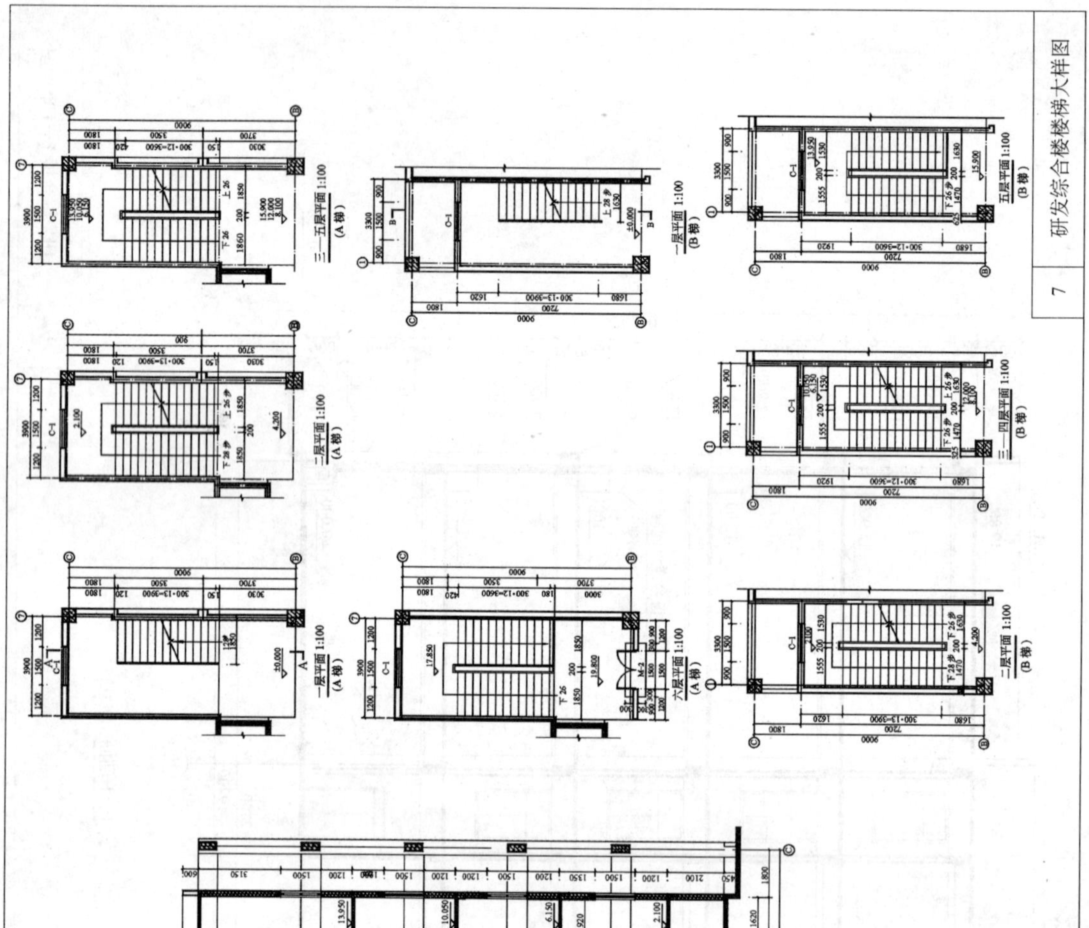
研发综合楼楼梯大样图
7
一层平面 1:100 (A梯)
二层平面 1:100 (A梯)
三—五层平面 1:100 (A梯)
六层平面 1:100 (A梯)
一层平面 1:100 (B梯)
二层平面 1:100 (B梯)
三~四层平面 1:100 (B梯)
五层平面 1:100 (B梯)
B—B 剖面 1:100 (B梯)
A—A 剖面 1:100 (A梯)
轻钢结构雨篷 C 尺寸详见建施 3/17
厂家定做
注:
楼梯踏步面层构造详 99SJ403 9/79;
楼梯扶手详 99SJ403 2/6;
楼梯扶手高度为 900, 水平扶手长度超过 500 长时，其扶手高度为 1100。

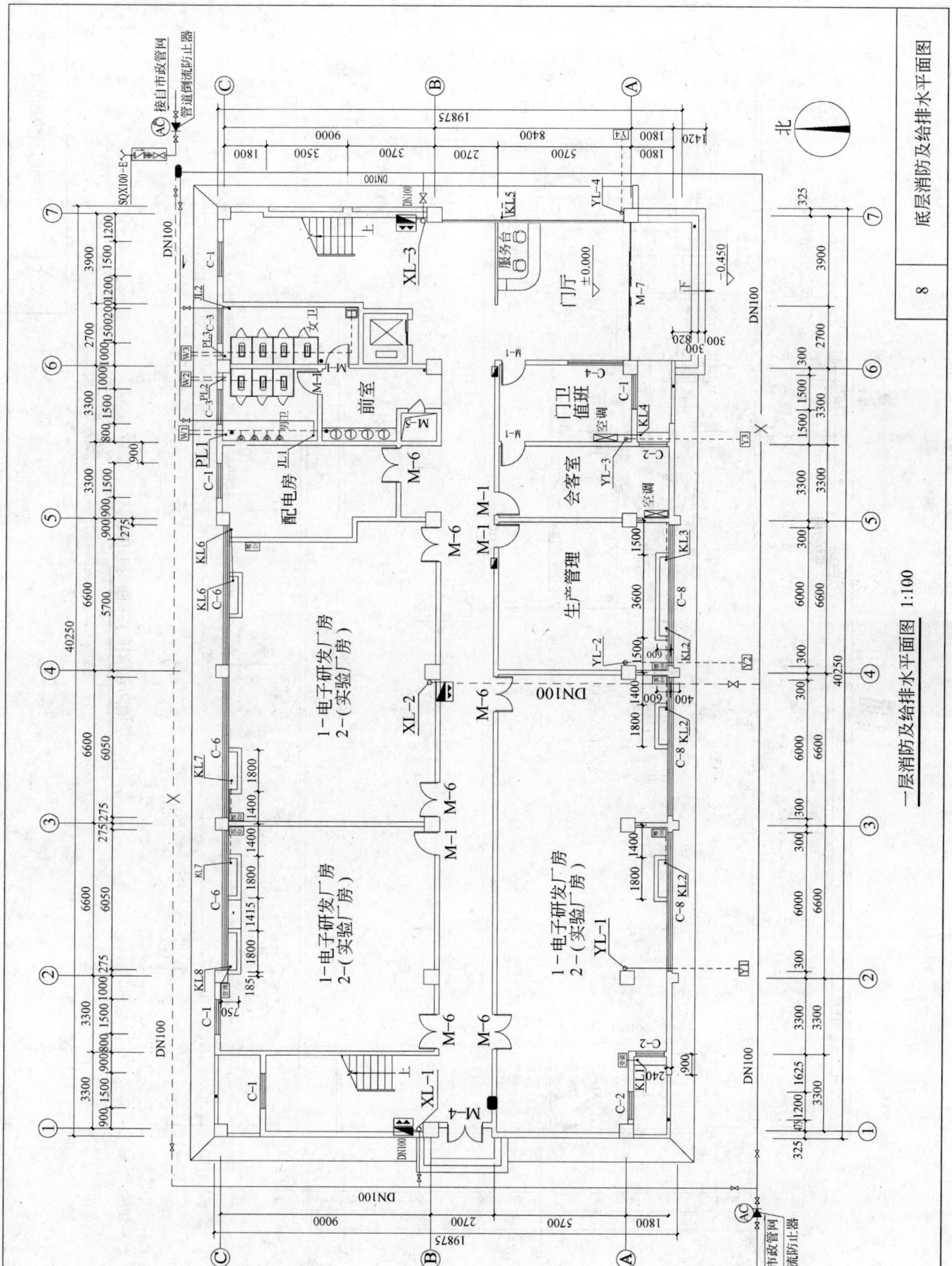
一层消防及给排水平面图 1:100
底层消防及给排水平面图
8

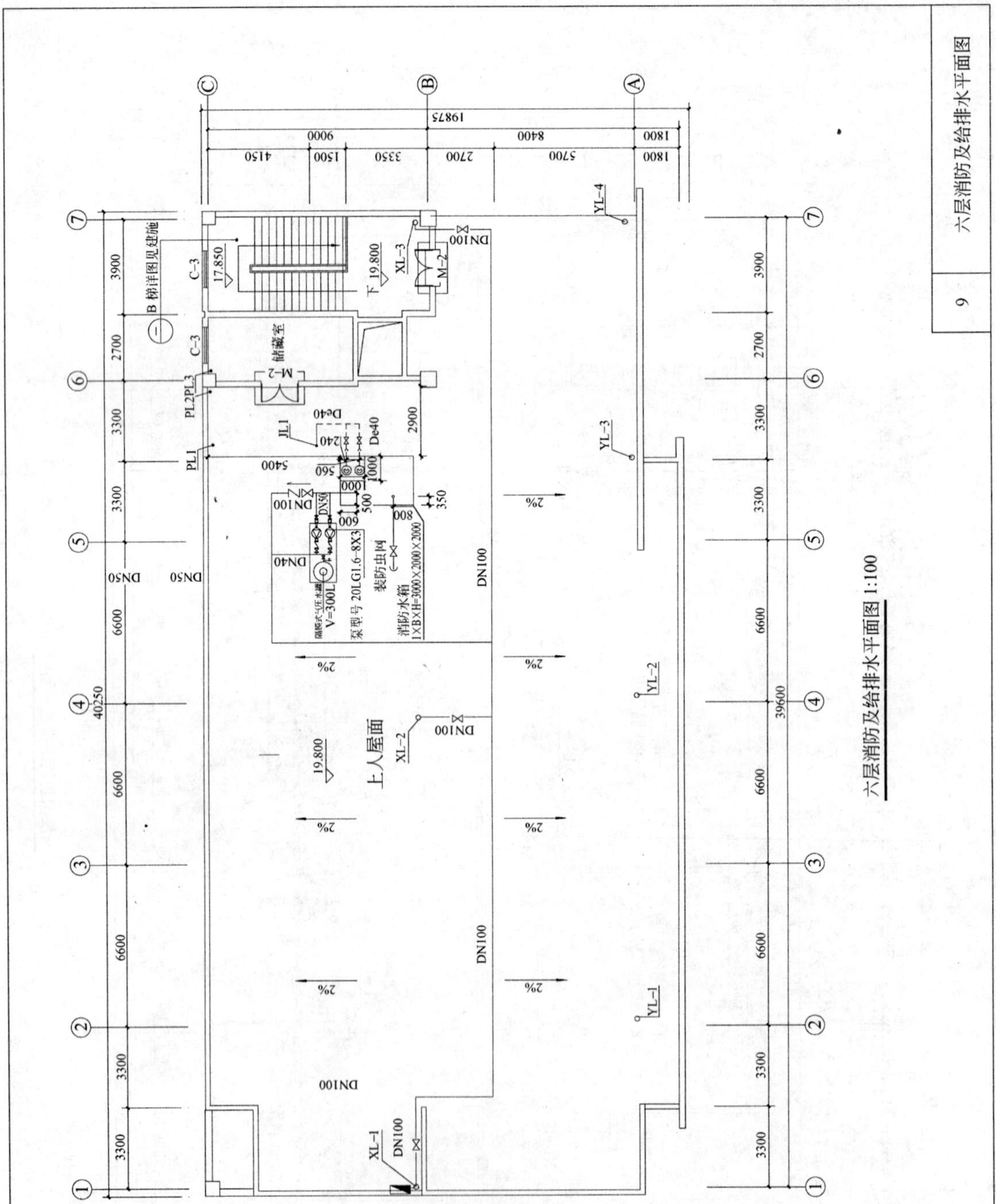
六层消防及给排水平面图 1:100
六层消防及给排水平面图
9

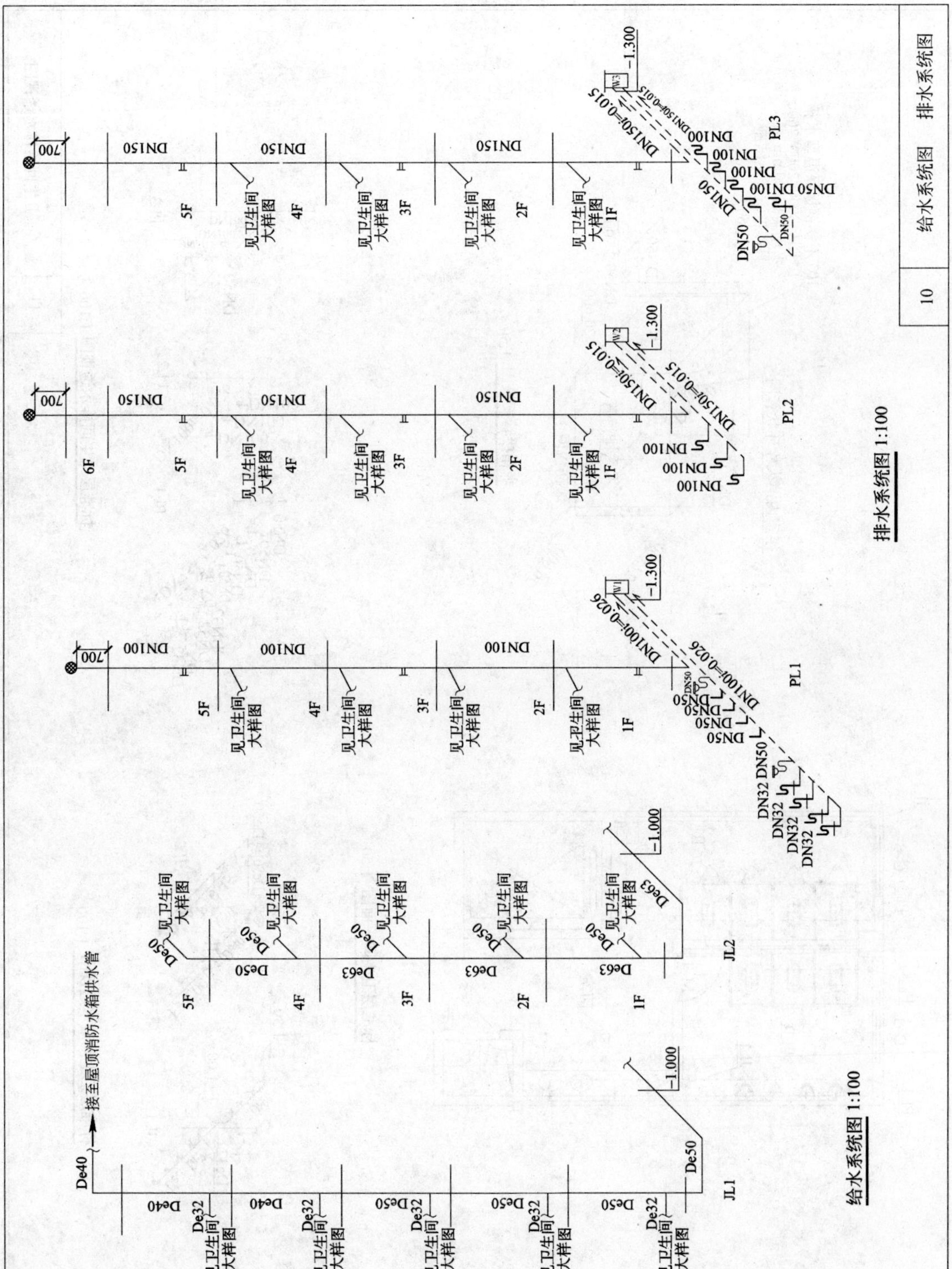
给水系统图 1:100
排水系统图 1:100
JL1
JL2
PL1
PL2
PL3
接至屋顶消防水箱供水管
见卫生间大样图
10
给水系统图　排水系统图

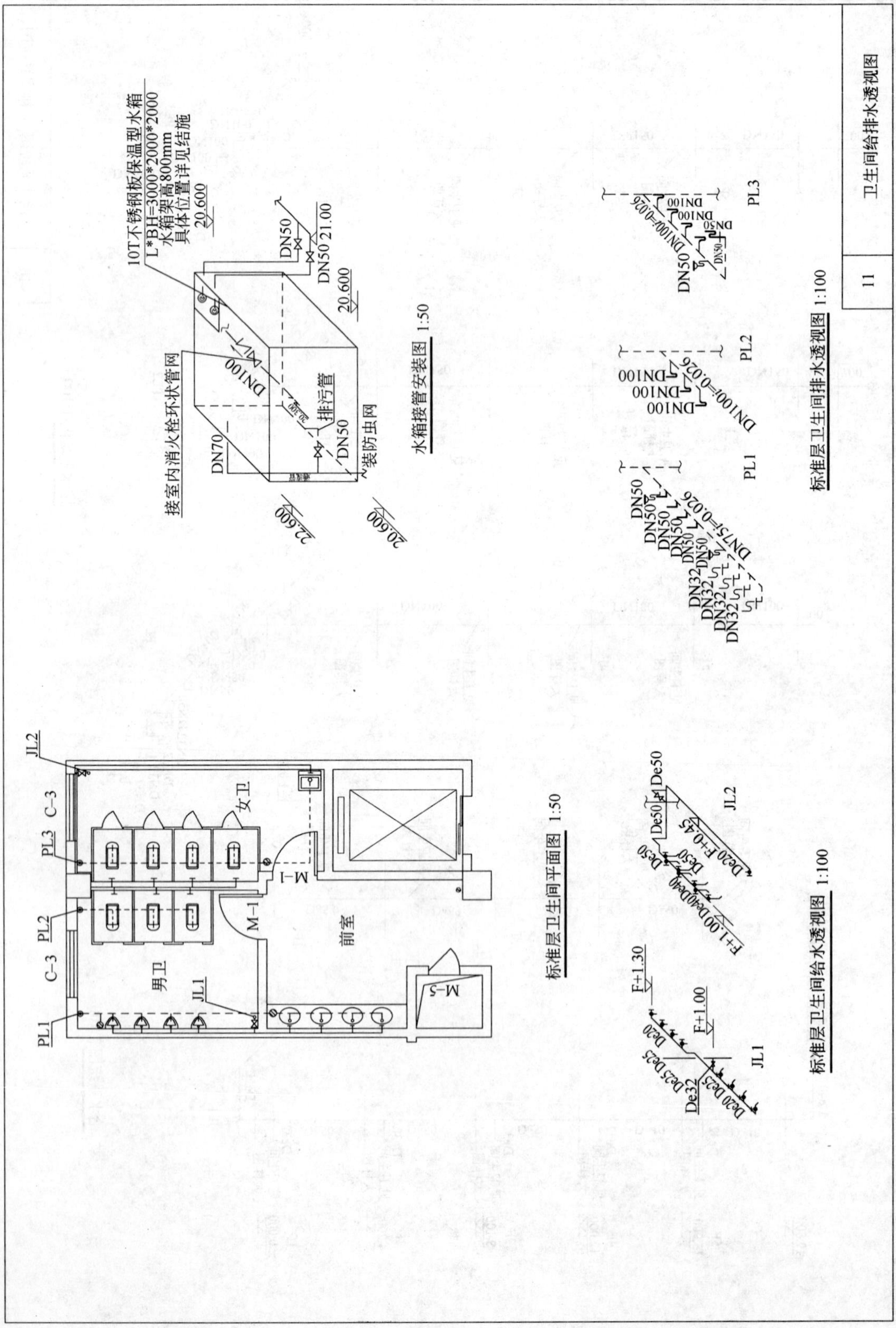
卫生间给排水透视图
11
标准层卫生间平面图 1:50
男卫
女卫
前室
M-1
M-5
C-3
PL1
PL2
PL3
JL1
JL2
水箱接管安装图 1:50
10T不锈钢板保温型水箱
L*B*H=3000*2000*2000
水箱架高800mm
具体位置详见结施
接室内消火栓环状管网
排污管
装防虫网
DN100
DN70
DN50
20.600
21.00
22.600
标准层卫生间给水透视图 1:100
F+1.30
F+1.00
F+0.45
De32
De25
De20
De50
De40
标准层卫生间排水透视图 1:100
DN100 i=0.026
DN75 i=0.026
DN32

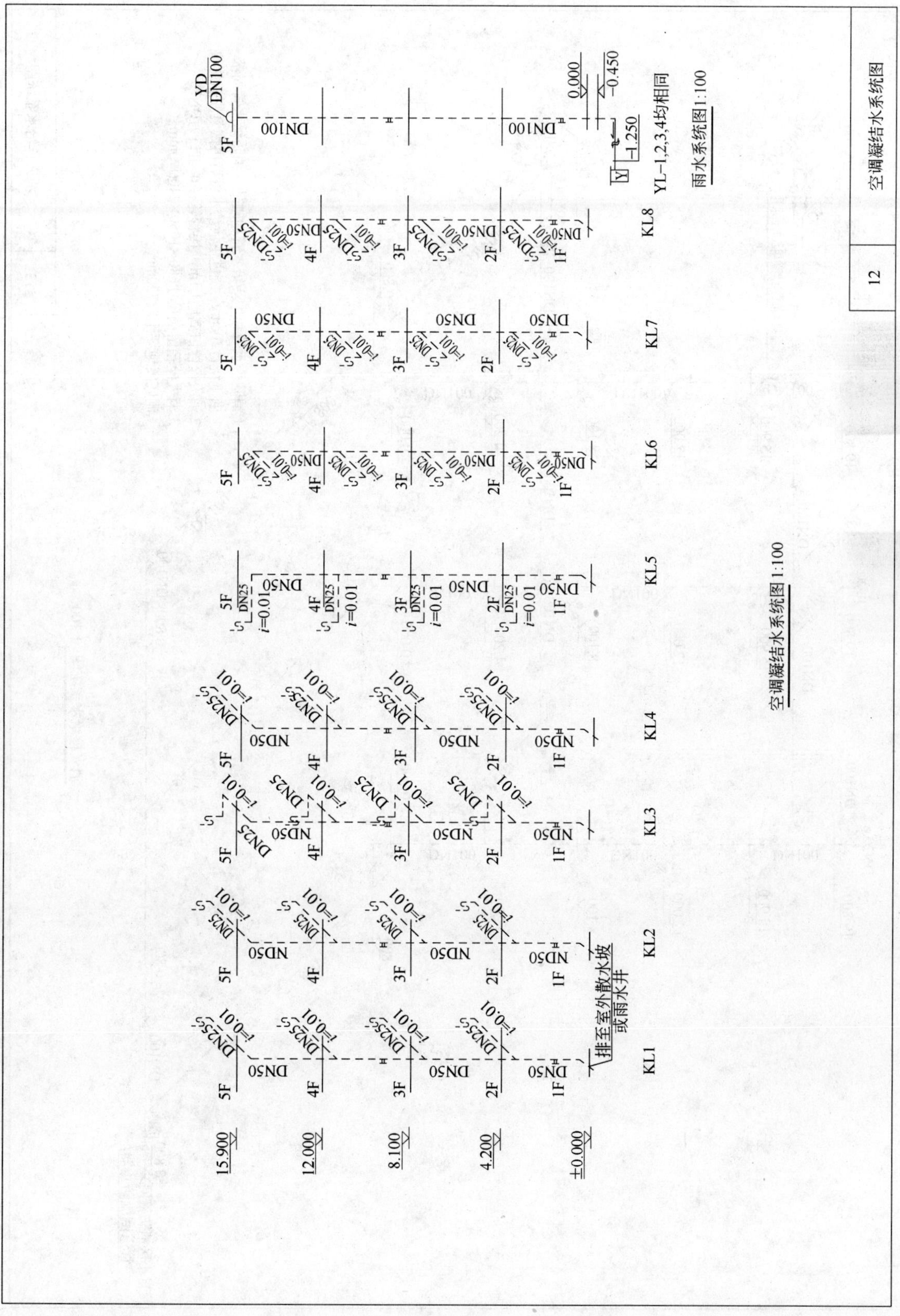
空调凝结水系统图
12
15.900
12.000
8.100
4.200
±0.000
5F
4F
3F
2F
1F
DN50
DN25
i=0.01
排至室外散水坡或雨水井
KL1
KL2
KL3
KL4
KL5
KL6
KL7
KL8
空调凝结水系统图 1:100
YD
DN100
0.000
-0.450
-1.250
YL-1,2,3,4均相同
雨水系统图1:100

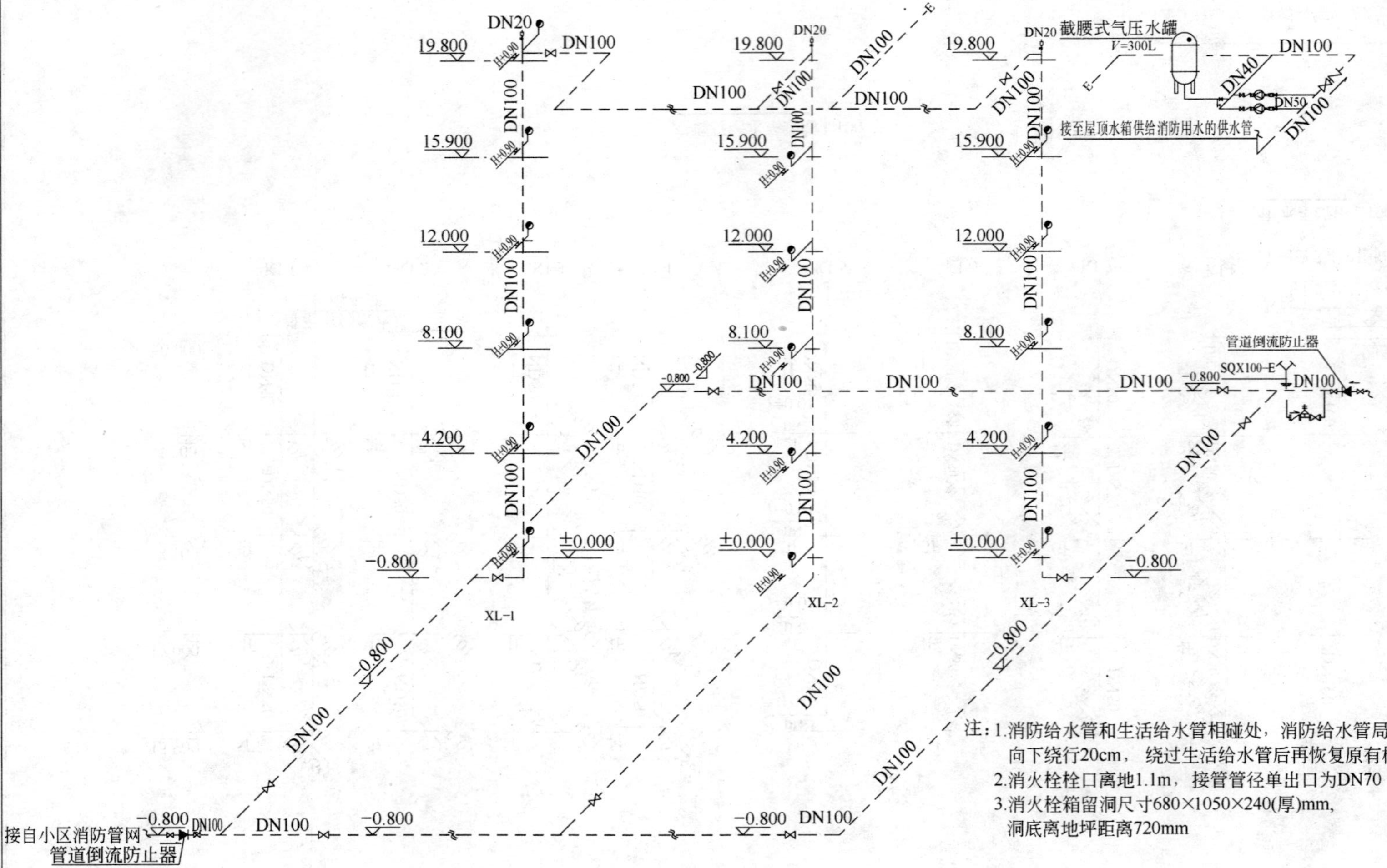

注：1.消防给水管和生活给水管相碰处，消防给水管局部向下绕行20cm，绕过生活给水管后再恢复原有标高

2.消火栓栓口离地1.1m，接管管径单出口为DN70

3.消火栓箱留洞尺寸680×1050×240(厚)mm，洞底离地坪距离720mm

消火栓给水系统图 1:100

13	消火栓给水系统图

参考文献

[1] 中华人民共和国建设部．GB 50352—2005 民用建筑设计通则［S］．北京．中国建筑工业出版社，2005.

[2] 中华人民共和国建设部．GBT 50001—2001 房屋建筑制图统一标准［S］．北京：中国建筑工业出版社，2001.

[3] 中华人民共和国公安部．GB 50016—2006 建筑设计防火规范［S］．北京：中国计划出版社，2006.

[4] 山西省建设厅．GB 50345—2004 屋面工程技术规范［S］．北京：中国建筑工业出版社，2004.

[5] 中华人民共和国建设部．GB 50368—2005 住宅建筑规范［S］．北京：中国建筑工业出版社，2005.

[6] 中华人民共和国建设部．GB/T 50121—2005 建筑隔声评价标准［S］．北京：中国建筑工业出版社，2005.

[7] 中国地震局工．地震标准汇编（2009 共 3 册，第 1 册）［G］．北京：地震出版社，2010.

[8] 中国工业运输协会．GB 50187—93 工业企业总平面设计规范［S］．北京：中国计划出版社，2006.

[9] 同济大学等四校合编．房屋建筑学［M］．3 版．北京：中国建筑工业出版社，1997.

[10] 武六元，杜高潮．房屋建筑学［M］．北京：中国建筑工业出版社，2001.

[11] 刘建荣，翁季．建筑构造（下册）［M］．4 版．北京：中国建筑工业出版社，2008.

[12] 李必瑜．建筑构造（上、下册）［M］．4 版．北京：中国建筑工业出版社，2008.

[13] 樊振和．建筑构造原理与设计［M］．3 版．天津：天津大学出版社，2009.

[14] 杨永祥，赵素芳．建筑概论（给水排水专业）［M］．2 版．北京：中国建筑工业出版社，1990.

[15] 建筑设计资料集．2 版．北京：中国建筑工业出版社，1994.

[16] 彭一刚．建筑空间组合论［M］．3 版．北京：中国建筑工业出版社，2008.

[17] 朱昌廉，等．住宅建筑设计原理［M］．2 版．北京：中国建筑工业出版社，1999.

[18] 梁文兴，史庆轩，童岳生．钢筋混凝土结构设计［M］．北京：科学技术文献出版社，1999.

[19] 中国大百科全书委员会编．中国大百科全书：建筑园林城市规划［M］．北京：中国大百科出版社，2004.

[20] 李德华．城市规划原理［M］．3 版．北京：中国建筑工业出版社，2001.

冶金工业出版社部分图书推荐